Die Lagerstätten nutzbarer Mineralien

Ihre Entstehung, Bewertung und Erschließung

Von

Prof. Dr. Dr. B. Granigg
Graz

Mit Beiträgen von

Dr.-Ing. J. Horvath und Dipl.-Ing. V. E. Gerzabek
Berlin   Wien

Mit 156 Textabbildungen

Wien

Springer-Verlag

1951

ISBN-13: 978-3-7091-7790-7   e-ISBN-13: 978-3-7091-7789-1
DOI: 10.1007/978-3-7091-7789-1

Vorwort

Der erste Teil dieses Buches stellt sich zur Aufgabe, Verständnis und Ein-
fühlen in jene Vorgänge der Natur zu fördern, welche zur Bildung von Lagerstätten nutzbarer Mineralien führen.

Im zweiten Teil wird die Bewertung der natürlichen Darbietung behandelt.
Bei der Illustrierung des Kapitels „Tiefbohrungen auf Erdöl" wurden wir in
großzügiger Weise von den Firmen The National Supply Export Corp., New York,
Oil Well Supply Co., New York, und Reed Roller Bit Co., Houston (Texas)
unterstützt. Allen Firmen wird auf diese Weise herzlichst dafür gedankt.

Der dritte Teil bringt die verschiedenen Verfahren der direkten und der
indirekten (geophysikalischen) Erschließung einer Lagerstätte.

Aus ganzem Herzen danke ich meinen beiden lieben Freunden Dr. Ing. JOSEF
HORVATH und Direktor Dipl.-Ing. J. V. GERZABEK dafür, daß sie den Schatz
ihres Wissens und ihrer Erfahrungen auf den Gebieten der Geophysik und des
Tiefbohrwesens für dieses Buch zur Verfügung gestellt haben. Dem Springer-
Verlag, Wien, danke ich für die Umsicht und für die Sorgfalt, mit der er die
Herausgabe dieses Buches betreut hat.

Graz, im Januar 1951

B. Granigg

Inhaltsverzeichnis

Erster Teil

Die Entstehung der Lagerstätten nutzbarer Mineralien

Seite

Die Begriffe „Nutzbare Mineralien" und „Lagerstätten" 1
Die Entstehung nutzbarer Mineralien in der Natur 2
Die drei Klassen von Lagerstätten 2
   1. Erstarrungsgesteine 2
   2. Sedimente 3
   3. Kristalline Schiefer 3
Vom Schalenbau der Erde 3
   1. Die Atmosphäre 4
   2. Die Hydrosphäre 4
   3. Die Biosphäre 5
   4. Die Lithosphäre 5
   5. Die Oxyd-Sulfidschale. 7
   6. Der Nickel-Eisenkern 7

A. Erstarrungsgesteine und Lagerstätten des magmatischen Zyklus 8
  I. Die Erstarrung des Magmas in der Tiefe und die damit verbundenen
    Prozesse der Lagerstättenbildung 9
    1. Schlierenbildung, magmatische Erzlagerstätten 10
      Die Form magmatischer Lagerstätten 11. — Gewanderte Schlieren,
      injizierte magmatische Lagerstätten 11. — Der Stoff magmatischer
      Lagerstätten 12.
    2. Kontaktmetamorphose und kontaktmetamorphe Lagerstätten . . 12
      a) Endogene Kontaktmetamorphose ohne Stoffzufuhr. 13
      b) Endogene Kontaktmetamorphose mit Stoffzufuhr 13
      c) Exogene Kontaktmetamorphose ohne Stoffzufuhr 14
      d) Exogene Kontaktmetamorphose mit Stoffzufuhr 14
    3. Das Pegmatitstadium und die Lagerstätten der Restkristallisation 15
    4. Die Pneumatolyse und die pneumatolytischen Lagerstätten . . . 16
    5. Die hydrothermalen Prozesse, hydrothermale Erzgänge, Imprä-
      gnationen und metasomatische Lagerstätten 17
  II. Die Erstarrung des Magmas an oder nahe der Oberfläche und die damit
    verbundenen Prozesse der Lagerstättenbildung 21
  III. Überlagerung mehrerer Lagerstättenbildungsprozesse. 21
    Sukzession 22. — Metallogenetische Epochen 22. — Metallpro-
    vinzen 22.

B. Die Sedimente und der sedimentäre Lagerstättenzyklus 25
    Die begriffliche Abgrenzung der Diagenese. 26
  I. Mechanische Sedimente als Lagerstätten nutzbarer Mineralien . . . 28
    Gehängeschutt 28
    Sand und Schotter 28
    Moränen 29
  II. Chemische Sedimente als Lagerstätten nutzbarer Mineralien. 31
    a) Ausfällung durch Verdunstung des Lösungsmittels 31
    b) Ausfällung durch Verlust von Kohlensäure 31
    c) Ausfällung durch Oxydation. 31
    d) Ausfällung durch Schwefelwasserstoff 32
    e) Ausfällung durch Bakterien 32
    f) Ausfällung· durch Basenaustausch 32
    g) Ausfällung durch Adsorption. 32
    h) Ausfällung durch Elektrolyse (Zementation) 33

Seite

Lösungsrückstände als Lagerstätten 34

 a) Die Umwandlung von Gehängeschutt, von tonigen Sandsteinen
  und Schottern zu brauchbaren Lehmen 34
 b) Die Entstehung von Lagerstätten von Findlingsquarziten . . . 34
 c) Entstehung der Kalkbauxite 35
 d) Silikatbauxit und Laterit 35
 e) Basische, eisenreiche Erstarrungsgesteine (Peridotite und Serpentine) 35
 f) Entstehung von Kaolinlagerstätten 35
 g) Feuerfeste Tone 36
 h) Auslaugung bereits gebildeter Lagerstätten (Hutbildungen) . . 36

III. Organogene Sedimente als Lagerstätten nutzbarer Mineralien 37

 a) Organogene Sedimente, bestehend aus den anorganischen Teilen
  der Organismen 37
  Knochenphosphate der Karsthöhlen 37
 b) Organogene Sedimente, gebildet aus den organischen Teilen der
  Lebewesen 38
  Erdöllagerstätten 38. — Kohlenlagerstätten 40.

C. Lagerstätten des regionalmetamorphen Zyklus 43

I. Die Entstehung kristalliner Schiefer 44

 1. Kristallisation durch Erwärmung 44
 2. Parallelanordnung durch Preß- und Walzvorgänge 44
 3. Chemische Reaktionen im festen Zustand 45
 4. Lösungmittel 47
 5. Zeit 47
 6. Tiefenstufen 47

II. Regionalmetamorphe Umwandlung von Lagerstätten 47

 1. Graphitlagerstätten sedimentären Ursprungs 47
 2. Magnetitquarzite 48
 3. Eisenglimmerschiefer 48
 4. Schmirgellagerstätten regional-metamorpher Entstehung 48
 5. Schwefelkieslager als kristalline Schiefer 49

III. Neubildung von Lagerstätten durch regionale Metamorphose 49

Rückblick 50

Anhang: Verschiedenheit der Beobachtungsweise von Lagerstätten nutzbarer Mineralien 50

Geochemische Betrachtung der Lagerstätten 50
Metallogenetische Provinzen und metallogenetische Epochen 52
Wirtschaftliche Betrachtungsweisen 52

Zweiter Teil

Die Bewertung von Lagerstätten nutzbarer Mineralien

A. Substanzziffer und Geologie einer Lagerstätte 53

I. Die Substanzziffer (das Lagerstättenvermögen) 53

 1. Allgemeine Betrachtungen 53
 Größenordnung der Substanzziffern 54
 Beispiele von Größenordnungen 54
  a) Eisenerzlagerstätten 54
  b) Kupfererzlagerstätten 54
  c) Goldlagerstätten 55
 3. Substanzziffer und Betriebsgröße des Bergbaues 56
 4. Die Rechnung von rückwärts 60
 5. Einteilung der Substanzziffer 61
  a) Die sichtbare Substanz 61
  b) Die wahrscheinliche Substanz 61
  c) Die mögliche Substanz 61
  Beispiele 63. — a) Ein kohleführendes Tertiärbecken 63. —
  b) Eine Reihe von „Magnesitlagerstätten" im gebirgigen Gelände
  64. — α) Unrichtige Beurteilung 64. — β) Richtige Beurteilung
  65. — γ) Bauxitlagerstätten 65.

Seite

6. Substanzzifferberechnung plattenförmiger Lagerstätten 66
   a) Monomineralische Platten 66
   b) Polymineralische, plattenförmige Lagerstätten 67
7. Substanzzifferberechnung linsenförmiger Lagerstätten 69
   a) Seichte Linsen in flacher Lage 69
   b) Seichte Linsen in steiler Lagerung 70
   c) Linsen in geneigter Lage 70
   d) Steilstehende Linsen in steilem Gehänge 71
   e) Steilstehende, tiefreichende Linsen in der Ebene 71
8. Substanzzifferberechnung stockförmiger Lagerstätten 72
9. Lineare Lagerstättenkörper 72
10. Fälle, in denen eine zuverlässige Substanzzifferberechnung un-
    möglich ist 73
    Zur Probenahme 73
    Untersuchung der Proben 74

**B. Die geographische Lage einer Lagerstätte in ihrem Einfluß auf deren Bewer-
tung** 75
   a) Das Klima 75
   b) Die Lage der Lagerstätten zu anderen menschlichen Siedlungen 75
   c) Die Lage einer Lagerstätte zu bereits vorhandenen Verkehrs-
      wegen und die zur Verfügung stehenden Verkehrsmittel . . . 76

C. Substanzzifferbewertung und Stand der Technik 77

**D. Die Bewertung von Lagerstätten in Abhängigkeit von Politik, Bevölkerung,
Markt und Kapital** 80
   I. Das Ergebnis der Bewertung einer Lagerstätte 81
      a) Wertlose Objekte 81
      b) Wertvolle Objekte 82
      c) Ungeklärte Objekte 82
   II. Lagerstättenbewertung in Geld 82
      a) Wertlose Objekte 82
      b) Wertvolle Objekte 82
      c) Wertberechnung ungeklärter Objekte 84
         Entdeckerprämie 84. — Glückskauf 84. — Option 84.
   Anhang: Die Schätzung von Bergbauen, die in Betrieb sind 85
      a) Abbruchwert eines Bergbaubetriebes 85
      b) Bilanzwert eines Bergbaubetriebes 86
      c) Zerlegte (aufgesplitterte) Bewertung eines Bergbauunternehmens 86
      d) Schätzung nach dem zu erwartenden Ertragswert 87
         Die Laufzeit der Rente 87. — Der Ertragswert 87.

Dritter Teil

Die Erschließung von Lagerstätten nutzbarer Mineralien

A. Schurfröschen, Schurfgräben, Schurfstollen und Schurfschächte 89
   1. Schurfröschen und Schurfgräben 89
   2. Schurfstollen 90
   3. Schurfschächte 92

B. Aufschluß durch Bohrungen. Von Dr. J. HORVATH, Berlin 93
   1. Grundlage für ein Aufschlußprogramm 94
   2. Bohrungen als Aufschlußmethode 94
   3. Handdrehbohrungen 95
   4. Die Verrohrung 96
   5. Craeliusbohrungen 97
   6. Die Diamantkronen 99
   7. Hartmetallkronen und Schrotkronen 100
      Spülung 101
   8. Kerngewinnung 101
   9. Die Organisation der Bohrarbeit 103
   10. Ansetzen von Bohrungen 103
   11. Die Auswertung der Bohrergebnisse 105
   12. Leistungen und Kosten bei Schürfbohrungen 108

Seite
C. Tiefbohrungen auf Erdöl. Von Dipl.-Ing. V. E. Gerzabek, Wien 109
  I. Allgemeines 109
  II. Methoden zur Aufsuchung von Erdöllagerstätten 110
    1. Kartierung 110
    2. Geophysik 110
    3. Strukturbohrungen 110
  III. Das Rotarybohrsystem 111
    1. Allgemeines 111
    2. Arbeitsweise des Rotarybohrverfahrens. 112
    3. Die Einzelteile einer Rotarybohreinrichtung 113
      a) Der Bohrturm 114
      b) Die Fördereinrichtung 115
        α) Die Turmrolleneinrichtung 115
        β) Der Flaschenzugblock. 115
        γ) Der Sicherheitshaken 115
      c) Das Bohrwerkzeug 116
      d) Das Bohrgestänge 120
      e) Der Spülkopf 121
      f) Der Drehtisch 122
      g) Das Hebewerk 123
      h) Die Spülpumpen 125
    4. Wahl des Antriebes und der Antriebsmaschinen. 126
  IV. Die Spülung 128
    1. Bedeutung der Dickspülung 128
    2. Zubereitung der Spülung 130
      a) Aus natürlichem Ton 130
      b) Aus veredeltem Ton 131
    3. Vorteile bei der Verwendung veredelter Tonsorten 131
    4. Eigenschaften der Dickspülung 131
      a) Spezifisches Gewicht der Spülung 131
      b) Stabilität der Spülung 132
      c) Tixotropie (Versteifung) 132
      d) Viskosität 132
    5. Überwachung der Dickspülung und ihre meßtechnische Erfassung
      im Bohrbetrieb 133
      a) Allgemeines 133
      b) Das spezifische Gewicht 133
      c) Die Viskosität 133
      d) Versteifung und Tixotropie. 133
      e) p_H-Wert 133
    6. Behandlung der Spülung 134
      a) Mechanische Behandlung. 134
      b) Entfernung von Gas aus der Spülung 135
      c) Chemische Behandlung 136
        α) Änderung des spezifischen Gewichtes 136. — β) Änderung der
        Viskosität 136. — γ) Änderung der kolloidalen Eigenschaften
        136. — δ) Verhütung des Ausfallens von Ton 136. — ε) Behand-
        lung einer durch Zement verdorbenen Spülung 137
      d) Verhinderung von großen Spülungsverlusten 137
      e) Durchbohren von quellenden Tonen. 137
      f) Durchbohren von Ölhorizonten 138
        α) Mit Öl 138. — β) Mit Spülung 138.
      g) Durchbohren von Salzformationen 138
  V. Das Verrohren eines Bohrloches 138
    1. Rohrzementationen 140
    2. Durchführung der Zementierung 141
    3. Arten von Bohrlochzement und dessen Zusätze. 142
    4. Prüfung der Zementierung 143
  VI. Geologische Überwachung und Verwendung elektrischer Meßmethoden
    beim Bohren 144
    1. Die Potential- und Widerstandsmessungen 145
    2. Feststellung von Wasserzuflüssen 145
    3. Temperaturmessungen 145
    4. Abweichungsmessungen 145

Seite

    5. Stratamessungen 145
    6. Perforieren 145
    7. Kernschießen 146
  VII. Kontrolliertes Vertikalbohren 146
    1. Allgemeines 146
    2. Arten der Neigungsmesser 147
    3. Abgelenkte Bohrlöcher 148
    4. Ablenkkeile (Whipstocks) 148
    5. Gelenksverbinder (Knuckle-joint) 150
    6. Rohr- (Casing-) Whipstock 151
    7. Die Wirkung eines Ablenkkeiles (Whipstockes) 151
    8. Unterschiedliche Behandlung beim orientierten Bohren. 151
    9. Ausrichten krummer Bohrlöcher. 151
   10. Vorbeibohren 153
   11. Zielbohrungen 153
 VIII. Sicherheitseinrichtungen gegen Ausbrüche beim Bohren 154
    1. Einsatz- (Konus-) Preventer 155
    2. Schieber-Preventer 155
    3. Totpumpen einer Bohrung 157
    4. Folgen der Gasausbrüche. 159
  IX. Fangarbeiten beim Bohren 159
   X. Überwachung und Kontrolle einer Tiefbohrung 161
  XI. Inproduktionssetzung einer Bohrung 163

D. Geophysikalische Schürfverfahren. Von Dr. J. HORVATH, Berlin 166
  I. Zweck und Aufgabe geophysikalischer Schürfung 166
 II. Hauptanwendungsgebiete der angewandten Geophysik 168
III. Physikalische Eigenschaften der Gesteine 170
    1. Die Raumdichte 170
    2. Magnetische Suszeptibilität 171
    3. Die elastischen Eigenschaften der Gesteine. 172
    4. Die elektrische Leitfähigkeit 172
 IV. Untersuchungen der natürlichen Erdfelder 173
    1. Das Schwerefeld. 173
      a) Die Gravimetermessungen 175
        α) Prinzip 175. — β) Die Instrumente 177.
      b) Die Drehwaage 179
        α) Prinzip 179. — β) Die Drehwaage 181.
      c) Die Auswertung der Schweremessungen 182
    2. Magnetische Methoden 184
      α) Prinzip 184. — β) Instrumente 186. — γ) Feldmessungen
      und deren Ergebnisse 188
    3. Radioaktivitätsmessungen. 190
      α) Prinzip 190. — β) Die Apparatur 191. — γ) Die Anwendung der
      Radioaktivitätsmessungen 191
  V. Beobachtung von künstlich hervorgerufenen Feldern 192
    1. Die seismischen Methoden 192
      a) Das Grundprinzip der seismischen Messungen 192
      b) Die Refraktionsmethode 193
        α) Die Zeitgeschwindigkeitskurve 193. — β) Fächerschießen und
        Laufzeitpläne für bestimmte Entfernungen 195. — γ) Apparatur
        für Refraktionsmessungen 195. — δ) Ergebnisse von seismischen
        Refraktionsmessungen 198.
      c) Das Reflexionsverfahren 199
        α) Prinzip 199. — β) Die Reflexionsapparatur 201. — γ) Ergeb-
        nisse von seismischen Reflexionsmessungen 203
    2. Die elektrischen Methoden 205
      a) Methoden ohne künstliche Stromzuführung 205
        α) Die Eigenpotentialmethode 205. — β) Natürliche Erdströme
        206.
      b) Methoden mit künstlicher Stromzuführung 206
        α) Elektromagnetische Methoden 207. — β) Potential- oder
        Widerstandsmethoden 209.
      c) Elektrische Bohrlochmessungen 211
  VI. Geochemisches Prospektieren 216

Erster Teil

Die Entstehung der Lagerstätten nutzbarer Mineralien

Die Begriffe „Nutzbare Mineralien" und „Lagerstätten"

Die Zahl der nutzbaren Mineralien wird mit der Entwicklung der Technik fortwährend erweitert. In der „Steinzeit" waren nur feinkristalliner oder amorpher Quarz und feinverfilzte Hornblenden und Pyroxene als nutzbare Mineralien in Gebrauch. Die Kupfer-, die Bronze- und die Eisenzeit brachten eine revolutionäre Erweiterung der Zahl der Mineralien, die der Mensch zu verwerten lernte. Die Entwicklung der Zivilisation der Menschheit ist zu einem großen Teil nichts anderes als die Entfaltung der Fähigkeit des Menschen, bisher „wertlose" Mineralien benützen zu lernen. Der Tendenz der *Erweiterung* des Bereiches der nutzbaren Mineralien arbeiten erfolgreiche Bestrebungen entgegen, Mineralien künstlich herzustellen oder durch Produkte zu ersetzen, die in der Natur nicht vorkommen. Der in den Taschenuhren eingebaute Korund wird heute wohl ausschließlich fabrikmäßig erzeugt, der natürliche Schmirgel ist in seiner Monopolstellung durch den geschmolzenen Bauxit und durch die Kunstprodukte, Karborundum (Si C) sowie durch die noch viel härteren Karbide des Wolframs und des Titans erschüttert worden. Der natürliche Salpeter hat aufgehört, ein Weltmonopol zu beherrschen, seit es gelungen ist, den Stickstoff der Luft in industriellem Maßstab chemisch zu binden. Die Spärlichkeit der Asbestvorkommen regt dazu an, dieses Mineral synthetisch zu erzeugen oder durch gleichwertige Kunstprodukte zu ersetzen.

Der Bereich der „nutzbaren" Mineralien hat somit keine unverrückbaren Grenzen.

Lagerstätte. Unter einer Lagerstätte versteht man eine solche natürliche Anhäufung (Konzentration) nutzbarer Mineralien an einer Stelle, daß deren technische Gewinnung wirtschaftlich möglich ist. Ist dies nicht der Fall, so spricht man von einem Mineral-„Vorkommen". Im Begriff „Lagerstätte" ist somit ein technisches und ein wirtschaftliches Kriterium enthalten. Da aber Technik und Wirtschaft in dauernder Bewegung sind, ist auch der Begriff Lagerstätte nicht feststehend.

Vor achtzig Jahren waren zahlreiche, sehr große Eisenerzvorkommen mit hohem Phosphorgehalt nicht bauwürdig, weil die damalige Hüttentechnik den Phosphor aus dem Eisen nicht zu entfernen vermochte. Heute sind diese Erze, die sowohl Eisen als auch Phosphor (Thomas-Phosphatmehl) liefern, besonders geschätzt. Vor der Entdeckung der Flotation in der Aufbereitungstechnik waren feine, arme Imprägnationen sulfidischer Erze unbauwürdig, die heute mit Erfolg abgebaut und aufbereitet werden. (S. „Bewertung und Technik" im II. Teil, S. 78.)

Im Großen gesehen, haben die Ansprüche, die man an eine Lagerstätte stellt, im Laufe der Zeit folgende Wandlungen erfahren:

Die „alte Zeit" war gekennzeichnet durch eine primitive Technik und durch niedrige Produktionszahlen. Auf die Lagerstätte übertragen heißt das: die Mineralien mußten leicht gewinnbar und leicht anzureichern sein, hingegen brauchte die Substanzziffer nicht groß zu sein, um die geringe Jahresproduktion durch Jahrzehnte und noch länger zu gewährleisten. Die Lagerstätte mußte also reiche, hochprozentige Mineralien in günstiger Verteilung (Verwachsung) enthalten, sie konnte aber „beliebig" klein sein. (Der heutige Zwergbetrieb im Bergbau stellt an die Lagerstätte ähnliche Anforderungen.) Die Anforderungen, welche die Gegenwart an eine Lagerstätte stellt, sind jenen der „alten Zeit" gerade entgegengesetzt:

Die Lagerstätte kann, ohne an Wert einzubüßen, in bezug auf die Qualität (Prozentgehalt) und Verwachsungsart der nutzbaren Mineralien nahezu beliebig arm und schwierig sein, die moderne Technik des Stollenvortriebes, der Aufbereitung und der Verhüttung wird mit diesen Schwierigkeiten fertig, hingegen muß die Substanzziffer groß sein, damit die hohen Investitionen amortisiert werden können.

Die Entstehung nutzbarer Mineralien in der Natur

Schon aus der Tatsache, daß ein heute wirtschaftlich nicht beachtetes Mineral morgen ein „nutzbares Mineral" sein kann, folgt, daß sich die Entstehungsgeschichte der Lagerstätten nicht lostrennen läßt von der Entstehungsgeschichte der Mineralien bzw. der Gesteine überhaupt. Die Lagerstättenlehre kann deshalb nur die besonderen Umstände hervorheben, die bei den Bildungsvorgängen von Mineralien bzw. von Gesteinen zu jenen Anhäufungen (Konzentrationen) geführt haben, die wir heute als Lagerstätten ansprechen. Damit ordnet sich die Lagerstättenlehre in die allgemeine Gesteinskunde beziehungsweise in die Geochemie ein.

Die drei Klassen von Lagerstätten

In der Gesteinskunde stellt man auf Grund ihrer Entstehung drei Gesteinsklassen auf, und zwar:

1. Erstarrungsgesteine,
2. Sedimente,
3. Kristalline Schiefer.

Der Entstehung jeder Gesteinsklasse ist die Bildung von Lagerstätten nutzbarer Mineralien zugeordnet, weshalb man zweckmäßigerweise die Lagerstätten ihrer Entstehung nach ebenfalls in drei Klassen einteilen wird.

1. Erstarrungsgesteine

sind Gesteine, die durch das Festwerden (durch die Erstarrung) eines Schmelzflusses (Magmas) entstanden sind. Als sinnfälliges Beispiel der Erstarrung eines natürlichen Schmelzflusses können wir das Festwerden eines Lavastromes, der sich aus einem Vulkan ergießt, vor unseren Augen sehen. In der Technik ist mit gewissen Einschränkungen die Erstarrung der Schlacke, die aus einem Eisenhochofen abgestochen wird, mit der Erstarrung eines Lavastromes zu vergleichen. Bei der Erstarrung eines Magmas spielen sich viele Vorgänge ab (siehe darüber weiter unten), die zur Bildung von Lagerstätten nutzbarer Mineralien führen.

Wir werden deshalb alle Lagerstätten, die im Zusammenhang mit einer Magmenerstarrung entstanden sind, in einer Klasse zusammenfassen unter dem Titel: A. Lagerstätten des magmatischen Zyklus.

2. Sedimente

sind Bodensatzbildungen, das heißt Gesteine, die dadurch entstehen, daß Mineralien auf der Erdoberfläche aus Wasser oder aus der Luft abgeschieden werden. Das Delta, das sich ein Fluß durch die Ablagerung seiner Treib- und Sinkstoffe in einen See oder in das Meer hinausbaut, die losen Sandhügel (Dünen), die wir in der Wüste treffen, die Salzablagerungen in abflußlosen Binnenseen sind Beispiele der Entstehung von Sedimenten vor unseren Augen. Die Klärung von Schmutzwasser in Absatzbecken (Klärbecken), die Gewinnung von Kochsalz in den Seesalinen sind Beispiele der Sedimentbildung in der Technik. Es werden alle Lagerstätten, die sich im Zusammenhang mit der Entstehung von Sedimenten bilden, zu einer Klasse vereinigt unter dem Titel: B. Lagerstätten des sedimentären Zyklus.

3. Kristalline Schiefer

(metamorphe Gesteine) sind keine ursprünglichen Bildungen, sie waren früher einmal Erstarrungsgesteine oder Sedimente, die in geringeren oder größeres Tiefen *unter* der Erdoberfläche eine weitgehende Umwandlung (Metamorphose) durchgemacht haben, so daß sie, wieder an die Erdoberfläche gebracht, ganz anders aussehen als die Gesteine, aus denen sie gebildet worden sind. (Z. B.: Aus einem Lehm konnte auf diese Weise ein Glimmerschiefer werden, aus einem Quarzsand ein Quarzit, aus einem Granit ein Gneis oder ein Serizitschiefer, aus einem Basalt ein Chloritschiefer usw.) In der Technik werden ähnliche Umwandlungen an Metallen laufend durchgeführt. Der Unterschied zwischen einem gegossenen Stahlblock und der daraus gewalzten Eisenbahnschiene entspricht — roh gesprochen — etwa dem Unterschied zwischen einem Granit und dem daraus entstandenen Gneis, der Unterschied zwischen einem dichten und einem geglühten, grobkristallinen Kupferdraht entspricht etwa dem Unterschied zwischen einem dichten Kalk und dem daraus entstandenen grobkristallinen Marmor. In der Technik verwendet man (mit Ausnahme des Lösungsmittels, das in der Technik wegfällt) zu dieser Materialumwandlung dieselben Faktoren, mit denen auch die Natur arbeitet: *Erwärmung* (ohne bis zur Schmelztemperatur zu gehen) und mechanische Verformung, wie Pressen, Walzen, Ziehen und chemische Reaktionen im festen Zustande.

Die Lagerstätten, die bei der Entstehung der kristallinen Schiefer gebildet bzw. umgebildet worden sind, werden zusammengefaßt unter dem Titel: C. Lagerstätten des metamorphen Zyklus.

Somit ergeben sich die folgenden drei Klassen von Lagerstätten nutzbarer Mineralien:

A. Lagerstätten des magmatischen Zyklus,
B. Lagerstätten des sedimentären Zyklus und
C. Lagerstätten des metamorphen Zyklus.

Vom Schalenbau der Erde

Die Lagerstätten liegen entweder auf der Oberfläche der Erdkruste (Lithosphäre) oder sie sind in die Erdkruste eingebettet. Bei ihrer Bildung bzw. Umbildung spielen neben Vorgängen *in der Erdkruste* auch solche Vorgänge eine

Rolle, die ihren Ursprung außerhalb der Erdkruste (*über* ihr oder *unter* ihr) haben. Daraus ergibt sich die Notwendigkeit, die „Umgebung" der Erdkruste in den Kreis der Betrachtungen einzubeziehen, soweit sie bei der Bildung bzw. Umbildung von Lagerstätten mitwirkt.

Eine Betrachtung der Erde zeigt, daß sie von außen nach innen aus folgenden Schalen aufgebaut ist. (Abb. 1.)

1. Die Atmosphäre,
2. Die Hydrosphäre,
3. Die Biosphäre: Sauerstoff-Silizium-*Aluminium*-Schale oder Sial bzw. *Sal* genannt.
4. Die Lithosphäre: Sauerstoff-Silizium-*Magnesium*-Schale oder *Sima* genannt,
5. Die Oxyd-Sulfid-Schale,
6. Der Nickel-Eisenkern (*Nife*).

1. Die Atmosphäre ist für die Lagerstättenbildung nur in ihren untersten, der Erdkruste unmittelbar anliegenden Kilometern interessant. Hier wirkt sie *mechanisch* (z. B. Sandstürme in der Wüste) durch den Transport feiner Mineralsplitter, durch das Abscheuern praller Felswände (ähnlich dem in der Technik verwendeten Sandstrahlgebläse) und *chemisch* wirken vor allem der Sauerstoff, der Wasserdampf und die Kohlensäure der Atmosphäre (Oxydation, Hydrat- und Karbonatbildung). Der Stickstoff, der durch den Blitz zu Stickoxyd bzw. zu Salpetersäure oxydiert wird (in derselben Weise, in der man noch vor 30 Jahren Salpetersäure industriell erzeugte) spielt nur eine geringe Rolle.

Nach *oben* reicht die Atmosphäre einige hundert Kilometer über die Erdkruste hinaus, wobei sich ihre Zusammensetzung völlig verändert (Herrschaft des leichten Wasserstoffs ab etwa 70 km Höhe, Elektronenstürme im Nordlicht) nach *unten* greift die Atmosphäre durch die Gesteinsporen und die Gesteinsklüfte in die Erdkruste hinein, so daß die Grenze zwischen Atmosphäre und Lithosphäre unscharf ist.

2. Die Hydrosphäre umhüllt die Erdkruste in allen drei Aggregatzuständen, als Eis, als Wasser und als Dampf. Die *mechanischen* Wirkungen der Hydrosphäre sind überaus mannigfaltig (siehe darüber bei den Lagerstätten des sedimentären Zyklus). Die *chemischen* Wirkungen der Hydrosphäre werden durch die immer vorhandene Spaltung (Dissoziation [H^+, OH^-]) des Wassers und dadurch besonders intensiviert, daß das Wasser Sauerstoff und Kohlensäure, die aus der Atmosphäre stammen, gelöst enthält. Die Grenzen der Hydrosphäre sind sowohl nach oben als auch nach unten unscharf. Nach oben ist die Hydrosphäre mit dem unteren Teil der Atmosphäre (bis etwa 10 km Höhe) in der Weise vermischt, daß Wasserdampf (Luftfeuchtigkeit), Wassertropfen und Eiskriställchen von kolloidaler Feinheit (Wolken, Nebel) mit der Atmosphäre gemischt sind. Unmittelbar auf der Lithosphäre liegt die Hydrosphäre als Gletscher, Fluß, See und als Meer. Nach unten dringt das Wasser als Dampf, als Porenwasser und als Kluftwasser in die Erdkruste ein, es bildet als *Grundwasser* oft ausgedehnte Schalen. Es ist somit die Hydrosphäre nach oben mit der Atmosphäre und nach unten mit der Lithosphäre auf einige Kilometer Tiefe verzahnt.

Zu diesem „vadosen" Wasser kommt noch das „juvenile" Wasser, das ist jenes Wasser, dessen Elemente im Magma gelöst sind und das beim Eindringen des Magmas in die Erdkruste, aus dem Magma ausgestoßen, zum ersten Male in den Kreislauf des Wassers der Hydrosphäre einbezogen wird. Es gibt allerdings kein Mittel, um „vadoses" von „juvenilem" Wasser zu unterscheiden.

3. Die Biosphäre bedeckt als „Vegetationspelz" weite Gebiete der Erdkruste, sie belebt als Flora und Fauna die Festländer, die Binnengewässer und die Meere, sie wird in ihrer leicht transportablen Form (Samen, Pollen, Sporen) von Strömungen der Atmosphäre erfaßt und Hunderte von Kilometern weit transportiert, um sich dort zu entfalten, wo sie die Erfüllung ihrer Lebensbedingungen vorfindet. Die organogenen Sedimente und damit für die Menschheit

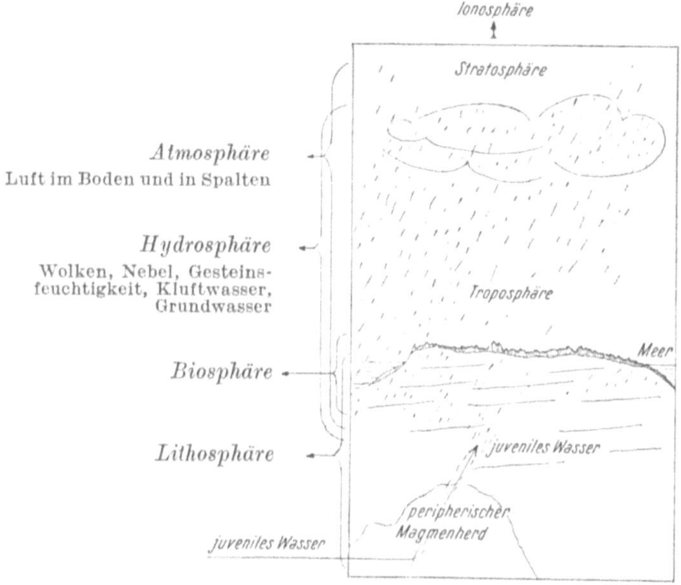

Abb. 1. Die Durchdringung von Atmo-, Hydro-, Bio- und Lithosphäre.

unentbehrliche Lagerstätten (Kohle, Erdöl, Phosphate) verdanken der Biosphäre ihre Entstehung. (Siehe sedimentärer Lagerstättenzyklus.) Im feuchten, durchlüfteten, von Bakterien und Würmern belebten Wurzelboden der Pflanzendecke durchdringen sich Atmosphäre, Hydrosphäre, Bio- und Lithosphäre. (S. Abb. 1.)

4. Die Lithosphäre ist der „Gesteinspanzer", auf dem wir leben. Sie besteht aus „losen" oder aus „festen" Gesteinen. Die Lagerstätten sind Bestandteile der Lithosphäre.

Chemisch besteht die Lithosphäre in ihrem oberen Teil vor allem aus Silikaten der Tonerde, somit aus den Elementen Sauerstoff, Silizium und Aluminium, weshalb man dafür den Namen Si-Al oder abgekürzt „*Sal*" eingeführt hat. Das spezifische Gewicht der Sal beträgt rund 2,65.

In den tieferen Teilen der Lithosphäre herrschen die Silizium-Magnesium-Mineralien, weshalb man dafür den Namen „*Sima*" verwendet. Das spezifische Gewicht der Sima liegt bei 2,9 bis 3,1.

Die Beziehungen zwischen der Lithosphäre und den *über* ihr liegenden Schalen (Bio-, Hydro-, Atmosphäre) liegen klar vor unseren Augen, sie sind der Beobachtung direkt zugänglich.

Die Lithosphäre selbst kennen wir in ihrer Tiefenerstreckung aus tiefen Taleinschnitten, die von nackten Felsen flankiert werden, vor allem aber aus den tiefen Schächten und Bohrlöchern des Bergbaues und aus tiefen Durchtunnelungen der Gebirge. Dem Bergbau ist, allgemein gesagt, mit etwa 2000 m Tiefe derzeit eine unüberwindliche Grenze nach der Tiefe zu gegeben, die Tiefbohrungen haben 4000 m Tiefe bereits überschritten. Da der Erdhalbmesser 6379 km beträgt, erschließt der Bergbau die Erdkruste auf eine Tiefe von 0,03 %, das heißt, bei einem Globus von zwei Metern Durchmesser hätte die uns direkt im Bergbau zugängliche Erdkruste eine Dicke von 0,3 Millimeter. Die tiefsten Bohrlöcher würden in einen solchen Globus 0,6 mm tief hineinragen.

Wir sind deshalb in unseren Aussagen über die tieferen Schalen der Erdkruste und über das, was unter der Erdkruste liegt, auf Schlüsse angewiesen, die wir aus anderen Beobachtungen ziehen. Solche Schlüsse können wir ziehen:

a) aus der geothermischen Tiefenstufe,
b) aus den Erscheinungen des Vulkanismus,
c) aus dem spezifischen Gewicht der Erdkruste und der Erde als Gesamtkörper und
d) aus Beobachtungen an Erdbebenwellen.

Gestützt werden diese Schlüsse noch durch „Materialproben", die wir von anderen Weltkörpern in der Form von Eisen- und von Steinmeteoriten erhalten und durch die täglichen Erfahrungen im Metallhüttenwesen.

Die geothermische Tiefenstufe. Trägt man die Temperaturkurven zweier Thermometer, von denen das eine im Freien, das andere in einem Keller desselben Ortes aufgehängt ist, übereinander auf, so sieht man, daß die „Kellerkurve" gegenüber der „Oberflächenkurve" weitgehend „ausgebügelt" ist. Der Keller macht die Temperaturschwankungen der Oberfläche nur sehr gedämpft mit, weshalb es nach unserem *subjektiven* Empfinden in einem Keller im Sommer „kühl", im Winter „warm" ist. In etwa 30 m Tiefe ist die Temperaturkurve eine Gerade, das Thermometer zeigt Sommer und Winter dieselbe Temperatur an, die gleich ist der mittleren Jahrestemperatur des betreffenden Ortes. Schreitet man weiter gegen die Tiefe fort, so steigt die Temperatur an, und zwar im Mittel um drei Grad pro hundert Meter Tiefenzunahme, also pro 33 m Tiefe um einen Grad. Die Tiefenzunahme, die erforderlich ist, um eine Temperatursteigerung von 1^0 C zu erreichen, nennt man die geothermische Tiefenstufe. Sie beträgt im Mittel 33 m, doch sind starke Abweichungen von diesem Mittelwert bekannt. Wo innerhalb der Erdkruste örtliche Wärmequellen vorhanden sind (Vulkangebiete, Kohlenflöze, deren Inkohlungsprozeß noch nicht abgeschlossen ist, Durchtränkung des Gesteins mit heißen Gasen oder Wasser) wird die Temperatur mit der Tiefe rascher zunehmen, kalte Oberflächenwässer, die in die Erde eindringen, wirken abkühlend. Schichtlage (horizontal oder steilstehend), Zerklüftung der Gesteinskörper und damit die Wegsamkeit für Wasser beeinflussen die Größe der geothermischen Tiefenstufe, deren Grenzwerte etwa zwischen 15 m und 80 bis 120 m liegen.

Hat ein Punkt der Erdoberfläche beispielsweise eine mittlere Jahrestemperatur von $\pm 0^0$, so würde man dort in 100 m Tiefe eine Temperatur von 3^0 messen, in 1000 m Tiefe hätte man 30^0 und in 2 km Tiefe 60^0.

Die geothermische Tiefenstufe spielt bei tiefen Durchtunnelungen von Gebirgen und vor allem im Bergbau eine sehr wichtige Rolle — denn bei 60^0 ist eine länger dauernde Arbeitsleistung für den Menschen unerträglich und die Technik verfügt noch über keine Möglichkeit, die Wärme, welche vom Gestein an die umgebende Luft abgegeben wird, in ökonomischer Weise abzuführen. Bei der Berechnung der Substanzziffer von Kohlenlagerstätten werden deshalb die Kohlenvorräte, die tiefer als 1500 m liegen, meist nicht mehr in Betracht gezogen, weil über die Möglichkeit ihrer wirtschaftlichen Gewinnung noch Unklarheit besteht. Anderseits wird die Erdwärme bereits praktisch zur Krafterzeugung ausgenützt. (Lardarello in der Provinz Toskana, Italien.)

Unter der Voraussetzung, daß die Wärme mit der Tiefe linear zunimmt, hätte man in 10 km Tiefe bereits mit 300°, in 30 km Tiefe mit 900° und in 50 km Tiefe mit 1500° zu rechnen. Die Schmelzpunkte der Silikatgesteine (mit Ausnahme der reinen Quarzgesteine) liegen alle ganz wesentlich unter 1500°, die meisten Metalle sind bei 1500° flüssig. Wenn auch die geothermische Tiefenstufe wesentlich höhere Werte erreicht, die feste Erdkruste kann, gemessen am Erddurchmesser (12758 km), nur als dünne Schale das flüssige Magma umhüllen. Die geothermische Tiefenstufe zwingt somit zur Folgerung, daß die feste Erdkruste von einer geschmolzenen Gesteinsmasse, dem *Magma*, unterlagert wird.

Abgesehen von den heute noch tätigen Vulkanen mit ihren Lavaergüssen zeigt wohl jede geologische Karte, daß große Bruchlinien unter anderem dadurch charakterisiert sind, daß auf ihnen Vulkane „aufsitzen“, das heißt, die Brüche haben bis in die Magmenherde hinabgereicht — wenn es sich hiebei auch oft um näher der Erdoberfläche liegende „peripherische Herde“ handelt. Jeder Zyklus der Gebirgsbildung (alpiner Zyklus, Kreide und Tertiär), herzynischer Zyklus (Karbon-Perm), Kaledonischer Zyklus (Devon) ist von ausgedehnten Magmenintrusionen begleitet.

Das spezifische Gewicht der Erde als Gesamtkörper beträgt 5,6. Die Erdkruste hat ein spezifisches Gewicht von 2,7 (Sal) bzw. von 2,9 bis 3,1 (Sima). Das Massendefizit der Erdkruste muß also ausgeglichen werden durch eine Anhäufung spezifisch *schwerer* Stoffe unter der Erdkruste. Als spezifisch *schwer* kommen zunächst die *Oxyde* und die *Sulfide* der Schwermetalle in Betracht, deren spezifische Gewichte an 5,6 heranreichen. Die Beseitigung des Massendefizits kann deshalb nur durch die Schwermetalle selbst erfolgen.

5. Die Oxyd-Sulfidschale. Diese Erwägung führt zum Bilde, die Erde als einen großen Metalltropfen anzusehen, der von einer Oxyd-Sulfidschale und darüber von einer dünnen Schicht Schlacke umschlossen ist, ähnlich der Anordnung der Stoffe beim Abstich eines Metallschmelzofens, wo wir zuunterst den metallischen Regulus, darüber den „Stein“ bzw. die „Speise“ (Sulfide und Arsenide) und darüber die „Schlacke“ sich anordnen sehen.

Die Erdbebenwellen bestätigen diese Auffassung insofern, als jene Wellen, die sich nicht an der Erdoberfläche fortpflanzen (Hauptbeben), sondern die durch das Erdinnere laufen (Vorläufer), es ermöglichen, den Elastizitätsmodul des Erdinnern zu rechnen. Eine solche Rechnung zeigt, daß das Erdinnere den Elastizitätsmodul eines harten Stahls besitzt. Schließlich sind durch die Erdbebenforschung auch Reflexionen der Wellen im Innern der Erde festgestellt worden, die einen weiteren Beweis für den Schalenbau der Erde liefern.

6. Der Nickel-Eisenkern. Auch das Meteoreisen (ein nickelhaltiges Eisen, das aus dem Weltraum auf die Erde fällt) stützt die Auffassung vom Nife, vom Nickel-Eisenkern unserer Erde.

Für die Entstehung der Lagerstätten nutzbarer Mineralien spielt das Magma, welches die Erdkruste unterlagert, die allergrößte Rolle und man kann sagen, nahezu alle Lagerstätten der Welt verdanken ihren stofflichen Bestand direkt oder indirekt dem Magma.

Die nachstehenden Tabellen 1 und 2 geben die mittlere chemische Zusammensetzung der Erdkruste bis 16 km Tiefe (Tab. 1) und die Verteilung der wichtigsten Elemente auf die einzelnen Schalen der Erde (Tab. 2).

Tab. 1. *Mittlere chemische Zusammensetzung der Erdkruste bis zu 16 km Tiefe.* (Nach CLARKE und WASHINGTON, zitiert nach F. W. BARTH.)

74,29 %				
SiO_2 ...... 59,07 %	CO_2 ...... 0,35 %	U_2O_5 ...... 0,03 %
Al_2O_3 ...... 15,22 „	TiO_2 ...... 1,03 „	MnO ...... 0,11 „
Fe_2O_3 ...... 3,10 „	ZrO_2 ...... 0,04 „	NiO ...... 0,03 „
FeO ...... 3,71 „	P_2O_5 ...... 0,30 „	BaO ...... 0,05 „
MgO ...... 3,45 „	Cl ...... 0,05 „	SrO ...... 0,02 „
CaO ...... 5,10 „	F ...... 0,03 „	Li_2O ...... 0,01 „
Na_2O ...... 3,71 „	S ...... 0,06 „	Cu ...... 0,01 „
K_2O ...... 3,11 „	$(CeY)_2O_3$ ...... 0,02 „	C ...... 0,04 „
H_2O ...... 1,30 „	Cr_2O_3 ...... 0,05 „	
97,77 %	1,93 %	0,30 %

Tab. 2. *Vorkommen der Elemente in den einzelnen Schalen der Erde, nach dem periodischen System geordnet.* (Nach GÜRTLER-LEITGEBEL.)

1. *Hauptmasse* (Metallkern). Fe — Ni — Co — C — Pt — Metalle.

2. *Sulfidschale.* S — Cu — Zn — Pb — Sb — Bi — Hg — Cd — Fe — Mn — Au — Ag — Se — Te — As.

3. *Silikatische Schlackenschale.* O — Si — Al — Fe — Mg — Ca — Ti — V — Mn — Cr — Na — K — Ce — Cl.

4. *Gashülle.* N — O — C — H — Edelgase.

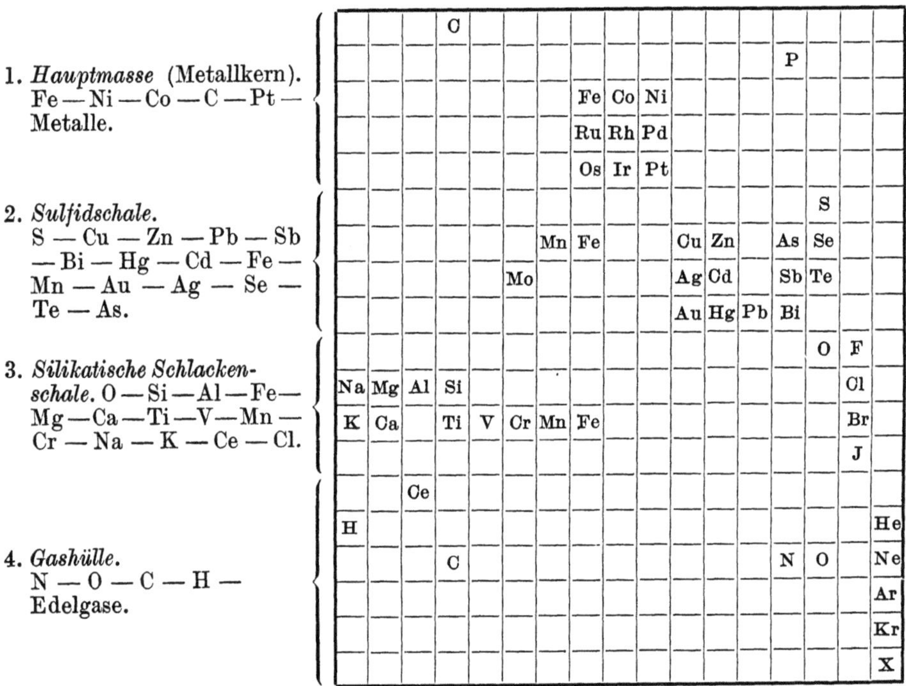

A. Erstarrungsgesteine und Lagerstätten des magmatischen Zyklus

Das in die Erdkruste eindringende Magma kann entweder die Erdkruste durchbrechen und bis an die Oberfläche vordringen, es entsteht dann durch das Festwerden des Magmas ein *Ergußgestein* (Vulkanit), oder es kann in der Erdkruste steckenbleiben, also in der Tiefe erstarren, wodurch ein *Tiefengestein* (Plutonit) entsteht. Es ist einleuchtend, daß das Erstarrungsprodukt und die Begleiterscheinungen der Erstarrung in beiden Fällen verschieden sein müssen. Das in der Tiefe erstarrende Magma ist durch die Erdkruste als „Wärmeschutzmantel" umgeben, die Wärmeabfuhr und damit die Erstarrung erfolgt sehr langsam, die im Magma gelösten Gase werden am Entweichen weitgehend verhindert, die Erstarrung erfolgt unter Druck.

An der Oberfläche hingegen, bei der Entstehung eines Ergußgesteins erfolgt die Wärmeabgabe und damit die Erstarrung sehr rasch, die im Magma ursprünglich gelösten Gase können rasch entweichen. Das Erstarrungsprodukt, das Ergußgestein, muß deshalb anders aussehen als ein Tiefengestein, und auch die Lagerstättenprozesse werden von jenen, die sich bei Tiefengesteinen abspielen, in vielen Punkten abweichen.

Erfolgt der Durchbruch des Magmas an die Erdoberfläche explosionsartig, dann wird das Magma zerstäubt — bildhaft ist der Vorgang dem Zerstäuben des unter Kohlensäuredruck stehenden Wassers, das aus einer Siphonflasche in ein Trinkglas abgefüllt wird, zu vergleichen —, zerstäubtes Magma (oder auch größere Brocken, Lapilli, Bomben) wird in die Luft geschleudert — oft bis zu mehreren Kilometern Höhe —, um als „Aschenregen" wieder auf die Erde niederzufallen. In diesem Falle wird also magmatisches Material wie ein Sediment aus der Luft abgelagert. Solche Ablagerungen nennt man *Tuffe* bzw. *Tuffite*, wenn sie mit Sedimentmaterial, das gleichzeitig mit ihnen abgelagert wurde, vermischt sind.

Schließlich kann Magma von einem Magmenherd aus auch in *Spalten* der Hülle eindringen und in *Gangform* erstarren. Neben diesen „*normalen*" Ganggesteinen treten aber noch Gangbildungen besonderer Art auf, die letzte Magmenreste eines erstarrenden Magmas darstellen und die vom Magma, dem sie entstammen, in ihrer Zusammensetzung und in ihrer Struktur abweichen. Diese Gänge (Pegmatite und Aplite) bedürfen einer besonderen Betrachtung.

Es ergibt sich somit für die Erstarrungsgesteine nachfolgende Einteilung:

    I. *Tiefengesteine.*
    II. *Ergußgesteine* und deren Tuffe.
    III. *Ganggesteine.*

I. Die Erstarrung des Magmas in der Tiefe und die damit verbundenen Prozesse der Lagerstättenbildung

Ein Magma ist eine *von Gasen durchtränkte schmelzflüssige Lösung* von Elementen, Sulfiden, Oxyden und Silikaten, deren chemischer Bestand, außer den Gasen, folgende Stoffe umfaßt:

	Granit (sauer)	*Quarzdiorit* (intermediär)	*Dunit* (basisch)
SiO_2	70,18	61,59	40,49
TiO_2	0,39	0,66	0,02
Al_2O_3	14,47	16,21	0,86
Fe_2O_3	1,57	2,54	2,84
FeO	1,78	3,77	5,54
MnO	0,12	0,10	0,16
MgO	0,88	2,80	46,32
CaO	1,99	5,38	0,70
Na_2O	3,48	3,37	0,10
K_2O	4,11	2,10	0,04
H_2O	0,84	1,22	2,88
P_2O_5	0,19	0,26	0,05

Hiezu kommt noch die große Zahl der *Spurenelemente*, die nur in Hundertstel oder Tausendstel Prozenten oder in noch geringeren Mengen (Spuren) vorhanden sind, die aber trotzdem unter gewissen Umständen zu nutzbaren Lagerstätten konzentriert werden können. (S. hierüber im geochemischen Abschnitt, S. 50.)

Ein wesentlicher Bestandteil des Magmas sind noch die in ihm gelösten Gase, von denen neben den Elementen des Wassers besonders die Halogene Fluor und Chlor bedeutungsvoll sind. (Mineralisatoren).

Infolge der langsamen Abkühlung erfolgt das Festwerden des Magmas in der Tiefe in kristalliner (nicht amorpher) Form, das heißt, ein Tiefengestein ist stets vollkristallin.

Die Reihenfolge der Erstarrung (Ausscheidungsfolge) vollzieht sich nach den Gesetzen der physikalischen Chemie, zuerst scheiden sich „Apatit und Erze", also die Mineralien ab, die keine Kieselsäure in ihr Kristallgitter einbauen. Die Oxyde des Eisens, des Titans und des Vanadiums, des Chroms (Magnetit, Titanomagnetit, Titanohämatit, Chromit, Ilmenit), die Sulfide des Eisens und Nickels (Pyrit, Pentlandit) und von den Elementen die Platingruppe gehören neben dem Apatit zu den Abscheidungsprodukten der *Erstkristallisation.*

In der nun folgenden *Hauptkristallisation* scheiden sich die *Silikate* in der Reihenfolge ab, daß zunächst die Silikate, die arm an Kieselsäure und reich an Eisen und Magnesium sind (femische Silikate, Pyroxene, Amphibole, dunkle Glimmer) zur Ausscheidung kommen. Dann erst folgen die Alkali-Tonerde-Silikate, und zwar so, daß ihre basischeren Vertreter *vor* den sauren erstarren. Erst am Schlusse erstarrt die reine Kieselsäure, der Quarz. (Falls das Magma überhaupt so viel Kieselsäure enthalten hat, daß nach der Absättigung der Basen der Hauptkristallisation noch freie Kieselsäure übriggeblieben ist.)

Die Anwendung der physikalischen Chemie auf die Auskristallisation aus schmelzflüssigen Lösungen hat in der Metallurgie der letzten 40 Jahre unerhörte Fortschritte gebracht und die Empirie des früheren Eisen- und Metallhüttenwesens völlig zurückgedrängt. Allein aus dem Eisen-Kohlenstoff-Diagramm ist eine ganze Wissenschaft geworden. Die Metallurgen haben vor den Petrographen den Vorteil voraus, daß sie meist nur mit Zweistoff- oder Dreistoffsystemen ohne Gasphase arbeiten während ein Magma ein kaum mehr übersehbares Vielstoffsystem darstellt. Außerdem sind Schmelzversuche mit metallischen Lösungen rascher und leichter durchzuführen als solche mit Silikatschmelzen, von der in der Petrographie so wichtigen Gasphase ganz abgesehen. Schließlich haben — aus sehr egoistischen Gründen — wohl alle größeren Eisen- und Metallhüttenwerke ihre gut eingerichteten Forschungslaboratorien, während mineralogische oder petrographische Laboratorien, die für das Arbeiten mit Silikat- oder Oxyd- oder Sulfidschmelzen eingerichtet sind, zu den ganz seltenen Ausnahmen gehören. Die einzelnen Ausscheidungsphasen übergreifen sich zeitlich sehr stark.

Nach Beendigung der Erst- und der Hauptkristallisation ist die Erstarrung des Magmas der *Hauptsache* nach abgeschlossen. Verbliebene Magmenreste, in denen sich vor allem die Gase des Magmas und auch Spurenelemente besonders angereichert haben, wandern meist in Gangform in das bereits fertiggebildete Tiefengestein ein, oder sie wandern über das Tiefengestein in die Hülle aus. Ihre Erstarrung (Pegmatitgänge) liefert die Produkte der *Restkristallisation.*

1. Schlierenbildung, magmatische Erzlagerstätten

Im *Großen* gesehen, hat ein Tiefengestein überall dieselbe chemische und mineralogische Zusammensetzung. Daneben kann man aber beobachten, daß einzelne Mineralien des Tiefengesteins an einzelnen Stellen besonders angereichert sind, daß sie *Schlieren* bilden. Solche Schlieren fallen durch ihre dunklere Farbe auf

(Anreicherung femischer Silikate), ihre Form ist meist ellipsoidisch oder kugelig, ihre Größe kann von Nußgröße bis zu Millionen von Kubikmetern variieren.

Werden in den Schlieren nutzbare Mineralien in zureichender Konzentration und in befriedigender Menge angereichert (konzentriert), so sprechen wir von einer *magmatischen Lagerstätte*. Nur die Produkte der Erstkristallisation (Oxyde, Sulfide und [selten] Apatit) bilden magmatische Lagerstätten.

Die Bildung der Schlieren erfolgt oft nach Art der Saigerung bereits im flüssigen Zustand. Beispiel aus dem Hüttenwesen:

Das auf thermischem Wege erzeugte Rohzink enthält wegen des Zusammenvorkommens von Zink- und Bleierzen immer größere Mengen von Blei. Um das flüssige Zink zu raffinieren, läßt man es möglichst nahe seinem Schmelzpunkt ruhig stehen. Bei dieser niedrigen Temperatur ist die Löslichkeit von Blei im Zink sehr gering, das Blei sinkt langsam zu Boden, es saigert aus. In analoger Weise trennen sich die Silikate (Schlacke) von den Sulfiden (des Eisens) in einem Bleischachtofen deutlich voneinander. Die Schlacke, als spezifisch leicht, schwimmt oben auf, die Sulfide (Speise) bilden die untere Schicht. Oder:

Wenn ein Stahl 0,01 % Schwefel enthält, so ist das für die meisten Verwendungszwecke ohne Einfluß, solange das spröde Schwefeleisen im Stahl gleichmäßig verteilt ist. Haben sich aber lokale Anhäufungen von Schwefeleisen (schwefelreiche Schlieren) gebildet, so sind an der betreffenden Stelle die Festig·keitseigenschaften des Stahls völlig unbefriedigend, es liegt ein Materialfehler vor·

So scheiden sich bei der Entstehung magmatischer Erzlagerstätten bei abnehmender Temperatur Oxyde oder Sulfide bereits in Tropfenform aus, die Tropfen vereinigen sich zu größeren Gebilden, die nach erfolgter Erstarrung als ,,Erzkörper" vorliegen.

Der Vorgang kann sich aber auch so abspielen, daß die Produkte der Erstkristallisation bereits als Kristalle abgeschieden sind, daß diese Kristalle infolge ihres höheren spezifischen Gewichtes im noch flüssigen Magma niedersinken, hiebei in höhere Temperaturbereiche gelangen und wieder aufgeschmolzen werden.

Da das Magma an der Berührungsstelle (Kontakt) mit dem umhüllenden Nebengestein eine niedrigere Temperatur hat als in weiter davon entfernten Teilen, muß zumindest die Tendenz bestehen, die *Konzentration* den verschiedenen herrschenden Temperaturen anzupassen. Die durch diese Tendenz ausgelösten Strömungen können ebenfalls zu Konzentrationsänderungen führen.

Die Form magmatischer Lagerstätten

Aus Gründen der Oberflächenspannung sollte man erwarten, daß magmatische Lagerstätten die Form von *Kugeln* haben. Tatsächlich sind kugelförmige Schlieren ganz selten, das Magma hat nicht nur interne Strömungen, es wird beim Intrusionsakt ja auch in seiner Gänze bewegt. Deshalb sind die magmatischen Lagerstätten primär zu Linsen und Schläuchen deformiert. Eingeschnürte Linsen oder die durch Abreißen bedingte Auflösung einer großen Linse in mehrere kleinere, hintereinander angeordnete Linsen gehören zur Formcharakteristik magmatischer Lagerstätten.

Gewanderte Schlieren, injizierte magmatische Lagerstätten

Jede Magmenintrusion ist von Bewegungsvorgängen begleitet. Es kann deshalb eine im Magma in einer tieferen Lage vorgebildete Schliere durch solche Bewegungsvorgänge erfaßt und in höhere, bereits erstarrte Teile des Magmas eingepreßt werden. Eine solche gewanderte Schliere (injizierte magmatische Lagerstätte) kann das Nebengestein in Form von Gängen und Adern durchtrümmern, die Lagerstätte nimmt dann die Form einer Platte, eines gangförmigen Körpers an, der mit seiner neuen Umgebung auch chemische Kontaktreaktionen eingehen kann und dann an eine „kontaktmetamorphe Lagerstätte" erinnert. (S. Abb. 2 und 3.)

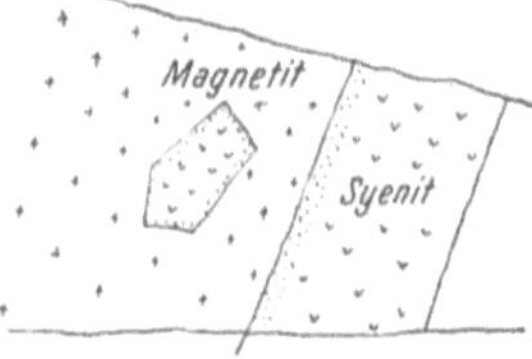

Abb. 2. Gewanderte Schliere: Die Magnetitschmelze hat vom Syenit Bruchstücke losgerissen, die im Magnetit schwimmen. Punktiert: Chemischer Reaktionssaum zwischen Magnetit und Syenit (Ortsbild).

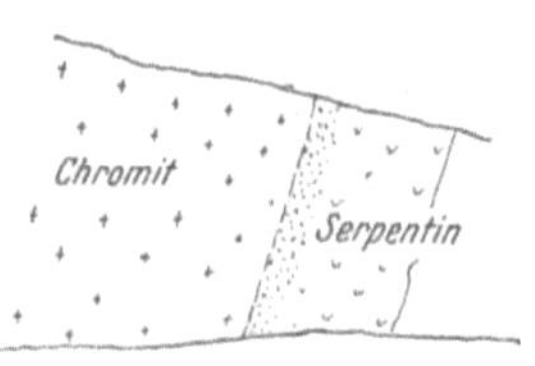

Abb. 3. Chromitschliere, über Chromittigererz in Serpentin übergehend.

Der Stoff magmatischer Lagerstätten

Von den *Elementen* finden wir nur die *Platin*metalle in basischen Tiefengesteinen (Familie der Gabbrogesteine im weitesten Sinne des Wortes) als Schliere angereichert. Von den *Oxyden* tritt die Spinellgruppe recht häufig in Schlierenform in den Gesteinen der Gabbro-Peridotit-Pyroxenitgruppe auf. Die *Chromit*lagerstätten $(FeO \cdot Cr_2O_3)$ der Welt sind ausnahmslos an Peridotite und Pyroxenite gebunden. Ihre Entstehung als magmatische Schliere ist sehr oft nachgewiesen worden.

Auch gewisse *Magnetit*lagerstätten $(FeO \cdot Fe_2O_3)$ sind als magmatische Schlieren an Gabbrogesteine gebunden. Charakteristisch für diese Magnetite ist ein wohl immer vorhandener Gehalt an *Titan* in der Form von *Titanmagnetiten*. Auch ein Vanadiumgehalt und zuweilen ein Nickelgehalt ist für diese Magnetite bezeichnend.

Die magmatischen *Magnetit*lagerstätten, die an *saure* Gesteine gebunden sind, weisen keinen Titangehalt auf, sie sind aber durch einen wohl immer vorhandenen Phosphorgehalt [in der Form von Apatit $(FCl) Ca_5 (PO_4)_3$] ausgezeichnet.

Von den Oxyden treten noch der *Ilmenit* und der *Titanohämatit* als magmatische Lagerstätten in basischen Tiefengesteinen auf.

Die reine *Titansäure, der Rutil,* findet sich ebenfalls als Schliere, wenn auch viel seltener als die vorgenannten Erze, in natronreichen Tiefengesteinen intermediären Charakters. In ähnlichen natronreichen Tiefengesteinen hat auch, wenn auch sehr selten, eine schlierige Anreicherung von *Zirkon* $(ZrO_2 \cdot SiO_2)$ stattgefunden.

Von den *Sulfiden* ist der stets *nickel*führende (Pentlandit — NiFeS) *Magnetkies* $(Fe_{11}S_{12})$ an Gesteine der Gabbrofamilie gebunden, ebenso wie die magmatischen *Schwefelkieslager* (FeS_2) mit den sie begleitenden Magnetkiesen, Kupferkiesen und geringen Mengen von Zinkblende.

Bei den Diamantlagerstätten vom Typus der diamantführenden Kimberlite Südafrikas ist die Frage noch offen, ob der *Kohlenstoff* primär im Magma vorhanden war, oder ob er erst beim Magmadurchbruch aus dem Nebengestein in das Magma gelangt ist. Im letzteren Falle wären diese Diamanten als „Resorptionsschliere" aufzufassen. (Siehe darüber unter Kontaktmetamorphose.)

2. Kontaktmetamorphose und kontaktmetamorphe Lagerstätten

Zwischen dem eindringenden Magma und der Hülle festen Gesteins kommt es naturgemäß zu einer ganzen Reihe von Wechselwirkungen, die sowohl das Magma im Kontaktbereich verändern können (endogene Kontaktmetamorphose) als auch die Hülle (exogene Kontaktmetamorphose). Diese Veränderungen werden teils durch physikalische Faktoren herbeigeführt (Wirkungen von Druck und Temperatur), teils werden sie chemischer Art sein (stoffliche Umsetzungen zwischen Magma und Hülle).

Sonach kann man die Kontaktmetamorphose einteilen in die *endogene* Kontaktmetamorphose, welche die Veränderungen betrifft, die das Magma erleidet, und in die *exogene* Kontaktmetamorphose, das sind die Veränderungen, welche die Hülle erleidet.

Die Unterscheidung von endogener und exogener Kontaktmetamorphose wird bei den „Migmatiten" (Mischgesteinen) hinfällig. Migmatite entstehen dadurch, daß das Magma die Hülle so durchtränkt und aufsaugt (resorbiert), daß ein neues Gestein, das „Mischgestein" entsteht. Als Vorstufe der Migmatitbildung kann die „magmatische Injektion" aufgefaßt werden. Bei der magmatischen Injektion durchschwärmen größere und kleinere, vom Magma ausströmende Gänge und Gängchen in solcher Zahl und räumlicher Gedrängtheit das Nebengestein, daß nur mehr Schollen des Nebengesteins zwischen den Injektionen erhalten sind. Sowohl bei der endogenen als auch bei der exogenen Kontaktmetamorphose gibt es Veränderungen *ohne* Stoffzufuhr und solche *mit* Stoffzufuhr, wie es das untenstehende Schema andeutet.

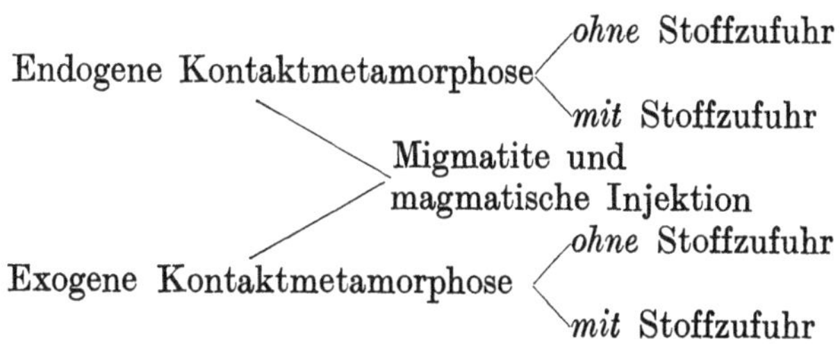

a) Endogene Kontaktmetamorphose ohne Stoffzufuhr

Es ist eine allbekannte Tatsache, daß beim Gießen von Metallen die Erstarrung am Kontakt des flüssigen Metalls mit der „festen Hülle" (Gußform, Kokille) infolge des großen Wärmegefälles rasch vor sich geht und daß hiebei, wie bei jeder raschen Kristallisation, viel kleinere Kristalle zur Abscheidung kommen als in der Mitte der Schmelze, wo die Erstarrung langsamer vor sich geht und sich deshalb größere Individuen bilden. (Vorwärmen der Kokillen, um das Temperaturgefälle zu verkleinern). In den Randpartien einer Schmelze bildet sich deshalb, verglichen mit der Mitte, eine „feiner kristalline Randfazies" aus. Diese auch bei der Magmaerstarrung zuweilen zu beobachtende „feiner kristalline Randfazies" ist für die Lagerstättenbildung ohne Bedeutung — sie kann hier übergangen werden.

Das Temperaturgefälle zwischen dem Kontaktbereich und dem inneren Magma hat Konzentrationsänderungen und Strömungen zur Folge, die dazu führen können, daß die Kontaktzone chemisch in ihrer Zusammensetzung von den zentralen Teilen des Magmas abweicht (Randfazies des Magmas bzw. des Tiefengesteins). Auch bei der Entstehung einer Randfazies kommt es nicht zu einer Lagerstättenbildung.

b) Endogene Kontaktmetamorphose mit Stoffzufuhr

Die Erscheinungen, die hier auftreten, sind von großer Mannigfaltigkeit. Die basische Ofenauskleidung (Hülle) aus Magnesit (oder aus Dolomit) reagiert mit dem Phosphor einer phosphorhaltigen Roheisenschmelze und liefert die

„Thomas-Schlacke" (Thomas-Phosphatmehl als Kunstdünger) als Produkt einer endogenen Kontaktmetamorphose mit Stoffzufuhr.

Sollte bei den Diamantlagerstätten im Kimberlit der Kohlenstoff aus dem Nebengestein stammen, was vielfach angenommen wird, so hätten wir in diesen Diamantlagerstätten Produkte der endogenen Kontaktmetamorphose mit Stoffzufuhr vor uns.

Lösen sich vom Nebengestein, von der „Hülle" beispielsweise Kalkschollen ab, die vom Magma umspült werden, so kann, je nach den vorliegenden Bedingungen, im extremen Fall der Kalk vom Magma völlig verdaut, resorbiert werden. Wir haben dann dort, wo die Kalkscholle lag, eine lokale Zufuhr von Kalzium (CaO), das als starke Base mit der Kieselsäure des Magmas kalkreiche Silikate liefern wird. (Das Einwerfen von Ferromangan in ein schwefelhältiges Stahlbad zur Bindung des Schwefels an das Mangan oder das Aufkohlen einer Stahlschmelze sind diesem Vorgang ähnlich.) Zur Lagerstättenbildung kommt es bei der endogenen Kontaktmetamorphose mit Stoffzufuhr nicht. (Ausgenommen vielleicht die Diamantlagerstätten im Kimberlit Südafrikas).

c) Exogene Kontaktmetamorphose ohne Stoffzufuhr

Die physikalischen Wirkungen des Magmas auf die Hülle bestehen in einer Durchwärmung der Hülle unter gleichzeitiger Vermehrung des Drucks. Durchwärmung bedeutet bei anorganischen Körpern *Kristallwachstum*. (Von diesem Kristallwachstum der Rekristallisation wird in der Technik der Stahlvergütung durch Wärmebehandlung laufend Gebrauch gemacht.) Die Vertreibung flüchtiger Komponenten aus der Hülle, das Wachstum der Kristalle der Hüllgesteine und schließlich die Auslösung chemischer Reaktionen zwischen den Komponenten der Hüllgesteine können zu weitgehenden Veränderungen des ursprünglich vorhanden gewesen Gesteins führen (Entstehung von Knotenschiefern, von Kontaktmarmoren usw.). Zur Lagerstättenbildung führen diese Vorgänge nicht.

Waren *vor* der Magmenintrusion in der Hülle *bereits Lagerstätten vorhanden*, so können diese durch die physikalischen Wirkungen des Magmas *verändert* werden. So wird z. B. lignitische Braunkohle, die von Basalten durchbrochen wird, in Koks umgewandelt (trockene Destillation), Spateisenstein verliert die Kohlensäure und wird zu Magnetit usw. Eine *Lagerstättenneubildung* kann auf diese Weise nicht entstehen.

d) Exogene Kontaktmetamorphose mit Stoffzufuhr

(Kontaktmetamorphe Lagerstätten)

Die Bildung von Willemitkristallen ($Zn_2 Si O_4$) in den Muffeln der Zinkhütten besagt, daß das Zink, das in der Muffel erschmolzen wurde, mit der Kieselsäure des Tons der Muffel in Reaktion getreten ist. Hier liegt ein Beispiel der exogenen (die Hülle betreffende) Kontaktmetamorphose *mit* Stoffzufuhr aus dem Magma vor. Die Kontaktwirkung (Zerstörung des Muffel) wird um so intensiver, wenn die Zinkblende noch etwas Flußspat (von der Gangart herrührend) enthält. (Daher Strafabzug in der Bewertung von Zinkblenden, die Flußspat enthalten.) Tritt ein Magma mit reinem oder mit dolomitischem Kalk in Berührung, dann ist Gelegenheit zu besonders intensiven Reaktionen zwischen Magma und Hülle gegeben. Der Kalk ist mechanisch wenig widerstandsfähig, er bietet durch seine Zerklüftung eine Vielzahl von Transportwegen für Flüssigkeiten und für Gase und, von seiner Kohlensäure befreit, wirkt das verbleibende

CaO bzw. MgO als starke Base wie ein Schwamm, der Kieselsäure ansaugt, um Kalksilikate zu bilden. Es entstehen in solchen Kontakthöfen eine ganze Reihe von kalkhaltigen Silikaten vor allem der Granatfamilie, ferner Pyroxene und Amphibole, die Kalk enthalten, ferner Epidot, Vesuvian usw. Ein Analysenvergleich der Kalk-Silikat-Felse des Kontakts mit dem ursprünglichen Kalk, den man in größerer Entfernung antrifft, gibt ein Bild über die zugewanderten Stcffe. An Erzen ist es vor allem der Magneteisenstein (weniger häufig der Hämatit), den man in kontaktmetamorphen Lagerstätten antrifft. Diese Magnetite sind (gegenüber jenen der magmatischen Lagerstätten) frei von Phosphor und Titan, hingegen werden sie oft von Sulfiden (vor allem Pyrit und Chalkopyrit) begleitet. Von den Sulfiden sind Pyrit- und Chalkopyrit, seltener Bleiglanz und Zinkblende in kontaktmetamorphen Lagerstätten vertreten. (Abb. 4.)

Wenn die magmatischen Lagerstätten vor allem bei *basischen* Tiefengesteinen zur Ausbildung gekommen sind, so sind die kontaktmetamorphen Lagerstätten vor allem an intermediäre bis' saure Tiefengesteine gebunden. (Abb. 5.)

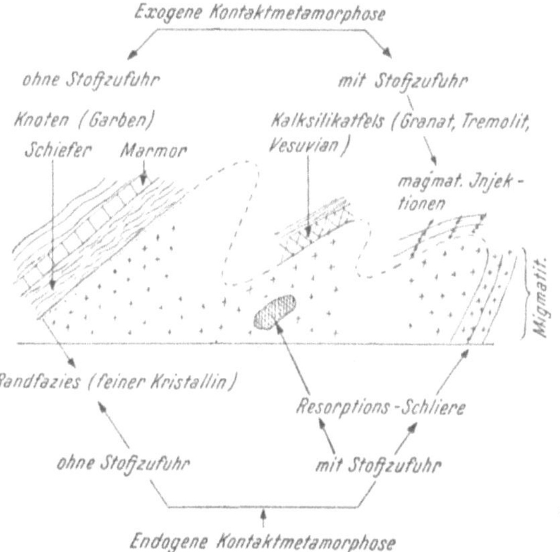

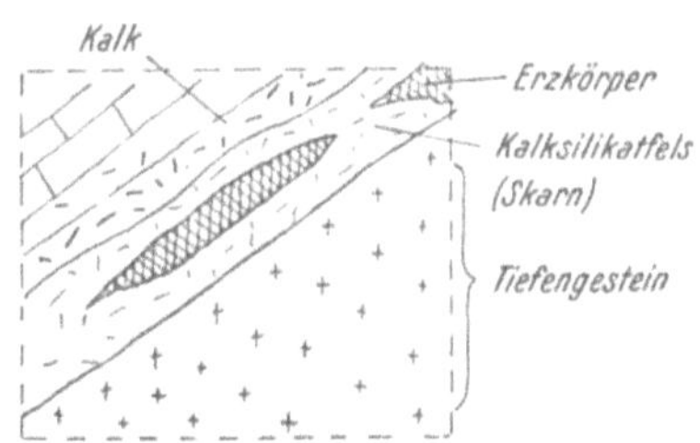

Abb. 4. Schema einer kontaktmetamorphen Erzlagerstätte.

Abb. 5. Schematische Darstellung der Erscheinungen der Kontaktmetamorphose.

3. Das Pegmatitstadium und die Lagerstätten der Restkristallisation

Die im Magma gelösten Gase werden bei der Erstarrung des Magmas *nicht* in die festen Mineralien eingebaut. (Ausgenommen die Hydroxylgruppe OH, die in den Glimmern eingebaut ist). Die wichtigsten Mineralien der Tiefengesteine (Quarz, Feldspat, Amphibole, Pyroxene, Olivin) enthalten, von hie und da zu beobachtenden Inklusionen abgesehen, *keine* Gase. Es reichern sich deshalb die Gase, soferne sie nicht während der Erstarrung abwandern können, im Magmenrest, in der Mutterlauge an. Wenn sich dieser gasreiche Magmenrest schließlich einen Weg nach außen bahnt und meist erst in der „Hülle", oft in beträchtlicher Entfernung vom Tiefengestein, zu dem es gehört, zur Erstarrung gelangt, so entsteht ein Erstarrungsprodukt (Pegmatit), das sich vom Tiefengestein, zu dem es gehört, weitgehend unterscheidet.

Der Form nach sind die Pegmatite Gänge, also Platten, deren Mächtigkeiten zwischen einigen Zentimetern bis zu hundert Metern schwankt. Auch im Streichen und nach der Tiefe ist die Ausdehnung der Pegmatite gering — verglichen mit der Ausdehnung des Tiefengesteins, zu dem sie gehören.

Der Textur nach sind die Pegmatite von den dazugehörigen Tiefengesteinen durchaus verschieden. Bei der geometrischen Form (Platte) sollte man eine rasche Abkühlung und damit ein feinkörniges Gefüge erwarten.   Das Gegenteil trifft zu. Die Pegmatite liefern die größten Mineralindividuen, die überhaupt bekannt sind. Feldspat- und Quarzkristalle von einem Kubikmeter Inhalt, Glimmerbücher von 100 cm Dicke und von 30 cm und mehr Durchmesser der Glimmerscheiben, Turmalinkristalle von mehreren Dezimetern Länge, Spodumenkristalle bis zu 3 m Länge usw. werden auf Pegmatiten angetroffen.

Dieser Widerspruch erklärt sich aus dem Gasreichtum des Restmagmas. Durch den Gasreichtum werden Viskosität und spezifisches Gewicht des Restmagmas herabgesetzt, die Beweglichkeit gesteigert und damit die Möglichkeit zur Stoffwanderung innerhalb des Magmas in extremer Weise begünstigt.

Der Mineralbestand der Pegmatite klingt an den Mineralbestand des Magmas, aus dem sie abstammen, an, aber in den Pegmatiten sind auch häufig jene Elemente angereichert, die sich nur in *Spuren* im Magma befinden. Damit verdient das pegmatitische Restmagma mit Recht den Namen *Mutterlauge*.

Als Lagerstätten kommt den Pegmatiten vielfache Bedeutung zu.

Die *Feldspat*gewinnung der Welt ist nahezu zur Gänze an Pegmatite gebunden. *Aller Glimmer* der Radioindustrie und der Elektroindustrie stammt aus Pegmatiten.

Reinster Stückquarz wird aus Pegmatiten gewonnen.

Edelsteine, Zirkon, die Mineralien der seltenen Erden sind in gewissen Pegmatiten angereichert. Wenn diese Mineralien auch vielfach in den Pegmatiten selbst noch nicht genügend konzentriert sind, um bauwürdig zu sein, so liefert die Zerstörung (Verwitterung) und Abtragung der Pegmatite sekundäre Lagerstätten (Seifen), in denen die genannten Mineralien eine weitere Anreicherung und damit die Bauwürdigkeit erreichen.

4. Die Pneumatolyse und die pneumatolytischen Lagerstätten

Bei gasreichen Magmen dauert die Entgasung — *ohne* Mitförderung flüssiger Magmenreste — noch über das Pegmatitstadium hinaus an. Als Bahnen dienen den Gasen sowohl Bewegungsspalten als auch Abkühlungsspalten im bereits erstarrten Gestein. Auch die Diffusion spielt in der Wanderung der Gase eine gewisse Rolle. Das Ergebnis der chemischen Reaktionen dieser Gase untereinander und mit dem Nebengestein faßt man unter dem Namen pneumatolytische Bildungen zusammen. Die wirksamen Reagenzien der Pneumatolyse sind neben dem Wasserdampf vor allem das Fluor, ferner das Chlor und in gewissen Fällen die Borsäure. Die Bedeutung der Halogene liegt vor allem darin, daß die Fluoride und Chloride von Metallen mit hohem Schmelzpunkt schon bei relativ sehr niedrigen Temperaturen flüchtig sind. Wolframmetall schmilzt bei 2800^0 C, das Wolframchlorid ($W Cl_6$) verdampft bereits bei 346^0 C. Das Zinnfluorid $Sn F_4$ siedet bei 705^0, das Eisenchlorid ist leicht flüchtig usw. Die Halogene spielen demnach die Rolle von Transportmitteln, die die Schwermetalle nach außen befördern. In den bereits abgekühlten Teilen des Magmas treten sodann jene Gasreaktionen ein, welche zur Abscheidung der festen Phase, der pneumatolytischen Erze und Gangarten führen, etwa nach den altbekannten Gleichungen:

$$Sn F_4 + 2 H_2O \rightleftharpoons Sn O_2 + 4 H F$$
$$\text{oder: } Si F_4 + 2 H_2O \rightleftharpoons Si O_2 + 4 H F$$
$$\text{oder: } Fe_2 Cl_6 + 3 H_2O \rightleftharpoons Fe_2 O_3 + 6 H Cl$$

Wie die vorstehenden, schematischen Gleichungen andeuten, wird bei diesen Reaktionen Flußsäure bzw. Salzsäure frei. Diese Säuren reagieren mit den Silikaten des Nebengesteins äußerst intensiv, sie rufen eine weitgehende Zersetzung des Nebengesteins unter Bildung von Fluoriden (Flußspat Ca F$_2$) oder von fluorhaltigen Silikaten, wie Turmalin oder Topas, hervor. Es wird somit bei der Pneumatolyse das Tiefengestein durch die seinem Magma eigenen Reagenzien weitgehend verändert (Greisenbildung, Turmalinisierung, Topasierung), so daß man mit Recht von einer „Autometamorphose" des Tiefengesteins durch die Pneumatolyse spricht.

Die Form pneumatolytischer Lagerstätten wird in den meisten Fällen die einer Platte (eines Ganges) sein, weil die Wanderungsbahnen, also der Reaktionsraum, entweder Bewegungsspalten oder Abkühlungsspalten im erstarrten Magma sind. Die chemische Aggressivität der Reagenzien bewirkt es, daß die chemischen Reaktionen meistens über den eigentlichen Spaltenraum in das Nebengestein hineinreichen.

Eben diese chemische Reaktionsfähigkeit und das große Diffusionsvermögen der dabei wirksamen Gase haben zur Folge, daß sich der Reaktionsraum im ursprünglichen Nebengestein zuweilen so ausweitet, daß auch stockförmige Lagerstätten entstehen können.

Der Mineralbestand der pneumatolytischen Lagerstätten ist vor allem für die Zinn- bzw. Zinn-Wolfram-Lagerstätten mit Zinnstein und Wolframit als Haupterzen charakteristisch. Kupferkies und Scheelit (letzterer nicht bloß als sekundäre Bildung) tritt in manchen Lagerstätten dieser Art in beachtlichen Mengen auf. Die übrigen Sulfide treten zurück.

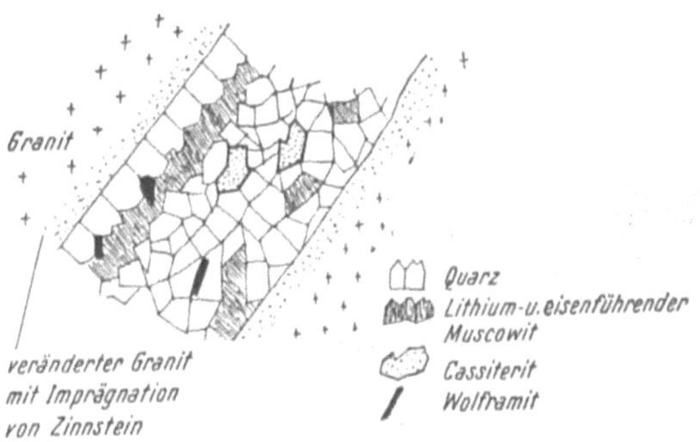

Abb. 6. Gangbild eines pneumatolytischen Zinn-Wolfram-Ganges (etwas schematisiert).

Das Fluor ist vertreten durch Flußspat (CaF$_2$), durch Turmalin und Topas, die Glimmer, die neben Quarz als Gangart die Erze begleiten, haben oft einen beachtlichen Gehalt an Lithium. (Abb. 6.)

5. Die hydrothermalen Prozesse, hydrothermale Erzgänge, Imprägnationen und metasomatische Lagerstätten

Das Ausklingen des Erstarrungsvorganges eines Magmas besteht in der Abgabe von Wasser als Dampf, der sich bei entsprechender Temperaturabnahme kondensiert. Gase, vor allem Kohlensäure, gasförmige Schwefelverbindungen, unter Umständen auch Borsäure, können im Wasser gelöst sein. Auf dem Wege nach außen kann dieses „juvenile" Wasser mit Wasser, das von der Oberfläche in Spalten in die Tiefe vorgedrungen ist (vadoses Wasser), vermengt werden.

Diese Thermalwässer sind gleichzeitig sehr komplexe, verdünnte Lösungen von Mineralsalzen. Der Lösungsinhalt kann dabei aus dem Magma selbst stammen, es können aber auch die Gesteine, die von den Lösungen durchwandert werden, durch die Lösungen ausgelaugt werden, wodurch die Lösung zusätzlich mit Mineralsalzen beladen wird. Diese Auslaugung des Nebengesteins kann eine völlige stoffliche Veränderung des Nebengesteins bewirken. Werden zum Beispiel aus einem Granit durch aufsteigendes hydrothermales Wasser die leicht löslichen Alkalien und das Kalzium des Feldspats mit einem Teil der Kieselsäure weggeführt, so verbleibt als Rest des völlig zermürbten Nebengesteins mit seinen aufgeweichten Feldspaten nur die schwerlösliche Tonerde mit einem

Teil der Kieselsäure als *Kaolin* ($Al_2O_3 \cdot 2\,SiO_2 - H_2O$) zurück (hydrothermale Kaolinisierung). Bei der komplexen Zusammensetzung der hydrothermalen Lösungen sind chemische Reaktionen mannigfachster Art zwischen der Lösung und dem von der Lösung durchtränkten Erstarrungsgestein möglich, die zu einer völligen Veränderung des Erstarrungsgesteins führen können. Man spricht deshalb wie bei der Pneumatolyse auch bei der Hydatogenesis von einer Autometamorphose. Als Wasserwege für die verdünnten Lösungen kommen in der überwiegenden Mehrzahl der Fälle Bruchspalten in der Erdkruste in Betracht. (Für die meisten heute tätigen Thermalquellen ist deren Anordnung an sicher nachgewiesenen Bruchspalten ein charakteristisches Merkmal.) Aber auch andere Bewegungsbahnen in der Erdkruste, z. B. Überschiebungsbahnen, boten den Erzlösungen Förderkanäle dar. Schließlich können auch Ablösungsflächen innerhalb des Gesteins als Flüssigkeitswege benützt werden. Die Ausfällung der gelösten Salze kann mannigfache Ursachen haben. (Abnahme der Temperatur mit der Annäherung an die Erdoberfläche, Entweichen der in der Lösung enthaltenen Gase durch die Druckentlastung, Ausfällung durch Reaktion mit dem Nebengestein [metasomatische Lagerstätten], Ausfällung durch vorher abgelagerte Erze [das Paaren der Menschen vermehret die Welt, das Scharen der Gänge veredelt das Feld], Ausfällung durch elektrolytische Vorgänge, Reaktion mit Salzlösungen anderer Zusammensetzung oder mit „wildem" Wasser, das von der Oberfläche kommt.) Auf derselben Spalte herrschen in verschiedenen Tiefenlagen verschiedene Bedingungen von Druck, Temperatur und Lösungsmittel. Es können deshalb in verschiedenen Tiefenlagen verschiedene Stoffe zur Ausfällung kommen (primärer Teufenunterschied)[1]. Eine genaue Erfassung dieser Vorgänge ist erst bei einigen ganz einfachen und daher leicht zu übersehenden Fällen gelungen. Die Weglängen, welche die Erzlösungen auf diesen Bahnen zurücklegten, betragen oft viele Kilometer.

Die magmatischen Erzlagerstätten treten im Tiefengestein selbst, zu dem sie gehören, auf, auch gewanderte Schlieren (injizierte, magmatische Lagerstätten) entfernen sich nur wenig von ihrem Magma. Die kontaktmetamorphen Lagerstätten sind an den Kontakthof, also an die nächste Umgebung des Tiefengesteins gebunden. Die Pegmatite und die pneumatolytischen Bildungen können schon in größerer Entfernung von ihrem Magma angetroffen werden. Die größte Mannigfaltigkeit in bezug auf ihre Lage zum zugeordneten Tiefengestein weisen aber die hydrothermalen Lagerstätten auf. Wir finden diese Lagerstätten einerseits im Tiefengestein, zu dem sie gehören, wir finden sie innerhalb des Kontaktbereiches ihres Tiefengesteins, wir finden sie aber auch sehr oft so weit von ihrem Ursprung abgewandert, daß es unmöglich ist, ihre Herkunft mit Sicherheit zu rekonstruieren.

Die Form der hydrothermalen Lagerstätten weist die größte Mannigfaltigkeit auf. Hat sich die Ausfällung nur innerhalb des Zufuhrkanals, der Gangspalte, vollzogen und nicht oder nur wenig darüber hinausgegriffen, und in sehr vielen Fällen trifft das zu, dann entsteht eine *plattenförmige* Lagerstätte, ein *Gang.* Dieser Lagerstättentypus hat eine sehr große Verbreitung. Haben sich die Erzlösungen auf eine Vielzahl von Absonderungsflächen des Gesteins, das sie durchfließen, verteilt, dann entsteht eine große Anzahl mehr oder weniger paralleler Gänge (Gangscharen). Ist das durchflossene Gestein von feinen und feinsten Spalten und Spältchen durchzogen, dann finden die Lösungen ihren Weg durch all die Vielzahl der Gesteinsablösungen, es entsteht dann ein Stock-

---

[1] Im allgemeinen wird die Ausfällung um so intensiver sein, je mehr sich die Lösungen der Oberfläche nähern.

werk von Gängen oder von Gängchen, die in ihrer Gesamtheit einen mehr oder weniger stockförmigen Lagerstättenkörper liefern.

Greift durch Diffusion der Reaktionsraum über die Gangspalte hinaus in das Nebengestein über, so wird die Gangspalte von einer *Imprägnationszone* begleitet, die zuweilen auch noch bauwürdig ist. Solche Imprägnationen begleiten sowohl hydrothermale als auch pneumatolytische Bildungen.

Metasomatische Lagerstätten. Eine weitverbreitete und wirtschaftlich bedeutsame *Variante hydrothermaler Lagerstätten* bilden die metasomatischen Lagerstätten. Der einfachste Fall einer metasomatischen Lagerstätte liegt dann vor, wenn zwischen der Erzlösung und dem Gestein, das sie durchfließt, eine chemische Reaktion in der Weise eintritt, daß sich ein Basenaustausch zwischen Lösung und durchflossenem Gestein vollzieht. Wenn aus einem Kalk das Kalziumoxyd entfernt und an dessen Stelle Eisenoxydul abgelagert wird, also das Kalziumkarbonat durch Eisenkarbonat ersetzt wurde, so liegt hier eine „Pseudomorphose im großen", eine metasomatische Lagerstätte vor. (Das Vorhandensein von Versteinerungen, die aus Limonit bestehen, im eisernen Hut von Spateisensteinen, die in Kalk eingebettet liegen, beweist zweifelsfrei, daß hier der Kalk in Siderit [und dieser dann sekundär in Limonit] umgewandelt worden ist.)

Ähnlich einfach liegen die Verhältnisse bei der Umwandlung des Kalkes in Magnesit.

Neben den karbonatischen Lagerstätten metasomatischer Entstehung können auch Silikatgesteine durch hydrothermale Lösungen metasomatisch verdrängt werden. Wird z. B. ein von *Tonschiefern* überlagerter Kalk metasomatisch durch Magnesiumzufuhr in Magnesit verwandelt, so reagiert die Magnesiumlösung mit der Kieselsäure des Tonschiefers in der Weise, daß der Tonschiefer in das wasserhaltige Magnesium*silikat*, Talk oder in Rumpfit umgewandelt wird. Naturgemäß geht die Umsetzung mit dem leichtlöslichen Karbonat viel leichter vor sich als mit dem schwerlöslichen Silikat, es wird deshalb die Magnesitlagerstätte viel ausgedehnter sein als die Talklagerstätte. (Abb. 7.) Oder: wenn der Kalk, von Glimmerschiefern überlagert, in Spateisenstein

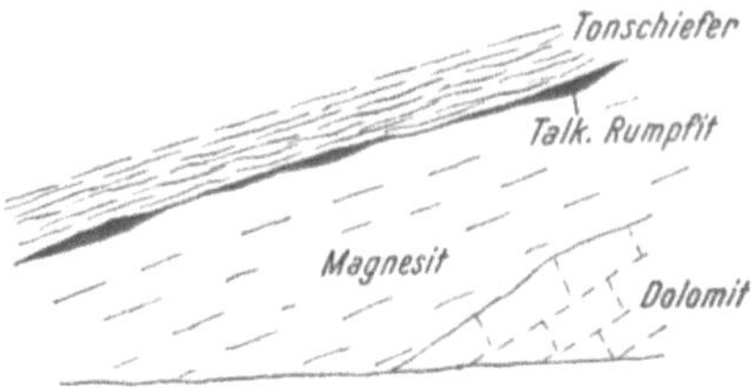

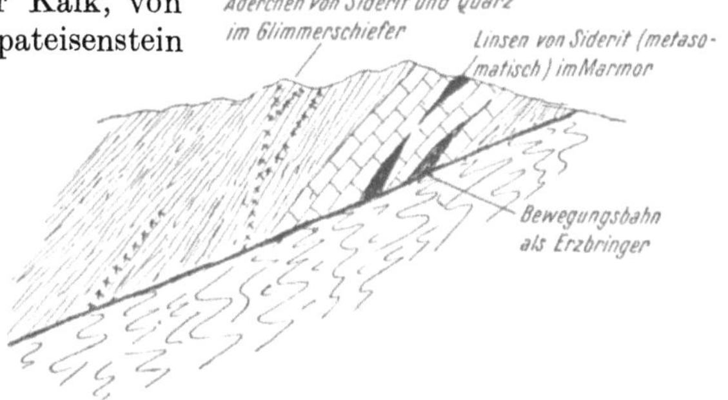

Abb. 7. Schema: Metasomatische Verdrängung von Kalk durch *Magnesit* und von Tonschiefer durch *Talk*. (Zufuhr von Magnesiumsalzlösungen.)

Abb. 8. Selektive Metasomatose. — Profil: Erzlinsen im Marmor, Erzäderchen im Glimmerschiefer.

umgewandelt wurde, so wird man im Schiefer nur bescheidene Eisenspatgängchen antreffen, eine Stoffumsetzung zwischen Schiefer und Erzlösung hat kaum stattgefunden (Prinzip der *selektiven* Metasomatose). (Abb. 8.) Lagerstätten karbonatischer Erze im Kalk bilden somit die einfachsten Vertreter der metasomatischen Lagerstätten. Daneben gibt es sehr zahlreiche und bedeutende metasomatische Lagerstätten *sulfidischer* Erze im Kalk. Auch hier wurde der Kalk aufgelöst und an seiner Stelle wurden die Sulfide abgelagert. Begünstigt wird die Ausbildung metasomatischer Lagerstätten im Kalk, wenn der Kalk von einem wasserundurchlässigen Gestein (tonerdereicher Schiefer) überlagert wird und dadurch eine Stauung der Lösungen im Reaktionsraum erzwungen wird. (Rolle der Permeabilitätsgrenze.) (Abb. 9.)

Die metasomatische Verdrängung von Gesteinen, die aus Silikaten bestehen, vollzieht sich naturgemäß schwieriger, trotzdem sind solche Verdrängungen auch in großem Umfange durchaus keine Ausnahme. Die mikroskopische Untersuchung von Lagerstätten zeigt, daß es kaum ein Mineral gibt, das durch Mineralsalzlösungen nicht mehr oder weniger verdrängt werden könnte. Am hartnäckigsten widerstehen, wie im vorstehenden Beispiel Magnesit—Talk gezeigt wurde, wegen der schwierigen Löslichkeit der Tonerde tonerdereiche Schiefer der metasomatischen Verdrängung.

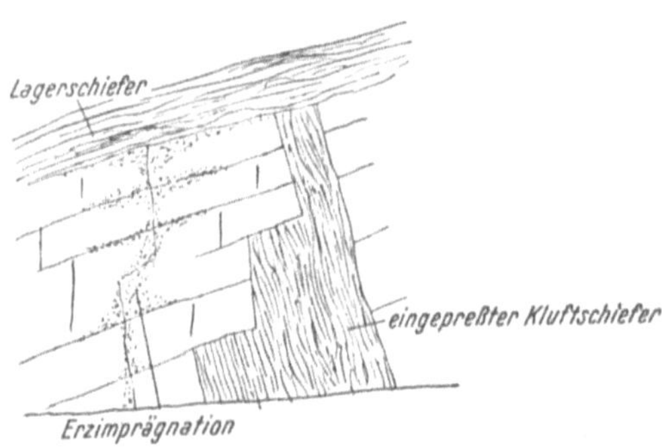

Abb. 9. Schema einer metasomatischen Blei-Zink-Lagerstätte an der Permeabilitätsgrenze (Ortsbild).

Die Form metasomatischer Lagerstätten kann sehr abwechslungsreich sein. Greift die Metasomatose nur wenig über die Zubringerspalte hinaus, dann weicht die Form der Lagerstätte von der Gangform nur wenig ab. Schlauchartige Gebilde werden dann entstehen, wenn die Zufuhr der Lösungen in einem linearen Strahl erfolgt ist. Steht eine Vielzahl von Zufuhrwegen auf engem Raume den Lösungen zur Verfügung, und werden die Gesteinsschollen zwischen den Zufuhrwegen zur Gänze aufgezehrt, dann entstehen stock- oder linsenförmige Gebilde.

Verteilen sich von einem Hauptzufuhrweg, dem „Erzbringer", aus viele sekundäre Spalten oder Absonderungsflächen des Gesteins, die wasserwegig sind, dann können sehr komplizierte räumliche Gebilde entstehen, deren rechnerische Behandlung im voraus unmöglich ist, deren Form und Ausdehnung man erst genau kennt, wenn sie abgebaut sind.

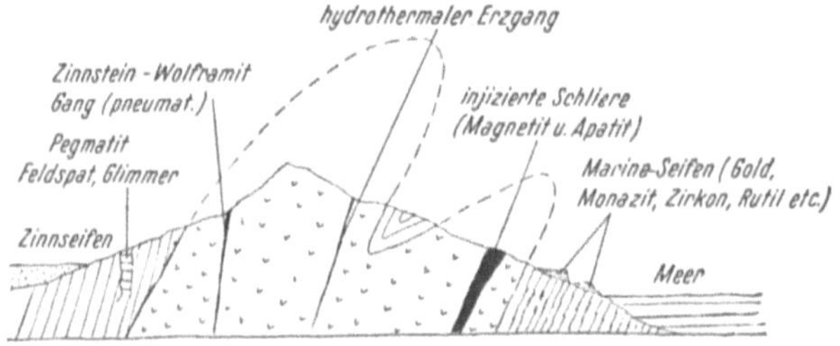

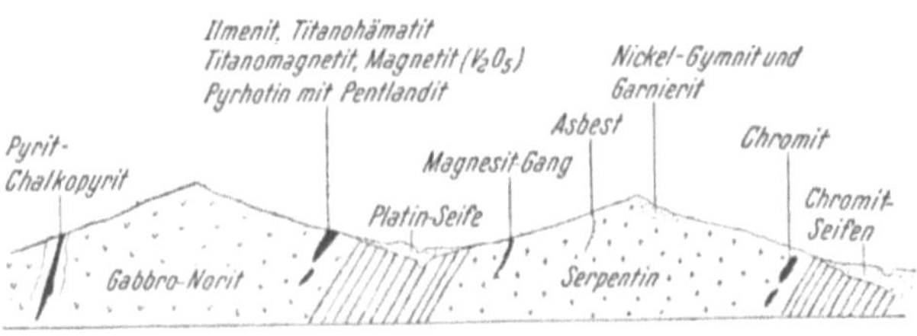

Abb. 10. Lagerstätten, an *saure* Tiefengesteine gebunden (schematisch).

Abb. 11. Lagerstätten, an *basische* Tiefengesteine gebunden (schematisch).

Die hydrothermalen Lagerstätten sind der weitaus am meisten verbreitete Lagerstättentypus. Ihr stofflicher Bestand zeigt die allergrößte Mannigfaltigkeit, es gibt nur wenige Mineralien, die man *nicht* auf hydrothermalen Lagerstätten antrifft.

In den beiden nebenstehenden Abb. 10 und 11 sind Lagerstätten schematisch dargestellt, die an saure bzw. an basische Tiefengesteine gebunden sind.

II. Die Erstarrung des Magmas an oder nahe der Oberfläche und die damit verbundenen Prozesse der Lagerstättenbildung

Die *Ergußgesteine* machen bei ihrer Entstehung zwei Perioden durch, die *intratellurische* (innerhalb der Erdkruste gelegene) und die *extratellurische*, an oder nahe der Erdoberfläche gelegene Periode.

Die Erstarrung des Magmas *in* der Erdkruste verläuft ähnlich wie jene eines Tiefengesteins. Die Abkühlung erfolgt langsam, die vorhandenen Gase bedingen eine geringe Viskosität des Magmas, das heißt die Möglichkeit innerer Bewegungen (Strömungen) des Magmas ist vorhanden. Es scheiden sich deshalb zunächst große Kristalle (die Einsprenglinge) ab.

Dieser Erstarrungsvorgang wird durch die Eruption plötzlich unterbrochen — das Magma ergießt sich an die Oberfläche oder es wird nahe an die Oberfläche befördert. Hier erfolgt die Abkühlung rasch, die Viskosität des Magmas nimmt rasch zu — das Magma erstarrt feinkristallin oder amorph, als Glas.

Große Einsprenglinge (die Produkte der intratellurischen Periode), schwimmend in einer feinkristallinen oder glasigen Grundmasse (dem Produkt der extratellurischen Periode), sind für die Struktur der Ergußgesteine (porphyrische Struktur) charakteristisch. Den Hochofenschlacken fehlt die intratellurische Periode und damit fehlen auch die Einsprenglinge, wohl aber kristallisiert die Grundmasse zum Teil aus, so daß die erstarrte Schlacke aus Glas und aus einem mehr oder weniger losen Gitter von feinen Kristallen besteht. Durch Verminderung der Viskosität (z. B. Zusatz von Eisenzunder) kann man die Kristallbildung begünstigen. Die Lagerstätten, die an Ergußgesteine gebunden sind, können naturgemäß nur graduelle Unterschiede gegenüber den Lagerstättenbildungen der Tiefengesteine aufweisen.

Magmatische Lagerstätten können sich beim Erguß selbst *nicht* bilden. Wohl ist es denkbar, daß sich in der Tiefenperiode Schlieren bilden, die dann mit der Eruption mit herausgefördert werden, aber im Eruptions- und im extratellurischen Erstarrungsakt ist die Bildung magmatischer Lagerstätten ausgeschlossen.

Die *Kontaktmetamorphose* der Ergußgesteine ist in allen ihren Erscheinungen (endogen, exogen, mit und ohne Stoffzufuhr) im allgemeinen viel weniger intensiv als bei den analogen Magmen, die in der Tiefe erstarren.

Ein „*Pegmatit-Stadium*" fällt bei Ergußgesteinen naturgemäß aus. Hingegen können die Wirkungen der Gase (Pneumatolyse) und vor allem die hydrothermalen Bildungen einschließlich der „Autometamorphose" bei Ergußgesteinen, soferne es sich nicht um Oberflächenergüsse handelt, sehr intensiv sein. Lagerstätten pneumatolytischer Entstehung (z. B. Roteisenstein an Diabase gebunden) und vor allem sehr viele hydrothermale Lagerstätten sind an Ergußgesteine gebunden. Die hiebei sich abspielenden Vorgänge sind jenen bei Tiefengesteinen analog.

III. Überlagerung mehrerer Lagerstättenbildungsprozesse

Hat der Reaktionsraum, z. B. eine Gangspalte, eine bedeutende Erstreckung in die Tiefe, so bestehen zwischen den verschiedenen Tiefenlagen recht bedeutende Unterschiede von Druck und Temperatur. Da Druck und Temperatur die Löslichkeit und damit den Ablauf chemischer Reaktionen entscheidend bestimmen, können zur *gleichen Zeit* in verschiedenen Tiefenlagen verschiedene Mineralien ausgefällt werden. Mineralien, die in größeren Tiefen noch löslich sind, fallen bei der Abkühlung der komplexen Lösung in höheren Zonen oder durch das Entweichen gelöster Gase bei der Druckentlastung in höheren Zonen aus. Auf diesen Erscheinungen beruhen die besonders für den Gangbergbau oft so bedeutungsvollen *„primären Teufenunterschiede"*.

Sukzession

Die Prozesse der Pegmatitbildung, der Pneumatolyse und der Hydatogenesis folgen zeitlich aufeinander — allerdings ohne zeitlich scharf gegeneinander abgetrennt zu sein. Bedienen sich die aus dem Magma entweichenden Stoffe auf ihrem Weg nach außen *derselben* Bahnen, dann können Erz- bzw. Mineralkörper (meistens Gänge) entstehen, die an derselben Stelle als älteste Ausscheidung pegmatitische Mineralien führen, in die und zwischen die pneumatolytische Mineralien eingelagert worden sind, während weitere Mineralgeschlechter derselben Lagerstätte deutlich ihre hydrothermale Entstehung erkennen lassen. Es können also beispielsweise die Reaktionsprodukte des Pegmatitstadiums, der Pneumatolyse und der Hydatogenesis teleskopartig ineinandergeschoben sein. Aber auch innerhalb einer Lagerstätte einheitlicher, z. B. hydrothermaler Entstehung kann man fast immer beobachten, daß die Lösungen im Laufe der Zeit ihre Zusammensetzung geändert haben, daß eine Ausscheidungsfolge (Sukzession) oft eine ganze Reihe aufeinanderfolgender Mineralausscheidungen an derselben Stelle erkennen läßt.

Metallogenetische Epochen

Die Intrusion bzw. die Eruption von Magmen ist eine Teilerscheinung jener Vorgänge in der Erdkruste, die zur Bildung von Gebirgen geführt haben. Dadurch erscheinen die Lagerstätten des magmatischen Zyklus ebenfalls als Teilerscheinung der Gebirgsbildung. Damit ist gesagt, daß sich die Bildung von Lagerstätten des magmatischen Zyklus nicht gleichmäßig über die Geschichte der Erde verteilt, sondern daß wir mehrere *„metallogenetische Epochen"* kennen, von denen die jüngste die Zeit von der Oberkreide bis zur Gegenwart umfaßt. (Alpidische Gebirgsbildung.) Desgleichen war die herzynische oder variszische Gebirgsbildung (Karbon-Perm) von ihren Plutoniten und Vulkaniten und damit von ihren Lagerstätten des magmatischen Zyklus begleitet usw. Es ist eine reizvolle Aufgabe, die metallogenetischen Epochen zeitlich genauer einzustufen und die genetischen Zusammenhänge zwischen den Lagerstätten der Erde aufzuzeigen.

Metallprovinzen

Neben der zeitlichen Zuordnung der Lagerstätten des magmatischen Zyklus zu den Perioden der Gebirgsbildung erkennt man noch eine Zuordnung gewisser Lagerstätten bzw. gewisser Mineralien an ganz bestimmte Magmen.

Die basischen Magmen sind arm an Gasen, bei ihrer Erstarrung spielt die Pneumatolyse keine oder doch eine viel geringere Rolle als bei den sauren, gasreichen Magmen. Trotzdem ist die Beweglichkeit basischer Schmelzflüsse wegen ihres hohen Gehaltes an „Flußmitteln" (Eisen, Kalzium, Magnesium) sehr groß. Gravitationsströmungen innerhalb des Magmas, die zur Schlierenbildung führen können, sind deshalb für basische Magmen charakteristisch. *Stofflich* sind gewisse Mineralien bzw. deren Schlieren ausschließlich nur an basische Magmen

gebunden. Platin, Chromit, Ilmenit, Titanohämatit, Titanomagnetit, chrom-
oder nickel- oder vanadiumhaltiger Magnetit oder nickelhaltiger Magnetkies
sind typisch für basische Magmen.

Saure Schmelzflüsse sind zähflüssig. Die sauren Magmen weisen ganz im Gegensatz hiezu eine sehr große Beweglichkeit auf. Bei der magmatischen Injektion
(beispielsweise beim Eindringen von Granitgängchen in das Nebengestein) kann
man granitische Äderchen von der Dicke einiger Millimeter weit in das Nebengestein vordringen sehen, eine Erscheinung, die größte Beweglichkeit, Dünn-
flüssigkeit, voraussetzt. Diese große Beweglichkeit verdankt das granitische
Magma seinem Reichtum an Gasen. Deshalb ist auch die Pneumatolyse bei
sauren Magmen viel intensiver als bei basischen. Die Zinnlagerstätten der Welt,
mögen sie im einzelnen an Pegmatite, an pneumatolytische oder an hydrothermale
Prozesse gebunden sein, stammen aus sauren Magmen. Das Vorhandensein
freier Kieselsäure bewirkt auch eine viel größere Reaktionsbereitschaft saurer
Magmen mit basischen Nebengesteinen, als dies bei basischen Magmen der Fall
ist. Aus diesen Andeutungen ist zu ersehen, daß den „petrographischen Provinzen" der Gesteinskunde *Metallprovinzen* an die Seite gestellt werden können.

Übersicht der Lagerstättenbildungsprozesse im magmatischen Zyklus:

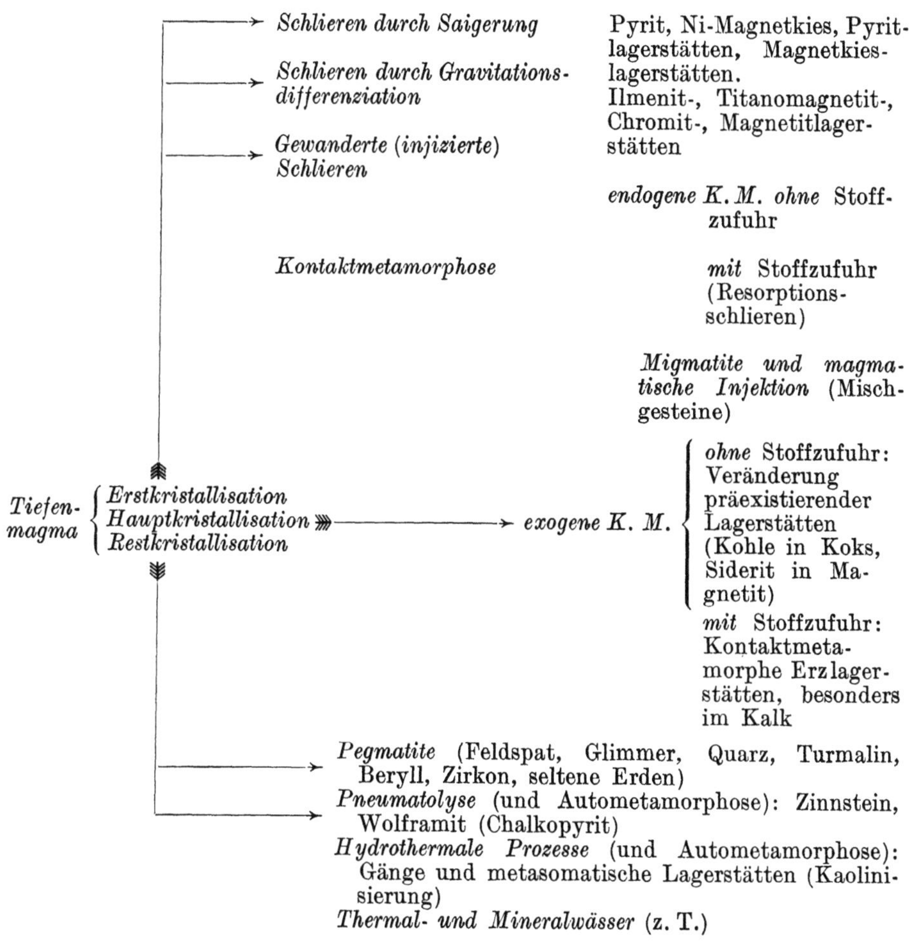

Tab. 3. *Übersicht der Erstarrungsgesteine:*

Quarz	Alkali-Feld-spat	Kalk-Natron-Feldspate	Vicariierende Mineralien	Tiefenform	Ergußform	
					vortertiär	tertiär und nachtertiär
mit	mit	mit	Muskowit, Biotit, Hornblende, Turmalin	*Granit*	*Quarz-Pophyr*	*Liparit*
ohne	mit	mit	Biotit, Hornblende, Augit	*Syenit*	*Orthoklas-Porphyr*	*Trachyt*
mit	ohne	mit	Biotit, Hornblende	*Quarz-Diorit, Tonalit*	*Quarz-Porphyrit*	*Dacit*
ohne	ohne	mit	Hornblende, Biotit, Augit	*Diorit*	*Porphyrit*	*Andesit*
ohne	ohne	mit	Hornblende, Olivin, rhomb. Pyrox., monokl. Pyrox.	*Gabbro, Norit (Labradorfels, Anorthosit, Plagioklasit)*	*Diabas, Melaphyr*	*Feldspat-Basalt*
ohne	ohne	ohne	Olivin, Pyroxen, Chromit	*Peridotit-, Pyroxenit-, Dunit-Serpentin*	*Pikrit-Porphyrit*	*Pikrit*

Gesteine mit Feldspatiden

Alle ohne Quarz	mit	mit	Biotit, Alkali-Hornblende, Alkali-Pyrox.	*Nephelin-(Eläolith-) Syenit*	*Nephelin-Porphyr*	*Phonolith*
Alle *mit* *Feldspatiden*	ohne	mit	Biotit, Alkali-Hornblende, Alkali-Pyrox. Olivin	*Essexit, Theralit, Shonkinit, Teschenit*		*Trachydolerit, Leucit-Tephrit, Nephelin-Tephrit*
(Nephelin, Leucit, Sodalith, Nosan, Hauyin)	ohne	ohne	Ägyrin	*Urtit (Ijolith, Missourit)*		*Leucit-Basalt, Leucitit Melilith-Basalt*
	ohne	ohne		*Nephelinfels*		

B. Die Sedimente
und der sedimentäre Lagerstättenzyklus

Entstehung und Einteilung der Sedimente. Die Welt der Sedimente ist von jener der Erstarrungsgesteine grundverschieden. Bei der Entstehung der Erstarrungsgesteine handelt es sich um *aufsteigende* Bewegungen, um Bewegungen entgegen dem Sinn der Schwerkraft (Intrusion, Eruption), bei den Sedimenten erfolgt der Absatz von oben nach unten, also *im* Sinne der Schwerkraft. Die Erstarrungsgesteine sind ursprüngliche, erstmalige Bildungen eines früher nicht vorhanden gewesenen Gesteins. (Von Einschmelzungen fester Rindenteile der Erde, die dann neuerdings aus dem Schmelzfluß erstarren, soll hier abgesehen werden.) Die Sedimente entstehen dadurch, daß ein bereits *vorhandenes*, an der Erdoberfläche zu Tage tretendes Gestein, das ein Erstarrungsgestein, ein Sediment oder ein kristalliner Schiefer sein kann, mechanisch zerstört oder chemisch ausgelaugt oder aufgelöst wird und daß dieses mechanische oder chemische Zerstörungsprodukt neuerdings zur Ablagerung gelangt.

Jede Sedimentschichte war einmal Erdoberfläche, mag sie später durch Überlagerung mit anderen Sedimenten oder durch Überdeckung durch einen Lavastrom oder durch Bewegungen der Erdkruste noch so tief wieder *in* die Erdkruste hinein versenkt worden sein.

Die Entstehungsgeschichte eines Sediments zerfällt in folgende Abschnitte:

a) Zerstörung (mechanische oder chemische) eines vorhandenen Gesteins,

b) Abtransport und Wiederablagerung des Zerstörungsproduktes und

c) Verfestigung des zunächst locker abgelagerten Zerstörungsproduktes.

Die *mechanische* Gesteinszerstörung kann erfolgen durch Eis, durch Wasser (hydraulischer Gesteinsabbau in der Technik, Gesteinssägen oder Schneidescheiben aus weichem Material, die eine Suspension von Schmirgel usw. in Wasser tauchen), durch bewegte Luft (Sandstrahlgebläse in der Technik), durch die Sonnenbestrahlung (in der Technik: Auftreten von Gußspannungen im Eisen- und Stahlguß, Zerspringen von Glas und Porzellan bei plötzlichem Temperaturwechsel. *Temperaturwechsel* — Beständigkeit feuerfester Baustoffe) und in bescheidenerem Maße durch Pflanzen und Tiere. Die *chemische* Gesteinszerstörung erfolgt vor allem durch das Wasser, das die Gesteine auslaugt oder ganz auflöst. Der Sauerstoff, die Kohlensäure und der Wasserdampf der Luft bewirken ebenfalls chemische Zerstörungen an Mineralien der Gesteine.

Der Abtransport des mechanischen Zerstörungsproduktes erfolgt entweder durch die Schwerkraft allein (Gehängeschutt, Bergstürze, Erdrutsche, Muren z. T., Lawinen) oder durch fließendes Wasser oder durch Eis (Moränen) und durch bewegte Luft. (Beispiel: Sandstürme.) Der Abtransport des Produktes der *chemischen* Gesteinszerstörung, der Verwitterungslösung, erfolgt durch das Wasser.

Die Ablagerung des mechanischen Zerstörungsproduktes aus Wasser oder aus Luft geschieht dort, wo die Schleppkraft des transportierenden Mediums die Fracht, die es mitführt, infolge Geschwindigkeitsverminderung nicht mehr tragen kann, bzw. beim Transport durch Eis dort, wo das Eis abschmilzt. Die *Ablagerung* des Produktes der chemischen Gesteinszerstörung kann erfolgen durch Verdunstung des Lösungsmittels, durch Entweichen einer die Löslichkeit fördernden Komponente (z. B. Kohlensäure) oder durch chemische oder elektrolytische Ausfällung. Auch Pflanzen und Tiere können ausfällend auf die Verwitterungslösung wirken (Kalkentzug, Kohlensäureentzug, Kieselsäureentzug, Phosphorentzug usw. aus dem Wasser durch Pflanzen, durch Kalkalgen bzw. Kieselalgen und durch Tiere, deren Hartteile aus Kalk bzw. aus Phosphaten bestehen). Die eingehende Behandlung der hier angedeuteten Vorgänge ist Gegenstand der Petrographie bzw. der Geologie.

Die so abgelagerten Sedimente sind zunächst *lose*. Ihre Verfestigung (Diagenese) erfolgt durch die Einwirkung folgender Faktoren:

a) *Druck* (Überlagerungsdruck durch die nachfolgenden Sedimentablagerungen oder durch Druck und Bewegung, wenn die abgelagerten Schichtpakete in eine Gebirgsfaltung einbezogen werden).

b) *Temperatursteigerung*. Das Überlagertwerden eines Sediments durch weitere Schichten bedingt infolge der geothermischen Tiefenstufe an sich schon eine Temperatursteigerung. Weiter können exotherme chemische Reaktionen in einem Sediment eine allerdings örtlich beschränkte Temperatursteigerung erzeugen. (Beispiel: Inkohlungsprozeß.) Die vulkanische Wärme hat selbstverständlich nur örtliche Bedeutung. (Sedimentation in der Nähe von tätigen Vulkangebieten.) Die durch Deformation erzeugte Wärme bei den Bewegungsvorgängen der Gebirgsbildung ist eine sehr einflußreiche Wärmequelle.

c) *Bindemittel*. Als Bindemittel stehen in der Natur in erster Linie Kalk und (seltener) Kieselsäure zur Verfügung, die aus den wässerigen Lösungen, welche die noch losen Sedimente durchtränken, abgeschieden werden. Tonige Bindemittel verkitten weniger fest, sie quellen in der Feuchtigkeit auch leicht auf, limonitische Bindemittel entstehen dann, wenn gleichzeitig mit der Ablagerung eines mechanischen Sedimentes Eisenhydroxyd auf chemischem Wege ausgefällt bzw. ausgeflockt wird. Viele Sedimente bedürfen zu ihrer Verfestigung *keines* Bindemittels, bei ihnen genügen Druck und Temperatur.

Die *Brikettierung* der Technik (Verfestigung von Feinkohle, von Eisenerzen, sulfidischen Erzen usw.) verwendet wie die Natur ebenfalls Druck und Temperatursteigerungen (Brikettpressen), wobei wie in der Natur in manchen Fällen ein Bindemittel (Teer, eingedickte Sulfidablauge usw.) erforderlich ist, während in anderen Fällen die Verfestigung auch ohne Bindemittel gelingt. Die *Drucksinterung* in der Sintermetallurgie (Metallkeramik) erinnert ebenfalls an die natürliche Gesteinsverfestigung durch Druck- und Temperatureinwirkung auf das „lose Sediment" (Metallpulver). In der Natur können die wirkenden Agenzien schwächer sein als in der Technik, weil deren schwächere Augenblickswirkung durch die lange dem geologischen Geschehen zur Verfügung stehende Zeit wettgemacht wird.

Ob heute eine Sandablagerung als Sand oder als Sand*stein* vorliegt, ob ein Schotter zu einem Konglomerat, ein Lehm zu einem Schieferton oder Tonschiefer umgewandelt wurde, das hängt nicht von seinem geologischen Alter, sondern nur davon ab, was das Sediment an Diagenese erlebt hat. In Gegenden, die seit dem Kambrium ungestört geblieben sind, werden die Sedimente kaum verfestigt sein, während Sedimente gleicher Art aus dem Tertiär einer Gegend, die noch im Jungtertiär gefaltet wurden, eine hochgradige Verfestigung aufweisen werden.

Die begriffliche Abgrenzung der Diagenese

Die Diagenese ist eine bloße Gesteinsverfestigung — sie greift nicht so tief in den Mineralbestand des Gesteins ein, daß eine Kristallisation bzw. eine Umkristallisation des Gesteins Platz greift. Wirkungen, die über die Diagenese hinausgehen und eine Kristallisation des Gesteins (neben anderen Veränderungen) hervorrufen, schreiben wir nicht der Diagenese, sondern dem regionalen Metamorphismus zu, das Produkt dieser Kristallisation ist kein Sediment mehr, sondern ein *kristalliner Schiefer*.

Ein Beispiel aus dem Gebiete des organogenen Sediments möge das Gesagte erläutern: Torf, lignitische Braunkohle, Glanzbraunkohle, Steinkohle und Anthrazit sind Glieder eines und desselben organogenen Sediments (des Torfs), die sich durch den verschiedenen Grad der Diagenese (Inkohlung), die sie durchgemacht haben, voneinander unterscheiden. Wird nun ein Kohlenflöz durch regionale Metamorphose in ein *Graphit*flöz umgewandelt (was sich in der Natur oft ereignet hat), so entspricht im Sinne der Petrographie das Graphitflöz einem

Übersicht der Sedimente und der an ihre Entstehung gebundenen Lagerstätten

Mechanische Sedimente (klastische Sedimente) (Trümmergesteine)	*grobe, mechanische Sedimente*	*lose:* Gehängeschutt, Moränen, Schotter, Sand. Erzführender Gehängeschutt, Moränen als Steinbrüche und Seifen. Quarzsandlagerstätten. Marine und fluviatile Seifen von Magnetit, Ilmenit, Chromit, Zinnstein, Zirkon, Rutil, Monazit, Gold, Platin, Edelsteinen *verfestigte:* Gehängebrekzien (erzführend). Tillit. Quarzkonglomerate (als Mühlsteine). Erz- und Phosphatkonglomerate, goldführende Konglomerate
	feine, mechanische Sedimente	*lose:* Ton (sekundäre Kaolinlagerstätten), Lehm für Ziegeleien (z. T.), feuerfeste Tone (z. T.) *verfestigte:* Schieferton, Tonschiefer (Dachschiefer, Griffelschiefer), Schamotte (z. T.)

Anhang: Tektonische Brekzien, Kluftletten, tektonische Quarzsande, Papierkaolin (z. T.), Mylonite.

Chemische Sedimente ...	*Ausfällungssedimente* (Präzipitate) Die Ausfällung erfolgt durch:	a) Verdunstung (Steinsalz, Abraumsalze, Borax b) Verlust von Kohlensäure (Kalktuff) c) Oxydation (limonitische Eisenerze als Strandbildungen) d) Schwefelwasserstoff (sedimentäre Pyritlagerstätten (organisch) e) Bakterien (Schwefellagerstätten, organisch) f) Basenaustausch (Zementationsmetasomatose) g) Adsorption (Nickelgymnit, Garnierit) h) Elektrolyse (Zementation)
	Rückstandsedimente	a) Ausgelaugter Gehängeschutt und Sandstein als Ziegellehm b) Findlingsquarzit als Lösungsrückstand c) Kalkbauxit d) Silikatbauxit und Laterit e) der Eiserne Hut basischer Erstarrungsgesteine f) Kaolinlagerstätten (z. T.) g) feuerfeste Tone h) Eiserner Hut von Lagerstätten
Organogene Sedimente, bestehend aus		den *anorganischen* Teilen der Organismen. Kalk (z. T.), Diatomeenerde (Radiolarit), Lydite, *Phosphorit* (Guano, z. T.) den *organischen* Teilen der Organismen. Erdöl (Bitumen), Kohle

kristallinen Schiefer, der ganz andere Eigenschaften aufweist als das Sediment, aus dem es gebildet wurde. Die Kohlen sind amorphe Gebilde, der Graphit ist kristallin, die Kohlen sind chemisch sehr reaktionsbereit (Brennstoffe!) der Graphit ist chemisch träge (feuerfeste Schmelztiegel aus Graphit!) die trockenen Kohlen leiten den elektrischen Strom sehr schlecht, der Graphit ist einer der besten elektrischen Leiter (Graphitelektroden!) usw. Mit diesem Beispiel ist, soweit die Sedimente in Betracht kommen, die Abgrenzung zwischen Diagenese und regionaler Metamorphose und damit die Abgrenzung zwischen Sediment und kristallinen Schiefer angedeutet. (Näheres s. im Abschnitt „Metamorpher Lagerstättenzyklus".)

Nach ihrer Entstehung und nach ihrer Beschaffenheit lassen sich die Sedimente in folgende Gruppen einordnen:

    I. mechanische Sedimente,
   II. chemische Sedimente,
 III. organogene Sedimente.

I. Mechanische Sedimente
als Lagerstätten nutzbarer Mineralien

Gehängeschutt. Erzführender Gehängeschutt kann am Fuße von verwitterten Lagerstätten hie und da bis zur Bauwürdigkeit mit Erzbrocken angereichert sein. Der Schutt kann mit Nebengesteinsstücken vermengt und viel ärmer als die anstehende Lagerstätte und dennoch wirtschaftlich wertvoll sein, weil seine Gewinnung in einer einfachen Wegfüllarbeit — ohne Sprengarbeit — besteht. Allerdings muß die weggefüllte Schutthalde noch aufbereitet werden (Trennung von Erz und Nebengestein). Die wirtschaftliche Bedeutung von Lagerstätten als Gehängeschutt ist recht bescheiden (relative Seltenheit, meist geringe Ausdehnung). Weitgehend verwitterter Gehängeschutt kann hie und da zuweilen so reich an Ton sein, daß er sich zur Herstellung von Ziegeln eignet.

Sand und Schotter. Es gibt wohl reine Sandablagerungen aber keine reinen Schotterablagerungen, weil zwischen den Rollstücken des Schotters naturgemäß immer Sand eingelagert ist (im „toten Raum" zwischen den großen Rollstücken). Sandablagerungen entstehen dort, wo bewegtes Wasser (Flüsse, Meeresstrand) oder bewegte Luft (Wüste) an Transportkraft verlieren.

Bei der *Fortbewegung* des Sandes im Wasser (Fluß) bzw. beim Auf- und Abrollen am Strand vollzieht sich eine Auslese der Sandkörner in erster Linie nach ihrer Verschleißfestigkeit (große Härte, mangelnde Spaltbarkeit) und nach ihrer chemischen Widerstandsfähigkeit gegen die auflösende Wirkung des Wassers. Die weicheren, leichter zerreiblichen Gesteinskörner werden zu Mehl zerrieben und abtransportiert, die härteren Mineralien werden zunächst nur an den Kanten gerindet und viel langsamer abgeschliffen.

Auf diese Weise können im extremen Falle beispielsweise beim Wassertransport oder beim Abrollen an einem Strand aus Granitrollstücken Ablagerungen von *Quarzsand* entstehen, die frei von Tonerde (Feldspäten) und so arm an Eisen sind, daß der Eisengehalt unter 0,05% absinkt. Es sind dies die wertvollsten Lagerstätten reinen Quarzsandes. Ist der Prozeß der Auslese durch Abnützung nicht bis zur Vermahlung aller übrigen Mineralien vorgeschritten, so entstehen unreinere Quarzsande, deren Wert bis zur Bedeutungslosigkeit herabsinken kann. *Ilmenit* ($FeO \cdot TiO_2$) kommt nur in basischen Erstarrungsgesteinen als magmatische Ausscheidung in *bauwürdigen* Mengen vor. Wohl aber ist Ilmenit in basischen Erstarrungsgesteinen in feiner, unbauwürdiger Verteilung sehr verbreitet. Durch die mechanische Zerstörung der Erstarrungsgesteine und durch die Aufarbeitung der Zerstörungsprodukte zu Sand findet eine Anreicherung derart statt, daß solche Sande bis zu 10% und 20% und noch mehr aus Ilmenitkörnern bestehen, die durch (magnetische) Aufbereitung leicht von den übrigen Mineralkörnern getrennt werden können. Magnetit und Titanomagnetit werden in ganz analoger Weise in Sanden angereichert. Noch bedeutungsvoller ist die Anreicherung von Zirkon und Monazit neben Rutil in derartigen Sandablagerungen. Auf den primären Zirkonlagerstätten (magmatische oder pegmatitische Anreicherung) ist deren Bauwürdigkeit durch die geringe Konzentration (ein bis einige wenige Prozent) meist in Frage gestellt. Die vorstehend angeführten Magnetit-Ilmenitsande führen häufig auch Zirkonkörner in Mengen von mehreren Prozenten (bis 10% und darüber), so daß sie sehr wertvolle, leicht gewinnbare Lagerstätten darstellen. Ähnliches kann von Monazitsanden gesagt werden. Wenn das *Gold* oder das Platin in den Sanden gegenüber den primären Goldlagerstätten auch keine *Anreicherung* erfahren hat, so liegt die Bedeutung der Gold- und Platinseifen darin, daß sie wegen der leichten Gewinnbarkeit auch dann noch bauwürdig sind, wenn ihr Goldgehalt (Gramm pro Tonne bzw. pro Kubikmeter) auf nahezu ein Zehntel jenes Wertes absinkt, den die primäre Lagerstätte besitzen muß, um bauwürdig zu sein. Die *fluviatilen* Goldseifen werden in der Regel *reicher* sein als *marine* Seifen, weil fluviatile Sande wohl immer von Schottern begleitet sind und sich das weiche Gold der fortgesetzten Abnützung infolge seiner Schwere dadurch entziehen kann, daß es in den toten Raum zwischen den groben Rollstücken des Schotters untertaucht. Daß die feinen Goldflitterchen der Seifen *nach* ihrer Ablagerung mit dem die Seifen durchrieselnden Niederschlagswasser in immer tiefere Schotter- bzw. Sandlagen schlüpfen, daß somit die Seifen in der Regel *auf ihrem Grunde* am reichsten an Gold sind, ist eine bekannte Erscheinung. *Schotter* kommen als Lagerstätten weniger in Betracht als Sande, bei den goldführenden Schottern ist der Edelmetallgehalt nicht an die groben Rollstücke, sondern an den Sand zwischen den Rollstücken gebunden. Alte (tertiäre) Schotter, bei denen alle Bestandteile mit Ausnahme der Quarzgerölle tonig verwittert sind, können unter Umständen als Ziegeleilehme verwertet werden.

Moränen. Auch für sie, deren Bedeutung schon wegen ihrer relativ geringeren Verbreitung wesentlich geringer ist als jene der fluviatilen und marinen Sande und Schotter, gilt, daß der hie und da in ihnen vorkommende Edelmetallgehalt an die feinen Komponenten und nicht an die großen Blöcke gebunden ist. Bei der fluviatilen Verlagerung und Umlagerung der Moränen kann eine Anreicherung der Metallgehalte eintreten, weil bei dieser Verlagerung grobe und feine Komponenten besser getrennt werden, als es die Gemische sind, die in der Moräne vorliegen. Einzelne Erzblöcke, die man zuweilen in Moränen antrifft, sind als Lagerstätten bedeutungslos. (In Gegenden, in denen Hartgesteine fehlen, liefern die erratichen Blöcke oft die einzige Grundlage zur Gewinnung von Gesteinen.) Mit der Verfestigung des Gehängeschutts zu Gehängebrekzien, der Moränen zu Tillit, der Schotter zu Konglomeraten und der Sande zu Sandsteinen wird deren Gewinnung erschwert und daher ihr Wert als Lagerstätten gegenüber den analogen losen Sedimenten vermindert. Quarzkonglomerate und Quarzsandsteine mit kieseligem Bindemittel liefern wertvolle Mühlsteine. Andere, minder reine Quarzsandsteine mit feinem Korn sind als Wetz- und Schleifsteine verwertbar. Bei den metallführenden Sandsteinen (Eisensandsteine = Quarzsandsteine mit limonitischem Bindemittel, kupferführende Sandsteine usw.) wurde der Metallgehalt, soweit er überhaupt primär, d. h. mit dem Sand gleichzeitig abgeschieden worden ist, *chemisch* abgeschieden, es erscheint deshalb zweckmäßiger, diese Lagerstätten in die chemischen Sedimente einzureihen.

Der Fall, daß eine Eisenerzlagerstätte z. B. durch die Meeresbrandung im Gefolge einer marinen Überflutung (Transgression) zerstört und die Rollstücke in solcher Menge am Strande angehäuft worden sind, daß daraus eine sekundäre Eisenerzlagerstätte entstehen konnte, kommt vor, er ist aber selten. Häufiger finden wir Phosphatgerölle in solchen Mengen als Basisbildungen mariner Transgressionen, daß sie bauwürdige Lagerstätten bilden.

Die *losen, feinmechanischen Sedimente* spielen mit Ausnahme von umgelagerten (sekundären) Kaolinlagerstätten in ihrer ursprünglichen, unveränderten Form als Lagerstätten nutzbarer Mineralien keine Rolle. Ziegeleilehme, Lehme, die, künstlich mit Kalk gemischt, den Rohstoff für die Zementindustrie liefern, scheiden aus dieser Betrachtung aus. Lehme die durch die Auslaugung ihrer Flußmittel (Alkalien, Eisen, Kalzium und Magnesium) in *feuerfeste Tone* umgewandelt worden sind, werden zutreffender zu den chemischen Sedimenten gerechnet, weil der Vorgang, der ihren Wert geschaffen hat, chemischer Natur war. Übrigens ist hier die Abgrenzung *unscharf,* weil der Begriff „feuerfest" sehr weit gedehnt ist.

Anhang. Tektonite: Tektonische Brekzien, Mylonite, Kluftletten. (Quarzsande, Papierkaoline.)

Bei Massenverschiebungen der Erdkruste, die längs mehr oder weniger ebenen Bewegungsbahnen erfolgen (Verwerfungen, Überschiebungen), tritt zwischen dem ruhenden und dem bewegten Teil Reibung auf. Diese Reibung kann geradezu unvorstellbare Größen erreichen. Bei Verwerfungen beginnt die Bewegung mit einem Abreißen (einer Abscherung) der ursprünglich zusammenhängenden Gesteinspartien. Längs der Abreißfläche tritt sodann die Bewegung ein. Die Weglängen können nur wenige Zentimeter, sie können aber auch Hunderte von Metern und mehrere Kilometer betragen. In Abhängigkeit von Druck und Weglänge und von der Natur des bewegten Gesteins erreicht die Zertrümmerung des Gesteins als Folge der Bewegung verschiedene Grade. Mechanische Zerlegung in einzelne Schollen, Zertrümmerung zu einem gepreßten Haufwerk eckiger Bruchstücke, Zerreibung zu einem mehr oder weniger feinen Sand mit eckigen Körnern und schließlich Zermahlung zu einem tonigen Letten (Kluftletten) sind die Folgen dieser Reibungsarbeit.

Bei Überschiebungen wirkt das überschiebende Gesteinspaket wie ein schwerer Pflug auf die Überschiebungsbahn, aus dem Untergrund der Bewegungsbahn werden Schollen losgepflügt und mit den abgerissenen Schollen des bewegten Gesteinspackets vermengt. Es entstehen auf diese Weise Reibungsbrekzien (Mylonite) von vielen Metern Mächtigkeit. Da die Bewegungsbahnen wasserwegig sind, hat vielfach (nicht immer) eine spätere Verkittung der Reibungsprodukte stattgefunden, sie liegen nun als verfestigte Reibungsbrekzien vor. Quarzite, die auf diese Weise zermahlen wurden, können zu „Gängen von Quarzsand" umgewandelt worden sein, tonerdereiche, kristalline Schiefer können zu „Kaolin" zermahlen worden sein. Der Entstehung entsprechend sind diese „Kaoline" so reich an Flußmitteln, daß sie für keramische Zwecke ungeeignet sind. Wohl aber eignen sie sich als Füllmasse für Papier u. dgl.

Obwohl die hier besprochenen tektonischen Brekzien nichts mit der Entstehung von mechanischen Sedimenten zu tun haben, wurden sie wegen ihrer äußeren Ähnlichkeit mit mechanischen Sedimenten als Anhang hier eingereiht.

II. Chemische Sedimente
als Lagerstätten nutzbarer Mineralien

a) Ausfällung durch Verdunstung des Lösungsmittels

(Anhydrit, Gips, Steinsalz, Kalisalze, „Abraumsalze", Borate, Salpeter.)
In den zahlreichen abflußlosen Binnenseen der semiariden bis ariden Gebiete der Erde vollzieht sich vor unseren Augen die Abscheidung der Salze, welche von den periodischen Zuflüssen in der Regenperiode den Becken zugeführt werden. Viele dieser Seen sind in der Trockenperiode Gewinnungsstätten der abgelagerten Salze.

In den Seesalinen wird künstlich eingeleitetes Meerwasser durch die Sonnenbestrahlung zur Verdunstung gebracht, das ausgefällte Salz ist das Seesalz.

Sulfate des Kalziums, Magnesiums und der Alkalien und Chloride der Alkalien und des Magnesiums werden auf diese Weise entweder rein oder mit eingeschwemmtem Ton gemischt in diesen abflußlosen Binnenbecken und Senken abgelagert. Derselbe Vorgang spielt sich in Meeresbuchten ab, die durch eine flache Barre vom Meer getrennt sind und die nur periodisch vom Meerwasser überflutet werden.

Die Lagerstätten von Gips, von Steinsalz, die Kalisalzlagerstätten sind auf diese Weise entstanden. Enthielten die den Binnensenken zufließenden Verwitterungslösungen Borsalze, so kommen auch diese zur Ausfällung. Es läßt sich aber meist zeigen, daß die Borsäure von jungen vulkanischen Eruptionen im weiteren Bereiche der Binnensenken stammt.

b) Ausfällung durch Verlust von Kohlensäure

Flüsse, die ihren Ursprung und ihren Lauf in Kalkgebieten haben (Karstflüsse), besitzen ein sehr hartes, kalkreiches Wasser. In den Leitapparaten der *Wasser*turbinen und in den Druckrohrleitungen von Wasserkraftanlagen an solchen Flüssen setzen sich Kalkkrusten („Kesselstein") ab. Beim Durchfließen der Rohrleitungen bzw. der Turbinen-Leitapparate treten wenn auch mäßige turbulente Strömungen im Wasser auf, das Wasser wird „durchgewirbelt", dabei entweicht die im Wasser gelöste Kohlensäure, der Kalk wird unlöslich und fällt als „Kesselstein" aus. Stürzen sich Flüsse dieser Art über Katarakte (Stromschnellen) oder über Wasserfälle, so verliert das „schäumende" Wasser ebenfalls die in ihm gelöste Kohlensäure, die Stromschnellen verkrusten sich mit pöröslockerigem Kalziumkarbonat, dem Kalktuff. Pflanzen (Schilf), die in den Ausbuchtungen solcher Flüsse wachsen, entziehen dem Wasser Kohlensäure, der Kalk fällt aus, überkrustet die Stengel der Pflanzen und bildet zwischen ihnen zusammenhängende Krusten. Lagerstätten nutzbarer Mineralien entstehen auf diese Weise nicht.

c) Ausfällung durch Oxydation

Trinkwasser und Haushaltungswasser, das durch seinen hohen Eisengehalt in der Benützung beeinträchtigt wird, wird in einfachster Weise dadurch enteisent, daß man das Wasser über „Gradierwerke" rieseln läßt. Hiebei tritt eine ausgiebige Durchlüftung des Wassers ein, das in Oxydulform im Wasser gelöste Eisen wird zu Oxyd, bzw. zu Oxyhydrat oxydiert und fällt als wasserunlöslich aus. Derselbe Vorgang spielt sich in der Natur ab, wenn Eisensalzlösungen (z. B. als Verbindungen des Eisens mit Humussäure) einem flachen Meeresstrand zugeführt werden. Durch den Wellenschlag am Strande tritt eine Durchlüftung und damit eine Oxydation der zugeführten Eisensalzlösungen ein, das Eisen fällt als limonitisches Erz aus. Mit den Wellen mitbewegte Tonteilchen oder Quarzkörnchen dienen hiebei oft als „Kondensationskerne", an die sich das Eisenoxyhydrat in konzentrischen Schalen anlagert. Am flachen Strand des Meeres (der Dogger-Zeit) können limonitische Erze dieser Art auf mehrere hundert Kilometer Länge verfolgt werden. Durch die gleichzeitige mechanische Ablagerung von Sedimenten im Strandgebiet (Tonschlamm, Quarzkörner oder Kalkkörner) sind derartige Eisenerze in der Regel arm an Eisen und reich an Gangart, sie weisen aber immer einen Gehalt an Phosphor und an Vanadium auf. Lagerstätten dieser Art reichen nicht sehr weit von der ehemaligen Strandlinie in das offene (tiefere) Meer hinaus.

d) Ausfällung durch Schwefelwasserstoff

In marinen Becken bzw. in Binnenmeeren, die in ihrer Tiefe keine Frischwasserzufuhr erhalten, können die Weichteile der abgestorbenen und zu Boden sinkenden Lebewesen nicht oxydiert werden. Aus dem Schwefel der Eiweißsubstanzen bildet sich Schwefelwasserstoff, der z. B. aus Eisensalzlösungen das Eisen als Sulfid niederschlägt. Die sedimentären Schwefelkieslagerstätten sind auf diese Weise entstanden. Da der Schwefelwasserstoff in diesem Falle *organischen* Ursprungs ist (und nicht ein postvulkanisches Emanationsprodukt [Solfatare]) kann man die sedimentären Kieslager besser zu den organogenen Sedimenten zählen.

e) Ausfällung durch Bakterien

Im Wasser lebende Bakterien (anaerobe Bakterien), welche den Schwefelwasserstoff zu zerlegen vermögen, scheiden aus dem Schwefelwasserstoff Schwefelklümpchen ab, die sie ihrem Protoplasma einverleiben. Es kann auf diese Weise zur Bildung elementaren Schwefels kommen, doch gehören auch diese Vorgänge richtiger bei den organogenen Sedimenten eingereiht.

f) Ausfällung durch Basenaustausch

Beispiele: Wenn eine Verwitterungslösung einer irgendwie entstandenen Zinkerzlagerstätte Zink aufgelöst hat und nun beispielsweise den Kalk der Nebengesteine durchwandert, so wird das Zink der Lösung ausgefällt, es wird sich Zinkkarbonat (Galmei) abscheiden. (Man hat diesen Vorgang — wenig zutreffend — als Zementationsmetasomatose bezeichnet.) Niederschlagswasser, das Lagerstätten von Guano (Vogelexkremente) oder Phosphatlagerstätten durchsickert, löst Phosphorsäure auf. Treffen diese Lösungen auf ihrem weiteren Weg auf Kalk, so kommt es zur Abscheidung von Trikalziumphosphat; eine Lagerstätte organogenen Ursprungs kann so auf anorganischem Wege teilweise umgelagert werden.

g) Ausfällung durch Adsorption

Die Peridotite und die aus ihnen gebildeten Serpentine enthalten oft Spuren von Nickel (0,1 % bis 0,6 %). Bei der chemischen Gesteinszersetzung kann dieser Nickelgehalt (gelöst und in kolloidaler Form — oft gleichzeitig mit kolloidaler Kieselsäure) auf den Klüften des zersetzten Gesteins wieder abgeschieden werden. Es können auf diese Weise Nickelkonzentrationen bedeutenden Ausmaßes gebildet werden (Numea auf Neu-Kaledonien).

h) Ausfällung durch Elektrolyse (Zementation)

Die Grubenwässer (Verwitterungslösungen), die aus sulfidischen Kupfererzlagerstätten (z. B. kupferkiesführenden Schwefelkieslagerstätten) stammen,
enthalten Kupfersulfat gelöst. Man gewinnt aus diesen Grubenwässern das
Kupfer in der Weise, daß man dieselben in Bottichen über *Eisen*abfälle (Guß-
bruch, Drehspäne u. dgl.) leitet. Hiebei wird das „edlere" Kupfer durch
das „unedlere" Eisen ausgefällt. (Zementkupfer). Denselben Vorgang hält
man auch ein bei der Laugung von Kiesabbränden. (Auch die Bildung von
„Grubenwasser" wird künstlich betrieben, indem man kupferkiesführende
Pyrite obertags der Verwitterung und Laugung durch Berieselung mit Wasser
aussetzt und aus dem abfließenden Wasser das Kupfer durch Eisen ausfällt.
Auch das Anfärben von Kupferkies in Anschliffen geschieht grundsätzlich in
derselben Weise.)

Die im Mikroskop oft zu beobachtende Abscheidung von Kupferglanz (Cu S)
auf den Spaltrissen von Zinkblenden in Lagerstätten, die primär Kupferkies
und Zinkblende führen, läßt sich durch folgende Gleichung erklären:

$$\text{Zn S} + 2\,\text{CuSO}_4 + \text{FeSO}_4 = \text{Cu}_2\text{S} + \text{ZnSO}_4 + \text{Fe}_2(\text{SO}_4)_3.$$

Auf denselben Lagerstätten sieht man dann weiter die Verdrängung des neu
gebildeten Kupferglanzes durch gediegenes Kupfer, die durch folgende Gleichung
dargestellt werden kann:

$$\text{Cu}_2\text{S} + 2\,\text{Fe SO}_4 + \text{O}_4 = \text{Cu}_2 + \text{Fe}_2(\text{SO}_4)_3.$$

Sickern die von oben aus der Verwitterungszone (eiserner Hut, s. später S. 36)
kommenden Lösungen in größere Tiefen nieder, dann scheiden sie ihren Metallinhalt teils in elementarer Form (Gold und Silber), teils in Form komplexer
sulfidischer Erze wieder ab. Es sind dann in dieser Abscheidungszone neben
den primär vorhandenen Erzen noch die von oben dazugekommenen „Zemen-
tationserze" ineinandergeschoben. Somit ist diese Zone besonders reich, sie
heißt deshalb Zementations-
zone (weil Ausfällungsvor-
gänge, wie sie bei der
Zementation bekannt sind,
bei ihrer Bildung die ausschlaggebende Rolle spielen)
oder *die Zone der reichen
Sulfide*. Die Erkennung dieser Zone ist deshalb be-
sonders wichtig, weil sie
nach unten durch den (gegen-
wärtigen oder einen früheren)
Grundwasserspiegel begrenzt
ist und weil die darunter-

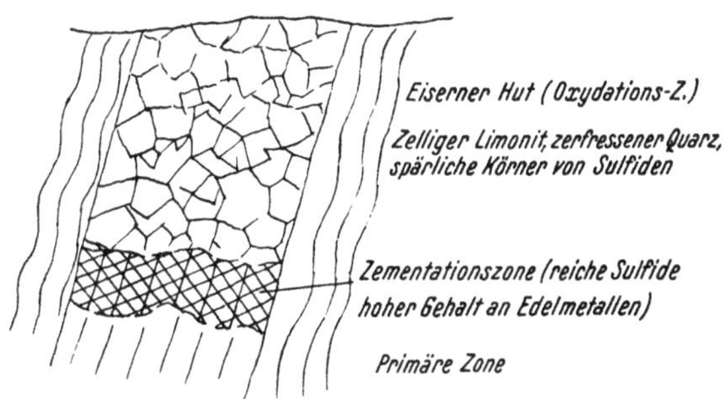

Abb. 12. Eiserner Hut als Lösungsrückstand und Zementationszone als Produkt chemischer Ausfällung.

liegende, *primäre* Zone diese Anreicherung entbehrt. *Es kann die Zementationszone
eine sehr reiche Metallführung aufweisen, während die primäre Zone unbauwürdig
ist.* (Abb. 12.) (Gewöhnlich wird die Besprechung der Zementationszone der
Besprechung der „Erzgänge" des magmatischen Zyklus angeschlossen, die Vorgänge, die sich dabei abspielen, gehören jedoch der Entstehung chemischer
Ausfällungssedimente an, weshalb sie hier eingereiht worden sind.)

Lösungsrückstände als Lagerstätten

Was nach der Gesteinszerstörung nicht mechanisch durch Wasser oder durch Wind abtransportiert wurde und was nicht chemisch gelöst und als Verwitterungslösung weggeführt worden ist, bleibt für den gegebenen Augenblick (Augenblick = in geologischer Zeitbetrachtung) als Lösungsrückstand an Ort und Stelle. Die verschiedene Löslichkeit der einzelnen Gesteinskomponenten bewirkt, daß der Lösungsrückstand im allgemeinen reicher an Tonerde und an Eisen und ärmer an Alkalien, an Kalk und an Magnesium sein wird, als es das ursprüngliche Gestein war. Die Intensität der Gesteinsauflösung ist sehr stark von der Temperatur abhängig. Im borealen Klima und im Hochgebirge der anderen Klimazonen ist die chemische Gesteinszersetzung außerordentlich gering, im feuchten tropischen Klima ist sie sehr intensiv — sie reicht dort 20 bis 30 m tief in den Untergrund. In den im Diluvium vergletschert gewesenen und seither eisfreien Teilen des alpinen Hochgebirges hat der chemische Eingriff in die Gesteine nur einige Millimeter an Tiefe erreicht, in benachbarten, etwas niedrigeren Gebieten, die im Diluvium nicht vergletschert waren, ist die chemische Verwitterung mehrere Meter (3 bis 8 m) tief in das Gestein vorgedrungen.

Der Ablauf der Auslaugung eines Gesteins geht in ungefähr folgender Weise vor sich:

Am leichtesten werden die Alkalien gelöst — ihre Salze einschließlich der Silikate sind leicht wasserlöslich. Es folgen sodann Kalzium und Magnesium. Schon wesentlich schwieriger löslich ist das Eisenoxyd (bzw. Hydroxyd), und die Tonerde ist weitaus am schwersten löslich. Der Lösungsrückstand erscheint deshalb durch die Abfuhr der Alkalien, des Kalziums und des Magnesiums neben einem Teil der Kieselsäure, angereichert an Eisen und vor allem an Tonerde. In den Tropen ist die Kieselsäureabfuhr intensiver und somit die Tonerdeanreicherung größer als in der gemäßigten Zone. (Allitische Tropenverwitterung.)

a) Die Umwandlung von Gehängeschutt, von tonigen Sandsteinen und Schottern zu brauchbaren Lehmen

Durch die mechanische Auflockerung und anschließend durch die chemische Auslaugung können Gehängeschutt oder tonige Sandsteine, ja selbst Schotter (mit viel Ton und Sand zwischen den Rollstücken) eine solche Anreicherung an toniger Substanz (durch Abfuhr der Alkalien und des Kalks) erfahren, daß sie einen brauchbaren Rohstoff zur Ziegelherstellung liefern. (S. Abb. 13.)

Abb. 13. Toniger Sandstein zu Lehm verwittert, zur Ziegelherstellung geeignet.

b) Die Entstehung von Lagerstätten von Findlingsquarziten

In manchen Kalksteinen treten rundliche bis eiförmige Konkretionen von kryptokristalliner Kieselsäure (Hornsteinkonkretionen) auf. Werden die Kalke aufgelöst und die Lösungen weggeführt, und verbleiben die unlöslichen Konkretionen an Ort und Stelle liegen, so kann ihre Menge so groß werden, daß sie als Lagerstätte von Findlingsquarziten und damit als Rohstoffe für die Herstellung feuerfester (Silica-) Steine wirtschaftliche Bedeutung erlangen. Ein Lösungsrückstand ist zur Lagerstätte geworden.

c) Entstehung der Kalkbauxite

Die Entstehungsgeschichte der aus Kalk entstandenen Bauxitlagerstätten vollzieht sich in den beiden folgenden Abschnitten:

Roterde (terra rossa). Kalke, die nur ganz wenig Tonerde neben Eisen und Kieselsäure enthalten, werden aufgelöst. Das Kalziumkarbonat wird (nahezu) restlos weggelöst, es verbleibt ein (vom Eisenoxyd) rot gefärbter Rückstand, der aus *Tonerde,* Eisen und Kieselsäure besteht und der in den Mulden (Dolinen) der Karstgebiete zusammengeschwemmt ist. Das ist die Roterde der subtropischen Kalkverwitterung. Wird dieser Roterde (im Laufe geologischer Zeiträume) auch noch die Kieselsäure weitgehend entzogen (bis auf 2% bis höchstens 4%) — wobei gleichzeitig ein großer Teil des Eisens mit aufgelöst wird —, so entsteht ein industriell verwertbarer Bauxit. (Bauxite, die 10% bis 14% und 20% Kieselsäure enthalten, werden nur als Schmelzzement, nicht aber als Aluminiumerz verwendet.) Es liefert somit in diesem Falle die Auslaugung des Kalkes aus einem Gestein mit etwa 2 bis 3% Tonerde eine Lagerstätte mit 52% bis 54% Tonerde, was eine mehr als zwanzigfache Konzentration bedeutet.

d) Silikatbauxit und Laterit

In der tropischen Verwitterung geht, besonders in Gesteinen, die reich an Kalzium und Magnesium sind, auch die Kieselsäure weitestgehend in die Verwitterungs*lösung* ein, es entstehen „allitische" Lösungsrückstände (Laterit und Silikatbauxit).

Gebiete in der gemäßigten Zone, in denen wir heute Silikatbauxite antreffen, hatten zur Zeit der Bauxitbildung ein wesentlich wärmeres Klima.

e) Basische, eisenreiche Erstarrungsgesteine (Peridotite und Serpentine)

können bei ihrer Verwitterung unter tropischen oder subtropischen Bedingungen durch Abtransport der übrigen Komponenten eine solche Anreicherung an Eisenoxyhydraten erfahren, daß sie zu Eisenerzlagerstätten werden.

f) Entstehung von Kaolinlagerstätten

Die Kaolinisierung der Feldspäte durch hydrothermale Lösungen wurde bereits bei den hydrothermalen Prozessen des magmatischen Zyklus besprochen.

Kaolinbildung kann aber auch durch Auslaugung feldspatführender Gesteine von oben her erfolgen. Es ist bekannt, daß zum Beispiel Granitgebiete, die von Mooren bedeckt waren, eine weitgehende Kaolinisierung ihrer Feldspäte aufweisen. Das aus den Mooren kommende, den darunter liegenden Granit durchtränkende, mit Humussäure beladene Wasser bewirkte den weiter oben beschriebenen chemischen Abbau des Gesteins sehr intensiv. Es bleibt, graduell naturgemäß verschieden, ein Gestein als Lösungsrückstand übrig, in welchem nur die Quarzkörner, ferner Muskowit, Magnetit- und Turmalinkörner (bei einem Turmalingranit) noch frisch sind, während die Feldspatkristalle kaolinisiert sind. Der Gesteinsverband ist dadurch derart aufgelockert, daß das Gestein durch einen scharfen Wasserstrahl zum Zerfall gebracht werden kann (hydraulische Kaolingewinnung). Durch Schlämmen wird die feindisperse Kaolintrübe von den sandigen Elementen (Quarzkörner, unzersetzte Feldspatkörner, Muskowit, Magnetit, Turmalin usw.) getrennt. Wieder ist ein Lösungsrückstand zu einer Lagerstätte

(Kaolinlagerstätte) geworden. In anderen Fällen ist die Auflösung des Gesteins nicht so weit fortgeschritten, daß die billige hydraulische Gewinnung möglich wäre, es wird dann das kaolinisierte Gestein nach ncrmalen, bergmännischen Methoden gewonnen.

g) Feuerfeste Tone

Im Liegenden von Kohlenflözeŋ sind die Gesteine häufig „gebleicht", d. h. die färbenden Eisenoxydverbindungen wurden durch die aus dem Moor, dem das Kohlenflöz seine Entstehung verdankt, versickernden Wässer aufgelöst und weggeführt. Mit dem Eisen wurden auch die übrigen „Flußmittel" mehr cder weniger entfernt, d. h. die Liegendtone des Kohlenflözes haben an Feuerfestigkeit gewonnen, sie sind als „Lösungsrückstand" zu feuerfesten Tonen geworden. Die Schmelztemperatur eines Tones errechnet sich nach der Formel

$$\text{in Graden Celsius} \quad {}^{0}\text{C} = \frac{360 + Al_2O_3 - RO}{0,228}$$

$$\text{bzw. in Seegerkegel SK} = \frac{113 + Al_2O_3 - RO}{4,48}$$

Diese Formeln stimmen mit einiger Genauigkeit nur für Tonerdegehalte von 20 bis 50 %. Bei höheren oder tieferen Werten werden sie ungenau[1].

h) Auslaugung bereits gebildeter Lagerstätten (Hutbildungen)

Das hydrolytisch gespaltene Wasser und die in ihm gelöste Kohlensäure bewirken ganz allgemein die Oxydation, Hydratbildung und die selektive Auflösung der Gesteine. In vielen Fällen wird die Lösungsfähigkeit des Wassers durch die örtliche Entstehung von Mineralsäuren ganz außerordentlich gesteigert.

Die „Hutbildungen" auf sulfidischen Lagerstätten (eiserner Hut) verdanken diesen Vorgängen ihre Entstehung. Meistens werden die Hutbildungen bei den hydrothermalen Erzgängen behandelt. Die Vorgänge, die sich bei der Hutbildung abspielen, sind jedoch von der chemischen Verwitterung nicht zu trennen, sie wurden deshalb bei den chemischen Sedimenten behandelt. Enthält eine Lagerstätte, einerlei welcher Entstehung, Sulfide des Eisens (Pyrit, Chalkopyrit, Arsenopyrit, eisenhältige Zinkblende u. dgl.), so liefern dieselben bei ihrer Oxydation Ferrisulfate des Eisens, Kupfersulfat bzw. Arseniate des Eisens — und auch freie Schwefelsäure. (Solche im Grubenwasser gelöste Eisenarseniate sind als Heilmittel gegen Anämie geschätzt.) Diese Ferrisulfate bzw. Eisenarseniatlösungen wandern ab. (In Schwefelkiesbergbauen kann durch die Oxydation des Schwefels durch die feuchte Grubenluft soviel Wärme erzeugt werden, daß Grubenholz zur Entzündung gebracht wird.) Diese stark dissoziierten Lösungen sind sehr aggressiv.

Es bleibt von den ursprünglichen Sulfiden nur ein zellig-poröser Limonit, der eiserne Hut, zurück. Diese Limonite der Oberfläche, die zuweilen 40 m bis 100 m und noch weiter in die Tiefe reichen, können sowohl von primären Siderit-

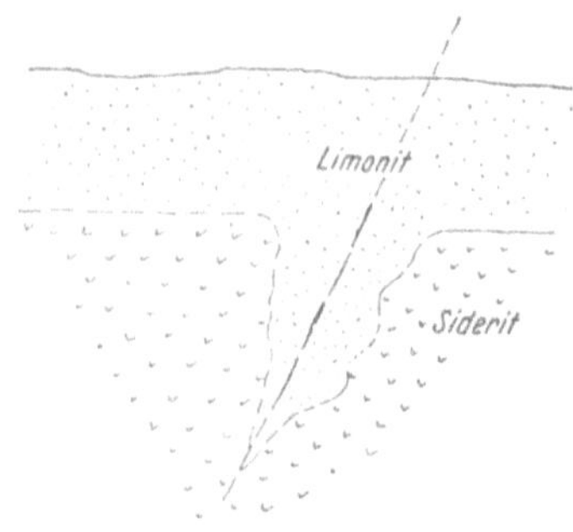

Abb. 14. Vordringen der Oxydation (Limonitbildung) nach Spalten einer Sideritlagerstätte.

---

[1] Nach einer freundlichen Mitteilung von Doz. Dr. ALFRED PONTONI, Leoben.

lagerstätten oder von anderen Eisenerzlagerstätten abstammen, sie können aber ebensogut der „Eiserne Hut" von Schwefelkieslagerstätten oder überhaupt von sulfidischen Lagerstätten, die auch Pyrit führen, sein. Relikte von Pyrit- oder Chalkopyrit- oder von Bleiglanzkörnchen oder ein verdächtiger, durch die chemische Analyse festgestellter Schwefel- oder Arsengehalt solcher Limonite verstärken den Verdacht, daß unter dem Limonit des eisernen Huts nicht eine Eisen-, sondern eine Schwefel- oder Schwefelkupferkieslagerstätte vorhanden ist.

Der „Eiserne Hut" einer Lagerstätte muß deshalb als „Lösungsrückstand" aufgefaßt werden, ganz einerlei, auf welche Weise die primäre Lagerstätte, zu der er gehört, entstanden ist. Auf Grund gleicher Erwägungen wurde weiter oben (s. S. 33) die Zementationszone als chemisches Präzipitat innerhalb einer vorhandenen Lagerstätte behandelt.

Eiserner Hut und Zementationszone gehen nach unten zu ineinander über, und unter ihnen folgt die primäre Zone (Abb. 12).

III. Organogene Sedimente
als Lagerstätten nutzbarer Mineralien

a) Organogene Sedimente, bestehend aus den anorganischen Teilen der Organismen

(Kalk, Diatomeenerde, Kieselschiefer und Lydite — Phosphate)

Gewisse Kalkablagerungen sind chemische Ausfällungsprodukte (s. diese). Die Hauptmasse der Kalke ist jedoch dadurch entstanden, daß der Kalkgehalt des Süß- und vor allem des Meerwassers von den dort lebenden Pflanzen (Kalkalgen) und Tieren zum Bau ihrer Gehäuse verwendet wird. (Lithotamnienkalke, Nummulitenkalke usw.) Die Weichteile abgestorbener Tiere dienten einerseits als Nahrung für andere Tiere, anderseits wurden sie oxydiert und damit verflüchtigt, und wo eine Oxydation nicht oder nur teilweise stattfand, wurden sie dem Kalk als Bitumen einverleibt. (Bituminöse Kalke, Stinkkalke.) Trotz der vielfachen Verwendung, die der Kalk als Bau- und Dekorationsstoff und in der chemischen Industrie findet, fällt er aus dem Rahmen dieser Betrachtung heraus. Was die Tiere mit Kalkgehäusen für die Entstehung des Kalkes bedeuten, bedeuten die Tiere mit Kieselgehäusen für die Entstehung der Diatomeenerde (Kieselgur) und der Kieselschiefer bzw. der Lydite. Da die Lydite ein kryptokristallines Gefüge haben und einen Kieselsäuregehalt aufweisen, der hoch über 90 % liegt, wäre der Gedanke naheliegend, dieselben zur Erzeugung feuerfester Silicasteine (Dinassteine) zu verwenden. Beim Erhitzen blähen sich jedoch die Lydite unter Abgabe ihres Bitumengehaltes auf (Volumsvermehrung 100 % bis 250 %), was ihrer Verwendung zum genannten Zwecke entgegensteht. Obwohl auch die Diatomeenerde, ein loses, aus Kieselskeletten bestehendes Sediment, eine vielfache Verwendung findet (Adsorptionsmittel für Nitroglyzerin, Wärmeschutzmasse, Schleif- bzw. Poliermittel, Leichtbausteine), scheidet ihre Betrachtung hier aus.

Knochenphosphate der Karsthöhlen

Die Kalkhöhlen verkarsteter Gebiete dienten im Diluvium sowohl den Menschen als auch den Tieren (Bären, Hyänen) als Wohn- bzw. als Sterbeort. Manche dieser Kalkhöhlen sind Bärenfriedhöfe mit vielen Tausenden von Skeletten, die im Laufe der Jahrtausende zum größten Teil zu einem griesigen Sand zerfallen sind. Umschichtung bzw. Umlagerung der zersetzten Knochenreste und teilweise

Vermengung bzw. Wechsellagerung mit normalen Sedimenten der Karstflüsse, für welche die Höhlen einen Teil ihres unterirdischen Laufes bildeten, können oft beobachtet werden. Da diese Höhlenphosphate ohne weitere chemische Behandlung zur Düngung verwendet werden können (sie sind größtenteils in Zitronensäure löslich), stellen sie zwar mengenmäßig bescheidene (10000 t bis 50000 t), aber leicht zu gewinnende Phosphorlagerstätten dar.

Die marinen Phosphatlagerstätten, die sich als ufernahe Bildungen im gleichen geologischen Niveau auf Hunderte von Kilometern verfolgen lassen, bestehen nur mehr zum Teil aus dem Kalziumphosphat der Knochensubstanz. An ihrem Aufbau nimmt auch Trikalziumphosphat teil, das in der Weise gebildet worden ist, daß Ammoniumphosphat, gebildet aus dem Phosphor der Weichteile der Tiere, sich mit Kalk umgesetzt hat.

Diese Phosphatlagerstätten stellen somit einen Übergang dar zu den organogenen Sedimenten, die aus dem *organischen* Teil der Organismen aufgebaut sind.

Auch die auf den Brutstätten aus Vogelexkrementen in der Gegenwart sich bildenden *Guano*-Lagerstätten nehmen eine Zwischenstellung in der Systematik der organogenen Sedimente ein.

b) Organogene Sedimente, gebildet aus den organischen Teilen der Lebewesen

[*Bituminöse Mergel* (Kukursite), Schiefer und Kalke, *Erdöl* (und dessen Verwandte) und *Kohle*]

Daß das Erdöl „tierischen" und die Kohlen „pflanzlichen" Ursprungs sind, sah man schon vor 100 Jahren ein, aber noch vor 50 Jahren glaubte man vielfach, daß nur Naturkatastrophen, ein Massensterben von Fischen oder der katastrophale Untergang von Wäldern zu solch bedeutenden Massenanhäufungen von Tier- bzw. Pflanzenleichen geführt haben können, wie sie heute in den Erdöllagerstätten oder in den Kohlenflözen vorliegen.

Erdöllagerstätten

Die Entstehung von Erdöllagerstätten ist ein *langsam* sich abspielender Vorgang, zu dessen Verwirklichung es notwendig ist, daß die Weichteile absterbender Organismen nicht durch Oxydation verflüchtigt werden und ihr Kohlenstoffgehalt nicht als CO oder als CO_2 abwandert. Ein „totes", nicht durch Sauerstoffzufuhr belüftetes Wasser ist somit die erste Voraussetzung für die Entstehung von Erdöllagerstätten. Bedingungen dieser Art bietet heute zum Beispiel das Schwarze Meer. Dieses Meer ist über 2000 m tief, es steht nur durch den maximal 120 m tiefen Bosporus mit den anderen Meeren in Verbindung. Das Wasser der Flüsse, die in das Schwarze Meer einmünden, schwimmt als spezifisch leichter (ungesalzen!) auf der Oberfläche, die durch den Bosporus abziehende Wasserströmung zieht nur die *Oberflächenschicht* des Schwarzen Meeres ab, das tiefer liegende Wasser dieses Meeres wird nicht aufgefrischt, es ist „tot". Die Leichen der Organismen, die von der belebten, etwa 150 m dicken Oberflächenschichte auf den Meeresgrund absinken, können nicht oxydiert, also nicht in Kohlenoxyd und Kohlensäure umgewandelt werden. Der *Schwefel* (der Eiweißsubstanzen) kann ebenfalls nicht in oxydische Verbindungen umgewandelt werden, aus ihm entsteht Schwefelwasserstoff (H_2S), der einerseits die Fällung von Mineralsalzlösungen bewirkt (z. B. *Schwefeleisen* aus Eisensalzlösungen), und der anderseits von den *Schwefelbakterien,* die im Wasser schwimmen, aufgezehrt wird. Infolge seines H_2S-Gehaltes ist das Wasser des Schwarzen Meeres in Lagen unter

200 m Tiefe giftig, und von den Schwefelbakterien abgesehen, für die Existenz organischen Lebens ungeeignet. Die Leichen der abgestorbenen Mikro- und Makroorganismen vermischen sich mit dem übrigen Sedimentationsmaterial, sie werden „eingesargt" und bituminisiert, d. h. in flüssige und gasförmige Kohlenwasserstoffe umgewandelt. Der Bitumengehalt hängt naturgemäß von der relativen Menge von organischem und anorganischem Material ab, das in der gleichen Zeitperiode zur Ablagerung gelangt ist. Durch den geschilderten Vorgang entsteht ein „*Erdölmuttergestein*". Zur Entstehung einer Erdöl*lagerstätte* müssen noch folgende weitere Bedingungen erfüllt werden: Das Muttergestein muß von einem Gestein mit *großem Porenvolumen*, dem *Reservoirgestein*, *überlagert* werden, in welches das Erdöl (bzw. Gas) langsam abwandert (unter dem Einfluß der Faktoren, die bei der Diagenese der Sedimente besprochen worden sind). (Überlagerungsdruck, Temperatursteigerung durch die geothermische Tiefenstufe.) Die Überlagerung bewirkt gleichzeitig eine „Diagenese" des Muttergesteins, die, auf das Bitumen angewendet, einer sehr langsam und sanft wirkenden Druckdestillation gleichkommt. Weiter muß in der Natur dafür gesorgt sein, daß das aus dem Muttergestein abwandernde Bitumen nicht bis an die Erdoberfläche gelangt und damit verlorengeht, d. h. das Reservoirgestein muß von einem undurchlässigen Abschlußgestein bedeckt werden. (Auch andere, später entstehende Abfuhrwege, wie Vulkandurchbrüche, Zerrüttung der Schichten durch Bruch- und Überschiebungsspalten, können zu einer natürlichen Schwächung bzw. zu einer Entleerung der Erdöllagerstätten führen.)

Schließlich müssen von der Natur noch tektonische *Niveaudifferenzen* geschaffen werden, die bewirken, daß sich das Gas (an den höchsten Stellen), Öl (in der Mitte) und Salzwasser (an den tiefsten Stellen) voneinander (mehr oder weniger) trennen. Als solche Niveaudifferenzen kommen einfache Sättel, flache Dome oder schräge Verstellungen der Schichtpakete in Betracht. (Abb. 14a.)

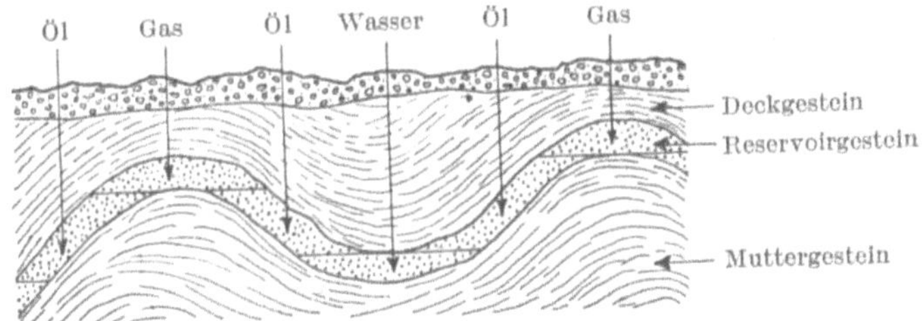

Abb. 14a. Idealisiertes Schema einer Erdöllagerstätte.

Bei der Suche nach Erdöllagerstätten wird deshalb zunächst nur nach „Ölstrukturen" (Dome, Sättel, Schrägstellungen von Schichten) gesucht, und hiezu eignen sich die geophysikalischen Methoden ganz hervorragend. (Ohne angewandte Geophysik wären die Fortschritte in der Erschließung von Erdöllagerstätten, die in den beiden letzten Jahrzehnten gemacht worden sind, ganz undenkbar.) Die Angaben der Geophysik über die „Ölstrukturen" werden sodann durch *seichte* (100 bis 300 m Tiefe) „Strukturbohrungen" kontrolliert. Über die Öllagerstätte selbst kann weder die Geologie noch die Geophysik eine Aussage machen, hierüber geben erst die *Tiefbohrungen* Aufschluß. Immerhin wird durch die Auskünfte der Geologie und der Geophysik die Zahl der Fehlbohrungen und damit das Aufschlußrisiko ganz bedeutend eingeschränkt.

Das vorstehend gegebene Schema der Entstehung von Erdöllagerstätten wird in der Natur in mannigfacher Weise variiert.

Auch in konzentrierten Kochsalzlösungen werden die Weichteile von Organismen konserviert (Fleischkonservierung durch Kochsalz). Trotzdem finden wir im Kochsalz der Salzlagerstätten nur geringe Mengen von Bitumen (Schlagwetterexplosionen in Salzbergbauen), weil in den konzentrierten Salzlösungen Organismen überhaupt nicht leben konnten (Totes Meer). Die an Salzlagerstätten gebundenen Erdölvorkommen sind deshalb auch nur bescheidenen Umfanges.

Auch in „durchlüfteten" Ablagerungen mußte nicht *alle* organische Substanz restlos oxydiert und damit verflüchtigt werden. Spuren von Bitumen finden wir deshalb in sehr vielen Sedimenten (abgesehen von Sanden und Schottern, deren Durchlüftung [Spiel der Brandung] bei der Ablagerung ja sehr ausgiebig ist). Dieses im Gestein feinstverteilte Bitumen wird schon bei relativ geringer Metamorphosierung des Gesteins in „graphitische Substanz" umgewandelt (geringe Masse, große Oberfläche der einzelnen Partikelchen).

Erreicht der Gehalt an verflüchtigbaren Bitumen eines Gesteins mehrere Prozent — und er steigt in einzelnen Fällen bis auf über 40 % an (Kukursit) —, dann werden diese Gesteine zu Lagerstätten. In einzelnen, besonders reichen Fällen können solche Mergel als Brennstoff verwendet werden, in anderen Fällen werden sie verschwelt. Die ausgebrannten Mergel können unter Umständen zur Zementerzeugung verwendet werden. Verglichen mit der Erzeugung von Erdölprodukten aus den Erdöllagerstätten ist die Erzeugung aus „Ölschiefern" sehr gering, sie erreicht kaum ein halbes Prozent der Mengen, die aus dem natürlichen Erdöl erzeugt werden.

Kohlenlagerstätten

Wenn es zur Bildung von Öllagerstätten nur dann kommt, wenn Tierleichen in der Oxydation gehemmt oder gehindert werden, so kommt es zur Bildung von Kohlenlagerstätten nur dann, wenn *Pflanzenleichen* vor der Oxydation und damit vor der flammenlosen Verbrennung bewahrt werden. Der Bildungsort der Öllagerstätten sind Meeresteile mit reichem Tierleben und ohne (sauerstoffhältiger) Frischwasserzufuhr. Der Bildungsort der Kohle ist das feste Land. (Die Vorgänge der Öl- bzw. Gasbildung spielen sich auch in nicht durchlüfteten *Süßwasser*becken ab [CH_4 = *Sumpf*gas, Ölhäute am Wasser von Sümpfen], doch sind diese spurenhaften Bildungen ohne wirtschaftliches Interesse.)

Die Oxydation und damit die restlose feuerlose Verbrennung der abgestorbenen Pflanzen wird — ähnlich wie bei der Bildung des Erdöls bzw. der Bitumina — dadurch verhindert, daß die Pflanzen nach ihrem Absterben in wenig oder nicht durchlüftetes Wasser absinken (Süßwasserbecken oder hochstehendes Grundwasser). Die Kohlenflöze sind fossile Moore bzw. im Wege der Diagenese, die man in diesem Falle *Inkohlung* nennt, *veränderte Torflager*.

Die verschiedenen Entwicklungsstadien der Moore, beginnend mit der Ablagerung von Halbfaulschlamm (Gyttia), der aus den zu Boden gesunkenen Schwebestoffen des Wassers besteht (Plankton, Algen, Blütenstaub, Sporen und mineralischer Staub), und gefolgt von einer von den Ufern her fortschreitenden Verlandung des Wasserbeckens, die mit der Anhäufung abgestorbener Schwimmgewächse (Seerosen), von Schilf, Binsen und Rohricht beginnt, um von der Entfaltung einer Vegetation von Gräsern und schließlich von Sträuchern und von Bäumen abgeschlossen zu werden, liefern bei der Inkohlung teilweise voneinander recht verschiedene Bauelemente der Kohlenflöze. Die Entstehung mächtiger Kohlenflöze (die stärksten Lignitflöze haben Mächtigkeiten von 100 bis 120 m!)

war nur möglich, wenn sich die Unterlage des Moors dauernd und langsam absenkte (sonst wäre die abgestorbene Vegetation in den Bereich der Atmosphäre geraten und durch Oxydation verflüchtigt). Die große Zahl übereinanderliegender Kohlenflöze desselben Reviers, die jeweils durch Schiefer, Sandsteine und Konglomerate voneinander getrennt sind, spiegeln wie keine andere Erscheinung in der Geologie den Rhythmus in den vertikalen Bewegungen der Erdkruste wider.

Beispiel:

Kohlenflöz = In Verlandung begriffenes seichtes Wasserbecken.

Tonschiefer darüber = das Absinken geht rascher als das Emporwachsen des Moors, das Wasserbecken wird überschwemmt, Mineralschlamm lagert sich ab.

Sandsteine und *Konglomerate* } darüber = der Höhenunterschied zwischen dem vom Schlamm überdeckten Moor und dem Hinterland nimmt rasch zu, es werden Sande, und bei weiterer Vermehrung des Höhenunterschiedes Schotter eingeschwemmt.

Sande und darüber *Tonschiefer* = der Höhenunterschied hat sich vermindert, Schlamm wird abgelagert.

Kohlenflöz = der Verlandung unterliegende Moore sind entstanden, das Absinken erfolgt ungefähr im Tempo des Anwachsens des Moores.

Dieser Rhythmus oder ein Rhythmus ähnlicher Art kann sich im gleichen Raume Dutzende von Malen wiederholt und auf diese Weise Schichtpakete erzeugt haben, deren heutige Mächtigkeit 1000 m betragen kann und in denen viele Dutzende von (bauwürdigen und unbauwürdigen) Kohlenflözen eingelagert sind (vgl. Abb. 15 und 16).

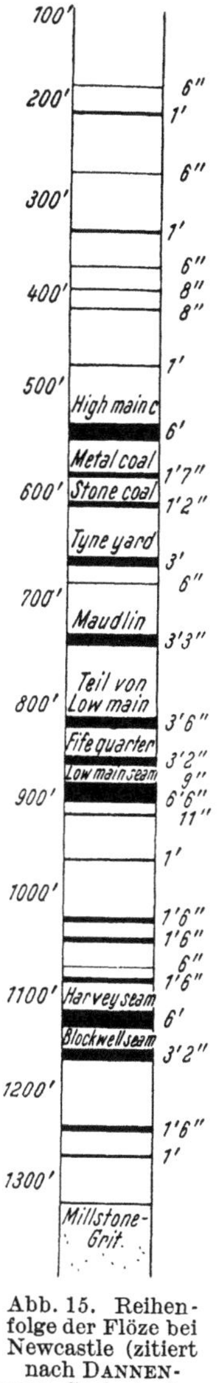

Für die Entstehungsgeschichte der Kohlenflöze ist es charakteristisch, daß die nahe dem Ufersaum der Meere abgelagerten Kohlengebiete (paralische Kohlenflöze) eine viel größere flächenhafte Ausdehnung aufweisen als die in meerfernen Binnenbecken gebildeten Moore bzw. Kohlen. (Limnische Bildungen.) Zur Entstehung von Kohlenflözen ist es — vom Karbon an — in allen geologischen Formationen gekommen, wenn auch die Steinkohlenformation (das Karbon) und die Tertiärformation die weitaus umfangreichsten Flözbildungen aufweisen. Die Kohlenablagerungen *vor* der Karbonzeit und *nach* dem Tertiär sind bedeutungslos. Da in diesen beiden Formationen große Krustenbewegungen der Erde stattgefunden haben (herzynische oder variszische Gebirgsfaltung im Karbon-Perm und alpine Gebirgsfaltung ([obere Kreide, Hauptfaltung] im Tertiär), die mit einem intensiven Vulkanismus verbunden waren, hat man die relative Häufung der Kohlenlagerstätten in diesen beiden Formationen mit dem höheren Kohlensäure-

Abb. 15. Reihenfolge der Flöze bei Newcastle (zitiert nach DANNENBERG, Geologie der Steinkohlenlager, S. 613).

gehalt der Atmosphäre im Gefolge des Vulkanismus zu erklären versucht. Eine bündige Beweisführung ist indessen nicht gelungen.

Bei der Besprechung der Gesteinsverfestigung (Diagenese, S. 27) wurde darauf hingewiesen, daß die Reihe: Moor—Torf—lignitische Braunkohle—Glanzbraunkohle—Steinkohle—Anthrazit verschiedene Stadien der „Verfestigung" eines und desselben organischen Sedimentes darstellen. Die Torfsubstanz reagiert auf die Faktoren der Diagenese (Erwärmung und Druck) viel empfindlicher als z. B. ein anorganisches Sediment (wie Sand, Schotter oder Tonschlamm), weil neben der bloßen Verfestigung eine ganze Reihe chemischer Prozesse mitlaufen, die als Ergebnis in einem Verlust von Sauerstoff, Wasserstoff und Stickstoff und dementsprechend in einer relativen Anreicherung des Kohlenstoffs bestehen. (Torf = 60% C, Braunkohle = 65% C, Steinkohle = 75 bis 90% C, Anthrazit = 95% C, bezogen auf aschenfreie Substanz.) In großen Zügen geht die Abspaltung in der Reihenfolge Wasser H_2O → Kohlensäure CO_2 und Methan (Sumpfgas CH_4 = schlagende Wetter!) vor sich. (Versuche, das Entweichen des Methans während der Gewinnung der Kohle durch eigens zu diesem Zweck *in der Kohle* angelegte Bohrlöcher in eigenen Rohrleitungen einzufangen und auf diese Weise aus einem Gefahrenbringer ein verwertbares Gas zu machen, waren erfolgreich.)

Wie bei allen Sedimenten hängt auch bei der Kohle — und wegen der Reaktionsbereitschaft dieser komplexen Substanz *besonders* bei der Kohle — der Grad der erreichten Inkohlung davon ab, was ein Torflager nach seiner Bildung erlebt hat. (Einfache flache Überlagerung

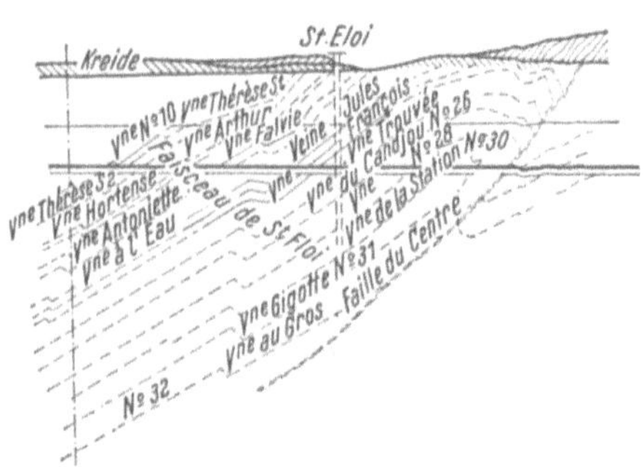

Abb. 16. Teil des Profils durch das Becken des „Centre" (Belgien), zitiert nach DANNENBERG, Geologie der Steinkohlenlager.

oder Überlagerung von Schichtpaketen von tausend oder von Tausenden von Metern, Erfaßtwerden von Gebirgsfaltungen [Dynamometamorphose] bzw. Erfaßtwerden von der regionalen Metamorphose, die die Kohle in Graphit umwandelt.)

Im ersten Falle (einfach flache Überlagerung) wird ein Torfmoor aus der Steinkohlenzeit auch heute noch den Charakter einer *Braunkohle* aufweisen (z. B. Karbon-*Braunkohle* von Tula südöstlich von Moskau), während ein ungefähr gleichartiges Moor, das intensiv gefaltet wurde, heute als Anthrazit vorliegen wird (z. B. Karbon-Anthrazit der piemontesischen Alpen).

Von mancher Seite wurde die Auffassung vertreten, daß das Pflanzenmaterial der Karbonzeit von jenem der Tertiär- oder der Jetztzeit so verschieden sei, daß aus diesen *verschiedenen* Ausgangsprodukten niemals das gleiche Endprodukt, die Steinkohle, entstehen könne.

Eine überzeugende Beweisführung konnte jedoch bisher nicht erbracht werden.

Die Würdigung der ungeheuren Bedeutung der Kohle für die Zivilisation der Gegenwart sowie die chemische Technologie der Kohle, ihre Veredelung und Weiterverarbeitung liegen außerhalb des Rahmens dieser Darstellung.

Geologische Zeiteinteilung der Erdgeschichte
(Geologische Formationen)

		Quartär	Alluvium (Jetztzeit) Diluvium (Eiszeit)
Neuzeit (Känozoikum)	Tertiär	Jungtertiär . . .	Pliozän Miozän
		Alttertiär	Oligozän Eozän Paläozän
Mittelalter (Mesozoikum)		Kreide	obere Kreide untere Kreide
		Jura	Malm (weißer Jura) Dogger (brauner Jura) Lias (schwarzer Jura)
		Trias	obere Trias (Keuper) mittlere Trias (Muschelkalk) untere Trias (Buntsandstein)
Altertum (Paläozoikum).....		Perm	oberes Perm (Zechstein) unteres Perm (Rotliegendes)
		Karbon	oberes Karbon unteres Karbon
		Devon	oberes Devon mittleres Devon unteres Devon
		Silur	oberes Silur unteres Silur
		Kambrium	oberes Kambrium mittleres Kambrium unteres Kambrium
Urzeit (Archaikum)			Algonkium Archaikum
Sternenzeitalter			Sternenzeitalter der Erde

C. Lagerstätten des regionalmetamorphen Zyklus

Mit der beendeten Erstarrung des Magmas bzw. mit der Verfestigung (Diagenese) des lockeren Sediments ist der *Entstehungsakt* dieser Gesteine abgeschlossen. An die Oberfläche der Erde gebracht, beginnt ihre mechanische und chemische Zerstörung. In die Kontaktwirkungen der Erstarrungsgesteine einbezogen, erleiden die Gesteine eine gewisse Umwandlung, die Kontaktmetamorphose, die weiter oben behandelt worden ist.

Außer den frischen und verwitternden oder kontaktmetamorph veränderten Erstarrungsgesteinen und Sedimenten kennt man aber noch eine dritte Gesteinsklasse, die „Kristallinen Schiefer" deren Entstehung erst in den letzten fünfzig Jahren richtig erkannt wurde. Viele dieser Gesteine bestehen aus Silikaten, die den *Erstarrungsgesteinen* eigen sind (ein Gneis besteht aus Feldspat, Quarz und Glimmer usw., ein Glimmerschiefer besteht aus Quarz und aus Glimmer usw.), aber die *Parallelanordnung* der Mineralien, ihre „schiefrige Textur" erinnert an Sedimente. Die Bildung der Erstarrungsgesteine, zumindest die der Ergußgesteine, kann man direkt beobachten (Lavaerguß), außerdem liefert die metallurgische Technik viele analoge Vergleichsvorgänge. Die Bildung vieler Sedimente kann man ebenfalls direkt beobachten, messend verfolgen und im Laboratoriumsversuch nachmachen. (Jedes Wasserbaulaboratorium z. B. befaßt sich mit der Reproduktion der Schotterbewegungen in fließendem Wasser usw.)

l. Die Entstehung kristalliner Schiefer

Die *Entstehung kristalliner Schiefer kann man an keiner Stelle der Erdoberfläche sehen* — und dieses negative Merkmal erschwerte das Eindringen in die Entstehungsgeschichte dieser Gesteine sehr.

Drei in der Technik laufend ausgeführte Vorgänge erleichtern die Einsicht in das Werden der kristallinen Schiefer sehr.

1. Kristallisation durch Erwärmung

Amorphe Kieselsäure, durch weniger als zwei Tage erhitzt (aber *nicht* geschmolzen), kristallisiert. (Erzeugung von Silicasteinen [Dinassteinen] in der Industrie feuerfester Steine.) Je länger man erhitzt, desto größer werden die Kristalle. Wenn man fein- und feinstkristalline Metalle erhitzt, so tritt (innerhalb weniger Stunden) ein Kristallwachstum (Rekristallisation) ein, die kleinen Kristalle werden von den großen Kristallen aufgezehrt (Sammelkristallisation). Diese Vorgänge werden in der Technik der Stahlbehandlung täglich durchgeführt (s. Abb. 17). Das Erwärmen über eine gewisse Temperatur hinaus — die aber wesentlich *unter* der Schmelztemperatur liegt — bewirkt, daß amorphe Substanzen kristallin werden und daß kristalline Substanzen ihr Korn vergröbern. Hiebei kann innerhalb gewisser Grenzen durch eine niedrigere Temperatur dieselbe Wirkung erzielt werden wie durch eine höhere, wenn man die Erwärmung durch eine *längere* Zeit fortsetzt, d. h. innerhalb gewisser Grenzen kann man die Temperatur durch die Zeit in ihrer Einwirkung ersetzen.

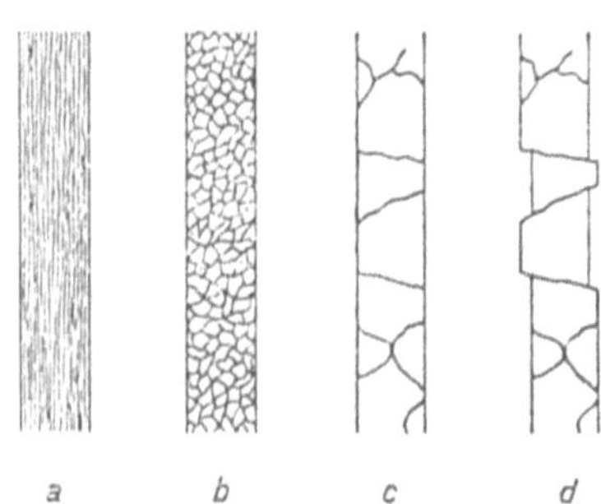

Abb. 17. Bei der Rekristallisation von gezogenem Wolframdraht mit der für diesen Draht charakteristischen faserigen Struktur (*a*) entstehen viele neue Kristalle (*b*), die schließlich zu nur wenigen größeren Kristallen zusammenwachsen (*c*). Beim Brennen in Wechselstromlampen mit geradem Draht können sich diese Kristalle längs der Kristallgrenzen gegeneinander verschieben (*d*). (Nach SMITHELLS.)

2. Parallelanordnung durch Preß- und Walzvorgänge

Ein gegossener Stahlblock (Ingot) ist vollkristallin und *richtungslos-körnig.* Walzt man aus diesem Block einen Träger oder eine Eisenbahnschiene, so zeigt

Abb. 18. S. M. Stahl: *a* Guß-, *b* Walzstruktur.

das mikroskopische Bild, daß nunmehr die einzelnen Gefügebestandteile des Stahls eine *Parallelanordnung* aufweisen, daß eine Gefügeregelung bei der unter Druck erfolgten Durchbewegung des Stahls zwischen den Walzen eingetreten ist. *Zwischen dem Stahlblock und der aus ihm gewalzten Eisenbahnschiene bestehen analoge Beziehungen wie zwischen einem Granit und dem aus ihm gewordenen Orthogneis* (s. Abb. 18).

3. Chemische Reaktionen im festen Zustand

(ohne Lösungsmittel.) Die Bildung von Kalziumferrit $Ca\,O \cdot Fe_2O_3$ bei der Erzeugung von Zement, die Entstehung von Magnesiumferrit $Mg\,O \cdot Fe_2O_3$ in den Brennöfen für Magnesit sind bekannte chemische Reaktionen im festen Zustand.

Um Zementstahl herzustellen, wird seit dem 17. Jahrhundert ein kohlenstoffarmes Schmiedeeisen in Holzkohlenpulver eingepackt und erhitzt.

Über das Einwandern des Kohlenstoffs in das Schmiedeisen gibt folgende Tabelle Auskunft, die aus Versuchen in einem normalen Zementierofen stammt:

Nach 7tägiger Erhitzung bildet sich eine 0,5 mm starke Stahlschicht mit 0,65% C.

Nach 8tägiger Erhitzung bildet sich eine 1,0 mm starke Stahlschicht mit 0,94% C.

Nach 9tägiger Erhitzung bildet sich eine 2,0 mm starke Stahlschicht mit 0,95% C.

Nach 10tägiger Erhitzung bildet sich eine 2,6 mm starke Stahlschicht mit 1,10% C.

Nach 11½ tägiger Erhitzung bildet sich eine 3,0 mm starke Stahlschicht mit 1,20% C.

Es ist hiebei durch Versuche der Nachweis erbracht, daß es sich bei diesen Reaktionen *nicht* um die Zwischenschaltung einer Gasreaktion (etwa durch gebildetes Kohlenoxyd) handeln kann.

Der dem Zementieren entgegengesetzte Vorgang ist das ,,Tempern''. Beim Tempern wird einem kohlenstoffreichen Eisen (Gußeisen) der Kohlenstoff dadurch entzogen, daß man das Eisen in dreiwertiges Eisenoxyd (Roteisenstein) einpackt und erhitzt. Hiebei entnimmt der Kohlenstoff des Eisens dem Eisenoxyd der Packung Sauerstoff. Als Beispiel seien folgende Werte angeführt (Nach LEDEBUR, Eisenhüttenkunde, III. S. 395):

Vor dem Glühen .... 3,44% C
Nach einmaligem Glühen .... 1,41% C
Nach zweimaligem Glühen ....unter 0,10% C.

Das Aufkohlen von schmiedbarem Eisen bzw. Entkohlen von Gußeisen im festen Zustande sind Reaktionen im festen Zustande ohne Zwischenschaltung eines Lösungsmittels. Der Mechanismus chemischer Reaktionen im festen Zustand durch bloßes Erwärmen hat durch die Entwicklung der Sintermetallurgie (Metallkeramik), wo solche Reaktionen zum technischen Alltag gehören, manche Aufklärung erfahren.

Die drei genannten, in der Technik laufend angewendeten Vorgänge,

a) Kristallisation bzw. Kristallwachstum durch Erwärmung;

b) Gefügeregelung durch Bewegung unter Druck und Erwärmung und

c) chemische Reaktionen zwischen festen Körpern durch bloßes Erhitzen, beherrschen auch in der Natur die Umwandlung von Sedimenten oder von Erstarrungsgesteinen (oder von Tuffen) in kristalline Schiefer.

Tab. 4. *Beispiele kristalliner Schiefer und metamorpher Lagerstätten*

Ursprüngliches Gestein	Produkt der Diagenese	Produkt der regionalen Metamorphose		Tiefste (Kata-) Zone
		Oberste (Epi-) Zone	Mittlere (Meso-) Zone	
Quarzsand (reinst)	Quarzsandstein	Epiquarzit	Mesoquarzit	Kataquarzit
Quarzsand mit Ton verunreinigt	Quarzsandstein mit tonigem Bindemittel	Serizitquarzit, Quarzphyllit	Glimmerquarzit Glimmerschiefer z. T.	Quarzitgneis
Quarzschotter	Quarzkonglomerat	Konglomeratphyllit	Konglomeratglimmerschiefer	Konglomeratgneis
Kalkschlamm (reinst). . .	dichter Kalk	Epimarmor	Mesomarmor	Katamarmor z. T.
Kalkschlamm (tonig) . . .	unreiner bis mergeliger Kalk	Kalkphyllit, Chloritschiefer u. U.	Kalkglimmerschiefer	Kalksilikatfels
Lehm und Ton	Schieferton, Tonschiefer	Phyllit	Glimmerschiefer	Cordicritsillimanitgneis
Diabas (Basalt)		Chloritschiefer (Hornblendeschiefer)	Amphibolit	Eklogit
Quarzporphyr		Porphyroid bis Serizitschiefer	Muskowitgneis, Zweiglimmergneis	Kataorthogneis
Gabbro		Chloritschiefer	Amphibolit	Eklogit
Granit		Serizit-Albit-Gneis bis Serizitschiefer	Muskowitgneis, Zweiglimmergneis	Kataorthogneis

Lagerstätten:

Ursprüngliches Gestein	Produkt der Diagenese	Oberste (Epi-) Zone	Mittlere (Meso-) Zone	
Torf	Lignit, Braunkohle, Steinkohle, Anthrazit	Graphit (dicht)	Graphit (schuppig)	
Quarzsand mit Limonit und Ton	tonige Eisensandsteine	Hämatitquarzit	Eisenglimmerschiefer, Magnetitquarzite	
Roterden, enteisent	Bauxit	Schmirgellagerstätten (Korund)		

4. Lösungsmittel

Bei den Vorgängen in der Natur steht vielfach noch überhitztes Wasser bzw. je nach den Tiefenlagen Wasserdampf zur Verfügung (Bergfeuchtigkeit der Gesteine, Kristallwasser, Hydroxylgruppe in manchen Silikaten, unter Umständen auch juveniles Wasser). Dieses Wasser löst Mineralbestandteile, bringt sie zur Wanderung (mobilisiert sie) und begünstigt den Ablauf chemischer Reaktionen.

5. Zeit

Zur Bildung kristalliner Schiefer stehen, mit menschlichen Maßen gemessen, „unendlich" lange Zeiten zur Verfügung, das heißt die mechanischen und chemischen Reaktionen werden in einer Vollständigkeit ablaufen, die im Laboratoriumsversuch mit Silikaten nicht oder nur schwer erreichbar ist, auch wenn man den Reaktionsablauf im Laboratorium durch höhere Temperaturen beschleunigt. Trotzdem geschieht es oft, daß sowohl Mineralien als auch Strukturen nicht vollständig von der Umwandlung erfaßt werden und daß einzelne Relikte (Reliktmineralien, Reliktstrukturen) den früheren Zustand verraten.

6. Tiefenstufen

Die Bildung kristalliner Schiefer erfolgt in wechselnden Tiefen unter der Erdoberfläche unter dem Einfluß der geothermischen Tiefenstufe als Wärmequelle und des Überlagerungsdruckes sowie des „dynamischen" Druckes, der die Krustenbewegungen in der Erde begleitet. Der mineralogische Befund an kristallinen Schiefern hat eine Dreiteilung der Tiefenlage als zweckmäßig erscheinen lassen, weil es sich beispielsweise zeigt, daß Chlorit (der obersten Tiefenlage = Epizone) sich in tieferen Lagen (mittlere Tiefenlage = Mesozone) unter Abspaltung der Hydroxylgruppen in Hornblende umwandelt, die ihrerseits in der tiefsten Zone (Katazone) zu Pyroxen umgebildet wird. Oder, der Serizit der Epizone erscheint in der Mesozone als Muskovit und in der Katazone zum Teil als Orthoklas. In der nebenstehenden Tabelle sind Beispiele der Umwandlung von Sedimenten und von Ergußgesteinen bei deren Versenkung in immer tiefere Teile der Erdkruste in kristalline Schiefer dargestellt. Außerdem zeigt die Tabelle Beispiele der Umwandlung von Tiefengesteinen bei deren Aufrücken in die höheren Zonen der regionalen Metamorphose. Recht kompliziert können die Verhältnisse werden, wenn ein Gestein (z. B. ein Sediment) zuerst die Metamorphose am Wege von oben nach unten erleidet und dann wieder in höhere Zonen verlagert und dort eine Rückverwandlung (rückläufige Metamorphose oder Diaphthorese) erlebt.

II. Regionalmetamorphe Umwandlung von Lagerstätten
1. Graphitlagerstätten sedimentären Ursprungs

Die Diagenese verwandelt einen Torf mit zunehmender Intensität der Reihe nach in Braunkohle, Steinkohle und schließlich in Anthrazit. Durch die regionale Metamorphose wird aus der Kohle *Graphit*, in welchem man unter dem Mikroskop noch hie und da Teile von pflanzlichen Zellgeweben erkennen kann. (Relikte.) Epigraphit (Graphite der obersten Tiefenzone) sind so feinkristallin, daß sie „amorph aussehen" und im Handel auch vielfach als „amorphe Graphite" bezeichnet werden. Die Röntgenaufnahme zeigt aber deren kristallines Gefüge.

Die ausgezeichnete Gleitfähigkeit des Graphits (Graphit als Schmiermittel!) bewirkt, daß der Graphit bei seiner metamorphen Umwandlung in der Formgestaltung der Lagerstätte sehr empfindlich auf Druckdifferenzen reagiert. An Stellen der Druckmaxima „fließt" der Graphit aus, um sich an Stellen geringeren Drucks anzuhäufen. Daher haben Graphitlagerstätten dieser Art häufig die Form von Linsen. Eine dünne, schwarze „Schmiere" als einziger Rest einer dort vorhanden gewesenen Lagerstätte schwillt zu Linsen von 4 m und mehr Mächtigkeit an.

Die geologische Umgebung (Hangend, Liegend) solcher Epigraphite besteht naturgemäß aus Gesteinen der Epizone. Mit zunehmender Tiefenlage (Tiefenlage im Sinne der regionalen Metamorphose) muß erwartet werden, daß die Kristallinität zunimmt, daß also Mesographite besser kristallisiert sind und somit mehr Flinz enthalten als Epigraphite. Die regionale Metamorphose hat somit wirtschaftlich gesehen eine Veredelung der ursprünglichen Lagerstätte bewirkt.

2. Magnetit-Quarzite

Eisensandsteine (Quarzsandsteine mit limonitischem Bindemittel) sind Eisenerzlagerstätten fraglichen Wertes. Der Vorteil ihrer großen Ausdehnung, also ihrer großen Substanzziffer, wird beeinträchtigt durch den meist niedrigen Eisen- und den hohen Kieselsäuregehalt. Die Anreicherung dieser Roherze ist schwierig. (Feinvermahlen, magnetisierend rösten und magnetisch scheiden.) Durch die Wirkungen der regionalen Metamorphose wird das limonitische Bindemittel in *Magnetit* umgewandelt, der Quarz bleibt als Stoff erhalten, er ändert nur die Form — der Eisensandstein wird zu einem *Magnetit-Quarzit*, der nach Feinzerkleinerung und Magnetscheidung (ohne die kostspielige magnetisierende Röstung) Konzentrate mit 62% bis 67% Eisen liefert. Was als Eisensandstein *nicht* bauwürdig war, kann es als Magnetitquarzit sehr wohl sein. Die regionale Metamorphose hat auch hier eine Veredelung der Lagerstätte (ohne Zufuhr und ohne Abfuhr von Stoffen, mit Ausnahme des im Limonit enthaltenden Wassers) bewirkt.

3. Eisenglimmerschiefer

Bei der Besprechung der chemischen Sedimente (S. 32) wurden Strandbildungen erwähnt, bei denen Quarzkörner, Tonschlamm und Limonit in Körnern mit konzentrisch-schaligem Bau (Limonit-Oolithe) gleichzeitig zur Ablagerung gekommen sind. Diese Strandbildungen lassen sich auf Hunderte von Kilometern verfolgen. Würden diese Bildungen der regionalen Metamorphose unterworfen, so müßten in der Mesozone folgende Mineralien gebildet werden:

Aus dem Limonit würde Hämatit oder Magnetit oder beides. Die tonige Substanz würde Glimmer (Muskovit) liefern, die Quarzkörner würden chemisch nicht verändert werden. (Kolloidal verteilte Kieselsäure würde in den Muskovit eingebaut werden oder zu Quarz kristallisieren.) Die Struktur würde schieferig, das Gestein würde zu einem „Eisenglimmerschiefer" umgewandelt werden.

Die regionale Metamorphose liefert den Schlüssel zum Verständnis derartiger weitverbreiteter Bildungen.

4. Schmirgellagerstätten regional-metamorpher Entstehung

Die Kalkbauxite (s. chemische Sedimente, S. 35) liegen als Festlandbildungen auf einer Kalkunterlage. Sie werden häufig von Kalkkonglomeraten überlagert, die bei der neuerlichen marinen Überflutung des Gebietes als Basiskonglomerat über den Bauxiten abgelagert worden sind. Denkt man sich eine solche Bauxitlagerstätte der regionalen Metamorphose unterworfen, so müßten hiebei folgende Veränderungen Platz greifen.

Die Tonerde des Bauxits würde kristallisieren und *Korund* liefern. Das in allen Bauxiten enthaltene Eisenoxyhydrat würde zu Hämatit und zu Magnetit umgewandelt. Die Kieselsäure des Bauxits würde mit dem Eisen und verschiedenen Erdalkalien Silikate liefern, die je nach der Tiefenzone den Chloriten oder den Hornblenden zuzurechnen wären. Der Liegendkalk würde zu Marmor, das Kalkkonglomerat des Hangend würde zu einem Marmor und das tonige Bindemittel würde in der Form von Glimmerhäuten die ehemaligen, jetzt zuweilen stark deformierten Kalkfragmente umhüllen und unter Umständen das ehemalige Konglomerat noch erkennen lassen.

Je nach der Reinheit der ursprünglichen Bauxite würde ein mehr oder weniger reiner oder durch Hämatit, Magnetit und femische Silikate verunreinigter Schmirgel entstehen. *Es gibt Schmirgellagerstätten, welche die vorgenannten Merkmale aufweisen und die deshalb als regional-metamorph umgewandelte Bauxitlagerstätten angesprochen werden müssen.*

5. Schwefelkieslager als kristalline Schiefer

Die Pyritlagerstätten in Gebieten kristalliner Schiefer waren in bezug auf ihre Entstehungsgeschichte vielfach umstritten. Eine mikroskopische Untersuchung dieser Lagerstätten im Auflicht zeigt, daß ihre Erze stärksten mechanischen Beanspruchungen ausgesetzt waren (Gleitflächen, Zertrümmerungen, Mörtelkranzstrukturen, Erzmylonite, Auspressungen des Kupferkieses aus den Stellen mit maximalem Druck und Anhäufung an Stellen geringeren Druckes). Gewisse Kieslager im kristallinen Gebirge sind also älter als die Metamorphose, die sie an sich selbst erlebt haben, sie sind selbst „kristalline Schiefer". Führt man die geologische Umgebung dieser Kieslager und die Kieslager selbst auf ihren Zustand *vor* der Metamorphose zurück, dann wird die Frage nach der Entstehung des ganzen Gebildes wesentlich vereinfacht. Man kann auch den umgekehrten Weg gehen und, wie es vorstehend bei den Bauxiten und den Eisensandsteinen gemacht wurde, sich Schwefelkieslager im nichtmetamorphen Gebirge, deren Entstehung klargestellt ist, in die einzelnen Tiefenzonen der regionalen Metamorphose versetzt denken und das Bild konstruieren, das sie und ihre geologische Umgebung nach der Metamorphose bieten müßten. Die angeführten Beispiele zeigen, daß die regionale Metamorphose bereits vorhandene Lagerstätten weitestgehend *umbilden* kann, wobei meistens eine *Veredelung* im technischen Sinne erreicht wird (Kohle zu Graphit, Limonit zu Hämatit und Magnetit, Bauxit zu Korund).

III. Neubildung von Lagerstätten durch regionale Metamorphose

Es ist vorstellbar, daß durch das Lösungsmittel eine Auflösung und Wiederablagerung (Mobilisierung) nutzbarer Mineralien in der Weise erfolgt, daß ursprünglich feinverteilte oder nur in geringen Mengen vorhandene Stoffe des Gesteins an besonderen Stellen, z. B. an Bewegungsbahnen, wieder abgelagert und auf diese Weise konzentriert werden. Dadurch würde eine regionalmetamorphe Lagerstätte entstehen. Die klare Herausarbeitung eines solchen Lagerstättentypus läßt noch zu wünschen übrig. Es würde die Lateralsekretionstheorie von Sandberger in abgeänderter Form wieder zu Wort kommen.

Rückblick

Ein Vergleich der Bildungsvorgänge von Lagerstätten des magmatischen Zyklus mit jenen des sedimentären Zyklus zeigt besonders bei den chemischen Sedimenten, daß die *Variationsbreite* eines und desselben Vorganges bei den Sedimenten viel größer ist als bei den Erstarrungsgesteinen. Diese größere Mannigfaltigkeit der Erscheinungen bei Sedimenten hat eine Ursache darin, daß der chemische Bestand des Sedimentes innerhalb viel weiterer Grenzen schwankt als jener der Erstarrunsgesteine. Beispiele:

Der SiO_2-Gehalt der Sedimente schwankt zwischen 99,9 % und einigen Zehntel Prozenten, der SiO_2-Gehalt von Erstarrungsgesteinen liegt zwischen den Extremwerten von etwas über 70 % und 35 %. Dasselbe gilt vom Gehalt an Tonerde, an CaO, an Magnesium, gar nicht zu reden vom Kohlenstoff, von der Phosphorsäure usw. Der Ablauf eines und desselben Bildungsprozesses von Sedimenten ist weitgehend vom Klima abhängig, die Bildung von Erstarrungsgesteinen ist vom Klima unabhängig. Wohl verläuft auch bei Erstarrungsgesteinen ein und derselbe Prozeß je nach der Tiefenlage unter der Erdoberfläche, in der er sich abspielt, verschieden und bei kristallinen Schiefern ist die Tiefenlage, in der sie ihre entscheidende Ausbildung erfahren haben, der zweitwichtigste Faktor für die Einteilung dieser Gesteine, doch sind diese Variationen leichter zu überblicken und leichter systematisch einzuordnen als die Variationen bei chemischen Sedimenten. Es ist deshalb die systematische Einteilung der Lagerstätten des magmatischen und des regionalmetamorphen Zyklus übersichtlicher als die Einteilung bei den chemischen Sedimenten.

Anhang

Verschiedenheit der Beobachtungsweise von Lagerstätten nutzbarer Mineralien

In der vorstehenden Betrachtung der Lagerstätten nutzbarer Mineralien wurde die Entstehung der Lagerstätten in den größeren Rahmen der Entstehung der Gesteine überhaupt hineingestellt. Eine solche Betrachtungsweise, unterstützt durch Hinweise auf Vorgänge in der Technik, bringt die Lagerstätten dem Verständnis näher. Hiebei wurde im Interesse der Raumersparnis darauf verzichtet, die einzelnen Lagerstättentypen durch spezielle Beispiele zu beschreiben und abzubilden. Eine außerordentlich schöne Betrachtungsweise der Lagerstätten — die allerdings die Kenntnis der Bildungsprozesse der Lagerstätten voraussetzt — ist

die geochemische Betrachtung der Lagerstätten.

Diese Betrachtungsweise, die in den letzten Jahrzehnten vor allem in Amerika (USA.) und in Deutschland entwickelt und ausgebaut worden ist, geht vom Schalenbau der Erde aus und sie teilt die Elemente je nach ihrer Zugehörigkeit zu den einzelnen Schalen ein in:

atmophile   (Elemente der Atmosphäre),
lithophile   (Elemente der Lithosphäre),
chalkophile (Elemente der Sulfidoxydschale)
und in siderophile (Elemente des Nickeleisenkerns).

Auf Grund zahlloser quantitativ-chemischer Gesteins- und Mineralanalysen (besonders auch in bezug auf Elemente, die nur in Spuren in den Mineralien bzw. Gesteinen vorhanden sind) wurde sodann die chemische Zusammensetzung der

Tab. 5. *Beispiele der Betrachtungsweise von Lagerstätten, geordnet nach chemischen Elementen*
(Die Lagerstättenbildungen sind kursiv gesetzt)

Elemente	Magmatischer Zyklus				Sedimentärer Zyklus			Bergional-metamorpher Zyklus
	Erst-kristallisation	Haupt-kristallisation	Restkristallisation		mechanisch	chemisch	organogen	
			Pegmatite Pneumatolyse	Hydro-thermal				
Eisen	Schlieren: *Ilmenit, Titano-*Hämatit, Titano-magnetit, Magnetit, *Chromit Pyrit Pyrrhotin mit Nickel*	Eisenhaltige Silikate, *keine* Lager-stätten, Olivin, Pyroxene, Amphibole, dunkler Glimmer	*Injizierte Schlieren. Magnetit-, Kontakt-lagerstätten* z. T.	*Sideritgänge, Metasomat. Siderit-lagerstätten*	*Ilmenit-, Magnetit-sande*	*Eisen- Sand-steine, See-erze, Eiser-ner Hut,* Verwitte-rungsrück-stände basischer Gesteine	Pyrit im Faul-schlamm	*Magnetit, Quarzite, Eisenglimmer-schiefer Kieslager z. T.*
Aluminium	(Spinell)	Silikate: Feldspäte, Feldspatide Glimmer, Amphibole, Pyroxene	*Pegmatite, Feldspat, Glimmer, Kryolith*	Alunit		*Kalkbauxit, Silikat-bauxit* als Lösungs-rückstand		*Schmirgel*
Magnesium	(Spinell)	Silikate: Olivin, Pyroxene, Amphibole, Mg-Glimmer		*Metasomat. Magnesit-lagerstätten*		*Meerwasser* Magnesium-chloride und -sulfate		
Zinn			Pegmatite und *Pneumatolyt.* Gänge		*Zinnstein-seifen*			
Kohlenstoff	*Diamant* als Schliere oder als Resorp-tionsschliere		*Graphit-Pegmatite, Graphit-gänge*		*Diamant-seifen*		*Erdöl, Bitumen, Kohle, Kalk*	*Graphit* z. T.

Erdkruste berechnet (s. Tab. 1, S. 8). Es wird sodann jedes chemische Element in seinen in der Natur vorkommenden Verbindungen (Mineralien und nicht bloß in seinen Erzen) betrachtet. Schon eine solche Betrachtung zeigt, ob das Element vor allem an saure oder an basische Magmen gebunden war, ob es vor allem in der Erst- oder in der Haupt- oder in der Restkristallisation der Erdkruste einverleibt wurde, ob seine Anreicherung zu Lagerstätten dem magmatischen oder dem sedimentären Zyklus angehört usw. Erkenntnisse und Folgerungen aus dem periodischen System der Elemente, aus den Erscheinungen der Isomorphie unter den Mineralien und der Ionenradien der einzelnen Elemente vertiefen den Einblick in das Naturgeschehen bei der Bildung von Lagerstätten.

In der vorstehenden Tabelle 5 ist an drei Beispielen eine gedrängte Übersicht der Darstellung dieser Art gegeben.

Metallogenetische Provinzen und metallogenetische Epochen

Eine andere Art der Darstellung der Lagerstätten setzt sich zum Ziel, die Lagerstätten des magmatischen Zyklus in Zusammenhang mit dem Plutonismus und dem Vulkanismus der ganzen Erde übersichtlich zur Darstellung zu bringen. Diese Betrachtungsweise muß sich notwendigerweise mit den gebirgsbildenden Phasen in der Erdgeschichte befassen (metallogenetische Epochen), sie greift hinüber in das Gebiet der Geologie (Tektonik).

Wirtschaftliche Betrachtungsweisen.

Die „Eisenerzvorräte der Welt", die „Kohlenvorräte der Welt" usw. festzustellen, nahmen sich unter anderem die Geologenkongresse vor. Ohne sich in die Fragen der Entstehung der Lagerstätten zu vertiefen, wurden unter Heranziehung vieler Mitarbeiter für jedes Land die Lagerstätten kurz beschrieben und deren Substanzziffern (sichtbare, wahrscheinliche und mögliche) bekanntgegeben.

Schließlich bestehen noch zahlreiche Werke, welche für jedes Land die Lagerstätten seines Untergrundes und deren *Jahresproduktion* behandeln, um die wirtschaftliche Kraft (oder Schwäche), die wirtschaftliche Unabhängigkeit (oder Abhängigkeit) eines Landes auf dem Gebiete der Bodenschätze darzustellen. Werke dieser Art gehören bereits in das Gebiet der Montanstatistik — die dann hinüberleitet in das Gebiet der Bergbaupolitik.

Die Bewertung von Lagerstätten nutzbarer Mineralien

Viele ziehen nach Wolle aus und kommen geschoren zurück. (Spanisches Sprichwort)

Für die Bewertung einer Lagerstätte sind folgende Faktoren maßgebend:

1. Substanzziffer und Geologie der Lagerstätte.
2. Geographische Lage der Lagerstätte.
3. Der Stand der Technik.
4. Politische Verhältnisse, Markt, Arbeit und Kapital.

Nur die Substanzziffer ist eine unveränderbare Größe. Die geographische Lage einer Lagerstätte kann — wirtschaftlich gesehen — in ihrem Einfluß auf den Wert einer Lagerstätte durch die Erschließung eines Gebietes durch eine Eisenbahn, durch Errichtung einer Hafenanlage, ja schon durch einen tiefen Unterfahrungsstollen im Gebirge eine Veränderung erfahren. Auch die unter 3. und 4. angeführten Faktoren sind veränderlich. Es ist somit der Wert einer Lagerstätte *keine unveränderliche* Größe, wenn auch das Gewicht der einzelnen Faktoren, welche den Wert einer Lagerstätte bestimmen, sehr verschieden groß ist.

A. Substanzziffer und Geologie einer Lagerstätte

I. Die Substanzziffer (das Lagerstättenvermögen)

1. Allgemeine Betrachtungen

Die Substanzziffer, das ist die in Tonnen ausgedrückte Menge der nutzbaren Mineralien einer Lagerstätte, ist der weitaus wichtigste Bewertungsfaktor und man kann den Wert eines Berichtes über eine Lagerstätte erkennen an der Gründlichkeit (oder Flüchtigkeit), mit der die Frage nach der Substanzziffer behandelt ist. (Nur dort, wo die Substanz ,,unendlich'' groß ist, ist die Substanzziffer ohne Interesse. So z. B. ist die Substanzziffer der Luft als Lagerstätte zur Erzeugung von Stickstoffverbindungen, oder die Substanzziffer des Meerwassers als Kochsalz- und Magnesiumlagerstätte völlig uninteressant, beide Lagerstätten sind ,,unendlich groß''.) Auch die Substanzziffern, die so groß sind, daß sie bergbauliche Großbetriebe durch *Hunderte von Jahren* zulassen, sind in ihren Einzelheiten ohne besonderes Gegenwartsinteresse, weil wirtschaftliche Betrachtungen der Gegenwart und der nächsten Zukunft dienen und nicht Jahrhunderte weit vorausgreifen. (Es ist für die Gegenwart belanglos, ob die Kohlenvorräte eines Landes für die nächsten 1000 oder für die nächsten 3000 Jahre ausreichen usw.)

2. Größenordnung der Substanzziffern

Die Substanzziffer kann niemals auf eine oder auf einige Tonnen genau angegeben werden. Schätzungen von Substanzziffern derselben Lagerstätte, die 5 bis 10 % voneinander abweichen, müssen als sehr gut übereinstimmend bezeichnet werden, in manchen Fällen werden auch noch weit größere Abweichungen ohne Beunruhigung hingenommen werden können. Es ist beispielsweise ohne alle Bedeutung, ob in einer Eisenerzlagerstätte 100 Millionen oder 120 Millionen Tonnen als vorhanden geschätzt werden, denn in beiden Fällen werden die zu treffenden Dispositionen dieselben sein. Wichtig aber ist es, daß die *Größenordnung* der Substanzziffer einwandfrei festgelegt werde.

Beispiele von Größenordnungen

a) Eisenerzlagerstätten. Ein kleiner Hochofen erzeugt pro Tag 300 t Roheisen. Wenn er 50%ige Erze verhüttet, so benötigt er pro Tag 600 t Erz — oder pro Jahr — nach unten abgerundet 180000 t. Er würde demnach in zehn Jahren 1,8 Millionen Tonnen oder in 50 Jahren 9 bis 10 Millionen Tonnen Eisenerze der genannten Qualität benötigen. Eine Eisenerzlagerstätte, welche nur einem einzigen, kleinen Hochofen durch 50 Jahre als Rohstoffgrundlage dient, und dann erschöpft ist, ist demnach eine *kleine* Lagerstätte. Man wird somit Eisenerzlagerstätten mit einigen Hunderttausend bis etwa drei oder fünf Millionen Tonnen als Zwergvorkommen bezeichnen, die nur dann zur *Mit*versorgung eines Hüttenwerkes herangezogen werden können, wenn sie ohne große Investitionen abgebaut werden können. Eisenerzlagerstätten mit 10 bis 30 oder 50 Millionen Tonnen Erzvermögen wird man noch zu den Kleinvorkommen rechnen, zwischen 50 und 150 Millionen Tonnen wird man sie in die Mittelvorkommen einreihen, die Großlagerstätten werden zwischen 150 und 300 bis 500 Millionen Tonnen liegen und Lagerstätten mit mehr als 500 Millionen Tonnen Erzinhalt wird man zu den Riesenvorkommen rechnen.

Es ist im Zusammenhang mit billiger Energie allerdings noch folgende Form der Eisenindustrie möglich: in elektrischen Niederschachtöfen, deren Durchsatzleistung unter 30 Tagestonnen liegen kann, wird auf elektrischem Wege mit einer Reduktionskohle, die durchaus nicht Steinkohlenkoks zu sein braucht, ein Roheisen besonders guter Qualität erschmolzen, welches sodann in Elektrostahlöfen weiter verarbeitet und zur Herstellung von Erzeugnissen besonderer Qualität verwendet wird. In diesem Falle werden an die Größe der Substanzziffer, wie eine Überschlagsrechnung ergibt, nur sehr bescheidene Anforderungen gestellt (etwa 20000 t 50%iges Roherz pro Jahr).

b) Kupfererzlagerstätten. Eine Kupferhütte, die im Tag 10 t Kupfer, im Jahr also (nach unten abgerundet) 3000 t Kupfer erzeugt, ist ein kleines Werk. Nimmt man für Abbau, Aufbereitungs- und Hüttenverlust zusammen 15% an, so müßten aus der anstehenden Lagerstätte pro Jahr rund 3530 t, oder pro Tag rund 11,8 t Kupfermetall (in der Form von Erz) gewonnen werden. Nimmt man einen Metallgehalt der Lagerstätte von 2 % Cu an (viele große Cu-Erzlagerstätten sind wesentlich ärmer), so müßten pro Tag aus dem Bergbau $11,8 \times 50 = 590$ t Hauwerk gefördert werden.

Eine kleine Kupferhütte der vorgenannten Ausmaße (10 t pro Tag) würde somit im Jahr 3530 t, in zehn Jahren 35,300 t und in 30 Jahren 105900 t Kupfer, als Erz der Hütte zugeführt, benötigen. Demnach wird man Kupfererzlagerstätten mit einem Kupferinhalt bis 100000 t als kleine Lagerstätten bezeichnen, zu den Mittelvorkommen wird man Lagerstätten zwischen 100000 und 500000 t Kupferinhalt zählen — als Großvorkommen wird man Lagerstätten bis zu 3 Millionen Tonnen ansprechen und über 3 Millionen Tonnen Kupferinhalt liegen die Riesenvorkommen. Hierbei entspricht der Metallinhalt von 1 Million Tonnen einer Erzmenge (Hauwerksmenge) von über 50 Millionen Tonnen.

c) Goldlagerstätten. Wenn ein Golderzbergbau 3 kg Gold pro Tag gewinnt bei 20 % Abbau- und Aufbereitungsverlust, und wenn die Lagerstätte 6 g Gold pro Tonne enthält, so muß der Bergbau pro Tag 625 t Hauwerk fördern, d. h. er entspricht ungefähr dem vorstehend erwähnten Kupferbergbau von 590 t Tagesförderung, oder dem eingangs erwähnten Eisenbergbau mit 600 t Tagesförderung. Dieser Goldbergbau wird somit im Jahr 900 kg und in 30 Jahren 27000 kg Gold erzeugen.

Eine Goldlagerstätte mit einem Gesamt-Goldinhalt von 30000 bis 50000 kg wird man deshalb zu den Kleinvorkommen zählen, als Mittelvorkommen werden solche Lagerstätten zu bezeichnen sein, die einige hunderttausend Kilogramm

Tab. 6. *Größenordnungen einiger Substanzziffern in Tonnen (Metallinhalt)*

E r z	Zwerg- und Klein-vorkommen	Mittelvorkommen	Groß- und Riesen-vorkommen
Eisen	0,5 Mill. t 0,5 bis 15 Mill. t	15 bis 150 Mill. t	150 bis 1000 Mill. t über 1000 Mill. t
Mangan	50000 t 100000 t	100000 bis 1 Mill. t	1 bis 20 Mill. t 20 Mill. t
Chrom	20000 t	20000 bis 200000 t	0,2 bis 1,0 Mill. t 1 Mill. t
Kupfer	5000 bis 50000 t 50000 bis 100000 t	100000 bis 500000 t	0,5 bis 3 Mill. t 3 Mill. t
Blei	50000 t	50000 bis 500000 t	500000 bis 1 Mill. t 1 Mill. t
Zink	50000 t	50000 bis 500000 t	500000 bis 1 Mill. t 1 Mill. t
Nickel	5000 t	5000 bis 50000 t	50000 bis 200000 t 1 Mill. t
Zinn	10000 t	10000 bis 100000 t	100000 t
Quecksilber	100000 t	1000 bis 20000 t	20000 t
Gold	30000 bis 50000 kg	50000 bis 500000 kg	500000 kg
Schwefel (in Pyrit)	100000 t	100000 bis 1 Mill. t	1 bis 10 Mill. t 10 Mill. t
Schwefel (elementar) (Einzelvorkommen)	60000 t	60000 bis 600000 t	6 Mill. t
Radium	200 g	1000 g	mehrere Kilogramm

Gold enthalten und Lagerstätten mit über 1 Million Kilogramm Gold wird man zu den Großvorkommen rechnen. Die Riesen unter den Goldlagerstätten enthalten viele Millionen Kilogramm Gold (Witwatersrand).

Die drei vorangeführten Beispiele zeigen, daß unter den gemachten Annahmen ein Eisenerzbergbau — der täglich 300 t Eisenmetall liefert — oder ein Kupfererzbergbau — der täglich 10 t Kupfermetall liefert — oder ein Goldbergbau — der täglich 3 kg Gold liefert — ungefähr die gleiche Betriebsgröße (600 t Eisenerz, 590 t Kupferhauwerk, 625 t Goldhauwerk) haben.

Zu ähnlichen Ergebnissen über die Größenordnung der Substanzziffern gelangt man auch, wenn man den Metallinhalt einer Lagerstätte mit der Jahresweltproduktion des betreffenden Metalls vergleicht.

In der vorstehenden Tabelle 6 sind einige Größenordnungen von Lagerstätten angegeben.

3. Substanzziffer und Betriebsgröße des Bergbaues

Die drei von der Natur gegebenen Faktoren:

a) die Substanzziffer,

b) die geographische Lage und

c) die geologische Position

einer Lagerstätte bestimmen die *natürliche* Größe des Bergbaubetriebes bzw. sie bestimmen, über wie viele Freiheiten man bei der Errichtung eines Bergbaubetriebes in bezug auf dessen Größe verfügen kann.

In Anpassung auf die Bezeichnung der Lagerstätten als Zwerg-, Klein-, Mittel-, Groß- und Riesenlagerstätten werden auch die Betriebe in Zwerg-, Klein-, Mittel-, Groß- und Riesenbetriebe eingeteilt.

Ein *Zwerg*betrieb ist dadurch charakterisiert, daß nur ganz wenige Menschen (meist nur die Mitglieder einer einzigen Familie) darin arbeiten, daß wegen Mangels an Investitionskapital die technischen Einrichtungen sehr primitiv sind und daß kostspielige Aufschlußarbeiten (lange Stollen, tiefe Schächte usw.) *nicht* durchgeführt werden können.

Aus dieser Charakteristik des Zwergbetriebes folgen die nachstehenden Forderungen an eine Lagerstätte, auf der ein Zwergbetrieb umgehen kann:

a) Die Substanzziffer kann nahezu beliebig klein sein.

b) Die geologische Position der Lagerstätte muß so einfach sein, daß lange und kostspielige Aufschluß- und Ausrichtungsarbeiten nicht erforderlich sind.

c) Die Erze müssen so reich und so leicht zu konzentrieren sein, daß kostspielige Aufbereitungsanlagen nicht notwendig sind.

Kleine Lagerstätten *reicher, gutartiger* Erze bilden demnach die natürliche Grundlage eines Zwergbetriebes.

Ein bergbaulicher Groß- oder ein Riesenbetrieb ist gekennzeichnet durch weitestgehende Ausrüstung mit modernsten technischen Einrichtungen, d. h. durch hohes Investitionskapital. Er muß, schon um das investierte Kapital amortisieren zu können, eine große Jahresproduktion einhalten. Der Metallgehalt des Erzes kann sehr niedrig, die Erze können schwer aufzubereiten sein — alle diese Hindernisse werden durch technische Einrichtungen überwunden. Dafür ist eines notwendig: Die *Substanzziffer der Lagerstätte muß sehr groß sein!*

Tieferstehend sind die Charakteristiken der beiden extremen Betriebstypen einander gegenübergestellt:

	Kapitalbedarf	Jahres-produktion	Qualität der Erze	Substanzziffer
Zwergbetrieb	sehr klein, keine Investitionen[1]	sehr klein	reich, leicht zu gewinnen, leicht aufzubereiten	sehr kleine Substanzen genügen
Groß- bzw. Riesenbetrieb	sehr groß, sehr große Investitionen[2]	sehr groß	die Erze können arm, schwer zu gewinnen und schwer aufzu-bereiten sein	nur sehr große Substanzen er-möglichen einen wirtschaftl. Betrieb

Die Mittelbetriebe liegen zwischen diesen beiden Grenzfällen.

Betrachtet man die Substanzziffern neben der Geographie und der geolo-gischen Position einer Lagerstätte in ihrer Beziehung zur Betriebsgröße, so er-geben sich folgende Regeln:

A I. Substanzziffer groß

Fall A I	Zwerg- oder Kleinbetrieb	Mittelbetrieb	Groß- oder Riesenbetrieb
Geographie leicht Geologie leicht	*möglich*	*möglich*	*möglich*

Liegt eine große Lagerstätte mit reichen, leicht aufzubereitenden Erzen in geographisch günstiger Lage, dann läßt sie jede Art von Betriebsgröße zu. Man kann in einem solchen Fall auch mit einem Zwerg- oder Kleinbetrieb be-ginnen und den Betriebsertrag dazu verwenden, um den Zwerg- oder Klein-betrieb nach und nach auszubauen zu einem Mittel- und schließlich zu einem Groß- oder Riesenbetrieb. Der Groß- oder Riesenbetrieb ist für diesen Fall die natürlichste Betriebsgröße. Fälle, wie der hier dargestellte kommen allerdings in der Welt kaum mehr vor.

A II. Substanzziffer groß

Fall A II	Zwerg- oder Kleinbetrieb	Mittelbetrieb	Groß- oder Riesenbetrieb
Geographie schwierig Geologie schwierig	unmöglich	unmöglich	*möglich*

Die „schwierige Geographie" bedeutet, daß die an sich sehr große Lager-stätte weit entfernt von billigen Verkehrswegen liegt, d. h. daß diese Verkehrs-wege für den Bergbau erst geschaffen werden müssen. Dies bedeutet einen ge-waltigen Investitionsaufwand zu Lasten des Bergbaues (falls der Verkehrsweg nicht aus anderen Gründen der Erschließung des Landes geschaffen wird).

Die „schwierige Geologie" bedeutet, daß die Lagestätte schwierig oder zu-mindest nur durch eine komplizierte Aufbereitung (hohes Investitionskapital) angereichert werden kann, ferner, daß infolge komplizierter Lagerungsverhält-

---

[1] Einige hundert Dollars
[2] Viele Millionen Dollars

nisse laufend ausgedehnte Aufschlußarbeiten geleistet werden müssen. (Beispielsweise mehrere Kilometer tauber Strecken im Hoffnungsbau.) Der sehr hohe Kapitalsaufwand für die Schaffung der Verkehrswege und der Verkehrsmittel, der große Kapitalbedarf für die Erschließung und für die technische Einrichtung des Betriebes kann nur durch *eine sehr große Jahresproduktion* amortisiert und verzinst werden. Es scheiden deshalb in einem solchen Falle sowohl Zwerg- und Klein-, als auch Mittelbetriebe als wirtschaftlich mögliche Betriebsgrößen aus. Nur wenn das Kapital für die Errichtung eines Groß- oder Riesenbetriebes vorhanden ist, kann eine solche Lagerstätte mit Aussicht auf Erfolg in Angriff genommen werden

A III. Substanzziffer groß

Fall A III	Zwerg- oder Kleinbetrieb	Mittelbetrieb	Groß- oder Riesenbetrieb
Geographie schwierig Geologie leicht	unmöglich	*fraglich*	*möglich*

In diesem Falle ist die Lagerstätte wohl einfach und leicht zu gewinnen, aber der Abtransport — und, wie in allen Fällen mit „schwerer Geographie" — der Zutransport der Bergbaueinrichtungen und der Betriebsmaterialien, die Energieversorgung und nicht zuletzt die Schaffung der Beamten- und Arbeitersiedlung bedingen bedeutende Investitionen. Zwerg- und Kleinbetriebe scheiden deshalb in diesem Falle als wirtschaftlich mögliche Betriebsgrößen aus. Mittelbetriebe können unter Umständen möglich sein (wenn der verlangte Kapitalsaufwand nicht allzu hoch ist). Groß- und Riesenbetriebe sind auch in diesem Falle die günstigsten Betriebsgrößen.

A IV. Substanzziffer groß

Fall A IV	Zwerg- oder Kleinbetrieb	Mittelbetrieb	Groß- oder Riesenbetrieb
Geographie leicht Geologie schwer	unmöglich	*möglich*	*möglich*

Bei günstiger geographischer Lage und schwierigen geologischen Verhältnissen, und bei großer Substanzziffer wird ein Zwerg- oder Kleinbetrieb wirtschaftlich unmöglich sein, weil die schwierigen geologischen Verhältnisse eine kostspielige Aufbereitungsanlage oder sehr umfangreiche Aufschlußarbeiten (viele Taubstrecken) erforderlich machen. Ein Zwerg- oder Kleinbetrieb vermag aber mit seiner kleinen Produktion das hohe Investitions- und Betriebskapital nicht zu amortisieren bzw. zu verzinsen. Größere Mittelbetriebe oder Großbetriebe sind in diesem Falle die naturgegebene *Betriebsgröße*.

Ein ganz anderes Bild über die wirtschaftlich möglichen Betriebsgrößen bieten die *kleinen* Substanzziffern.

C I. Substanzziffer klein

Fall C I	Zwerg- oder Kleinbetrieb	Mittelbetrieb	Groß- oder Riesenbetrieb
Geographie leicht Geologie leicht	*möglich*	*fraglich*	unmöglich

Die kleine Substanz kann die Investitionen, die ein Groß- oder Riesenbetrieb immer verlangt, nicht amortisieren; diese Betriebsgröße scheidet somit aus. Wird dies nicht beachtet, so ist die Überkapitalisierung des Bergbaues und damit sein verlustreiches Ende unvermeidlich. Mittelbetriebe können trotz der kleinen Substanz wirtschaftlich möglich sein, jedoch werden die Investitionen besonders vorsichtig abzuwägen sein, um eine Überkapitalisierung zu vermeiden (ausgenommen, wenn es sich um „Konjunkturbetriebe" handelt, bei denen man durch abnormal hohe Preise des Bergbauproduktes auch größere *rasch einzurichtende* Investitionen kurzfristig amortisieren kann).

Zwerg- und Kleinbetriebe sind im vorliegenden Falle die wirtschaftliche Betriebsform (kleinster Investitionsbedarf, kleinstes Betriebskapital).

C II. *Substanzziffer klein*

Fall C II	Zwerg- oder Kleinbetrieb	Mittelbetrieb	Groß- oder Riesenbetrieb
Geographie schwierig Geologie schwierig	unmöglich	unmöglich	unmöglich

Eine *kleine*, geographisch ungünstig gelegene Lagerstätte mit schwierigen geologischen Verhältnissen läßt keinerlei Bergbaubetrieb zu, sie ist unbauwürdig (großer Investitionsbedarf infolge der geographischen und geologischen Verhältnisse, keine Möglichkeit der Amortisation wegen zu kleiner Lagerstättensubstanz).

C III. *Substanzziffer klein*

Fall C III	Zwerg- oder Kleinbetrieb	Mittelbetrieb	Groß- oder Riesenbetrieb
Geographie schwierig Geologie leicht	*fraglich*	unmöglich	unmöglich

Die kleine Substanz schließt die Errichtung von Groß- oder Riesenbetrieben und auch von Mittelbetrieben aus. Kleinbetriebe werden in diesem Falle nur dann möglich sein, wenn die „Geographie" nicht allzu schwierig ist. (Die Notwendigkeit, lange Seilbahnen oder Straßen oder Stollen zur Unterfahrung der Lagerstätte erbauen zu müssen, schließt auch einen Zwerg- oder Kleinbetrieb aus, weil der Investitionsaufwand durch die kleine Substanz nicht amortisiert werden kann.)

C IV. *Substanzziffer klein*

Fall C IV	Zwerg- oder Kleinbetrieb	Mittelbetrieb	Groß- oder Riesenbetrieb
Geographie leicht Geologie schwierig	unmöglich	unter Umständen *möglich*	unmöglich

Die „schwierige Geologie" bedeutet laufend einen großen Aufwand für Aufschlußarbeiten und eine kostspielige Aufbereitungsanlage. Zwerg- oder Kleinbetriebe können diese Beträge nicht amortisieren, sie kommen deshalb als wirtschaftliche Betriebsgröße nicht in Betracht. Ebenso scheiden Großbetriebe aus, weil die Lagerstättensubstanz dafür zu klein ist. Kleinere Mittelbetriebe (oder größere Kleinbetriebe) können unter Umständen an die Gewinnung solcher Lagerstätten mit Aussicht auf wirtschaftlichen Erfolg herantreten.

Dieselben Erwägungen auf *mittlere* Substanzziffern angewendet, führen zur Auswahl von Betriebsgrößen, die in der folgenden Tabelle übersichtlich dargestellt sind. Von einer Besprechung der einzelnen Fälle kann abgesehen werden, es ist für jeden einzelnen Fall dieselbe Argumentation maßgebend, die für große und für kleine Substanzziffern angeführt worden ist.

B. Substanzziffer mittelgroß

	Zwerg- oder Kleinbetrieb	Mittelbetrieb	Groß- oder Riesenbetrieb
B I Geographie leicht Geologie leicht	*möglich*	*möglich*	unmöglich
B II Geographie schwierig Geologie schwierig	unmöglich	unmöglich	unmöglich
B III Geographie schwierig Geologie leicht	unmöglich	*unter Umständen möglich*	unmöglich
B IV Geographie leicht Geologie schwierig	unmöglich	*möglich*	unmöglich

Die für die vorstehenden Erwägungen maßgebenden drei Bestimmungsgrößen (Substanzziffer, Geographie und Geologie) sind unscharf abgegrenzt. Auch die Grenzen zwischen den Betriebsgrößen sind unscharf. Auch ist es nicht einerlei, auf welches Bergbauprodukt sich im einzelnen Fall die Erwägungen beziehen. Man kann in bezug auf das Bergbauprodukt ebenfalls eine Dreiteilung nach folgenden Gesichtspunkten vornehmen:
  a) *Edelmetalle*, Edelsteine, Uran usw.
  b) *Buntmetalle* und Stahlveredler usw.
  c) *Massengüter* (Eisenerz, Kohle, Pyrit usw.)
Trotz der Unschärfe des vorstehend niedergelegten Systems lassen sich die aufgestellten Grundsätze in jedem speziellen Falle mit Erfolg anwenden und manche Fehlgründung im Bergbau wäre vermeidbar, würde man die Betriebsgröße in Übereinstimmung bringen mit der Größe der Substanzziffer und mit der „Geographie" und der „Geologie" der Lagerstätte.

Aus der vorstehenden Darstellung geht die grundlegende Bedeutung hervor, welche einer zutreffenden Erfassung der Substanzziffer nach Quantität und Qualität zukommt.

4. Die Rechnung von rückwärts

Die Rechnung von rückwärts geht in folgender Weise vor: Auf Grund vorhandener, *unzureichender* Aufschlüsse (z. B. Ausbisse, Schurfröschen, eventuell Tiefbohrungen) ist die *Qualität* der Lagerstätte einigermaßen bekannt. Ebenfalls bekannt ist die „Geographie" der Lagerstätte. Man gibt nun eine Substanzziffer an, die *vorhanden sein müßte*, um auf der in Betracht gezogenen Lagerstätte einen Bergbaubetrieb zu ermöglichen. Eine solche Ziffer, wenigstens der Größenordnung nach angegeben und auf die Lagerstätte übertragen, läßt erkennen, welche weiteren Aufschlüsse noch notwendig wären, um die angegebene Substanzziffer sicherzustellen.

Durch eine solche Erwägung wird die Angabe zweckmäßiger Aufschlußarbeiten erleichtert.

Auch das Erkennen von Zwerg- und Kleinvorkommen wird durch die „Rechnung von rückwärts" vereinfacht.

5. Einteilung der Substanzziffer

Man teilt die Substanz einer und derselben Lagerstätte je nach dem Grade der Sicherheit, mit dem diese Substanz erfaßt werden kann, in folgende Teile ein:
a) sichtbare Substanz,
b) wahrscheinliche Substanz,
c) mögliche Substanz.

a) Die sichtbare Substanz ist jene, die man auf Grund der vorhandenen natürlichen und künstlichen Aufschlüsse (Röschen, Stollen, Bohrlöcher) mehr oder weniger sicher berechnen kann. Die Berechnung geschieht in der Weise, daß man den Lagerstätten*körper* auf Grund der vorhandenen Aufschlüsse bestimmt und seinen Rauminhalt, die Kubatur berechnet. Die Kubatur in Kubikmetern multipliziert mit dem spezifischen Gewicht der Lagerstättensubstanz gibt die sichtbare Substanz in metrischen Tonnen (Beispiele siehe weiter unten, S. 63 u. ff.).

Nur in seltenen Fällen sind die natürlichen Aufschlüsse so großartig, daß von der Oberfläche aus, ohne künstliche Eingriffe ein großer Teil der Lagerstätte als sichtbare Substanz erfaßt werden kann (dies ist z. B. der Fall, wenn ein ganzer Bergrücken als Erzkörper aus seiner Umgebung hervorragt, oder wenn ein- und dieselbe Lagerstätte [z. B. ein Kohlenflöz] auf lange Strecken hin in ihren natürlichen Ausbissen, Bachanrissen u. dgl., verfolgt werden kann).

Um einen größeren Teil der Lagerstätte „sichtbar" zu machen, sind *zweckmäßig angelegte* künstliche Aufschlüsse in der Form von Schurfgräben (Röschen) oder Schürfbohrungen und Schürfstollen und Schächten meistens unvermeidlich (s. darüber weiter unten, S. 62).

b) Die wahrscheinliche Substanz wird in folgender Weise festgelegt: Die Kubatur der sichtbaren Substanz ist jener Teil des Lagerstätten*körpers*, der sicher festgestellt werden kann. Die Lagerstätte selbst geht jedoch über diesen bisher festgestellten Körper irgendwie hinaus, z. B. nach der Tiefe zu oder dem Streichen nach. Es wird deshalb je nach der Art der Lagerstätte dem bekannten Lagerstättenkörper noch ein Streifen als „wahrscheinlich" angefügt (s. Beispiel, S. 63).

Auch die Ergebnisse der geophysikalischen Schurfmethcden erlauben es in vielen Fällen (z. B. bei Kieslagern), die bisher noch unbekannt gewesene Lagerstätte in ihrer Fortsetzung so genau zu verfolgen, daß diese Ergebnisse in ihrer Auswertung als „wahrscheinliche Lagerstättensubstanz" eingesetzt werden können. *Die wahrscheinliche Substanzziffer ist somit mit einer gewissen Unsicherheit behaftet, ihre Festlegung wird stark von der subjektiven Einstellung des Beobachters abhängen.*

Je nach der Dürftigkeit der Aufschlüsse unterteilt man die wahrscheinliche Substanz in mehrere Gruppen. (Wahrscheinliche Substanz erster, zweiter und dritter Ordnung.)

c) Die mögliche Substanz läßt sich oft ziffernmäßig überhaupt nicht angeben, ihre kritische Besprechung ist das ausschlaggebende Kriterium für den Ernst und für den Wert eines Lagerstättenberichtes, besonders dann, wenn es sich um eine eben erst entdeckte, noch nicht in Abbau genommene Lagerstätte handelt. Im wesentlichen kommt es bei der Besprechung der möglichen Substanz darauf an, anzugeben, *wo* die in irgend einer Form bekannte Lagerstätte ihre Fortsetzung finden könnte bzw. *wo* gleichwertige Lagerstättenbildungen erwartet werden können. Eine solche Angabe kann nur gemacht werden, wenn man sich über die Entstehung der Lagerstätte und über ihre geologische Position ein klares Bild gemacht hat.

Mit der begründeten Ortsangabe, *wo* noch Lagerstättensubstanz erwartet (erhofft) werden kann, wird die Aussage über die mögliche Substanz beendet sein. Hiebei kann unter Umständen auch die zu erwartende Substanz*menge* ziffernmäßig angeführt werden, oder es kann mit Hilfe der „Berechnung von rückwärts" angegeben werden, welche Ergebnisse die einzuleitenden Aufschlußarbeiten haben müßten, um das Objekt wirtschaftlich interessant zu gestalten.

Trotz der Unsicherheiten, die diesen Angaben anhaften, sind sie außerordentlich wertvoll, denn auf Grund dieser Angaben kann festgestellt werden:

1. *Ort*, 2. *Art*, 3. *Umfang*, 4. *Kosten* und 5. *Zeitdauer* der Aufschlußarbeiten (geophysikalische Messungen, Röschen, Stollen, Tiefbohrungen), die erforderlich sind, um die Substanzziffer des Hoffnungsgebietes festzustellen. Damit ist aber das *Aufschlußrisiko* festgelegt, es ist damit gesagt, welche *Beträge* ausgelegt werden müssen, um die gestellte Aufgabe zu lösen, und welche *Zeit* zur Durchführung der gestellten Aufgabe erforderlich sein wird. Die Beträge müssen à fond perdu ausgelegt werden, weil ein positiver Erfolg der Aufschlußarbeiten nicht verbürgt werden kann. Nun kann der Unternehmer — sei es der Staat oder der Private — entscheiden, ob er in der Lage ist, dieses Risiko zu übernehmen und durchzuhalten.

Die Mißachtung der vorstehend niedergelegten Grundsätze hat sehr oft dazu geführt, daß Aufschlußarbeiten unsachgemäß oder völlig unzureichend angelegt wurden oder aus Mangel an finanziellen Vorbereitungen vor ihrer Vollendung abgebrochen werden mußten. Der bereits verausgabte Aufwand war damit völlig nutzlos gemacht worden. Auch ist es naheliegend, daß die Unsicherheit, mit welcher die Angaben über die „mögliche Substanz" naturgemäß behaftet sind, dem subjektiven Ermessen des Gutachters einen weiten Spielraum läßt.

Damit ist aber auch gesagt, daß die Behandlung der Frage „mögliche Substanz" ein verlockendes Feld für Spekulation und unseriöse Manipulationen werden kann.

In einer *ersten* Annäherung kann gesagt werden, daß beispielsweise bei magmatischen Lagerstätten zunächst der ganze Bereich des Tiefengesteins, zu dem sie gehören, als jenes Gebiet aufgefaßt werden kann, in welchem analoge Lagerstätten denkbar, also „möglich" sind. Bei kontaktmetamorphen Lagerstätten wird der ganze Kontakthof in den Kreis der ersten Betrachtungen einzubeziehen sein. Desgleichen werden pneumatolytische Lagerstätten im ganzen Bereich, z. B. des Granites, in welchem eine Lagerstätte bereits bekannt ist, „möglich" sein. Bei marinen Seifen wird zunächst die ganze Meeresküste als möglicher Bildungsort analoger Seifenablagerungen zu betrachten sein. Erst eine genauere Analyse der Umstände, welche zur Entstehung der Seife geführt haben (Geologie des Hinterlandes, einmündende Flüsse, marine Strömungen), wird die möglichen Küstenstreifen einengen.

Gänge werden weit über die bereits bekannten Strecken hinaus als Hoffnungsgebiet aufzufassen sein. Bei einem Kohlenausbiß in einer Tertiärmulde wird die Möglichkeit vorliegen, daß der Ausbiß einem Flöz angehört, das die ganze Tertiärmulde durchzieht, die ganze Mulde ist deshalb „mögliches Lagerstättengebiet". Bei oolithischen Eisenerzen, die sich als Strandbildungen erweisen (S. 32), wird das ganze Strandgebiet des ehemaligen Meeres der geologischen Vergangenheit als möglicher Ort für analoge Ablagerungen aufzufassen sein.

Wenn am Außenrand des Alpenkarpathenbogens von Bayern über Österreich, Polen und Rumänien an mehreren Stellen Erdgas- und Erdölvorkommen im Tertiär nachgewiesen sind, so erscheint zunächst der ganze Alpenkarpathenbogen in seinem Außenrand wert, genaueren Vorstudien in bezug auf seine „Erdölmöglichkeiten" unterzogen zu werden (bei diesen Vorstudien leistet die angewandte Geophysik zur Unterstützung der Geologie unschätzbare Dienste).

Dieselben Erwägungen gelten für den Außenrand des Taurusgebirges in Kleinasien. Auch der Ostrand der Kordilleren, um noch ein Beispiel anzuführen, dessen Ölführung in Mendoza, Salta, Sta. Cruz de la Sierra bereits bekannt ist, muß in einer ersten Äußerung als „öl-mögliches" Gebiet bezeichnet werden. Damit ist aber nur gesagt, daß es sinnvoll ist, diesen Gebieten seine Aufmerksamkeit zuzuwenden.

Am weitesten gesteckt wird der Begriff „mögliche Substanz" in jenen Fällen, in welchen die Fortsetzung von Lagerstätten in versunkenen Gebirgsteilen gesucht wird. Wenn man z. B. Kombinationen darüber anstellt, wie die geologischen Zusammenhänge zwischen dem im Süden unter der Steppe versinkenden Ural mit seiner reichen Mineralisation, und den herzynischen Gebirgen Mittelasiens beschaffen sein mögen und geophysikalische Untersuchungen in dieser Richtung angeregt werden, so ist dies wohl die weiteste Äußerung des Begriffes „mögliche Substanz".

So weit ausgreifende Hinweise werden in dem in Behandlung stehenden Einzelfall wohl nur dazu dienen können, das Verständnis für die Vorschläge zur Erkundung der „möglichen Substanz" zu erleichtern, also erklärend zu wirken. Die Vorschläge selbst werden in jedem einzelnen Fall selbstverständlich viel beschränkter sein und nur die örtlichen Verhältnisse — diese aber durch Einzelbeobachtungen entsprechend abgeklärt — berücksichtigen.

Beispiele:

Im Nachfolgenden werden einige einfache, der Praxis entnommene Beispiele behandelt, in welchen zuerst eine *völlig unrichtige Berechnung* der möglichen Substanz dargestellt wird, die sodann eine Richtigstellung erfährt.

a) Ein kohleführendes Tertiärbecken

In einer Tertiärmulde Abb. 19 von 30 km Länge und 2 km mittlerer Breite besteht bei A (in einer Ausbuchtung der Mulde) ein Braunkohlenbergbau. Außerdem wurde bei B der Ausbiß eines 2,5 m mächtigen Flözes festgestellt, auf 10 m durch eine Tonlage in Fallen verfolgt und vom Fußpunkt der Tonlage aus auf je 10 m nach beiden Seiten hin ausgerichtet. Die sichtbare Kubatur beträgt somit $(10+10) \times 10 \times 2,5 = 500$ m³ oder rund 500 t, die wahrscheinliche Kubatur $40 \times 10 \times 2,5 = 1000$ m³ oder rund 1000 t. (Abb. 19.)

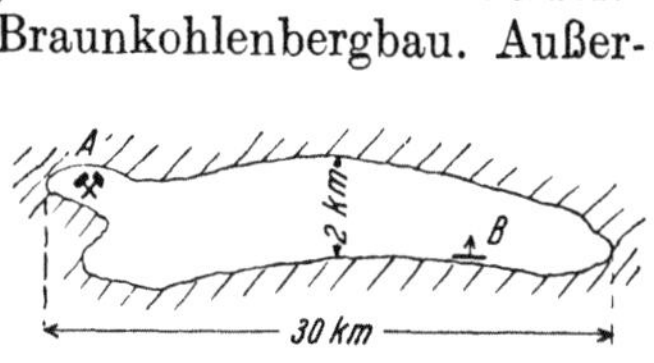

Abb. 19. Kohleführende Tertiärmulde im Grundgebirge. Bei *A* ein kleiner Bergbau, bei *B* ein gut aufgeschlossener Ausbiß. Substanzzifferberechnung.

Mögliche Substanz: (Unrichtige Rechnung.)
Die kohlenführende Fläche beträgt in der horizontalen Projektion $30 \times 2 = 60$ km² oder 60 Millionen Quadratmeter. Nimmt man aus Sicherheitsgründen nur 2 m Mächtigkeit (anstatt der gemessenen 2,5 m) an (20 % Sicherheits-

koeffizient) so ergeben $60 \times 2 = 120\,000\,000$ m³ oder rund 120 Millionen Tonnen. (Das spezifische Gewicht der Kohle wird nur mit 1,0 anstatt mit 1,1 angenommen, was einen weiteren Sicherheitskoeffizient von 10% bedeutet.) Schließlich wurde nur die *horizontale* Projektion des Kohlenflözes der Berechnung zugrunde gelegt, was mit Rücksicht auf das mittelsteile Einfallen des Flözes bei *B* einen weiteren Sicherheitskoeffizienten von mindestens 30% ausmacht.

Die mögliche Ziffer von 120 Millionen Tonnen ist somit mit soviel Sicherheitskoeffizienten (20% + 10% + 30% = 60%) gerechnet, daß auch für Überraschungen, wie Substanzverluste durch Verwerfungen, Vertaubungen, Auswaschungen usw., ein reichlicher Ausgleich vorgesehen ist. Begehrt der Verkäufer pro Tonne vorhandener Kohle nur *einen* Dollar-Cent, ein Betrag, der vollkommen bedeutungslos ist und die Gestehungskosten überhaupt nicht fühlbar berührt, so ist dieses Gebiet 120 000 000 Cents gleich 1,2 Millionen Dollars wert. Dieser für den Käufer so überaus günstig und in bezug auf die Substanz so überaus vorsichtig gerechnete Betrag wäre demnach die Grundlage für Verkaufsverhandlungen. „Berechnungen" und Argumentationen dieser Art werden oft vorgelegt, sie stellen *eine völlig unrichtige Behandlung* der „möglichen Substanz" dar.

Die richtige Bewertung dieses Schürfobjektes hat vielmehr in nachstehender Weise zu erfolgen:

Der Nachweis, ob und inwieweit das ganze in Frage stehende Tertiärbecken kohleführend ist, muß erst erbracht werden. (Es könnte sich auch bloß um eine Randbildung allerbescheidensten Umfanges handeln.) Zu diesem Zwecke muß das Gebiet erst abgebohrt werden. (Ein erstes Profil mit drei Bohrungen wäre senkrecht zum Streichen des Ausbisses durch das Tertiärbecken zu legen.) Ergeben diese Bohrungen günstige Ergebnisse, dann wären in 500 m Abstand beiderseits dieses ersten Profils je ein weiteres Profil abzubohren. Ergibt das Abbohren des ersten Profils kein positives Ergebnis, dann kann das Objekt als uninteressant verlassen werden. Das Objekt ist als Schürfobjekt für den Verkauf überhaupt ungeeignet, außer der Verkäufer begnügt sich mit einer bescheidenen *Entdeckerprämie* für das Finden des Ausbisses. Ein ernster Interessent wird in diesem Falle nur einen Optionsvertrag abschließen, der ihm das ausschließliche Recht gibt und ihm die Pflicht auferlegt, ein vereinbartes Bohrprogramm innerhalb einer gegebenen Zeit (Optionsfrist) durchzuführen (s.`„Optionsverträge" S. 84). (Die bereits nachgewiesene sichtbare und wahrscheinliche Substanz kann nur einen Zwergbetrieb von kürzester Dauer zulassen.) Gleichzeitig erkennt der Interessent den Umfang seines Risikos, d. h. die Höhe der Geldbeträge, die er für die Bohrungen à fonds perdu aufwenden muß und es liegt an ihm zu beurteilen, ob er sich auf ein solches Risiko einlassen kann. (Die Durchführung der Tiefbohrungen hat in diesem Falle die völlige Wertlosigkeit des in Frage stehenden Gebietes ergeben.)

b) Eine Reihe von „Magnesitlagerstätten" im gebirgigen Gelände

In einem gebirgigen Gelände liegen in ungefähr derselben Streichrichtung vier durch Röschen mehr oder weniger gut aufgeschlossene Ausbisse von kristallinem Magnesit. Das Nebengestein sind kristalline Schiefer der Epizone. (*A B C D* der Abb. 20.)

α) *Unrichtige Beurteilung*

Der Höhenunterschied zwischen dem tiefsten Ausbiß (*A*) und dem höchsten (*C*) beträgt 800 m. Die Horizontalentfernung zwischen *A* und *D* beträgt 6000 m. Es liegt somit eine magnesitführende *Gangfläche* von $\frac{6000 \times 800}{2} = 2400000$

Quadratmeter vor. In den einzelnen Ausbissen, in denen der Magnesit durch Quer-Röschen erschlossen ist, kann man wechselnde Mächtigkeiten zwischen 2,5 m und 6 m, bis zu 16 m beobachten. Vorsichtigerweise wird nur eine mittlere Mächtigkeit von 3 m angenommen, so daß sich eine Kubatur von 7,2 Millionen Kubikmetern errechnet, was bei einem spezifischen Gewicht von bloß 3,0 für Magnesit eine Substanzziffer von 21,6 Millionen Tonnen ergibt. Hiebei ist neben der gering angenommenen, mittleren Mächtigkeit noch die ganze Tiefenfortsetzung der Lagerstätte unterhalb der Verbindungslinie *A* bis *D nicht* in Rechnung gestellt, d. h. die Substanzzifferschätzung ist außerordentlich

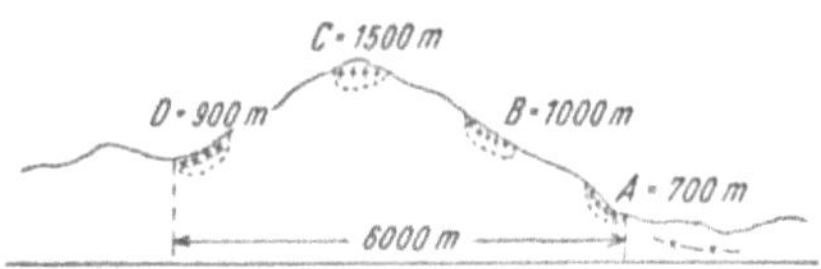

Abb. 20. Vier Linsen von Spatmagnesit in kristallinen Schiefern der Epizone. Substanzzifferberechnung.

vorsichtig vorgenommen, und *die große Substanzziffer rechtfertigt eine entsprechend hohe Jahresproduktion und naturgemäß die Durchführung der notwendigen Investitionen.*

β) Richtige Beurteilung

Im Gebiet der Epizone kristalliner Schiefer könnten regelmäßige Gänge von 6 km Streichlänge nur auftreten, wenn sie an der Durchbewegung ihres Nebengesteins nicht teilgenommen haben, also tektonisch nichts erlebt haben. Die kristallinen Magnesite sind aber gar keine Gänge, sondern metasomatische Verdrängungen von Kalk. Die Kalkbänke innerhalb der kristallinen Schiefer wurden in der Regel zu einzelnen Linsen abgeschnürt und auseinandergezogen. Untersucht man das Streichen der einzelnen Ausbisse, so findet man, daß die Ausbisse sehr bald *auskeilen.* Es handelt sich demnach nicht um eine zusammenhängende Lagerstätte, sondern um einzelne linsen- bzw. scheibenförmige Magnesitkörper, deren einzelne Substanzziffern nur ein paar tausend Tonnen betragen, d. h. *diese Magnesitvorkommen sind unbauwürdig und praktisch völlig bedeutungslos. Jedwede Investition wäre eine Fehlleitung von Kapital.*

γ) Bauxitlagerstätten

Kalkbauxite sind bekanntlich mehr oder weniger enteisente und entsilizierte Roterden (s. S. 35), die auf einer Festlandfläche abgelagert worden sind, über die später eine marine Transgression hinweggegangen ist. Solche Lagerstätten lassen sich deshalb (mit Unterbrechungen) im gleichen geologischen Niveau oft Hunderte von Kilometern weit verfolgen. Die Form dieser Lagerstätten besteht, entsprechend ihrer Entstehungsgeschichte, aus Linsen, die zuweilen zu schlauchartigen Gebilden deformiert sind. Die geologische Niveaubeständigkeit verführt manche Beobachter dazu, an sich kleine, oft auch ganz unbedeutende Einzelvorkommen auf viele Kilometer weit im Streichen und auch im Verflächen untereinander zu verbinden, als wären es marine Kalkablagerungen. Es werden auf diese Weise zuweilen gigantische Substanzziffern errechnet, die einer genaueren Überprüfung nicht standhalten und es werden Werte konstruiert, die durchaus ungerechtfertigt sind. Ähnlichen Widersprüchen kann man auch bei Schätzungselaboraten von gewissen Korundlagerstätten (s. Regionalmetamorpher Lagerstättenzyklus, S. 49) begegnen, wo ebenfalls Abweichungen von einigen tausend Prozenten in der Beurteilung der Substanzziffer einer und derselben Lagerstätte durch verschiedene Beobachter vorkommen können.

Auf „Substanzzifferschätzungen", die sich auf keinerlei Beobachtung stützen und sich in allgemeinen, oft mit viel Schwung und Phantasie vorgetragenen Redewendungen ergehen, braucht nicht näher eingegangen zu werden. Sie sind insoferne zu berücksichtigen, als die Entscheidung über den Erwerb eines Objektes und über die Bewilligung von Investitionen in der Regel in Händen liegt (Bankdirektoren, hohe Regierungsbeamte), denen die fachliche Vorbildung zur eigenen Urteilsbildung fehlt und die daher auf das Urteil ihrer Ratgeber angewiesen sind.

6. Substanzzifferberechnung plattenförmiger Lagerstätten

Die Plattenform (zwei Dimensionen [Streichen und Fallen] groß, die dritte Dimension [Mächtigkeit] klein) ist die am häufigsten vorkommende Form von Lagerstätten. Gewanderte Schlieren (injizierte, magmatische Lagerstätten), Pegmatitgänge, pneumatolytische und hydrothermale Gänge und die meisten Lagerstätten des sedimentären Lagerstättenzyklus (Seifen und chemische Strandbildungen [Erzlager], Kohlen- und Phosphatflöze) weisen die Form von Platten auf.

Streichende Längen von einigen hundert Metern bis zu einigen Kilometern sind am öftesten vertreten, wir finden aber auch Streichlängen von über 100 km und von mehreren hundert Kilometern (Kohlenflöze und Phosphatflöze, oolitische Eisenerzlagerstätten als Strandbildungen).

Mächtigkeiten von einem halben Meter bis zu 4 m treten weitaus am häufigsten auf. Nicht gerade selten sind aber auch Mächtigkeiten bis zu 30 m anzutreffen, während solche von 80 m und darüber schon zu den Ausnahmen zählen. Aber auch „Schnürchen und Äderchen" von einigen Millimetern oder Zentimetern Mächtigkeit sind oft anzutreffen.

Die dritte Dimension, die Tiefenerstreckung, schwankt je nach der Entstehung der Lagerstätte innerhalb weiter Grenzen. Hydrothermale und pneumatolytische Gänge sind auf etwa 1200 bis 1300 m aufgeschlossen, ohne daß man ihr Ende nach unten kennt. Wenn auf diesen Gängen die Ausfällung der Erze erst in höheren Zonen (bei abnehmendem Druck und damit stärkerem Entweichen gasförmiger Komponenten und bei abnehmender Temperatur und damit verminderter Löslichkeit) intensiv erfolgte, die Gänge gegen die Tiefe zu also unedler oder ärmer und damit unbauwürdiger werden, so ist damit noch keine Aussage über die Tiefenerstreckung überhaupt gemacht. Tiefen von über 1500 m werden in der Regel wohl auch wegen der heute noch nicht befriedigend gelösten Frage, ein erträgliches Grubenklima zu schaffen (geothermische Tiefenstufe!), für wirtschaftliche Erwägungen nicht in Frage kommen. Tiefen kleiner als 100 m sind außergewöhnlich niedrige Werte, die man bei Pegmatitgängen geringer Mächtigkeit zuweilen antrifft. Auch Strandbildungen haben im Vergleich zu ihrer Längenerstreckung naturgemäß nur eine sehr eng begrenzte Ausdehnung in der Richtung senkrecht zum Strande, die heute als „Tiefenerstreckung" erscheint.

a) Monomineralische Platten

α) Besteht die Lagerstätte nur aus einem *einzigen Mineral* (beispielsweise injizierte „Magnetitlager" oder Spateisensteingänge, Magnesitgänge, Kohlenflöze z. T., Phosphatlager) und ist die Mächtigkeit innerhalb enger Grenzen konstant, dann besteht die Substanzzifferberechnung einfach in der Ermittlung der Flächenausdehnung der Lagerstätte. Die Fläche mit der Mächtigkeit multipliziert gibt die Kubatur, und diese mit dem spezifischen Gewicht multipliziert, ergibt die Substanzziffer in Tonnen. Etwa vorhandene, regelmäßige taube Einlagerungen (Zwischenmittel) werden natürlich von der Mächtigkeit abgezogen.

Schon ins technisch-wirtschaftliche Gebiet übergreifend wird die Angabe sein, wieviel *Tonnen nutzbarer Substanz pro ein* Quadratmeter Lagerstätte anfallen. (Mächtigkeit in Metern mal spezifischem Gewicht.)

β) Bei einer monomineralischen plattenförmigen Lagerstätte mit *stark wechselnder Mächtigkeit* muß die Mächtigkeit in regelmäßigen Abständen (je nach der Häufigkeit des Wechsels in 5 bis 10 m Abstand) gemessen werden. Die Werte in den Flach-, Grund- oder Aufriß (je nach der Steilheit der Lagerstätte) eingetragen und miteinander verbunden, liefern das Mächtigkeitsdiagramm. Dieses wird in ein flächengleiches Rechteck verwandelt, und die Höhe dieses Rechteckes ist die zu ermittelnde *mittlere Mächtigkeit,* die in die weitere Rechnung eingesetzt wird. Es müssen aber in diesem Falle jene Teile der Lagerstätte von der Substanzzifferberechnung ausge-

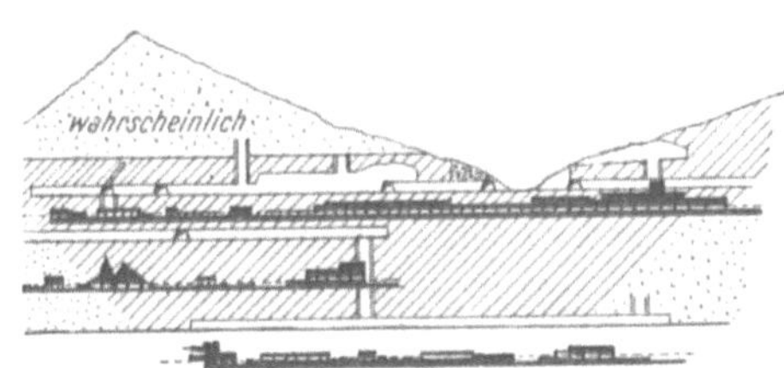

Abb. 21. Monomineralischer Gang mit stark wechselnder Mächtigkeit (Mächtigkeitsdiagramme, Grenzmächtigkeit.)

schlossen werden, deren Mächtigkeit so gering ist, daß sie *nicht bauwürdig* sind. Beim Abbau werden diese Teile als Pfeiler stehen gelassen, ihre Substanz existiert für den Abbau nicht. (Abb. 21.)

Abb. 21 stellt eine solche Substanzzifferrechnung einer monomineralischen, plattenförmigen Lagerstätte von wechselnder Mächtigkeit dar.

b) Polymineralische, plattenförmige Lagerstätten

Besteht die Lagerstätte aus einem oder aus mehreren nutzbaren Mineralien und gleichzeitig aus einem oder aus mehreren tauben Begleitern, die durch die Aufbereitung entfernt werden müssen, so wird die Substanzzifferberechnung folgende Werte zu liefern haben:

a) Die Hauwerkschüttung pro Quadratmeter Lagerstättenfläche, und

b) die Metallschüttung (getrennt für jedes einzelne Metall) pro Quadratmeter Lagerstättenfläche und endlich die gesamte Hauwerkschüttung und die gesamte Metallschüttung der betrachteten Lagerstättenfläche. Die mittlere Hauwerkschüttung der ganzen aufgeschlossenen (sichtbaren) Lagerstätte mit der sichtbaren Fläche multipliziert gibt den *sichtbaren* Hauwerk- (Erz-) Gehalt der Lagerstätte. Die gemittelte Metallschüttung pro Quadratmeter Lagerstättenfläche mit der Fläche multipliziert gibt den *sichtbaren Metallinhalt* der Lagerstätte.

Die Hauwerkschüttung in Tonnen pro Quadratmeter Gangfläche ist das Produkt aus der Mächtigkeit (in Metern) und aus dem spezifischen Gewicht der Gesamtlagerstätte *am beobachteten Punkt.* Es müssen zu diesem Zwecke in gleichen Abständen (5 bis 10 bis 40 m, je nach der kleineren oder größeren Regelmäßigkeit der Lagerstätte) die Mächtigkeiten gemessen und die (Schlitz-) Proben gezogen werden. Das spezifische Gewicht der einzelnen Schlitzproben wird bestimmt. Die Hauwerkschüttungen der einzelnen Punkte werden sodann gemittelt, sie geben die mittlere Hauwerkschüttung der gesamten, betrachteten Fläche.

Die *Metallschüttung* pro Quadratmeter Lagerstätte in Kilogramm ergibt sich als das Produkt aus der Hauwerkschüttung (in Kilogramm) am betreffenden Punkt und dem Prozentgehalt an Metallen an der gleichen Stelle. *Es ist völlig unrichtig und es führt zu völlig falschen Ergebnissen, wenn man, wie es zuweilen geschieht,*

a) die Mächtigkeiten mittelt und

b) die Analysenergebnisse mittelt und aus diesen Mitteln den mittleren Metallgehalt rechnet.

Die Darstellung der Werte in Diagrammen macht die Schätzung übersichtlich und leichter kontrollierbar (Abb. 22).

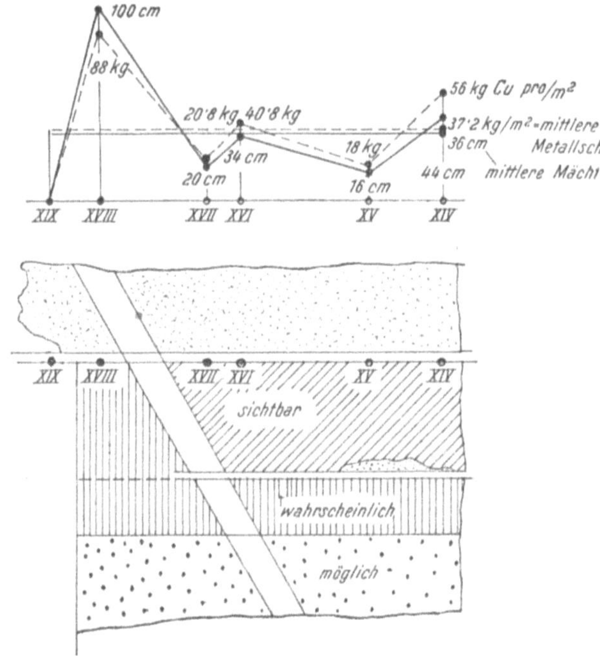

Abb. 22. Plattenförmige, polyminerale Lagerstätten. *XIV* bis *XIX* Entnahmestellen der Schlitzproben. Mächtigkeitsdiagramm, Diagramm der Metallschüttung pro Quadratmeter, mittlere Mächtigkeit, mittlere Metallschüttung.

Unbauwürdige Lagerstättenteile (Vertaubungen, Verdrucke), die *nicht zum Abbau kommen,* werden in die Substanzzifferrechnung nicht einbezogen, sie würden das Ergebnis in ungerechtfertigter Weise verschlechtern.

Taube Einlagerungen, die zwar hereingenommen werden müssen, die aber der Aufbereitung *nicht* zugeführt werden, werden ebenfalls *nicht* in die Metallschüttung pro Quadratmeter Lagerstätte einbezogen.

Zeigt die Lagerstätte zwei verschiedene Ausbildungsweisen, die technisch

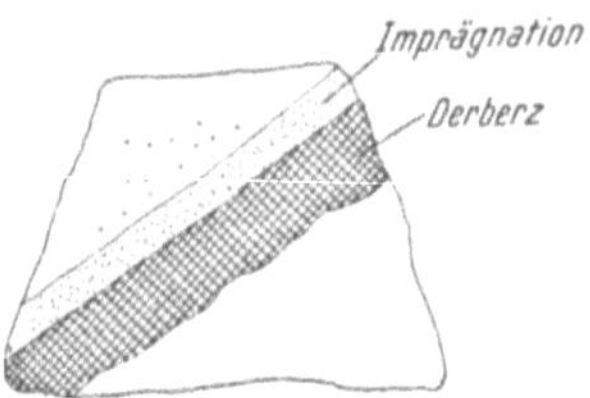

Abb. 23. Lagerstätte, bestehend aus Derberz und Imprägnation, die bei der Probenahme und bei der Berechnung der Substanzziffer getrennt zu behandeln sind.

Abb. 24. Adelszonen (punktiert) und taube Regionen (weiß) einer plattenförmigen Lagerstätte (Flachriß).

(in der Aufbereitung) verschieden zu behandeln sind, so sind beide Ausbildungsweisen (z. B. Derberz und Imprägnation) sowohl bei der Probeentnahme als auch bei der Auswertung der Proben getrennt zu behandeln (Abb. 23).

Vertaubt eine Lagerstätte, um sich nach einer gewissen Strecke wieder anzureichern, so scheidet die Taubzone, die ja auch nicht abgebaut wird, aus der Mengenberechnung aus. Wohl aber ist es wichtig, das Flächenverhältnis zwischen *Adelszonen* und tauben *Regionen* zahlenmäßig festzulegen, weil dieses Flächenverhältnis für die Disposition und für die zu verlangende Leistung des Ausrichtungsbaues bestimmend ist (Abb. 24).

Bei zusammengesetzten Gängen oder bei mehr oder weniger plattenförmigen Anhäufungen kleiner Gängchen und Adern muß die Gesamtheit aller Gängchen *einschließlich* der zwischen ihnen liegenden tauben Gesteinspartien in die Substanzziffer einbezogen werden. Nur solche Taubpartien können außer Betracht bleiben, die schon nach dem Hereinschießen als wertlos von jeder weiteren technischen Behandlung ferngehalten werden (s. Abb. 25 und 26).

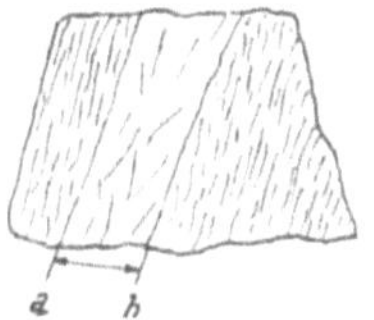

Abb. 25. Plattenförmige Erzlagerstätte. Die Erzführung ist auf eine große Anzahl kleiner Gängchen (zwischen den beiden Salbändern *a* und *b*) verteilt (Ortsbild).

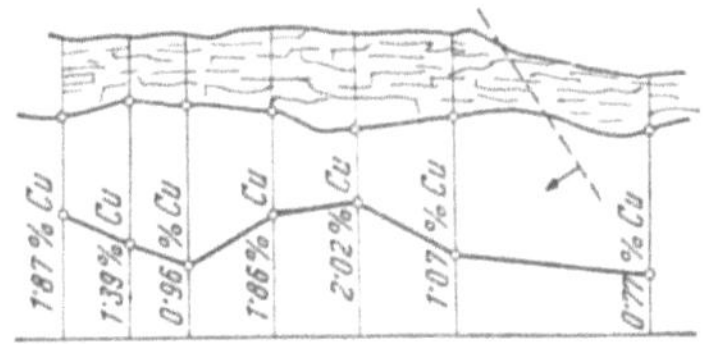

Abb. 26. Wie Abb. 25. Grundriß, mit den Stellen der Entnahme von Schlitzproben und dem Diagramm der Metallgehalte.

Die Erkundung der möglichen Substanz plattenförmiger Lagerstätten ist schon mit Rücksicht auf die einfache geometrische Form dieser Lagerstätten keine schwierige Aufgabe.

Theoretische Ausbißlinie: Im gebirgigen Terrain führt die Bestimmung der theoretischen Ausbißlinie oft überraschend schnell zu Erfolgen (Abb. 27).

Es sei bei A ein natürlich oder künstlich gut aufgeschlossener Ausbiß, der Streichen und Fallen einwandfrei zu bestimmen gestattet. Ist somit die Lagerstättenebene festlegbar, dann bestimmt man (nach der Methode der kotierten Projektion) den Schnitt der Lagerstättenebene mit den Isohypsen, und damit die Ausbißlinie. Rollstücke im Terrain erleichtern den Ansatzpunkt von Schurfröschen (R_1, R_2 usw.). Für das Gebiet unterhalb der Talsohle lassen sich die voraus-

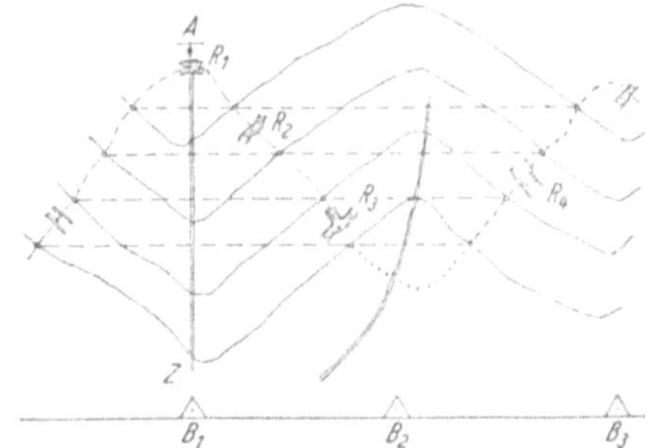

Abb. 27. Bei A Ausbiß einer plattenförmigen Lagerstätte. A bis Z Böschungsmaßstab. Konstruktion der theoretischen Ausbißlinie. R_1, R_2 usw. Schurfröschen, B_1, B_2, B_3 Tiefbohrungen.

sichtlichen Tiefen der Bohrlöcher (B_1, B_2 usw.) leicht im voraus bestimmen, womit Art, Ort, Umfang, Zeitdauer und Kosten der Erschließungsarbeiten festgelegt sind.

7. Substanzzifferberechnung linsenförmiger Lagerstätten

a) Seichte Linsen in flacher Lage (Abb. 28)

Die Ausbisse A, B, C, D, die durch Röschen entlang der Kontur entsprechend ergänzt und erweitert werden, weisen bereits auf die linsenförmige Form der Lagerstätte hin. Durchgehende Röschen *I I* und *II II* gewähren bereits einen guten Einblick in den stofflichen Aufbau der Lagerstätte. Diese Röschen leiten bereits die vollständige Abdeckung der Ausbißfläche ein. Ein Gesteinsgang GG durchsetzt die Linse. Bei der Probenahme, die in üblicher Weise erfolgt, wird dieser Gang selbstverständlich weggelassen. Die bisherigen Aufschlußarbeiten, die sich in kürzester Zeit mit ungeschulten Kräften und ohne Sprengarbeit durchführen lassen, erlauben bereits zu berechnen, wie groß das Lagerstätten- bzw. Metallvermögen pro *ein Meter Tiefe* der Lagerstätte — wenigstens für die obersten Tiefenmeter — ist. (Ausbißfläche $\times$ spezifischem Gewicht = Tonnen Substanz

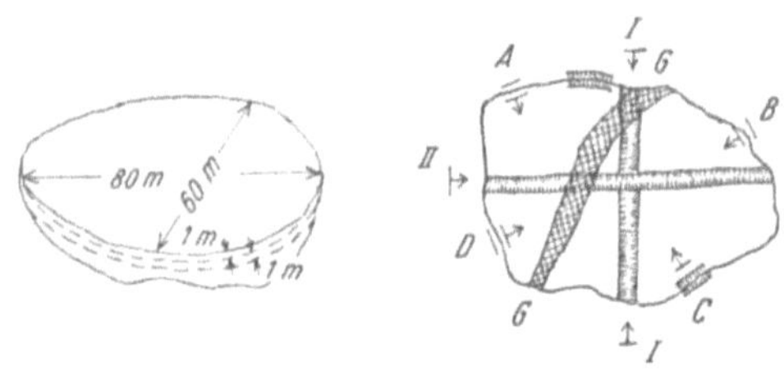

pro 1 m Tiefe, solange noch keine wesentliche Verengung des Querschnittes eingetreten ist.) Eine Rechnung von rückwärts würde aussagen, wie tief die Lagerstätte reichen müßte, um einen Bergbaubetrieb zu ermöglichen. (Beispielsweise: Bauxitlinse: Querschnitt 120 m $\times$ 60 m = 7200 m², spezifisches Gewicht = 2,5, ergibt pro 1 m Tiefe 7200 $\times$ 2,5 — *18 000 t*,

Abb. 28. Seichte Linse in flacher Lage. G bis G tauber Gesteinsgang. I und II Querröschen. A, B, C, D Konturröschen.

also beispielsweise bei 10 m Tiefenerstreckung, soferne keine Querschnittsverengung eintritt, 180 000 t.) Wird nur eine geringe Tiefenerstreckung vermutet, dann werden ein oder zwei Schürfschächte oder eine kleine Bohrgarnitur genügen, um die Substanzziffer mit genügender Genauigkeit festzulegen.

b) Seichte Linsen in steiler Lagerung (Abb. 29)

Die durch Röschen erschlossenen, hintereinander liegenden Linsen A, B, C sind in ihrer Ausbißfläche bekannt. Handelt es sich um Linsen und nicht um

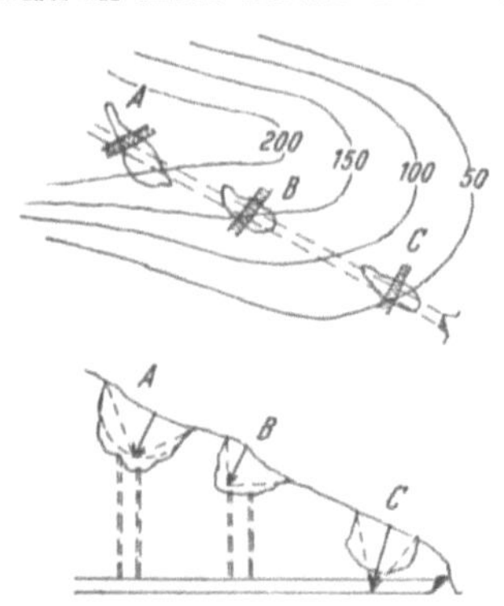

Schläuche, so kann mit einer gewissen Annäherung vermutet werden, daß die Tiefenerstreckung gleich oder kleiner ist als die Längserstreckung der einzelnen Ausbisse. Eine solche Überlegung gibt eine Idee von der Größenordnung der Substanzziffer, die selbstverständlich durch Schürfschächte oder durch Bohrungen zu überprüfen sein wird. Es kann sich unter Umständen auch die Anlage eines Unterfahrungsstollens für alle Linsen als günstig erweisen (Abb. 29), der später der gemeinsamen Abförderung dienen wird, *wie es überhaupt als Grundsatz gelten muß, die Schürfarbeiten (Röschen, Stollen und Schächte) so anzusetzen, daß sie der späteren technischen Gewinnung der Lagerstätte dienen.*

Abb. 29. Linsen A, B, C in steiler Lage, im gleichen Streichen. Oben Grundriß, unten Aufriß.

c) Linsen in geneigter Lage

Aus der Lage der Kontaktflächen sowohl im Hangend als auch im Liegend der Lagerstätte, die man durch Röschen leicht feststellen kann, läßt sich auf den linsenförmigen Charakter der Ablagerung schließen, wie sie in Abb. 30 a und b dargestellt ist. In einer ersten Annäherung kann man die Linse in mehrere (drei) parallelopipedische Hilfskörper zerlegen, denen man zunächst eine beschränkte

Höhe H (z. B. gleich 10 oder 20 m) gibt. Die Kubatur dieser Hilfskörper und deren Substanzziffer läßt sich leicht berechnen. Damit ist aber erst eine Idee der Größenordnung gegeben, in welche die Lagerstätten fallen dürften. Zur Festlegung der Substanzziffer sind Bohrungen (*I, II* der Abb. 30) unbedingt erforderlich. In manchen Fällen kann auch ein die Lagerstätte unterfahrender oder zumindest tief anfahrender Stollen (im Gebirge) mit anschließender Ausrichtung oder ein Schürfschacht die Grundlage für die Berechnung der Substanzziffer liefern.

d) Steilstehende Linsen in steilem Gehänge

In der schematisierten Abb. 31 treten zwei Erzkörper als sanfte Rippen aus einem Berghang hervor. Jede Rippe besteht aus einer Reihe mehr oder weniger zusammenhängender Ausbisse.

Horizontale Schürfröschen, die so angeordnet sind, daß sie beim späteren Tagbaubetrieb als Etagen dienen werden, schließen die Erzkörper und ihre Kontakte mit dem Nebengestein auf. Die Ausbißfläche jedes Erzkörpers, mit dem spezifischen Gewicht des Erzes multipliziert, *liefert die Erzmenge in Tonnen, die man gewinnt, wenn man die Ausbißfläche parallel zu sich selbst einen Meter tief in den Berg hinein verschiebt.* Eine derartige Angabe läßt einen ersten Einblick in die Größenordnung der Lagerstätte zu, sie vermittelt auch eine

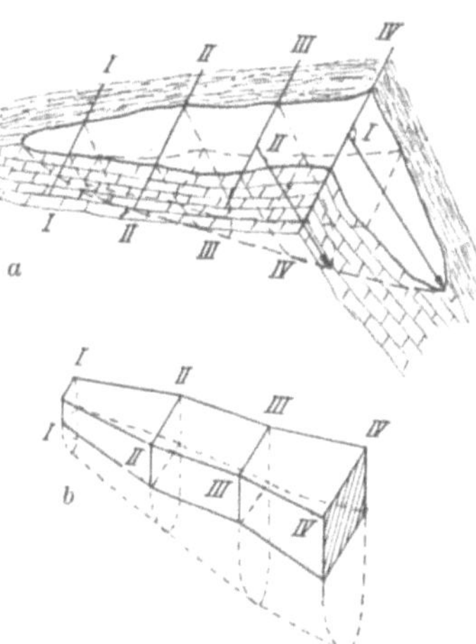

Abb. 30. Linse in geneigter Lage, in einzelne parallelopipedische Körper zerlegt.

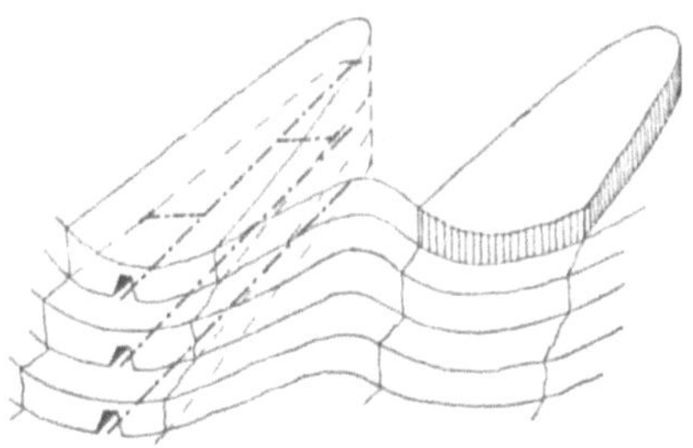

Abb. 31. Steilstehende Linsen in steilem Gehänge. Aufschluß durch horizontale Röschen als künftige Etagen, später Stollen und Querschläge.

Vorstellung über das Vorrücken der Arbeiten in den Berg hinein, bei einer gegebenen Jahresproduktion. Zur Berechnung der Substanzziffer werden von den Etagen aus Stollen im Streichen der Lagerstätte ungefähr in deren Mitte vorgetrieben, bis sie das Ende der Lagerstätte erreichen. Von Zeit zu Zeit werden von diesen Stollen aus Querschläge getrieben, um die horizontale Begrenzung des Lagerstättenkörpers festzustellen. Die Stollen (in Verbindung mit Querschlägen) können der Förderung und später dem Abbau untertags dienen (Aufschlußarbeiten mit geologischem *und* technischem Zweck). Auf diese Weise wird der Lagerstättenkörper in einzelne Parallelopipede aufgelöst, deren Kubatur zu berechnen nicht schwierig ist (s. Abb. 31).

e) Steilstehende, tiefreichende Linsen in der Ebene (Abb. 32)

Die Ausbißfläche ist durch Röschen und schließlich durch vollkommene Abdeckung bekannt. Die Kontakte der Lagerstätte sind durch Röschen klar aufgeschlossen, der linsenförmige Charakter des Erzkörpers ist damit wahrscheinlich gemacht. *Die Erzmenge pro Meter Tiefe* ist mit Hilfe dieser Grundlagen leicht errechenbar, und damit ist eine erste Vorstellung über die Größenordnung der Lagerstätte möglich. Die Profile lassen auch ermitteln, bis zu welcher Tiefe ein Tagbau wirtschaftlich sein wird, d. h. welche Erzmengen tagbaumäßig gewonnen werden können, und damit ist eine weitere sehr wertvolle Aussage gemacht.

Der Tiefenaufschluß wird durch Schrägbohrungen oder (kostspieliger) durch drei Vertikalbohrungen pro Schrägbohrung erzielt (s. Abb. 32). Mit Hilfe dieser Bohrungen sind alle Grundlagen für die Berechnung der Substanzziffer gegeben.

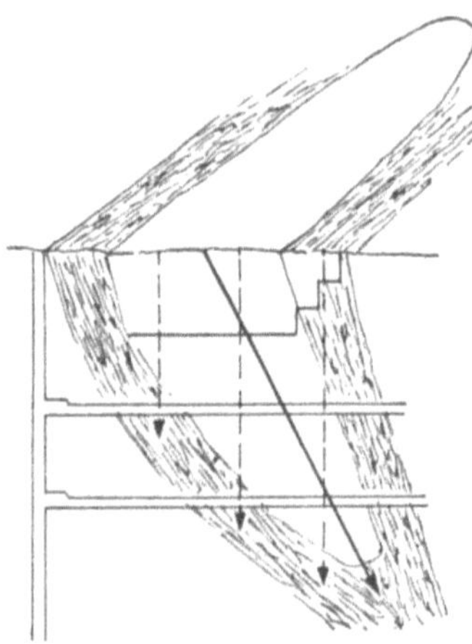

Abb. 32. Steilstehende Linse in der Ebene.

8. Substanzzifferberechnung stockförmiger Lagerstätten

Die Idealform des Stockes ist die Kugel, die allerdings in der Natur niemals vollkommen verwirklicht ist (kleine Schlieren erreichen manchmal nahezu vollkommene Kugelform). Der Berechnungsvorgang zur Erlangung der Substanzziffer unterscheidet sich in nichts von den Vorgängen, die bei den Linsen behandelt worden sind (Zerlegung des Lagerstättenkörpers durch ein System von Horizontalschnitten [Horizontkarten] oder durch ein System von vertikalen oder geneigten Profilen in einzelne, geometrisch erfaßbare parallelopipedische Körper, deren Rauminhalt berechnet wird).

9. Lineare Lagerstättenkörper

(Säulen, Schläuche, Lineale)

Lagerstätten, die an die Schnittlinie (Scharung) zweier Ebenen gebunden sind, haben entlang dieser Schnittlinie eine Ausdehnung, die ein Vielfaches der Ausdehnungen senkrecht dazu beträgt.

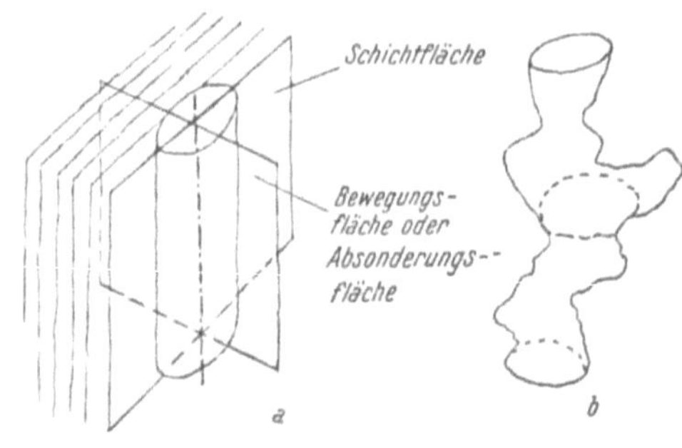

Abb. 33. Theoretische Form (a) und in der Natur verwirklichte Form (b) einer schlauchförmigen Lagerstätte.

Die Form solcher Lagerstätten nähert sich der Gestalt einer Säule oder eines Schlauches oder eines schlanken Parallelopipedes. Allerdings ist die Querschnittfläche (besonders bei metasomatischen Bildungen oder bei der Ausfüllung ausgelöster Hohlräume) oft sehr unregelmäßig und auch die Achse weicht oft von der Geraden ab (Abb. 33a und b). Ist die Form aber einmal erkannt, dann errechnet sich die Kubatur sehr einfach.

Als „Lineale" können oft die Adelszonen von Erzlagerstätten (s. Abb. 24, S. 68) angesprochen werden, deren Kubatur sich bei Vorhandensein genügender Aufschlüsse sehr einfach berechnen läßt.

10. Fälle, in denen eine zuverlässige Substanzzifferberechnung unmöglich ist

(Schätzung auf Grund der Statistik, Bergbau nach dem Gesetz der großen Zahlen)

Bei Erzgängen und Lagergängen, deren Adelsführung sehr stark schwankt, die sehr „absätzig" sind, kann der Fall eintreten, daß man den Gang (oder die Gänge) auf eine Erstreckung von mehreren Kilometern kennt (durch Ausbisse z. B.), ohne daß man über die Adelsführung eine begründete quantitative Aussage machen könnte, weil die Erzführung einem zu starken Wechsel unterworfen ist. In solchen Fällen erhöht sich das Aufschlußrisiko ganz bedeutend. Man wird (je nach der Lagerstätte) Ausrichtungsstrecken bis zu mehreren Kilometern Länge treiben müssen, um entlang dieser Strecken bei genauester Probenahme die Adelsverteilung festzustellen. Die auf diese Weise ermittelten statistischen Werte (Verhältnis von tauben Gangstrecken zu Adelsstrecken) liefern einen Adelskoeffizienten, der mit einer gewissen Wahrscheinlichkeit auf die ganze Lagerstätte übertragen werden kann (unter Bedachtnahme auf sekundäre und auf primäre Teufenunterschiede). An ein so großes Aufschlußrisiko mit bescheidenen Mitteln heranzugehen, bedeutet eine Fehlleitung von Arbeit und Kapital und den Verlust der eingesetzten Mittel. Auch bei metasomatischen Lagerstätten im Kalk (um noch ein Beispiel anzuführen), die an eine Permeabilitätsgrenze gebunden sind, kann es vorkommen, daß man wohl die großen Richtlinien kennt, nach denen die Entstehung der Lagerstätte vor sich gegangen ist, daß aber im *Einzelnen* nur unzureichende „Regeln" für die Gesetzmäßigkeiten angegeben werden können, nach denen die Erzkonzentrationen im Gebirge verteilt sind. Die Art der Konzentration in Form von Schläuchen, Säulen, Linealen und Erztaschen, von denen jede einzelne nur beschränkte Ausdehnung hat und in Form von Imprägnationen (calcaire moucheté) kann wohl an gewisse Zonen gebunden sein, sie ist auch innerhalb dieser Zonen starkem Wechsel unterworfen. In solchen Fällen ist eine genaue Rechnung unmöglich, und man ist auf statistische Erfahrungswerte angewiesen (Bergbaue nach dem Gesetz der großen Zahlen). Würde in einer solchen Lagerstätte während des Betriebes der Aufschluß, das Suchen nach neuen Abbausektoren (Hoffnungsbau) vernachlässigt, so stünde der Bergbau bald ohne sichtbare Erzreserven und es würde lange dauern, bis er durch Forcierung des Hoffnungsbaues unter gleichzeitiger Produktionseinschränkung sein Gleichgewicht wieder erreicht. Auch die Abschätzung der Vorratsziffern von Erdölfeldern ist mehr auf statistische Erwägungen und Vergleiche als auf exakte Berechnungen aufgebaut.

Zur Probenahme

Die Probenahme hat nur von jenen Teilen der Lagerstätte zu erfolgen, welche der weiteren, technischen Behandlung zugeführt werden, alles andere wird nicht in die Probe einbezogen. Es wäre unrichtig, Gesteinsbänke und Einlagerungen im Lagerstättenkörper, die sofort nach der Gewinnung ausgeschieden werden, in die Probe für die Analyse einzubeziehen. Zwischenmittel in einem Kohlenflöz in die Analyse einzubeziehen und dadurch den Aschengehalt zu erhöhen, wäre ebenso unrichtig wie Dolomit- oder Kalkeinlagerungen im Magnesit mit in die Analysenprobe zu geben und damit den Kalziumgehalt so zu erhöhen, daß der Magnesit als unbrauchbar erscheinen würde, oder den Kupfergehalt einer Lagerstätte analysenmäßig dadurch zu drücken, daß man beispielsweise taube Schiefereinlagen in die Probe einbezieht usw. Ebenso unrichtig wäre es — wie es immer noch vorkommt — „Glanzstücke" (reine Stuferze) der Lagerstätte zu entnehmen und auf deren Analyse den Bericht aufzubauen. (Berichte, die diesen Weg gehen, verraten schon allein dadurch, daß ihnen keine Sachkenntnis — oder eine plumpe Absicht zu täuschen — zugrunde liegt.)

Von den verschiedenen Methoden der Probenahme (Stückprobe, Schußprobe, Bohrmehlprobe, Bohrkernprobe, Haufenprobe) wird die Pick- oder Schlitzprobe fast immer anzuwenden sein. Wenn ihre Durchführung auch sehr mühsam und zeitraubend ist, sie liefert, richtig durchgeführt, die beste Grundlage für die chemischen Analysen. Hiebei soll der Schlitz doch mindestens 10 cm breit und 5 cm tief sein.

Untersuchung der Proben

Die chemische Analyse und die Bestimmung des spezifischen Gewichtes der Probe liefern die wichtigsten Grundlagen für die Berechnung der Substanzziffer. Daß die Analyse der technologischen Verarbeitung der Lagerstättensubstanz angepaßt sein muß, ist selbstverständlich (z. B. bei Eisenerzen, neben deren Eisengehalt die Gehalte an Mangan, an Kieselsäure, Kalk und Magnesium, an Phosphor, Schwefel [unter Umständen an Titan und Vanadium oder Chrom und Nickel], bei Magnesit den Gehalt an Kalk, Eisen und Kieselsäure, bei feuerfesten Tonen den Gehalt an Flußmitteln [K_2O, Na_2O, Fe_2O_3, FeO, MgO und CaO], beim Bauxit die Gehalte [neben Al_2O_3] an Kieselsäure und Titan neben Eisen, bei Pyriten die Gehalte an Kupfer, Arsen, Zink und Gold usw.). In vielen Fällen muß die Untersuchung der Proben noch weiter geführt werden. Bei Spatmagnesit werden viele Einzelstücke (Stückprobe), für sich gebrannt, eine bessere Beurteilung zulassen als die Analyse allein. Bei Quarzsanden wird eine Glasschmelze (besonders bei sehr kleinen Eisengehalten) die Brauchbarkeit des Sandes besser charakterisieren als die chemische Analyse, die noch durch die Siebanalyse zu ergänzen sein wird. Bei Kaolin, feuerfesten Tonen und bei feinkeramischen Tonen wird ebenfalls die Analyse nicht genügen, es werden die hier allgemein üblichen Untersuchungsmethoden anzuwenden sein (Korngrößenverteilung durch Sieb- und Schlämm- oder Sedimentationsanalyse, Plastizität, Trockenschwund, Brennschwund, Brennfarbe, Feuerfestigkeit, Beschaffenheit des Scherbens usw.).

Die mikroskopische Untersuchung im Durchlicht und (bei undurchsichtigen Mineralien) im Auflicht liefert aufschlußreiche Einblicke in den Bau der Lagerstätte, sie kann dem Aufbereitungstechniker (unter Umständen auch dem Hüttenmann) wertvolle Informationen liefern. Die mikroskopische Betrachtung von Probestücken und von Körnern wird unter Umständen auch unehrliche Manipulationen an der Probe erkennen lassen (Goldfeilspäne, mit denen die Probe „gesalzen" wurde, künstliche „Zinnoberspritzer" bei Quecksilberlagerstätten u. dgl.).

Die Notwendigkeit der Erkundung bzw. der Feststellung der Substanzziffer tritt ein:

a) bei der ersten Erschließung einer Lagerstätte zum Zwecke der Feststellung der Betriebsgröße, des Investitionsprogramms und der gesamten Disposition der Betriebsanlagen,

b) vor der Vornahme großer Investitionen,

c) bei einem Besitzwechsel oder bei der Zusammenlegung mehrerer Betriebe zu einheitlicher Führung oder bei einer einschneidenden Kreditverhandlung, bei Erbgang, bei gerichtlichen Versteigerungen des Bergbaues, und hie und da auch vor Abschluß langfristiger Lieferverträge, so wie endlich bei einer Inventuraufnahme der Bodenschätze eines Landes.

Der klaren und richtigen Ermittlung der Substanzziffer kommt eine beachtliche, wirtschaftliche Bedeutung zu. *Eine zu ungünstige* Beurteilung der Substanz hält die entscheidenden Stellen (Geldgeber) davon ab, das Objekt in Angriff zu nehmen, eine nützliche, produktive Anlage unterbleibt. Eine zu günstige, zu hohe Beurteilung der Substanz verleitet zur Überkapitalisierung und damit zur gänzlichen oder teilweisen Fehlleitung von Arbeit und Kapital mit den darauffolgenden unvermeidlichen Verlusten.

Der Bergbaubetrieb selbst wird sich in der Regel im Tiefbau damit begnügen, die Lagerstättensubstanz nur so weit „sichtbar" zu machen, daß die laufende Produktion für ein bis etwa fünf Jahre sichergestellt erscheint (größere Substanzmengen sichtbar zu machen, würde ungünstig auf die Grubenerhaltung wirken). Der Betrieb wird durch seinen laufenden *Hoffnungsbau* (einschließlich der Schürfarbeiten) die mögliche Substanz erschließen und zur wahrscheinlichen Substanz machen, und er wird durch seinen *Ausrichtungsbau* die wahrscheinliche Substanz zur sichtbaren Substanz machen, die er im *Abbau* gewinnt und fördert.

B. Die geographische Lage einer Lagerstätte in ihrem Einfluß auf deren Bewertung

Der zweitwichtigste, ebenfalls von der Natur gegebene Faktor für die Bewertung einer Lagerstätte ist deren geographische Lage.

Wie man aber unter Umständen die verwertbare Substanz einer Lagerstätte durch Fortschritte der Gewinnungs-, der Aufbereitungs- und der Verhüttungstechnik erweitern kann (s. Bewertung und Technik), so kann auch die geographische Lage einer Lagerstätte durch Schaffung guter sanitärer Zustände, durch neue Verkehrswege oder Verkehrsmittel „verbessert" werden.

a) Das Klima

Bergbaue jenseits des Polarkreises werden, unter sonst gleichen Umständen, nur durch höhere Löhne die für den Betrieb erforderlichen Menschen an sich ziehen, sie werden mit einem viel stärkeren Wechsel ihrer Belegschaft rechnen müssen als Betriebe in der gemäßigten Zone. Tagbaubetriebe werden die Härten des Klimas und der langen Winternacht besonders hart empfinden. Bergbaue über der Baumgrenze im *Hochgebirge* der gemäßigten Zonen werden, den arktischen Bergbauen ähnlich, den Betrieb verteuernde Hemmnisse zu überwinden haben (keine *Familien*siedlungen, Frauen und Kinder wohnen im Tal, Wochenschichten usw.).

Bergbaue in den Tropen werden nicht mit den Arbeitsleistungen von Betrieben in den gemäßigten Zonen rechnen können, die notwendigen Maßnahmen zur Bekämpfung von Tropenkrankheiten belasten den Betrieb. Im semiariden und im ariden Klima kann die Beistellung des Betriebswassers für die Aufbereitung, des Kühlwassers für Kompressoren und Verbrennungskraftmaschinen und das Wasser für den menschlichen Genuß unter Umständen mit so hohen Kosten verbunden sein, daß eine Lagerstätte unbauwürdig erscheint, die im humiden Klima mit Erfolg abgebaut werden könnte.

b) Die Lage der Lagerstätten zu anderen menschlichen Siedlungen

und zu anderen industriellen Anlagen übt einen sehr merkbaren Einfluß auf die Investitionen und damit auf die Bauwürdigkeit einer Lagerstätte aus. Von anderen Siedlungen weit entfernte Bergbaue müssen in ihren technischen Hilfseinrichtungen so gut eingerichtet sein, daß sie Betriebsstörungen mit *eigenen Mitteln* vermeiden bzw. beheben können. (Die *Vorräte an Betriebsmaterialien* müssen sehr vielgestaltig und groß sein, die *Werkstätten* müssen in ihrem Personal und in ihren Einrichtungen viel weiter gespannten Anforderungen entsprechen, als dies bei Bergbauen der Fall ist, die in einer „Industriegegend" liegen.) Wohnhäuser, Spitäler, Erziehungs- und Erholungsstätten, die Wasser- und Lichtversorgung der Siedlung belasten bei weit abgelegenen Betrieben zur Gänze den Betrieb, der keine Möglichkeit hat, sich an bereits bestehende Einrichtungen (Dörfer, Städte, Industriesiedlungen) anzuschließen oder solche Einrichtungen mitzubenützen. Investitions- und Betriebskapital erfahren dadurch eine empfindliche, unter Umständen eine prohibitive Erhöhung.

c) Die Lage einer Lagerstätte zu bereits vorhandenen Verkehrswegen und die zur Verfügung stehenden Verkehrsmittel

sind von entscheidendem Einfluß auf die Bewertung einer Lagerstätte.

1. Lagerstätten von Edelmetallen und von Edelsteinen sind in ihren Ansprüchen an billige und leistungsfähige Transportwege am bescheidensten. Ihr Aktionsradius ist auch zu Lande praktisch unbegrenzt.

2. Lagerstätten von Stahlveredlern und von Buntmetallen benötigen, um bauwürdig zu sein, bereits wesentlich leistungsfähigere Transportanlagen, ihr Aktionsradius zu Lande ist noch immer sehr groß. Die Ansprüche an die Billigkeit und Leistungsfähigkeit der Transportanlagen steigen etwa in der Reihenfolge: Molybdänkonzentrate, Wolframkonzentrate, Zinnkonzentrate, Chromitkonzentrate, Zinkkonzentrate usw.

3. Lagerstätten, deren nutzbare Mineralien Massengüter sind (wie z. B. Kohle, Eisenerze, Pyrit, Manganerze), können nur dann wirtschaftlich in Betracht gezogen werden, wenn sehr leistungsfähige, billig befördernde Transportwege bzw. Transportmittel zur Verfügung stehen.

Da Edelmetalle und Edelsteine in der Transportfrage am unempfindlichsten sind, entwickelt sich in geographisch schlecht erschlossenen Gebieten zuerst der Bergbau auf diese Produkte. Erst in weitem Abstand folgen die Bergbaumöglichkeiten für die Stahlveredler und die Buntmetalle und an die Gewinnung von Massengütern kann erst herangegangen werden, wenn die billigen und leistungsfähigen Transportwege (zu Lande 1000 bis ausnahmsweise 2000 km) geschaffen sind. Nach zunehmender Leistungsfähigkeit und abnehmenden Transportkosten pro Tonnenkilometer geordnet, kommen für den Transport von Bergbauprodukten in Betracht:

a) *Menschen* (Traglast [durchschnittlich 25 kg, ausnahmsweise bis 70 kg] auf dem Rücken — oder [in den Tropen] auf dem Kopf. Tägliche Marschleistung 25 bis 30 km).

b) *Tragtiere* (auf schlechten Wegen und Saumpfaden, wie Esel, Maultiere, Lama, Kamele [Traglast 80 bis 100 kg, bei Kamelen 180 bis 200 kg]. Tägliche Marschleistung 25 bis 30 km).

c) *Zugtiere* (auf Wegen und Straßen) wie Pferd, Ochsen, Büffel, Kamele. Nutzlast einige Hundert Kilogramm bis (ausnahmsweise bei guten Straßen und nicht zu starken Steigungen) 2000 kg pro Doppelgespann. Tagesweg 30 bis 40 km.

d) *Lastkraftwagen* mit und ohne Anhänger, Traktoren (Nutzlast mehrere Tonnen, Tagesweg 120 bis 220 km).

e) *Bremsberge*, kombiniert mit Horizontalbahnen (in Gegenden ohne Straße). Nutzlast pro Wagen bis 5 t. Nur für kurze Transportwege.

f) *Seilbahnen* (als Provisorien und für geringe Leistungen *Ein*seilbahnen oder auch Seilriesen, sonst Zweiseilbahnen [Zug- und Tragseil]. Vor allem in gebirgigem Terrain, seltener in der Ebene. Leistung: 10 bis 500 t pro Stunde). Förderlängen 4 bis 6 km, auch über 30 km mit Zwischenstationen.

g) *Schmalspurbahnen* (60, 76, 90 und 100 cm Spurweite), Förderlängen unbegrenzt.

h) *Normalspurbahnen*, kostspieliger in der Erbauung als Schmalspurbahnen (schwererer Unterbau, schwerere Kunstbauten, größere Krümmungsradien, daher viel mehr Erd- und Gesteinsarbeiten, schwerer Oberbau), aber viel leistungsfähiger und billiger im Betrieb als Schmalspurbahnen.

i) *Rohrleitungen* (Pipelines). Nur für Flüssigkeiten und Gase (Erdöl, Erdölprodukte, Erdgas).

k) *Binnenschiffe und Seeschiffe.* An Billigkeit allen Transportmitteln überlegen. Sie geben auch billigen Bergbauprodukten (Massengütern) einen weltweiten Aktionsradius.

l) *Flugzeuge.* Finden für den Zutransport von Bergbaueinrichtungen und von Versorgungsgütern für entlegene Bergbaue auf Edelmetalle und Stahlveredler eine zunehmende Verwendung.

Wenn eine ungünstige geographische Lage einer Lagerstätte ein Hindernis oder Hemmnis für ihre Ausbeutung sein kann, so sind damit gerade die Lagerstätten die wirkungsvollsten Anreger für die Erschließung eines Landes durch leistungsfähige und billige Transportwege. Vielfach hat der Bergbau als Pionier die Besiedlung weit über seinen unmittelbaren Zweck hinaus, die Erschließung weiter Gebiete eingeleitet. Trotzdem gibt es noch weite Gebiete auf der Erde, deren Lagerstätten derzeit noch ohne Interesse sind, weil ihre geographische Lage zu ungünstig ist. Die Bedeutung einer systematischen Erforschung der Lagerstätten eines Landes — zunächst ohne Rücksicht auf deren geographische Lage — als Grundlage einer „Bodeninventur", ist noch keineswegs allgemein anerkannt. In den Tabellen auf S. 57—60 wurde der Einfluß der geographischen Lage in ihrem Zusammenspiel mit der Substanzziffer und der allgemeinen Geologie einer Lagerstätte auf die zu wählende Betriebsgröße sinnfällig zum Ausdruck gebracht.

C. Substanzzifferbewertung und Stand der Technik

Der Fortschritt der Technik auf den Gebieten der Erschließung der Lagerstätten, ihrer Gewinnung, Aufbereitung, Verhüttung und Weiterverwertung sowie die Heranziehung bisher ungenützter Mineralien kann für den Wert einer Lagerstätte von ausschlaggebender Bedeutung im Sinne einer Wertsteigerung sein. Anderseits kann die Erfindung von Kunstprodukten als gleichwertiger oder überlegener Ersatz für natürliche Mineralien entwertend auf die Lagerstätten dieser Mineralien wirken.

Überschaut man das Gesamtgebiet der Bergbautechnik, so ergibt sich etwa folgendes Bild:

Die Erkundung nach neuen Lagerstätten hat mit der fortschreitenden, geologischen Aufnahme der einzelnen Länder und mit der Verfeinerung der Kenntnisse über die Entstehung von Lagerstätten, über die Zusammenhänge zwischen einer Lagerstätte und ihrer geologischen Umgebung, manchen Impuls empfangen.

Die angewandte Geophysik hat in den letzten dreißig Jahren das Auffinden vieler Lagerstätten wesentlich erleichtert und das Aufschlußrisiko ganz gewaltig eingeengt. Die Entwicklung der Erdölproduktion in den letzten 30 Jahren, das Auffinden neuer Ölfelder, um nur ein Paraderoß der Geophysik zu erwähnen, wäre ohne die Hilfsmittel der angewandten Geophysik nicht eingetreten (s. darüber im dritten Teil). Man kann deshalb heute in vielen Fällen das Kapitel „mögliche Substanz" exakter behandeln als noch vor drei Jahrzehnten.

Weniger überragend sind die Fortschritte der Tiefbohrtechnik, obwohl einerseits durch leicht transportable Tiefbohranlagen Bohrlöcher bis etwa 800 m Tiefe in einem Bruchteil der früher hiefür notwendig gewesenen Zeit niedergebracht werden können, weil vor allem der Zeitaufwand für die Montage und Demontage der Bohrtürme auf ein Minimum reduziert ist. Für große Tiefen wurden Apparate entwickelt, mit Bohrleistungen von 15 m und mehr pro *Stunde* reiner Bohrzeit. Im Stollenvortrieb bringt bei geräumigem Streckenquerschnitt die Einführung der mechanisierten Wegfüllarbeit eine gewisse Erleichterung und Beschleunigung.

Im Tagebaubetrieb hat die Ausgestaltung der verschiedenen Abraum- und Gewinnungsgeräte (Bagger, Kabelkräne) der Fördergeräte (Förderbrücken, Großraumwagen, Gleisrückmaschinen) zu einer Einsparung von Menschen geführt, die vor 50 Jahren unvorstellbar war. Erst dadurch konnten qualitativ arme, aber sehr große Lagerstätten in Groß- und Riesenbetrieben abgebaut werden. Ohne diese technischen Hilfsmittel wären sie unbauwürdig, weil zu arm.

Im Grubenbetrieb haben die zunehmende Einführung der Bandförderung, die weitestgehende Anwendung von Preßluft und Elektrizität, die Einführung der eisernen Grubenstempel im Abbau und des Streckenausbaues in Eisen Fortschritte gebracht. In gewissen Fällen hat auch im *Abbau* die Anwendung tiefer Bohrlöcher mit Diamantkronen die Wirtschaftlichkeit gesteigert — dennoch verbleibt der Eindruck der Schwerfälligkeit des Grubenbetriebes erhalten.

In der Aufbereitung hat es die Flotation in den letzten drei Jahrzehnten ermöglicht, Erze, die — weil zu arm — früher nicht bauwürdig waren, erfolgreich aufzuarbeiten und zahlreich sind die Fälle, in denen alte „Berghalden", die nur „Spuren" nutzbarer Mineralien enthalten, neuerdings erfolgreich der Aufbereitung durch die Flotation zugeführt werden. Die Vervollkommnung des Magnetscheiders hat die Verwertung feinstverwachsener Magnetite ermöglicht und in Verbindung mit magnetisierender Röstung können auch sehr arme, limonitische Erze zu reichen Konzentraten angereichert werden.

Die Verhüttungstechnik hat teils für sich allein, teils im Zusammenwirken mit der chemischen Technologie eine Erweiterung der nutzbaren Substanz einer Lagerstätte gebracht, durch welche die Bewertung vieler Lagerstätten eine völlig andere Grundlage erhalten hat. Nur einige Beispiele seien hiefür angeführt.

Die „tauben" Berghalden und die Versatzberge der Gruben der alten Zinnbergbaue werden seit etwa 60 Jahren wegen ihres, von den Alten als wertlos betrachteten *Wolframgehaltes* in Abbau genommen, und in manchen Lagerstätten ist der die Erze begleitende Glimmer wegen seines Lithiumgehaltes zu einem Lithiumerz geworden. Mußte früher das *Zinn allein* den Betrieb erhalten, so sind es heute *Zinn, Wolfram* und *Lithium,* die eine völlig veränderte Bewertungsgrundlage schaffen.

Wenn in den Bleizinklagerstätten bis vor 140 Jahren das Blei allein (meist mit seinem Gehalt an *Gold und Silber*) der wirtschaftliche Träger des Bergbaues war, und die Zinkerze erst um die Wende des vorletzten Jahrhunderts als nutzbare Mineralien erkannt wurden, so ist seit der Einführung der elektrolytischen Darstellung des Zinks auch dessen *Cadmium*gehalt zu einem verwertbaren Produkt geworden. Auch hier sind es heute *drei* Metalle, welche dieselbe Lagerstätte liefert, gegenüber einem *einzigen* früherer Betriebsperioden. Bei manchen Lagerstätten kommt noch das im Wulfenit enthaltene Molybdän, das früher nur als Bleierz angesehen wurde, nunmehr als Molybdänerz hinzu.

Manche Magnetite und Limonite enthalten 0,1 % bis einige Zehntel Prozente Vanadium, Gehalte, die noch bis vor wenigen Jahren vernachlässigt wurden, die jedoch gegenwärtig bei der Verhüttung in einer Weise verschlackt werden, daß daraus hochprozentige Konzentrate gewonnen werden. Die Vanadiumversorgung (Vanadinstahl) hat damit eine völlig veränderte Grundlage erhalten.

Die rasch zunehmende Bedeutung der Leichtmetalle Aluminium (und Magnesium) läßt die Bauxitvorkommen, die früher wertlos waren, wenn sie viel Eisen enthielten, sonst aber nur für die Erzeugung feuerfester Steine verwendet worden waren, in einem völlig anderen Licht erscheinen. Der bei der Tonerdeerzeugung anfallende „Rotschlamm" ist nicht mehr ein lästiges Abfallprodukt, sondern ein Eisenerz, dessen Verhüttung besonders seit der Einführung des elektrischen Niederschachtofens keinen besonderen Schwierigkeiten mehr begegnet. Der Ilmenit ($FeO.TiO_2$), noch vor wenigen Jahren ein Mineral zweifelhaften Wertes, hat mit der Schaffung der *Titanweißindustrie* und mit der Entwicklung der Ummantelung von Schweißelektroden eine völlig veränderte Bewertung erfahren.

Die Uranmineralien, bis zur Jahrhundertwende wenig beachtet und nur zur Herstellung von Uranfarben gewonnen, sind durch die Entdeckung des Radiums und — im letzten Jahrzehnt — durch die Fortschritte in der Atomphysik zu den gesuchtesten Mineralien geworden, an die sich Furcht und Hoffnung der Menschheit knüpfen.

Beryll in seiner spargelgrünen, unscheinbaren Ausbildung bis vor wenigen Jahren nur von mineralogischem Interesse, ist heute für die Herstellung ganz besonders edler Stahlsorten (z. B. Unruhefedern der Taschenuhren) außerordentlich gesucht, ebenso die seltenen *Niobmineralien,* die dem Niobstahl eine hohe Temperaturbeständigkeit verleihen (Baustoff für Gasturbinen in Flugzeugen).

Der Monazit (Ce La) PO_4, seit etwa 60 Jahren wegen seines Gehaltes an Thorium verwertet, wurde vor 40 Jahren zum Cer-Erz.

Das Platin, in den Siebzigerjahren des vorigen Jahrhunderts von den Jägern im Ural noch als Kugel für die Vorderladergewehre benützt, und später zur Erzeugung von Hartgeld (Fünf-Rubel-Stücke) verwendet, ist eines der gesuchtesten Metalle geworden.

Die Erkenntnis der Bedeutung der künstlichen Düngung des Bodens hat die natürlichen Kalisalze, die früher „Abraumsalze" waren, zu einer der wichtigsten Mineraliengruppe gemacht, sie hat die Phosphate und den Phosphorgehalt gewisser Eisenerze von der Unverwertbarkeit (P-haltige Eisenerze) oder von der Bedeutungslosigkeit zu wertvollen Naturschätzen emporgehoben.

Anderseits wurde die Monopolstellung mancher Mineralen in der Technik durch Kunstprodukte erschüttert. Das Weltmonopol, das der Chilesalpeter noch vor 40 Jahren hatte, ist durch die Ammoniaksynthese auf der Basis des Luftstickstoffes beseitigt worden. Aus der Luft werden gegenwärtig viel größere Mengen Stickstoffverbindungen erzeugt als aus dem natürlichen Salpeter.

Die Kryolithlagerstätten ($NaF\,AlF_3$) von Ivigtut in Grönland, einmalig in ihrer Art, finden im künstlichen Kryolith, der in vielen Ländern in großen Mengen erzeugt wird, einen erfolgreichen Konkurrenten. Viel Mühe wurde in den letzten zwanzig Jahren in Laboratorien und in eigens dafür erbauten Fabriksanlagen dafür aufgewendet, den Bauxit als Aluminiumerz durch *Tonerdesilikate* (Leucit, Nephelin, Anorthit, Glimmer) oder durch Ton zu ersetzen. Eine bescheidene Konkurrenzierung haben die Lagerstätten von elementarem Schwefel durch die Schwefelerzeugung aus Gips erfahren. Die Schmirgellagerstätten haben viel von ihrer Bedeutung verloren durch den geschmolzenen Bauxit, der dasselbe Mineral liefert, und durch das in der Natur nicht vorkommende Siliziumkarbid (Carborundum), das den Schmirgel an Härte übertrifft. Carborundum seinerseits wird wieder in bezug auf die Härte und auf seine Festigkeitseigenschaften weit übertroffen durch die Hartmetalle (Wolframkarbid, Titankarbid), welche die Sintermetallurgie seit 30 Jahren in steigendem Maße der Technik zur Verfügung stellt. Wohl ist der Diamant noch immer der unbestrittene König unter den harten Mineralien, aber die genannten Metallkarbide haben ihm bereits manche Provinz seines Reiches gefährdet oder entrissen (Bohrkronen mit Hartmetall besetzt, Ziehsteine in der Drahtzieherei aus Hartmetall usw.). Der *Korund* als Edelstein wurde in der Uhrenindustrie vollkommen verdrängt, die Steine der Taschenuhren sind *synthetischer* Korund. Die synthetischen Edelsteine haben die Natursteine zwar nicht auszuschalten vermocht, sie sind aber durch ihren niedrigen Preis vielen Menschen zugänglich und erreichbar geworden, die sonst auf Edelsteinschmuck verzichten mußten.

Durch die großindustrielle Herstellung von Magnesiummetall und von Magnesitsteinen aus dem Meerwasser haben seit sechs Jahren die Magnesiummineralien einen ernsten Konkurrenten erhalten, — schließlich, um noch ein Beispiel anzuführen, ist die Monopolstellung des Erdöls durch die Kohlenhydrierung gebrochen worden, wenn auch die Preise synthetischer Treibstoffe hoch (etwa 100 %) über jenen der natürlichen liegen.

Der Konkurrenzkampf zwischen Lagerstätten derselben Mineralien und zwischen Natur- und Kunstprodukten wird dadurch wesentlich gemildert, daß der Weltjahresbedarf, von krisenhaften Schwankungen abgesehen, ununterbrochen ansteigt und daß für viele Erzeugnisse immer wieder neue Anwendungsgebiete gefunden werden.

Bei der Bewertung einer Lagerstätte wird festzustellen sein, ob und wie die heutige Technik in der Lage ist, das von der Natur dargebotene Mineral so zu konzentrieren, daß es in wirtschaftlicher Weise weiter verarbeitet werden kann. In vielen Fällen werden erst Laboratoriumsversuche oder technische Großversuche (insbesondere Aufbereitungsversuche) diese Frage klären.

D. Die Bewertung von Lagerstätten in Abhängigkeit von Politik, Bevölkerung, Markt und Kapital

Substanzziffer und Geologie einer Lagerstätte, ihre geographische Lage und die jeweiligen technischen Möglichkeiten zur Nutzbarmachung der Lagerstättensubstanz geben ein aufschlußreiches klares Bild über die Darbietung der Natur, das sich, zumindest kurzfristig, nicht ändert. Dieselben Naturgesetze und dieselben technischen Hilfsmittel finden auf die Lagerstätte Anwendung, einerlei, wo sie sich befindet.

Die mit dem Bergbau zusammenhängenden politischen Fragen ändern sich — oft sprunghaft — mit dem Lande und mit der Zeit. Vom Ausschluß jedes privaten Unternehmens von der bergbaulichen (und industriellen) Tätigkeit, über die Zulassung nur von Inländern zum Bergbaubesitz, bis zur völlig freien Erteilung von Bergbaukonzessionen an jeden Bewerber, der den Forderungen des jeweils in Kraft befindlichen Berggesetzes entspricht, variiert in mannigfaltigen Spielarten abgewandelt, die Gesetzgebung in verschiedenen Ländern.

Auf die Möglichkeit, die für den Bergbaubetrieb notwendigen Arbeitskräfte zu beschaffen, ihr Wille und ihre Fähigkeit zur Arbeit im Bergbau, Arbeitsmoral und Arbeitsdisziplin, die Zulassung oder Nichtzulassung ausländischer Spezialisten zur Arbeit in den Betriebsanlagen muß Bedacht genommen werden. Die freie Einfuhr von Bergwerksbedarf (Maschinen, Geräte, Materialien) oder deren Belastung mit hohen Zöllen, die freie Ausfuhr der erzeugten Produkte oder deren Belastung mit Ausfuhrabgaben, oder die Verpflichtung zur Weiterverarbeitung im Erzeugerland, die Steuer- und die soziale Gesetzgebung, die Tarifpolitik der Eisenbahnen, die Aufnahmefähigkeit des Binnenmarktes und des Weltmarktes, das Vorhandensein oder das Entstehen analoger Betriebe, das Auffinden neuer, reicher Lagerstätten (Radium z. B.), die jeweilige Geldflüssigkeit usw. beeinflussen den jeweiligen Wert einer Lagerstätte.

I. Das Ergebnis der Bewertung einer Lagerstätte

Das Ergebnis der Bewertung einer Lagerstätte wird ein klar formuliertes Werturteil sein, das sich in einem oder in ein paar Sätzen zusammenfassen läßt. Die *Begründung* dieses Urteils wird die gemachten Beobachtungen und ihre Auswertung enthalten und außer zur Substanzziffer noch zu den übrigen Bewertungsfaktoren Stellung nehmen.

Das Voranstellen eines klar formulierten Werturteils ist schon deshalb notwendig, weil die entscheidenden Stellen in erster Linie die *Meinung des Experten* kennen lernen wollen. Für eine eigene Beurteilung der Beobachtungen und ihrer Auswertung fehlen diesen Stellen meistens Zeit, Spezialkenntnis und Interesse. Anderseits muß vom Experten erwartet werden, daß er sich auf Grund seiner Beobachtungen, Kenntnisse und Erfahrungen zu einer persönlichen Meinung durchringt und sich nicht, wie es häufig der Fall ist, in langatmigen, beschreibenden Abhandlungen ergeht, die zuweilen so abgefaßt sind, daß man aus ihnen sowohl eine positive als auch — an anderer Stelle — eine negative Bewertung des Objektes herauslesen kann.

Vom Standpunkte der Bewertung aus kann man die Objekte einteilen in:

a) *Wertlose Objekte.*
b) *Wertvolle Objekte.* $\big\{$ mit kleinem Risiko
c) *Ungeklärte Objekte* $\big\{$ mit großem Risiko.

a) Wertlose Objekte

Fehldiagnosen: Zuweilen kommt es vor, daß Mineralien für nutzbar gehalten werden, die es nicht sind. So werden Biotitschuppen oder Pyritkriställchen manchmal für Gold gehalten, Überzüge grüner Flechten werden für Malachit angesprochen, Obsidian wird als Steinkohle ausgegeben, rote, eisenschüssige Kalke oder rote Schiefer werden für Eisenerze, spärliche Hämatitanflüge werden für Zinnober gehalten usw. Mit der Aufklärung des Irrtums hat dieses Objekt zu bestehen aufgehört.

Die unendlich große Zahl von Funden von rein mineralogischem Interesse scheidet als wirtschaftlich wertlos ebenfalls aus der Betrachtung aus. Pyritkristalle in Chloritschiefer oder in Kalken und Marmoren, Manganerzschnüre auf Klüften und Schichtflächen, manganführender Mergel (Hutbildungen, s. diese), Äderchen von Eisenglimmer und Quarz in Glimmerschiefern, oder Anflüge von Roteisenstein in zerklüfteten Diabasen und die seltenen Mineralien auf Pegmatitgängen usw. sind wohl für den Mineraliensammler, nicht aber für den Bergbau von Interesse. Bei der Beurteilung derartiger Vorkommen ist die persönliche Erfahrung ausschlaggebend. Der Versuch, trotz ungenügender Aufschlüsse, also unter nicht bestätigten Annahmen, eine Substanzzifferberechnung durchzuführen — und *besonders die ,,Rechnung von rückwärts"* (s. S. 60) *werden die Urteilsbildung erleichtern. Es wäre in solchen Fällen unrichtig, Aufschlußarbeiten zu empfehlen* (Fehlleitung von Kapital und Arbeit).

In Zweifelsfällen wird die Auffassung eines zweiten oder dritten Experten einzuholen sein, der *unabhängig* von seinen Vorgängern das Objekt untersucht. Das Urteil einer Kommission mit ihrer aufgesplitterten Verantwortung ist weniger wertvoll als das Urteil von entsprechend ausgewählten Einzelpersonen.

b) Wertvolle Objekte

Unter wertvollen Objekten sollen hier solche Lagerstätten verstanden werden, bei denen schon die natürlichen Aufschlüsse (eventuell etwas ergänzt durch rasch während der Untersuchung auszuführende Aufschlußarbeiten, wie Röschen) eine Substanzziffer errechnen lassen, welche groß genug ist, um als Basis für einen Bergbaubetrieb zu dienen, Erzkörper, die als Hügel aus ihrer Umgebung herausragen oder die als harte Rippen aus einem Abhang hervortreten — oder erzführende Sande eines Strandes, die sich auf lange Strecken hin verfolgen lassen u. dgl. m., lassen es zu, daß man schon auf Grund der vorhandenen Aufschlüsse eine sichtbare und eine wahrscheinliche Substanzziffer errechnen kann. Diese Ziffer wird wesentlich kleiner sein, als es die wirklich vorhandene Substanz ist; sie wird aber so ermutigend sein, daß der Entschluß, sie durch geophysikalische und durch bergmännische Aufschlußarbeiten ergänzen zu lassen, nicht schwerfallen wird. Der hier geschilderte Fall ist allerdings verhältnismäßig selten.

c) Ungeklärte Objekte

Dies ist der Fall, dem man am öftesten begegnet. Aufgabe der Untersuchung muß es sein, sich aus den gemachten Beobachtungen in erster Linie ein Bild über die Form und Lage der Lagerstätte zu machen. Aus diesem zunächst völlig hypothetischen und daher quantitativ ganz unsicheren Bild ergeben sich zwangslos die Aufschlußarbeiten, die notwendig sind, um das hypothetische Bild sicherzustellen oder zu korrigieren. Hiebei müssen Art, Ort und Umfang der Aufschlußarbeiten angegeben werden; Zeitdauer und Kosten sind dann einfach festzustellen. Mit diesen Angaben ist das *Risiko* festgelegt, mit welchen das Vorhaben belastet ist. Die Rechnung von rückwärts wird die Entscheidung erleichtern, ob der Risikoeinsatz gewagt werden soll oder nicht. Der Wert einer solchen Darstellung liegt darin, daß sie die technischen Hilfsmittel und den finanziellen Aufwand festlegt, die zur Klärung des jeweils vorliegenden Problems eingesetzt werden müssen. Es soll damit verhindert werden, daß mit unzulänglichen Mitteln ein Problem angeschnitten, aber nicht gelöst wird (Tiefbohrungen, die ihr Ziel nicht erreichen, weil sie infolge ungenügender technischer Ausrüstung nicht bis zur erforderlichen Tiefe niedergebracht werden können, Stollenvortriebe, die mangels an technischen Einrichtungen *vor* Erreichung des Zieles eingestellt werden müssen, und — was am häufigsten eintritt — Einstellung der Aufschlußarbeiten, weil die finanziellen Mittel nicht in entsprechender Höhe bereitgestellt waren oder weil die Zeit, die für die Aufschlußarbeiten erforderlich ist, nicht berücksichtigt worden ist). Das Aufschlußrisiko kann je nach dem vorliegenden Fall zwischen ganz geringen Summen und Millionenbeträgen liegen, dasselbe richtig zu erkennen ist die vornehmste Aufgabe eines Elaborates über die Bewertung einer „ungeklärten" Lagerstätte.

II. Lagerstättenbewertung in Geld

a) Wertlose Objekte

Die als wertlos erkannten Objekte (s. S. 81) verdienen keine weitere Beachtung, die für ihre Expertisierung ausgelegten Beträge sind verloren.

b) Wertvolle Objekte

Die als „wertvoll" erkannten Objekte (s. oben) können auf Grund folgender Gedankengänge in Geld bewertet werden. Die dargebotene Substanz, die geographische Lage und die übrigen Bewertungsgrundlagen lassen erkennen, welche

Betriebsgröße auf dieser Lagerstätte eingerichtet werden soll. Die künftige Jahresproduktion läßt sich gut abschätzen. Von dieser Jahresproduktion wäre an den Verkäufer ein Bruchzins pro Tonne verkaufter Lagerstättensubstanz zu vergüten. Die Höhe des Bruchzinses wird einige Zehntel Prozent bis höchstens 3 bis 4 % des Verkaufspreises betragen. *Der Verkäufer hat somit Anspruch auf eine Rente, deren Laufzeit mit der Betriebseröffnung des Bergbaues beginnt und deren Dauer gleich ist der Lebensdauer des zu erwartenden Bergbaues.* (Eine gewisse, garantierte Minimalrente wird [höhere Gewalt ausgenommen] dem Verkäufer zuzugestehen sein, damit verhindert werde, daß das Objekt brach und ungenützt liegenbleibt.) Wird eine sofortige Abfindung des Verkäufers vereinbart, dann errechnet sich der zu zahlende Betrag als *der Jetztwert der* vorstehend angeführten Rente, der nach der bekannten Formel:

$$R = \frac{K\, p^n\, (p-1)}{p^n - 1}$$

R = Jetztwert der Rente
K = Höhe der Rente
p = Zinsfuß
n = Laufzeit der Rente.

Zum Zinsfuß p der Formel ist folgendes zu sagen: Der Käufer hat den ganzen Investitionsaufwand zu tragen, er hat den Betrieb zu führen, er hat das Risiko des Marktes und alle anderen Risken eines Bergbaubetriebes zu tragen. Es ist deshalb gerechtfertigt, den Zinsfuß p wesentlich höher anzunehmen, als es der übliche Bankzinsfuß ist. Dieser erhöhte Zinsfuß wird sich demnach zusammensetzen aus dem Bankzinsfuß, vermehrt um einen Risikozuschlag und vermehrt um eine Entschädigung für die persönliche Arbeitsleistung des Käufers. Da der Jetztwert der Renten, die nach dem 20. Jahre zu zahlen sind, besonders in Anbetracht des berechtigten hohen Zinsfußes, sich praktisch dem Nullwert rasch nähert, wird der vertretbare Jetztwert der Rente etwa der fünfzehn- bis zwanzigfachen Rente gleichkommen.

Der vorstehend niedergelegte Rechnungsgang kann in einzelnen Ansätzen (Jahresproduktion und Zinsfuß) Gegenstand der Verhandlung sein, in seinen Grundsätzen stellt er die genaueste und gerechteste Methode der Berechnung des Wertes einer Lagerstätte dar.

Sehr häufig findet man folgenden Berechnungsgang für den Wert einer Lagerstätte:

Es werden die Investitionen für den zu schaffenden Betrieb zusammengestellt. Daran schließt sich eine Kalkulation der Betriebskosten. Die Betriebskosten vermehrt um die Amortisationsquote, weiter vermehrt um Steuern und Abgaben liefern die *Gestehungskosten.* Die Gestehungskosten, verglichen mit dem Verkaufspreis, ergeben den Gewinn pro Fördereinheit, und dieser Gewinn mit der Jahresproduktion multipliziert, liefert den Jahresgewinn des zu gründenden Bergbaues.

Eine solche Berechnung täuscht den Eindruck großer Gründlichkeit und Genauigkeit vor, sie ist jedoch viel ungenauer und unzuverlässiger als das eingangs angeführte Verfahren, das auf dem Bruchzins aufgebaut ist.

Diese zweite Berechnungsart setzt voraus, daß der zu schaffende Bergbaubetrieb in seinen Investitionen und in seiner Betriebsgestaltung ernstlich durchgearbeitet wird — eine Aufgabe, die von einem Berichterstatter in kurzer Zeit überhaupt nicht bewältigt werden kann. Stützt sich eine solche Berechnung aber auf Vergleichswerte und auf Erfahrungswerte, dann ist sie infolge der vielen notwendigen Annahmen, die gemacht werden müssen, ungenauer als die zuerst angegebene Berechnungsmethode.

c) Wertberechnung ungeklärter Objekte

Eine Wertberechnung von ungeklärten Objekten ist unmöglich und daher unzulässig. Ein ungeklärtes Objekt ist eine Chance im positiven oder im negativen Sinne.

Entdeckerprämie. Soll ein ungeklärtes Objekt in Geld abgelöst werden, so kann dafür nur eine „Entdeckerprämie" vergütet werden, das ist ein bescheidener Betrag, für den es keine Berechnungsgrundlage gibt und der das Risiko, mit dem jedes ungeklärte Objekt behaftet ist, erhöht.

Glückskauf. Wird ein ungeklärtes Objekt dennoch käuflich erworben, so ist ein solcher Kauf ein Glückskauf, der sich vom Kauf eines Lotterieloses noch dadurch ungünstig unterscheidet, daß zur Kaufsumme noch das Aufschlußrisiko, das der Käufer übernimmt, hinzukommen wird.

Option. Der normale Vorgang, der die Erwerbung eines ungeklärten Objektes einleitet, ist die Option. Der Options*nehmer* sichert sich während einer angemessenen Zeit (in der Regel mehrere Jahre) das *ausschließliche Recht*, das ungeklärte Objekt zu untersuchen, er behält sich die Entscheidung vor, während der Optionsfrist oder bei Ablauf derselben vom Objekt zurückzutreten, oder aber das Objekt zu Bedingungen zu erwerben, *die bereits im Optionsvertrag niedergelegt sein müssen*.

Ein Optionsvertrag wird somit folgende wesentliche Punkte enthalten müssen:

a) Namen der entsprechend legitimierten Optionsgeber und des Optionsnehmers.

b) Die Beschreibung des Objektes (Lage, Ausdehnung, Überprüfung, daß seitens des Optionsgebers die gesetzlichen Bestimmungen, das Objekt betreffend, erfüllt sind).

c) Die Dauer der Option. (Dieselbe wird so lange zu bemessen sein, daß es möglich ist, während dieser Zeit das Objekt durch ernste Aufschlußarbeiten zu erschließen, sie wird also in der Regel ein bis mehrere Jahre betragen.) Die Möglichkeit einer Verlängerung der Option gegen eine Sondervergütung wird in der Regel vorzusehen sein.

d) Die Verpflichtung des Optionsgebers, während der Optionsdauer über das Objekt in keiner Weise zu verfügen.

e) Die Verpflichtung des Optionsnehmers, während der Optionsdauer allen behördlichen Bestimmungen (Steuern oder sonstige Abgaben) Genüge zu leisten.

f) Die Verpflichtung des Optionsnehmers, während der Optionsdauer das Objekt aufzuschließen und dem Optionsgeber über dessen Verlangen in die erzielten Aufschlüsse Einblick zu gewähren.

g) Das Recht des Optionsnehmers, während der Optionsfrist von der Option zurückzutreten.

h) Spätestens bei Ablauf der Optionsfrist hat sich der Optionsnehmer zu entscheiden, ob er die Option ausübt, d. h. ob er das Objekt erwirbt oder ob er von demselben zurücktritt. Für die Gewährung der Option wird dem Optionsgeber in der Regel eine Vergütung gewährt, deren Höhe von der Bedeutung des Objektes abhängt.

Wesentlich ist es, daß im Optionsvertrag bereits die Bedingungen festgelegt werden, unter welchen das Objekt im Fall der Ausübung der Option vom Optionsnehmer übernommen werden kann.

Der Optionsnehmer trägt während der Optionsdauer das ganze Risiko des Aufschlusses der Lagerstätte. Sind die Aufschlußergebnisse günstig, dann ist aus dem „ungeklärten Objekt" ein „wertvolles" Objekt geworden und der Optionsgeber würde nun Bedingungen stellen, die für ein wertvolles Objekt, das ohne seine Hilfe und ohne sein Risiko geschaffen wurde, gerechtfertigt wären, d. h.

der Optionsnehmer würde für seinen Risikoeinsatz nicht entschädigt werden. Übernahmsbedingungen für das Objekt lassen sich auf Grund folgender Erwägungen unschwer im voraus festlegen:

Der Optionsnehmer wird das Objekt nur dann übernehmen, wenn die Aufschlußarbeiten zu günstigen Ergebnissen geführt haben, d. h. wenn das „ungeklärte" Objekt in die Kategorie der „wertvollen" Objekte aufgerückt ist. In diesem Falle ist die Entschädigung auf der Basis des „Bruchzinses" die gerechteste Form der Entschädigung.

In Anbetracht des Risikos, das der Optionsnehmer zu tragen hat, wird der Bruchzins niedrig sein und ein oder einige Zehntel Prozent des Verkaufspreises des erzeugten Bergbauproduktes betragen. Die Höhe der Jahresproduktion wird sich in jedem vorliegenden Fall ebenfalls der Größenordnung nach abschätzen lassen, so daß sich auch der kapitalisierte Wert des Bruchzinses für den Augenblick der Ausübung der Option im voraus berechnen läßt.

Vielfach wird vom Optionsgeber eine hohe Beteiligung an einem künftigen Betrieb verlangt, oder es werden, in völliger Unterschätzung des Aufschlußrisikos und in phantasievoller Überschätzung der Leistung des Optionsgebers, Bedingungen gestellt, die einer sachlichen Überprüfung nicht standhalten. Mit „Substanzzifferberechnungen" von oft recht zweifelhafter Qualität mit „Rentabilitätsberechnungen", die jeder ernsten Grundlage entbehren, mit Exposés, die sich hie und da durch eine hervorragende Ausschmückung mit Bildern auszeichnen, wird versucht, den übertriebenen Forderungen eine Grundlage zu geben. Als „Ladenhüter der Spekulation" beleben solche Objekte immer wieder den Lagerstättenmarkt.

Anhang

Die Schätzung von Bergbauen, die in Betrieb sind

Die Schätzung eines Bergbaubetriebes baut sich auf folgende Erwägungen auf:

1. Die Grundlage jedes Bergbaubetriebes ist die Substanzziffer. Die Substanzziffer durch die Jahresproduktion dividiert, gibt die *Lebensdauer* des Betriebes, die man in Anlehnung an die Substanzziffer in die sichtbare und in die wahrscheinliche Lebensdauer einteilen wird. (Die „mögliche Lebensdauer" fällt bei Betriebsschätzungen in der Regel nicht ins Gewicht.)

2. Der Bergbaubetrieb ist eine geschlossene, *wirtschaftliche* Einheit, die nur in ihrer Gesamtheit, und nicht in einzelnen Teilen betrachtet werden kann.

3. Der Bergbaubetrieb verschafft seinem Inhaber eine Rente, deren Höhe der jährliche Gewinn und deren Laufzeit gleich ist der Lebensdauer des Betriebes.

Demnach ist in einer ersten Annäherung der Wert eines Bergbaubetriebes gleich dem Jetztwert der Rente, die er abwirft.

a) Abbruchwert eines Bergbaubetriebes

Vom Grundsatz, daß ein Bergbaubetrieb nur als Gesamtheit geschätzt werden darf, wird nur im Falle der Auflassung des Betriebes (infolge Erschöpfung der Substanz oder infolge Unrentabilität) abgegangen. In diesem Falle werden die einzelnen Bestandteile des Betriebes (Mobilien, Immobilien, Materialien, Vorräte) nach dem Grade ihrer augenblicklichen Verwertbarkeit getrennt bewertet. Hiebei wird sich nur bei einem Teil der Einrichtungen ein Gebrauchswert feststellen lassen, viele Einrichtungen werden nur mit ihrem Abbruchswert (Häuser, Mauerziegel, Bau- oder Brennholz, Maschinen, Alteisen usw.) einzusetzen sein. Vom Abbruchswert sind noch jene Beträge abzuziehen, die zur Vermeidung der Gefährdung von Menschen und Eigentum durch das dem Verfall preisgegebene Objekt aufgewendet werden müssen (Zuschütten von Schächten, zu Bruche lassen und Abzäunung von Stollen, Sprengung von Bauten, die durch Einsturz die Umgebung gefährden können usw.). Im Rahmen der vorliegenden Betrachtungen hat der Abbruchswert eines Bergbaubetriebes kein Interesse.

b) Bilanzwert eines Bergbaubetriebes

Eine Bergbauschätzung, die sich rein buchhalterisch nur auf die Bilanz des zu schätzenden Unternehmens stützt, kann zu völlig unrichtigen Ergebnissen gelangen, sie ist aus folgenden Gründen abzulehnen:

Die Bilanz enthält keine Aussage über die Substanzziffer und über die Zukunft des Betriebes, auf die es allein ankommt. Die Bilanz soll zwar in ihren einzelnen Konten und in der Gewinn- und Verlustrechnung ein in Ziffern ausgedrücktes Bild des Betriebes im abgelaufenen Betriebsjahr geben, doch ist die Erstellung dieses Bildes vom subjektiven Ermessen der Ersteller der Bilanz weitgehend abhängig. Solid geführte Unternehmungen werden in der Bilanz die Immobilien und Mobilien bis zur äußersten, gesetzlich zulässigen Grenze abschreiben, sie werden die Materialien und Vorräte so niedrig als möglich bewerten, sie werden die Grenze zwischen Betriebsausgaben und Ausgaben für Investitionen so handhaben, daß der *Betrieb* möglichst viel vom gemachten Aufwand übernimmt. Die Debitoren werden vorsichtig bewertet sein. Durch diese buchhalterischen Maßnahmen werden die Aktiven relativ niedrig, der ausgewiesene Gewinn wird relativ klein sein.

Das gegenteilige Bild wird die Bilanz eines Unternehmens zeigen, das für den Verkauf „frisiert" ist. Hier werden die Aktiven möglichst aufgebläht erscheinen, hinter den Zahlen werden bei genauer Untersuchung oft recht zweifelhafte Werte stehen. Ein krisenfestes, gesundes Unternehmen kann so vorübergehend kleinere Gewinne (oder gar keine Gewinne) bilanzmäßig ausweisen als ein unsolid geführtes, schwaches Unternehmen. Die Bilanz als ausschließlichen Bewertungsmaßstab für ein Bergbauunternehmen anzusehen, muß deshalb abgelehnt werden.

c) Zerlegte (aufgesplitterte) Bewertung eines Bergbauunternehmens

Häufig wird — besonders bei Bergbauschätzungen, die durch das Gericht (Erbschaftsverhandlungen, Konkurse) veranlaßt werden — aber auch bei Verkaufsverhandlungen, in der Weise vorgegangen, daß zunächst die Immobilien (Wohn- und Wirtschaftsgebäude, technische Hochbauten usw.), sodann die Mobilien (Maschinenanlagen) sowie die Materialien nach ihrem Gebrauchs- bzw. Verkaufswert von hiezu zuständigen Sachverständigen (Architekten, Maschineningenieuren) geschätzt werden. Diese Schätzungen werden ergänzt durch Schätzungen der bergbautechnischen Anlagen (Seilbahnen, Aufbereitungsanlagen, Schachtanlagen usw.). Zuweilen werden die Kosten für das Schachtabteufen, für die Anlage von Ausrichtungsstrecken usw. in diese Schätzung mit einbezogen. Schließlich wird zuweilen noch eine Wertziffer für die gesamte Lagerstättensubstanz angefügt, unbekümmert darum, ob diese Substanz schon in der nächsten Zeit oder erst nach 30 oder 50 Jahren oder noch später abgebaut werden kann. Das Ergebnis solcher Schätzungen sind übertrieben hohe Ziffern. Bei Betrieben, die überkapitalisiert eingerichtet sind, bei Betrieben, die umfangreiche Obertaganlagen, schöne Beamtenvillen, aber *keine* Substanzreserven haben, die somit vor dem Zusammenbruch stehen, geben solche Schätzungen ein völlig unrichtiges, irreführendes Bild. Eine Schachtröhre, ein Förderstollen besitzt nur so lange einen

Wert, als er seinem Zwecke entsprechend *benützt* wird. Unsachgemäße Investitionen, überkapitalisierte Einrichtungen haben in einer Bergbauschätzung keinen Platz, das Zerreißen einer wirtschaftlichen Einheit, wie es eine Bergbaubetriebsanlage ist, in ihre einzelnen Bestandteile und die getrennte Bewertung dieser Bestandteile ist unzulässig. Diese oft geübte Art der Schätzung von Bergbauen muß deshalb ebenfalls abgelehnt werden.

d) Schätzung nach dem zu erwartenden Ertragswert

Diese Schätzung geht von dem zu erwartenden Ertragswert des Bergbaues aus. Der als Rente aufgefaßte, künftige Ertragswert wird kapitalisiert und der so errechnete Jetztwert der Rente ist der Wert des Bergbauobjektes.

Hiebei werden folgende Faktoren zu untersuchen sein:

1. Die Laufzeit der Rente. Diese ist gleich der Lebensdauer des Bergbaues. Es wird somit die Substanzziffer einer kritischen Untersuchung unterzogen (sichtbare Substanz, wahrscheinliche Substanz, mögliche Substanz, Schürf- und Aufschlußprobleme, Qualität der Substanz, Fragen der Anreicherung usw.).

2. Der Ertragswert. Der Ertragswert pro Tonne ergibt sich aus der Differenz zwischen *Gestehungskosten* und dem Marktpreis des Bergbauproduktes und diese Differenz, mit der Jahresproduktion multipliziert, gibt den Jahresertrag des Unternehmens. Eine Bergbauschätzung wird deshalb die *Gestehungskosten* nicht nur buchhalterisch, sondern vor allem auch im Betriebe selbst einer gründlichen, eingehenden Untersuchung unterziehen. Mangelhafte Leitung oder Aufsicht, fehlerhafte Betriebsdispositionen, dezentralisierte Betriebe, mangelhafte oder ungenügende technische Einrichtungen, ungenügende Beistellung von Betriebsmaterialien u. dgl. können häufig die Ursachen zu hoher Betriebskosten sein. Es ergeben sich Fälle, in denen es genügt, den Betrieb besser zu organisieren, um die Betriebskosten wesentlich zu senken und es kann der Fall eintreten, daß ein *passiver* Betrieb allein dadurch gesund und *aktiv* wird, daß man ihn (ohne Investitionen) technisch und administrativ besser organisiert. Die Analyse der Betriebskosten wird in manchen Fällen auch zeigen, daß durch zweckentsprechende *Investitionen* (z. B. stärkere Mechanisierung des Abbaues und der Förderung, Vervollständigung oder Erneuerung der Aufbereitung u. dgl. etwa unter gleichzeitiger Änderung der Abbaumethode und Konzentration des Abbaues) eine Senkung der Betriebskosten erreicht wird. Es wird hiebei ersichtlich werden, ob die derzeitige Inhabung die Notwendigkeit der Investitionen nicht erkannt hat, oder ob sie nicht willens oder nicht in der Lage ist, die Investitionen durchzuführen. Neben dem technischen Betrieb werden jene Komponenten der Gestehungkosten besonders zu überprüfen sein, die sich aus den Verwaltungskosten und den Handelsunkosten ergeben. Schließlich wird noch die Möglichkeit einer Produktionssteigerung (mit oder ohne Investitionen) eingehend zu untersuchen sein, weil bei einer solchen nur die proportionalen, nicht aber die fixen Kosten ansteigen, die Gestehungskosten somit eine Erniedrigung erfahren. Eine Untersuchung über die technische Harmonie des Betriebes, über das Abgestimmtsein der vorhandenen Einrichtungen aufeinander, über die Anordnung der gefährlichen Betriebsquerschnitte wird diese technisch-administrative Überprüfung des Betriebes abschließen.

Hieraus ergeben sich folgende Ertragswerte:

1. Der *augenblickliche* Ertragswert (gegenwärtige Gestehungskosten, gegenwärtiger Marktpreis, gegenwärtige Jahresproduktion). Dieser Ertragswert kann auch negativ, d. h. der Bergbau kann *passiv* sein, ohne daß das Objekt notwendigerweise ein Verlustobjekt sein muß.

2. Ein *künftiger* Ertragswert, wie er sich ergibt, *ohne* daß man zu namhaften

Investitionen schreitet. Das Verdienst, diesen Ertragswert erreicht zu haben, gebührt dem *Käufer* und nicht dem Verkäufer.

3. Ein künftiger Ertragswert, wie er sich dadurch ergibt, daß der Betrieb durch Investitionen technisch entwickelt und ausgebaut wird.

Für die Höhe des Zinsfußes sind die weiter oben angegebenen Gesichtspunkte maßgebend. Die auf diese Weise errechneten Werte bilden die gerechteste Verhandlungsgrundlage. Der *Verkäufer* hat, strenge genommen, nur auf den Ertragswert 1 (augenblicklicher Ertragswert) Anspruch. Trotzdem wird es dem Verkäufer im Wege von Verhandlungen oft gelingen, einen höheren Verkaufserlös zu erzielen, wenn er die Chance, die sich dem Käufer durch die Erwerbung des Objektes bietet, günstig darzustellen versteht.

Auch bei der Erwerbung eines Bergbauunternehmens durch Kauf der Aktien (sofern es sich nicht um rein spekulative Vorgänge handelt) oder bei der Bewertung eines Bergbaues zum Zwecke seiner Vereinigung mit anderen Betrieben wird die Bewertung nach den vorstehend dargestellten Grundsätzen das getreueste Bild des Wertes des Objektes liefern.

Dritter Teil

Die Erschließung von Lagerstätten nutzbarer Mineralien

Zweck der Erschließung einer Lagerstätte ist es, die Substanzziffer nach Qualität, Quantität und räumlicher Lage festzulegen. Außerdem liefern die Aufschlußarbeiten wertvolle Auskünfte über die Beschaffenheit des Nebengesteins.

Oft nimmt die Erschließung ihren Ausgangspunkt von einem mehr oder weniger zufällig entdeckten Ausbiß (Erz- oder Kohlenausbiß, Öl- oder Gasaustritt aus dem Boden) in anderen Fällen wird die Erschließung angeregt auf Grund geologischer Erwägungen. In noch anderen Fällen handelt es sich darum, die Fortsetzung einer bereits im Abbau befindlichen Lagerstätte aufzufinden (Hoffnungsbau).

Vorarbeiten. Vor der Inangriffnahme von Aufschlußarbeiten muß sichergestellt sein, daß der Schürfer das *ausschließliche* Recht besitzt, diese Arbeiten durchzuführen und daß ihm der Erfolg seiner Arbeiten sichergestellt ist. (Erwerbung von Schurfrechten im Sinne des Berggesetzes des betreffenden Landes oder Optionsverträge mit den Besitzern solcher Schurfrechte.) Neben diesen *rechtlichen* Vorarbeiten werden wohl immer auch *geologische* Vorarbeiten vorliegen müssen, aus denen hervorgeht, daß der Einsatz der Aufschlußarbeiten sinnvoll und wirtschaftlich gerechtfertigt ist.

Im großen und ganzen gesehen, geht die Erschließung der Bodenschätze der Länder den Weg, daß die geologische Landesaufnahme immer mehr auch nach der Seite der angewandten Geologie hin erweitert und verfeinert wird, mit dem Ziel, eine Inventur der Bodenschätze zu schaffen. Neben dieser dem Staat zufallenden Aufgabe werden die Lagerstättenmöglichkeiten gewisser Rohstoffe auch von privaten Unternehmungen auf der Erde systematisch untersucht.

Der Erschließung der Lagerstätten dienen folgende Arbeiten:

1. Schurfröschen und Schurfgräben,
2. Schurfstollen,
3. Schurfschächte,
4. Tiefbohrungen,
5. Geophysikalische Erschließungsarbeiten.

Der Sichertrog, die Sachse und ähnliche Geräte zur Untersuchung von Seifenlagerstätten sowie die Handbohrgeräte für ganz geringe Tiefen (1 m bis 5 m oder wenig mehr) werden hier nicht behandelt.

A. Schurfröschen, Schurfgräben, Schurfstollen und Schurfschächte

1. Schurfröschen und Schurfgräben

Schurfröschen sind einfache Anschnitte des Terrains, welche den Zweck haben, Humus und Gehängeschutt bis zum anstehenden Gestein zu entfernen (Abb. 34).

Raschheit und Billigkeit in der Ausführung, die Möglichkeit, Sprengarbeit weitgehendst zu vermeiden, machen die Schurfröschen zu einem sehr wertvollen Mittel der Erschließung von Lagerstätten. Wie wertvolle Aufklärungen einfache Röschen oder künstliche Einschnitte bringen können, zeigt auch Abb. 35.

Bei *A* waren bei einem Weg-
anschnitt Streifen eines schwarzen
Lehms mit in einen feinen Grieß
zerfallenen Kohlenstückchen sichtbar. Die Verfolgung dieses völlig
unansehnlichen „Ausbisses" durch

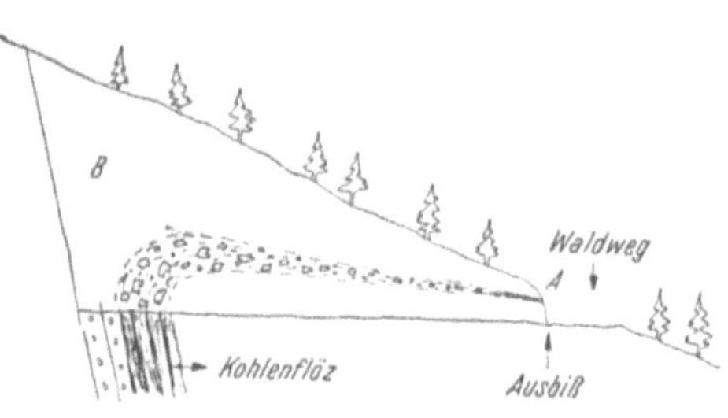

Abb. 34.   Horizontale Schurfrösche als
Etagenanriß.

Abb. 35. Schurfrösche als Einschnitt. Das Kohlenflöz schlägt einen Haken und kriecht zu Tal. Bei *A*
ausgedünnter Ausbiß des bei *B* anstehenden Flözes.

einen Einschnitt machte es deutlich, daß das Kohlenflöz einen Haken schlägt und mit der ganzen Lehne kriecht. Erst bei *B* befindet sich das Flöz un-
zerbrochen in normaler Lage und in normaler Mächtigkeit anstehend. Horizontale Röschen werden so angelegt, daß sie als künftige Etagen eines Tagbaues dienen können, die Anordnung von Röschen zur Verfolgung von Ausbißlinien (Abb. 19, S. 63) oder zur Erkundung der horizontalen Ausbißfläche einer stock- oder linsenförmigen Lagerstätte (Abb. 20, S. 65) wurden im Abschnitt ‚Berechnung der Substanzziffern" angedeutet.

2. Schurfstollen

Ein Schurfstollen setzt entweder an einem Ausbiß einer Lagerstätte an, um diese streichend auszurichten, oder, was häufiger zutrifft, er verquert die Neben-
gesteinslagen der Lagerstätte, bis er diese anfährt, um sie dann streichend zu ver-
folgen. Der Ansatzpunkt eines Schurfstollens wird so gewählt, daß er einerseits eine möglichst große Substanzziffer *über* seinem Niveau erhält, d. h. er wird möglichst tief angesetzt, anderseits ist darauf Bedacht zu nehmen, daß er später Hauptförderstollen werden kann, und daß deshalb genug Sturzhöhe unter ihm verbleiben muß für die Anlage der Halden, und eventueller Seil-
bahnstationen oder Aufbereitungsanlagen u. dgl.

Im schwimmenden Gebirge (Schwimmsand, Schluff u. dgl.) wird man, der hohen Kosten wegen, Schurfstollen niemals ansetzen, Moränen wird man nach Tunlichkeit vermeiden. Der Vortrieb von Schurfstollen setzt die Einstellung von gelernten Arbeitskräften voraus (gute Zimmerhäuer im rolligen Gebirge [lose, mechanische Sedimente] — Mineure im festen Gebirge).

Die voraussichtliche Länge des Stollens läßt sich auf Grund der vorliegenden geologischen Beobachtungen und auf Grund des gesteckten Aufschlußzieles zumindest annähernd, wohl stets im voraus festlegen.

Als Art des Vortriebes ist im festen Gebirge der Bohrhammerbetrieb dem Handbetrieb vorzuziehen. Leicht transportable bzw. fahrbare Kompressoren-
aggregate mit Benzin- oder Dieselantrieb ermöglichen es auch in ungünstiger geographischer Lage, maschinell zu arbeiten. Ein Tagesfortschritt von 3 m wird auch dann erreichbar sein, wenn der Vortrieb nicht besonders forciert, aber immerhin in drei Dritteln belegt wird. Bei Längen über 100 m ist eine Drei-
drittelbelegung ohne künstliche Belüftung nicht mehr angängig.

Tiefe Unterfahrungsstollen, deren Längen einen oder mehrere Kilometer betragen, werden nur in forcierter Weise vorgetrieben mit den Einrichtungen, wie sie im Tunnelbau für den Vortrieb von First- bzw. von Sohlstollen üblich sind (Preßluft, Bohrkronen mit Hartmetallplättchen, Bohrwagen, mechanisierte Wegfüllarbeit durch Schaufelgeräte [Ladebagger], s. Abb. 36, starke

Abb. 36. „Salzgitterlader" der Salzgitter A. G. für Bergbau und Hüttenbedarf zur Mechanisierung der Wegfüllarbeit. Ähnlich gebaut ist auch der „Eimco-Streckenbagger" der Eimco Corporation. Neben diesen nach dem Prinzip der Wurfschaufel gebauten Ladern werden vielfach auch Schrapplader für die Wegfüllarbeit verwendet.

künstliche Belüftung, Lokomotivförderung). Der Vortrieb erfolgt nicht mehr durch Einzelschüsse, sondern dadurch, daß die ganze Ortsbrust bei einem Angriff gleichzeitig abgeschossen wird.

Ob hiebei die Einbruchschüsse in die Mitte der Ortsbrust oder näher an die Firste gelegt werden, hängt von der Lage der Schichten bzw. der Ablösungsflächen ab (Abb. 37). Tagesfort-

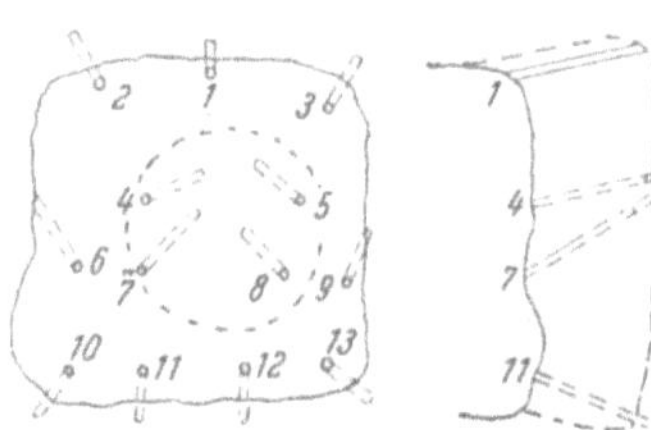

Abb. 37. Anordnung der Bohrlöcher beim Stollenvortrieb unter günstigen Gebirgsverhältnissen (4 Einbruchschüsse, 9 Kranzschüsse).

Abb. 38. Fräskopf einer Streckenvortriebsmaschine für kreisrundes Profil, Durchmesser 1,90 m. (Firma Ing. A. Vogel, Wien XIII.)

schritte von 8 m (auch in Hartgesteinen) haben aufgehört, *außergewöhnliche* Spitzenleistungen zu sein; sie werden bei derart eingerichteten Stollenvortrieben zur Regel. Die Spitzenleistungen liegen zwischen 11 m und 14 m Tagesfortschritt. Für die Auffahrung in lignitischer Kohle wurden elektrisch betriebene Streckenfräser entwickelt, die das ganze (kreisrunde) Ortsprofil mit geringem Kraftaufwand (14 kW) herausfräsen und bei flotter Abförderung des anfallenden Kohlenkleins durch Förderbänder Auffahrungen von 30 m pro Tag (in drei Dritteln) ermöglichen. (Abb. 38.) Die Weiterentwicklung dieser an sich einfachen Maschinen zur Streckenauffahrung in milden bis mittelharten Gesteinen ist in vollem Gange. In den Maschinen dieser Art erscheint die alte Schrämmarbeit mit Schlägel und Eisen in moderner Form, sie haben den Vorteil, das Gebirge zu schonen und den Streckenausbau weitgehend überflüssig zu machen.

Schurfstollen im standfesten Gebirge haben auch den Vorteil, daß die Aufschlüsse auch nach Jahren zugänglich sind und überprüft werden können, weil Verbrüche nur beim Stollenmundloch, im Bereich des Gehängeschuttes und des aufgelockerten „Taggebirges" auftreten. Der Stollen liefert einen *linienförmigen* Aufschluß der Lagerstätte (gegenüber dem *punktförmigen* Aufschluß durch ein Bohrloch), er ist deshalb für Lagerstätten, deren Mächtigkeit und deren mineralogische Zusammensetzung oft wechselt, das beste Mittel der Erschließung.

3. Schurfschächte

Die Fälle, in denen saigere Schächte zur Erschließung einer Lagerstätte herangezogen werden können, sind sehr beschränkt. Das Abteufen eines Schurfschachtes ist, verglichen mit einem Stollenvortrieb oder mit dem Niederbringen eines Bohrloches, kostspielig und langwierig, Förderung und Wasserhaltung sind umständlich.

Ein erzielter Aufschluß kann später in der Regel nicht mehr besichtigt werden, ohne daß zuvor das zugesickerte Wasser gehoben, eventuell im Schachtsumpf angesammelte Kohlensäure herausgeblasen und der Aufschluß vom angesammelten Schmand gereinigt wird.

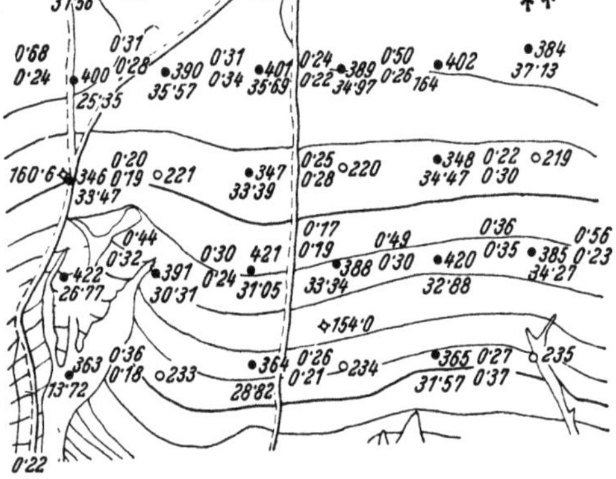

Schurfschächte werden deshalb nur dort am Platze sein, wo eine *wasserdurchlässige* Lagerstätte von wechselnder Zusammensetzung in geringer Tiefe ansteht.

Dieser Fall liegt vor bei der Erschließung von *Seifenlagerstätten*, bei der Untersuchung alter *Bergbauhalden*, bei der Erschließung niveaubeständiger Lagerstätten von Phosphatgeröllen usw. Derartige Schurfschächte, deren Tiefe in der Regel weniger als 10 m beträgt, werden schachbrettartig angeordnet, sie erschließen die Lagerstätte in ausgezeichneter Weise und sie ermöglichen eine sehr eingehende Probeentnahme (Abb. 39).

Abb. 39. Schurfschächte (schwarze Punkte in schachbrettartiger Anordnung) zur Erschließung einer seicht und flach liegenden Lagerstätte (Phosphat).

Geneigte (tonlägige) Schurfschächte werden niedergebracht, wenn eine geneigte Lagerstätte von einem Ausbiß aus ihrem Verflächen nach verfolgt werden soll. Sie teilen mit den lotrechten Schächten den Nachteil, daß sie nach längerem

Stillstand vor jeder Befahrung erst entsumpft und entschlämmt, unter Umständen auch von der am Sumpf angesammelten Kohlensäure befreit werden müssen, sofern sie nicht im wasserdurchlässigen Gebirge niedergebracht sind.

B. Aufschluß durch Bohrungen
Von **Dr. Josef Horvath**, Berlin

In den alten, seit Jahrhunderten untersuchten Kulturgebieten ist die Möglichkeit mit einfachsten Schürfmethoden, wie z. B. Röschen oder Stollen, Lagerstätten zu finden, recht gering geworden. Es muß in zunehmendem Maße die Lagerstättenforschung an solche Lagerstätten herangehen, die durch geophysikalische Methoden gefunden wurden und die durch Abbohren der Indikationen untersucht werden müssen. Es ist daher sehr wichtig, bei der Untersuchung der Lagerstätten jene Bohrmethoden auszuwählen, die bei Anwendung der geringsten Mittel am raschesten Ausdehnung und Bedeutung der Lagerstätten erfassen. Die Auswahl der Bohrmethoden erfolgt nach dem Zweck der Untersuchung und vor allem nach der Art der zu durchbohrenden Gesteine. Ist über eine Lagerstätte praktisch noch nichts bekannt, ist es schwierig, die Kosten der Untersuchung von vornherein zu bestimmen, sie sollten aber so gering als möglich gehalten werden, weil beim Prospektieren das Risiko nicht größer gehalten werden soll als unbedingt erforderlich. Wegen der zunehmenden Schwierigkeiten des Prospektierens und der dafür notwendigen technischen Hilfsmittel ist es für den Einzelnen oder für kleine Bergbaugesellschaften und finanziell schwache Syndikate kaum angeraten, Untersuchungen nach neuen Lagerstätten vorzunehmen. Die Meinung, durch Prospektieren rasch zu großen Reichtümern zu kommen, erweist sich meistens als trügerisch. Es prospektieren meist Bergbaugesellschaften, die eine Ergänzung und Erweiterung ihrer im Abbau befindlichen Rohstoffvorräte wünschen oder an Ersatz der Erschöpfung zugehender Gruben denken. Auch Hüttenwerke sind nicht selten an der Erschürfung neuer Lagerstätten beteiligt, um sich ein Vorrecht beim Bezug von Erzen für ihre Hüttenwerke zu sichern. Die Bergbaugesellschaften und Hüttenwerke gründen dabei gern eigene Schürfgesellschaften (Development Company), die sie aus ihren Überschüssen finanzieren und deren Kapital sie bei negativem Ausgang der Untersuchungsarbeiten abschreiben. Diese Form wird besonders in den Kolonien gewählt. In Europa und in anderen Gebieten, wo volkswirtschaftliche Gründe für eine möglichst vollständige Ausnutzung der Bodenschätze sprechen, wird die Lagerstättenforschung in zunehmendem Maße vom Staate selbst durchgeführt, der sich dabei gern der Geologischen Landesanstalten oder ähnlicher Institutionen bedient. Deswegen sind in der letzten Zeit den geologischen Anstalten in zunehmendem Maße geophysikalische Abteilungen angegliedert und die Anstalten auch mit Bohrgeräten ausgerüstet worden, sofern sich diese nicht bei den Untersuchungen der Bohrgeräte bedienen, die von Bohrfirmen beigestellt werden.

Vorzugsweise werden zunächst einige wenige Bohrungen projektiert, um sich über die grundsätzliche Bedeutung eines Mineralfundes im Prinzip klar zu werden. Sind diese mit positivem Erfolg abgeschlossen, so wird erst ein umfangreiches Untersuchungsprogramm ausgearbeitet, wobei die Grundbedingungen für die weiteren Aufschlußarbeiten (Verhalten des Gesteins beim Bohren, Regelmäßigkeit der Lagerstätte, Qualität des untersuchten Erzes) bereits vorliegen, so daß die weiteren Untersuchungen auf Grund eines genauen Kostenvoranschlages gemacht werden können. Die Kosten für Untersuchung und Erschließung von Lagerstätten bis zum Produktionsbeginn sind so bedeutend, daß nur Gesellschaften oder

Institute mit entsprechendem Kapitalrückhalt in der Lage sind, Lagerstätten zu erschließen. So hat z. B. die große American Smelting Company Hunderte von Diamantbohrungen niedergebracht, umfangreiche Aufbereitungsversuche durchgeführt und die ganze Anlage der Bleigrube Mount Isa in Queensland so im Detail projektiert, daß die Produktionskosten für das Erz beinahe auf ein Cent genau im voraus bestimmt werden konnten.

Gerade bei soliden Bergbaugesellschaften ist die Tendenz zu bemerken, lieber einen größeren Betrag à fonds perdu bei den Untersuchungen zu investieren und dafür in der Lagerstätte und zukünftigen Anlage genau Bescheid zu wissen. Ziel der Untersuchungsarbeiten und Aufschlußprojektierung muß es sein, die Substanz der Lagerstätte nach Größe und Qualität genau zu erkennen und darauf fußend die optimale Ausbaugröße der Grube und die zu erwartenden Produktionskosten zu bestimmen.

1. Grundlage für ein Aufschlußprogramm

Grundlage für eine Untersuchungskampagne mit Bohrungen können bilden:

Alte Grubenbauten, Lagerstättenausbisse, geophysikalische Indikationen, Anzeichen von nutzbarem Mineral im Verwitterungsschutt oder montangeologische Anzeichen und Überlegungen.

In tropischen Wüsten- oder Steppengebieten ist es oft wichtig, den Mineralfunden, die mit einer oft mächtigen Decke von Verwitterungsschutt begraben sind, systematisch bis zu ihrem Herkunftsort zu folgen. An einem Berghang wird man prinzipiell solchen Funden solange bergaufwärts folgen, als man noch Mineralfundstücke findet und in der Höhe der höchsten Funde durch detaillierte Untersuchungen nach dem Ausbiß fahnden.

In Urwaldgebieten folgt man beim Prospektieren hauptsächlich den Fluß- und Bachläufen aufwärts, solange in den Flußbetten Mineralfundstücke gefunden werden, und unterzieht die Stellen einer gründlichen Untersuchung, wo die Mineralfundstücke aufhören. Natürlich ist die Methode, Mineralfundstücke zu verfolgen, nur bei solchen Mineralien möglich, die der Verwitterung oder chemischen Auflösung größeren Widerstand leisten, also z. B. Gold in Quarz, Kiese in quarziger Gangart oder Imprägnationen in dichten Gesteinen. Erscheinen Röschen oder Schürfstollen nicht angebracht, kann man in weicheren Schichten mit Handbohrern, z. B. schwedischen Kammerbohrern, bis in Tiefen von 5 bis 10 m Untersuchungen vornehmen, z. B. auf Kieselgur, Wiesenkalk, Braunkohle, Phosphat usw. Auch das Niedertreiben von geschärften Rohren oder spitzigen Stahlstangen mit einer Einkerbung an der Seite sind einfache Hilfsmittel zur Untersuchung nach Ausbissen unter Verwitterungsschutt.

2. Bohrungen als Aufschlußmethode

Ob bei größerer Aufschlußtiefe Bohrungen oder Schürfschächte und bergmännische Arbeiten die richtige Untersuchungsmethode sind, muß von vornherein gründlich überlegt werden. Es wäre z. B. unrichtig, im Falle eines gangförmigen Erzvorkommens, in dem einzelne sehr reiche, kleine Erzlinsen unregelmäßig in einer tauben Gangmasse verteilt sind, den Aufschluß durch Bohrungen durchzuführen. In einem solchen Falle ist es richtiger, den Gang bergmännisch aufzufahren und regelmäßig Proben zu nehmen. Bohrungen sind am besten geeignet für die Untersuchung von großen, unregelmäßigen Körpern, wie z. B. Imprägnationen oder annähernd gleichförmigen Schichten oder Gängen, die in ihrem Verlauf verfolgt werden sollen, wie z. B. das Mansfelder Kupferschieferflöz oder Steinkohlenflöze oder die großen Porphyrkupfererzkörper von Arizona, die Eisenerzlager von Salzgitter usw. Bei geringen Tiefen — unter 5 bis 10 m — hätte es keinen Vorteil, die Lagerstätte durch Bohrungen zu untersuchen, da der Transport der Bohrausrüstung und die Montage derselben die Untersuchungskosten erhöht, wenn man nicht für solche Fälle, wie es in den letzten Jahren geschehen ist, auf Traktoren oder Lastwagen montierte Reihenbohrgeräte verwendet, die sogar mehrere Bohrungen an einem Tage zu vollenden gestatten. Die Möglichkeit aber, in größerer Tiefe rasche Aufklärung über eine Lagerstätte zu erhalten, ist oft ein ausschlaggebender Faktor für die Wahl des Aufschlusses durch Bohrungen statt durch bergmännische Arbeiten. Bohrungen verwendet man auch dann, wenn man über den Verlauf einer Lagerstätte eine erste Aufklärung zu erhalten wünscht, während der gründliche Aufschluß von Stollen oder Schächten aus erfolgt. Bohrungen können den ersten Aufschluß geben über den Verlauf und die Größenordnung der Lagerstätte, Einfluß von Verwerfungen, Charakter des Grundgebirges, über die Wasserverhältnisse usw. Geschwindigkeit und geringere Kosten der Erkundungsergebnisse sind von ausschlaggebender Wichtigkeit für die Wahl der Bohrmethode.

Es ist aber wichtig, darauf zu achten, daß auch entsprechende Proben aus der Lagerstätte erhalten werden. Da Bohrungen nur punktförmige Aufschlüsse in der Lagerstätte geben, sind Bohrresultate niemals so genau und vollständig wie die Untersuchung und Erschließung durch bergmännische Arbeiten. Bohrungen müssen also den Vorzug rascher Ergebnisse und größerer Billigkeit des Aufschlusses haben, um dem bergmännischen Aufschluß vorgezogen zu werden. Bohrungen werden jedoch nicht nur von obertage aus vorgenommen, sie können vielfach auch aus vorhandenen Strecken getrieben werden, um Querschläge oder Untersuchungsschächte in der Grube zu ersparen.

Je nachdem ob man in weichen und losen Schichten oder in hartem festem Gestein die Untersuchung vornehmen soll, wird man entsprechende Bohrmethoden und Bohrgeräte wählen. In festen Gesteinen werden für Bohrungen am meisten Craeliusgeräte verwendet, weil diese Geräte klein und handlich sind, geringen Raumbedarf haben und in jeder beliebigen Richtung bohren können.

3. Handdrehbohrungen

Für Bohrungen in weichen Schichten, z. B. für die Untersuchung von Seifenlagerstätten, Braunkohlen, Feststellung der Tiefe des Grundgebirges, für Wasserbohrungen usw. verwendet man einfache Handbohrgeräte, bestehend aus einem hölzernen Dreifuß, der mit einer Kabelwinde und einer Seilrolle versehen ist. Die Bohrmethode besteht darin, daß man das Treibrohr unter eigenem Gewicht niedersinken läßt, wobei das untere Ende des Rohres angeschärft ist. Sinkt das Rohr nicht unter dem eigenen Gewicht nieder, so kann nachgeholfen werden, indem man es mit Hilfe einer Rohrschelle und daran angebrachten Stangen durch einige Arbeitskräfte dreht. Auch kann dem Rohr ein Treibekopf aufgesetzt werden, der durch ein Gewicht belastet wird. Ein kleines Rohr kann innerhalb des Treiberohres vorausgetrieben werden, um das Gesteinsmaterial lose zu machen und mit dem Wasserstrom nach oben zu spülen. Nach Beendigung der Bohrung werden die Rohre gezogen, indem um das Bohrrohr eine Rohrschelle gelegt wird, an der ein Seil befestigt und das Rohr mit der Kabelwinde hochgezogen wird, während das Rohr von den Leuten gedreht und gelockert wird. Diese einfachen Handbohrgeräte können aber kaum größere Tiefen als maximal etwa 100 m überwinden. Beim Rohrtreiben ist die Probenahme oft recht ungenügend.

Das Trockenbohren von Hand wird nur bis zu geringeren Tiefen angewendet. Da die durchbohrten Schichten im Bohrloch bleiben und dabei zum Teil auch den Bohrfortschritt hemmen und erst mit einer Schlammbüchse gehoben werden müssen, verteuert das abwechselnde Bohren und Fördern das Trockenbohren gegenüber dem Spülbohren, weil bei letzterem die Spülung den Transport des erbohrten Materials zur Oberfläche übernimmt. Das Trockenbohren wird aber doch in manchen Fällen gern angewendet, und zwar, weil man damit reinere Gebirgsproben erhält als mit Spülung; auch ermöglicht die Trockenbohrung gute Erkennung der Grundwasserverhältnisse, sie wird also gern verwendet bei Wasserbohrungen oder auch z. B. bei Kohlenbohrungen zum Studium der Wasserführung der Hangendschichten, eventuell zum Erkennen von Schwimmsandgefahr.

Das zum Bohren hauptsächlich verwendete Bohrwerkzeug ist die Schappe. Diese ist ein geschlossener oder geschlitzter Hohlzylinder der unten mit einer schneckenförmigen Schneide sich in die Gebirgsschichten hineindreht, wobei sich das erbohrte Material im Hohlzylinder ansammelt und schließlich nach oben gefördert wird.

Die Drehung des Bohrwerkzeuges erfolgt von Hand mit Hilfe des Gestänges, wobei die einzelnen Gestängestücke mit dem Tieferwerden der Bohrung aneinandergeschraubt werden. Schwierigkeiten machen manchmal gröbere Schotter oder besonders Moränenblöcke, die entweder mit dem Meißel klein geschlagen werden müssen oder, wenn das nicht möglich ist, durch Einbringen einer Sprengladung zerschossen werden. Gelingt die Beseitigung des Steinhindernisses nicht, so muß eventuell das Bohrloch aufgegeben und in der Nachbarschaft ein neues Bohrloch angesetzt werden.

4. Die Verrohrung

Gegen Nachfall von Gebirge in das Bohrloch und Verstopfen desselben wird das Bohrloch durch Einbau von Futterrohren geschützt. Als Futterrohre werden nahtlos gezogene Stahlrohre (Mannesmannrohre) verwendet, die durch Verschraubung miteinander verbunden werden. Bleibt die Verrohrung wegen zu großen Reibungswiderstandes stecken, so wird teleskopartig eine etwas kleinere Rohrkolonne eingeschoben, die in die oberste Rohrtour hineinpaßt. Dadurch wird aber eine zunehmende Verkleinerung des Bohrlochdurchmessers bewirkt, die man nur ungern in Kauf nimmt. Mit zu kleinem Bohrloch wird die Probengewinnung (vor allem die Kerngewinnung) zu schlecht und auch die Teufenkapazität der Bohrung begrenzt. Deshalb ist es notwendig, bei Beginn der Bohrung den Durchmesser so zu wählen, daß die gewünschte Bohrlochtiefe mit dem gewünschten Bohrlochdurchmesser erreicht wird. In einigermaßen geologisch bekannten Gebieten kann man ungefähr voraussehen, in welchen Schichten eine Verminderung des Bohrlochdurchmessers voraussichtlich eintreten wird. Es ist daher vor allem bei Tiefbohrungen nötig, ein angenähertes geologisches Vorprofil zu entwerfen und auf dieser Grundlage einen entsprechenden Verrohrungsplan für jede geplante Bohrung aufzustellen, der die nötigen Rohrlängen und Rohrdurchmesser enthält.

Die Verrohrung folgt der Bohrung in gewissen Abständen nach, doch versucht man jetzt vor allem durch Anwendung von Dickspülung zu erreichen, daß man auch in nicht sehr festen Gebirgsschichten oft mehrere hundert Meter ohne Verrohrung auskommt. Die Verrohrung von Tiefbohrungen erfordert große Rohrmengen und dementsprechende Transporte sowie die Bindung bedeutender Geldmittel für diese Zwecke. Man sucht daher die Rohre nach Beendigung der Bohrung soweit als möglich wieder zu gewinnen und benützt dazu starke Kabelwinden oder auch hydraulische Pressen, da das Ziehen der Rohre abgesehen vom hohen Eigengewicht der Rohrkolonnen, auch durch Festsitzen der Rohre im Gestein große Kräfte erfordert und oft recht schwierig ist. Können trotzdem nicht die ganzen Rohre gewonnen werden, so müssen die Rohre im Bohrloch durch Rohrschneider zerschnitten werden, um wenigstens einen Teil der Rohre zu gewinnen.

In standfestem Gebirge wie Granit, Kalk usw. ist eine Verrohrung oft nicht nötig. Wo doch ein Nachfall von Gebirgsmaterial eintritt, kann man sich behelfen, indem man in solchen Teilen in das Bohrloch unter Druck Zement einpreßt, dadurch die Gebirgsschichten verfestigt und dann die zementierten Schichten von neuem durchbohrt.

5. Craeliusbohrungen

Craeliusbohrungen werden verwendet in festen Gesteinen; sie dienen vor allem zur Untersuchung von Erzlagerstätten, Salz, Nichterzen usw. Bei den Craeliusbohrungen ist das Ergebnis der Bohrung ein fester Bohrkern, der mit Hilfe einer rotierenden Diamant-, Hartmetall- oder Schrotbohrkrone aus dem festen Gebirge herausgebohrt wird. Die Craelius-Bohranlage besteht aus zwei Teilen: der Obertagebohrgarnitur und der im Bohrloch befindlichen Untertagebohrkolonne. Die Untertageanlage besteht aus: Bohrkrone, Kernrohrgarnitur, Gestänge und, wenn nötig, entsprechenden Futterrohren.

Die Obertagebohrgarnitur besteht aus: Bohrmaschine, Bohrturm, Pumpe, Antriebsmaschine und den nötigen Hilfswerkzeugen. Abb. 40 zeigt eine für die Bohrung fertig

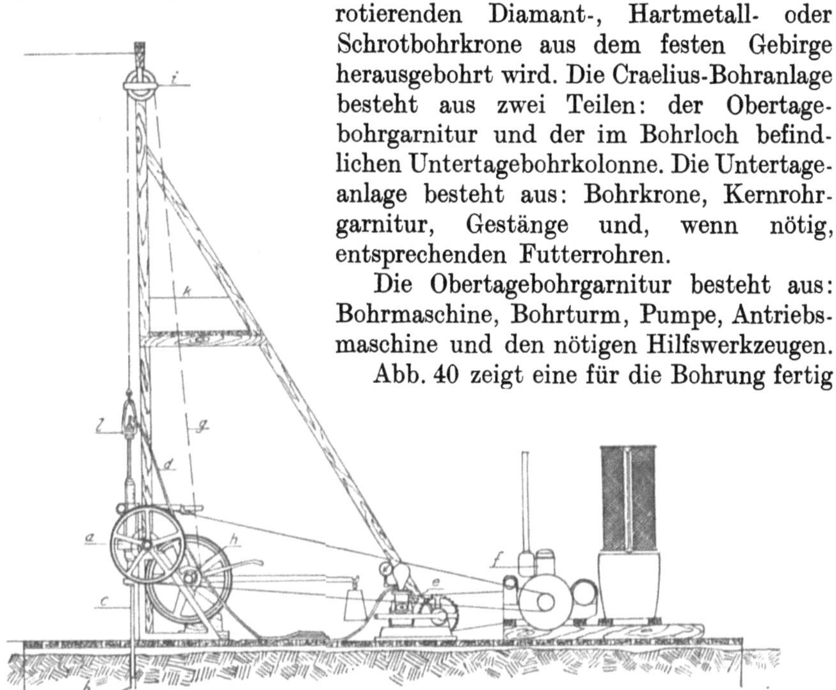

Abb. 40. Schema einer Craelius-Bohrmaschine.

montierte Bohrmaschine a). Das in der Bohrmaschine befestigte Gestänge c) treibt die in das Bohrloch b) niedergesenkte diamantbesetzte Bohrkrone. Das Bohrgestänge ist hohl und führt im Innern das Spülwasser zur Kühlung der Bohrkrone, wobei das Spülwasser auch den bei der Bohrung entstehenden Bohrschlamm unter der Bohrkrone wegspült und durch das Bohrloch nach oben treibt. Das Gestänge ist durch den Druckschlauch d) in Verbindung mit der Spülwasserpumpe e). Diese liefert das erforderliche Spülwasser, das sie aus einem bei der Bohrung angelegten Wassersumpf oder Spülwasserbehälter, eventuell durch eine Spülwasserleitung von weither bezieht. Bohrmaschine und Pumpe werden vom Motor f), einem Benzin- oder Dieselmotor, elektrischen oder Preßluftmotor, angetrieben. Von der Kabeltrommel h) läuft ein

Drahtseil g) über die Seilrolle i), die am Bohrturm k) befestigt ist. Das Drahtseil dient zum Ziehen des Gestänges.

Die Bohrlochdurchmesser sind in der ganzen Welt standardisiert und betragen 36, 46, 56, 66, 76 mm. Die in der Skizze dargestellte Diamantbohrmaschine ist im Prinzip allen verschiedenen Konstruktionen ähnlich.

In Abb. 41 ist eine moderne Craelius-Bohrmaschine für eine Tiefenreichweite von etwa 250 m dargestellt, wie sie in den letzten Jahren gebräuchlich wurde. Sie ist gegenüber der obigen Darstellung von Abb. 40 viel kompakter und

Abb. 41. Craelius-Schürfbohrmaschine bei der Arbeit.

handlicher zusammengebaut und hat im Verhältnis zu ihrer Leistungskapazität recht kleine Ausmaße und geringes Gewicht, wobei Antriebsmotor, Haspelvorrichtung und Pumpe auf demselben Gestell montiert sind und wegen des geringen Gewichtes leicht transportiert werden können. Da die Maschinen oft für Untersuchungen in entfernten und unwegsamen Gebieten herangezogen werden, ist eine handliche, kompakte Anlage sehr wichtig. Die Maschine ist hier für Bohrung in schräger Richtung gezeigt. Sie kann aber in jeder beliebigen Richtung bohren.

Die Umdrehungsgeschwindigkeit der Bohrkrone hängt von der Härte des Gesteins und vom Bohrlochdurchmesser ab. Der Vorschub der Bohrkrone gegen das Gebirge kann entweder durch Gewichtsbelastung oder auch durch hydraulischen Druck erfolgen. Beide Methoden haben ihren besonderen Vor- und Nachteil. Gewichtshebelbelastung wird hauptsächlich bei kleineren und älteren Maschinen verwendet. Der Vorteil der Gewichtshebelbelastung ist ein konstanter Fortschritt, wobei der verschiedene Druck auf die Bohrkronen beobachtet werden kann und so dem Bohrmeister über die verschiedenen Gesteinsfestigkeiten Aufschluß geben kann. Diese Information ist oft aufschlußreich, wenn die Kerngewinnung in brüchigem oder loserem Gebirge nicht so vollständig ist, daß sie allein genügt. Dünne, weiche Einlagerungen, Lettenklüfte, Gänge mit oxydierten oder sonstigen weichen und mürben Erzen, dünne Kohlenflöze können im anderen Fall leicht übersehen werden. Die Gewichtshebelbelastung setzt aber besondere Aufmerksamkeit beim Bohrmeister voraus, weil die Bohrkrone bei plötzlichem Gesteinswechsel von weichem zu hartem Gestein leicht beschädigt werden kann. Bei stark wechselnden Schichten muß daher langsam gebohrt werden.

Bei hydraulischem Vortrieb wie auch bei Maschinen mit Reibungskupplung erfolgt eine automatische Regulierung des Bohrfortschrittes je nach der Härte des gerade durchbohrten Gesteins. Es besteht daher weniger Gefahr für die Beschädigung der Bohrkronen oder für Gestängebrüche und es wird bei größeren Bohrgeschwindigkeiten vor allem in wechselnden Gesteinen eine geringere Abnutzung der Diamanten oder Hartmetallkronen erreicht.

Als Bohrwerkzeuge bei den Craeliusbohrungen werden Diamantbohrkronen, Hartmetallkronen, Stahlschrotkronen und die gezahnten Fräserkronen verwendet.

6. Die Diamantkronen

Beim Diamantbohren schneidet die Bohrkrone einen Ring aus dem Gebirge heraus, während der stehengelassene Kern sich im Innern der Krone hochschiebt. Die Diamantbohrkronen sind an der Stirnfläche und an der Seite mit einer

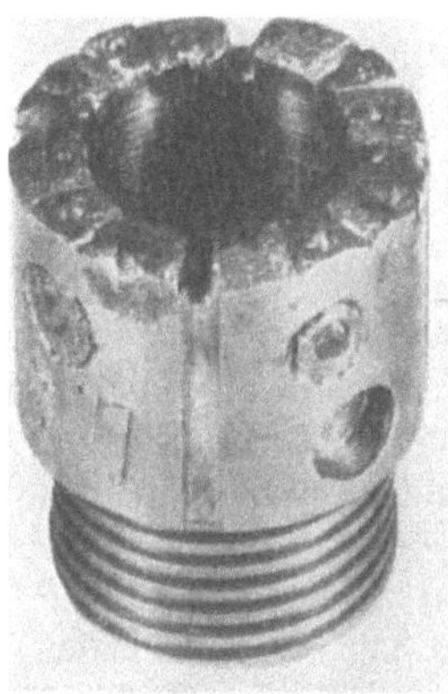

Abb. 42. Handgesetzte Krone.

Abb. 43. Koebelit-Krone.

Anzahl Industriediamanten besetzt, die bei der Drehung der Krone das Gestein abschleifen. Während früher fast ausschließlich handgesetzte Diamantkronen verwendet wurden, sind in der letzten Zeit die gegossenen maschinengesetzten Diamantkronen stark in den Vordergrund getreten, da bei handgesetzten Diamantkronen Bohrmeister gebraucht werden, die die Umbesetzung von handgesetzten Kronen ausführen können. Die richtige Besetzung mit geeigneten Diamanten, die Wahl des richtigen Bohrdruckes und der Bohrgeschwindigkeit ist wesentlich für Bohrfortschritt und Bohrkosten per Meter, denn die Abnutzung der Diamantkronen und die Diamantkosten sind ein wesentlicher Anteil an den Bohrkosten überhaupt.

Die besten Bohrdiamanten sind die brasilianischen Karbons, die wegen ihres Graphitgehaltes ganz dunkel sind, aber ein außerordentlich zähes und dichtes

Kristallaggregat darstellen, das weniger zum Splittern neigt als die anderen Diamanten und nur geringste Abnutzung beim Bohren zeigt. Wegen des hohen Preises der Karbons werden nunmehr meist sogenannte Boarts verwendet, hauptsächlich aus Katanga und West-Afrika, die wesentlich billiger sind, aber ungleiche Härte aufweisen und geringere Lebensdauer haben. Bei Handbesetzung (Abb. 42) werden die Diamanten in die Bohrkronen in passende Löcher eingesetzt, von Kupfereinlagen umgeben und dann zugestemmt, so daß die von den einzelnen Diamanten bestrichenen Ringflächen sich gegenseitig ergänzen und einen vollständigen Ring aus dem Gestein herausschneiden. Dabei ist es wichtig, daß einzelne Diamanten an der Innen- und Außenseite der Krone so weit vorstehen, daß diese Lippensteine die Bohrkrone freischneiden, weil diese sich sonst im Gestein rasch verklemmen würde. An der Innen- und Außenwand der Bohrkrone sind evtl. noch einige Kalibersteine angebracht, die das Bohrloch stets auf derselben Bohrlochweite halten.

Anstatt der handgesetzten Bohrkronen werden in letzter Zeit Koebel- und Hicaste- oder ähnliche, gegossene Bohrkronen verwendet, bei denen anstatt weniger größerer Steine eine größere Anzahl von kleinen Diamanten bzw. Splittern in einer geeigneten Hartmetallmasse eingesetzt ist, wobei diese Hartmetallmasse der Bohrkrone aufgeschweißt oder aufgesetzt ist (Abb. 43). Man kann mit diesen Kronen höhere Rotationsgeschwindigkeiten von 500 bis 1500 Umdrehungen per Minute und damit größere Bohrfortschritte erzielen. Die neueste Entwicklung führt zur Verwendung von Diamantpulverbohrkronen, wobei das Diamantpulver in die Hartmetallmasse eingebettet ist und dieser zusätzliche Härte verleiht. Bei handgesetzten Bohrkronen werden hauptsächlich Steine von $\frac{1}{2}$ bis 1 Karat verwendet, bei den maschingesetzten Kronen werden billigere, kleinere Diamanten von $\frac{1}{5}$ bis $\frac{1}{8}$ Karat verwendet.

In festem Gebirge, wenn Verrohrung kaum nötig ist, versucht man den Bohrlochdurchmesser so klein als möglich zu halten, und zwar gerade so groß, daß man noch einen guten Kerngewinn erhalten kann. Bei Diamantbohrungen bis zu 150 und 200 m werden hauptsächlich Bohrkronen von 36 und 46 mm Durchmesser verwendet, die einen Kern von 22 beziehungsweise 32 mm Durchmesser ergeben. Solche Bohrkronen enthalten Diamanten im Gesamtgewicht von 6 bis 20 Karat, ob sie nun handgesetzt oder maschinengesetzt sind. Sie kosten zwischen 200 und 1000 Mark. Eine solche Diamantkrone hat eine Lebensdauer von 3 bis 50 Bohrmetern je nach Härte des zu durchbohrenden Gesteins. Es muß beim Bohren darauf geachtet werden, daß keine Diamanten aus der Bohrkrone herausgerissen werden und in das Bohrloch fallen, weil sonst die herausgefallenen Diamanten auch noch die noch in der Krone befindlichen Diamanten zerstören. Die Größe des Diamantenverbrauchs hängt viel von der Erfahrung und Geschicklichkeit des Bohrmeisters ab.

7. Hartmetallkronen und Schrotkronen

Besonders in Ländern, die sich die nötige Valuta zum Einkauf von Industriediamanten schwer beschaffen können, haben die Diamantkosten dazu geführt, anstatt Diamantkronen Hartmetallkronen als Ersatz zu verwenden. Es ist jedoch zu beachten, daß Hartmetallkronen zwar in mittelhartem Gestein einen geeigneten Ersatz darstellen, daß aber in Gesteinen mit hohem Quarzgehalt und ähnlichen harten Mineralien die Bohrleistung mit Hartmetallbohrkronen sehr rasch absinkt, so daß die Bohrkosten infolge des geringen Bohrfortschrittes bei Hartmetallkronen sehr rasch ansteigen bzw. die Bohrung überhaupt unmöglich machen.

Bei den Hartmetallkronen (Abb. 44) werden Stäbchen und Prismen aus Hartmetall in die Krone eingesetzt, die ähnlich wirken wie die Diamanten. Es handelt sich bei diesen Hartmetalleinsätzen hauptsächlich um Wolfram- oder Titancarbide, wie Widia, Triamant, Volomit usw. Die Hartmetallkronen sind wesentlich billiger als Diamantbohrkronen, haben aber in festeren Gesteinen eine wesentlich geringere Lebensdauer. In Kalkstein, Dolomiten, Sandsteinen aber sind die Bohrkosten mit Hartmetall geringer als mit Diamantkronen.

Während Diamantkronen und Hartmetallkronen in jeder Richtung — also auch horizontal und nach aufwärts — bohren können, ist die Verwendung von Schrotkronen nur auf vertikale oder ziemlich steil geneigte Schrägbohrungen beschränkt. Bohrungen mit mehr als 30° Abweichungen von der Vertikalen sind mit Schrotbohrkronen schlecht durchzuführen. Die Schrotkrone ist eine glatte Stahlkrone, in die schräge Schlitze eingearbeitet sind. In diese Schlitze wird von obertage durch einen Spülschlauch und durch das Gestänge Stahlschrot eingespült. Die einzelnen Schrotkörner sind durch plötzliches Abschrecken des flüssigen Stahls oberflächengehärtet.

Abb. 44. Hartmetallkrone.

Der Verbrauch an Stahlschrot ist ziemlich erheblich, doch eignen sich Schrotbohrungen auch für härteres, brekziöses und Konglomeratgestein, das den Bohrungen mit Diamantkronen und Hartmetall Schwierigkeiten bereitet.

Für Bohrungen in milden Sandsteinen usw. eignen sich auch Stahlzahnkronen, die Stahlzähne aufweisen, die in Nuten eingesetzt sind.

Spülung

Zur Kühlung der Diamantkronen bei der Arbeit sind diese mit einzelnen Spülkanälen versehen, durch die das zugeleitete Spülwasser die Krone umspült. Gleichzeitig entfernt das Spülwasser den beim Bohren erzeugten Schlamm und treibt ihn mit entsprechender Geschwindigkeit zwischen Gestänge und Bohrlochwand in die Höhe nach obertage. Das Spülwasser wird mittels geeigneter Spülpumpen durch das Hohlgestänge auf die Bohrlochsohle gepreßt. Da die Spülung in ununterbrochenem Strom erfolgen muß, erfolgt der Pumpenbetrieb meist mit maschinellem Antrieb. Die Spülwassergeschwindigkeit muß so groß sein, daß die Spülung auch die schweren Partikelchen im Schlamm sicher zur Oberfläche befördert. Dazu ist gewöhnlich eine Wassergeschwindigkeit von $\frac{1}{4}$ bis $\frac{1}{2}$ m/sec. im aufsteigenden Strom erforderlich.

8. Kerngewinnung

Der Zweck der Bohrung ist die Gewinnung eines möglichst vollständigen Kerns, der eine genaue Prüfung der durchbohrten Gesteine gestattet. Besonders bei auf Meterpreisen aufgebauten Bohrverträgen wird von den Bohrfirmen oft nicht genügend darauf geachtet, daß der Hauptzweck einer Bohrung ein möglichst vollständiger Einblick in die geologischen Verhältnisse ist. Es sollte daher schon bei Abschluß der Bohrverträge vom Auftraggeber auf möglichst weitgehende

Kerngewinnung geachtet werden. Die Höhe des Kerngewinnes hängt von der Festigkeit und Gleichmäßigkeit des durchbohrten Gesteins, aber auch von dem Durchmesser des Bohrloches und von der Art der Bohrkrone, des Kernfängers und des Kernrohres ab. Bei geringerem Durchmesser zerbricht der Kern viel leichter als bei großem Durchmesser. Bei Kohle, Salz und ähnlichen leicht zerbrechlichen Mineralien soll der Kerndurchmesser daher nicht unter 70 bis 100 mm liegen, während in gleichmäßig harten Gesteinen, wie z. B. Graniten, dichten Kalksteinen auch bei dem kleinsten Kerndurchmesser von 22 mm noch eine Kerngewinnung von 90 % und mehr erreicht werden kann. Ein ruhiger, erschütterungsfreier Lauf der Bohrgarnitur verbessert den Kerngewinn und dieser ist daher zu einem guten Teil von der Sorgsamkeit und von der Erfahrung des Bohrmeisters abhängig. In schwierigen Gesteinsverhältnissen mit Klüften usw. ist die Verwendung von guten Doppelkernrohren dringend zu empfehlen. Bei diesen Doppelkernrohren ist ein inneres Kernrohr — am besten durch Kugellager — möglichst reibungsfrei gegen das äußere sich rasch drehende Kernrohr ruhig befestigt. Während bei einem einfachen Kernrohr dessen rasche Rotation den stillstehenden Kern mitzureißen sucht, wird der Kern von dem stillstehenden inneren Rohr beim Doppelkernrohr gegen das Erschüttern und Abbrechen geschützt. Die Kerngewinnung ist bei der Verwendung von Doppelkernrohren wesentlich verbessert.

In geschieferten oder geschichteten Gesteinen ist die Kerngewinnung besser, wenn die Schichten von der Bohrkrone annähernd normal getroffen werden, als wenn sie sehr steil dazu stehen. Es ist daher vorteilhaft, Bohrungen möglichst so anzusetzen, daß das Bohrloch die Schichten möglichst rechtwinklig durchschneidet. Der Kern gelangt in die hinter der Bohrkrone sitzende Kernrohrgarnitur (Abb. 45), die etwas größeren Durchmesser aufweist als das Bohrgestänge und im allgemeinen eine Länge von 1½ bis 5 m hat. Sobald der Kern das Kernrohr gefüllt hat, muß das Gestänge gezogen werden, wobei der zwischen Bohrkrone und Kernrohr befindliche Kernfangring beim Anheben des Gestänges von der Bohrsohle den Kern festhält und mitnimmt. Sobald das Kernrohr bis zutage gezogen ist, wird die Bohrkrone mit dem Kernfänger abgeschraubt und der Bohrkern vom Bohrmeister aus dem Kernrohr genommen und in die bereitstehenden Kernkisten gelegt. Dabei werden in der Kernkiste jeweils die erreichten Bohrtiefen vermerkt, so daß der überwachende Geologe genau ersehen kann, aus welcher Tiefe die einzelnen Kernstücke stammen. Die Kernkisten sind in schmale Abteilungen unterteilt, in die die Kerne jeweils hineinpassen. Jede

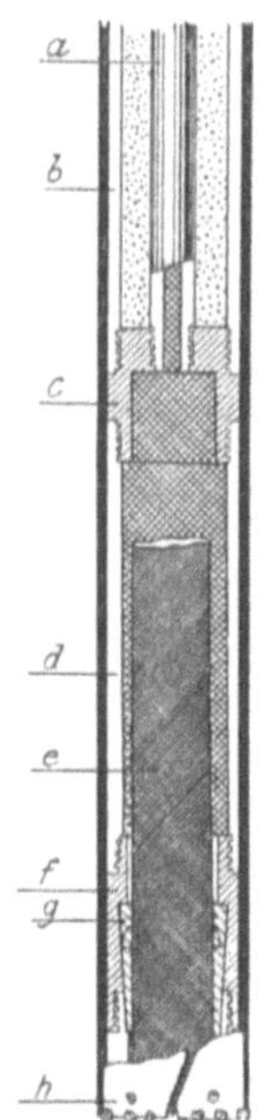

Abb. 45. Kernrohrgarnitur mit Bohrkrone.

a) Hohlbohrgestänge, b) Schlammrohr (Sedimentrohr), c) Kernrohrnippel, d) Kernrohr zur Aufnahme des Bohrkerns, e) Bohrkern, f) Kernfangmuffe, g) Kernfangring, h) Bohrkrone.

Kernkiste ist mit einem Deckel versehen und wird sorgfältig aufbewahrt, bis die geologische Prüfung der Kerne und eventuell Analysenresultate der Kerne vorliegen. Die Kerne werden in den interessierenden Partien der Länge nach gespalten, indem man sie in einen Stahlblock mit einer zylindrischen Aussparung von etwa Kerndurchmesser einlegt, wobei dieser Stahlblock einen schmalen Schlitz aufweist, der es ermöglicht, mit einem Meißel den Kern der Länge nach zu spalten. Die eine Hälfte des Kernes wird dann für die Analyse verwendet, während die andere Hälfte für die mineralogisch-geologische Prüfung aufbewahrt wird.

9. Die Organisation der Bohrarbeit

Abgesehen von geologischen Gesichtspunkten soll beim Ansatz der Bohrlöcher möglichst Rücksicht darauf genommen werden, daß Spülwasser für die Bohrung leicht zu beschaffen ist. In festem Grund, wo der Spülwasserverlust nicht groß ist, kann das Wasser auch im Wasserwagen antransportiert werden und das an die Oberfläche zurückkommende Spülwasser nach Klärung von neuem verwendet werden, so daß nur das verlorene Wasser ersetzt werden muß. Bei der Durchteufung der Oberflächenschichten wird ein Standrohr eingezogen, das auf dem Grundgebirge fest aufsitzen soll, damit kein Oberflächenmaterial in das Bohrloch gerät und auch das Spülwasser bis zur Oberfläche zurückkommt.

Für kleine Craeliusbohrungen genügt als Mannschaft ein Vormann und ein Helfer per Schicht. Der Bohrmeister soll entsprechende Erfahrung mitbringen, um den verschiedenen Zwischenfällen beim Bohren gewachsen zu sein. Seine Hauptaufgabe ist die Überwachung der Bohrmaschine, der Pumpe und der Bohrgeschwindigkeit, des Bohrdruckes und der Farbe und Art des aus dem Bohrloch kommenden Schlammes, um sofort Schichtwechsel erkennen zu können. Eine wichtige Aufgabe des Bohrmeisters ist die richtige Entnahme der Kernproben und ihre Aufbewahrung in gut bezeichneten Kernkisten.

Neigt das Gebirge zum Nachfall, so wird es notwendig, die Bohrlochwände zu schützen, indem Futterrohre in das Bohrloch eingelassen werden, wobei nach Einlassen der Futterrohre nur mehr mit einem kleineren Durchmesser weitergebohrt werden kann. In hartem Gebirge ist die Verwendung von Futterrohren für die Verrohrung der Bohrlöcher jedoch meist nicht notwendig und man kann sich gegen Nachfall und Auswaschen der Bohrung an einzelnen Stellen, wie z. B. an Verwerfungen dadurch schützen, daß man das Bohrloch zementiert. Es wird schnell erhärtender Zementbrei unter Druck in das Bohrloch eingepreßt und erstarren gelassen. Nach dem Festwerden wird der Zementpfropfen durchbohrt und die Bohrung in festem Grund fortgesetzt.

Die beim Diamantbohren am häufigsten auftretenden Unfälle sind Ausbrechen und Verlust von Diamanten. Sobald der Bohrmeister das merkt, muß er die Bohrung sofort einstellen und versuchen, die verlorenen Diamanten durch eine wachsgefüllte Krone zu erfassen, in die sich die Diamanten beim Aufsetzen auf den Bohrlochboden einpressen. Im Loch verbleibende Diamanten gefährden natürlich die für die Arbeit eingesetzten Diamantkronen.

Gestängebrüche oder Brüche an den Bohrwerkzeugen verursachen manchmal sehr langwierige Fangarbeiten, die an das Können der Bohrmannschaft sehr hohe Anforderungen stellen. Das Festsetzen von Bohrwerkzeugen im Bohrloch ist meist verursacht durch Gesteinsnachfall oder dadurch, daß das Bohrwerkzeug zu stark abgenutzt ist. Auch das Ausbleiben des Spülwassers durch das Versagen der Pumpe ist manchmal Ursache des Festsetzens des Bohrwerkzeuges im Bohrloch.

10. Ansetzen von Bohrungen

Der Nachteil des Aufschlusses durch Bohrungen ist der, daß die nutzbare Lagerstätte nur an einem Punkt durchschnitten wird. Man könnte also Bohrungen am ehesten mit dem Aufschluß durch Querschläge vergleichen. Bohrungen können aber nicht die Aufschlüsse ersetzen, die durch Strecken im Streichen erzielt werden. Bohrungen sind daher wenig geeignet, Erzgänge zu untersuchen, in denen hochwertiges Erz in unregelmäßiger Verteilung in der Gangmasse vorkommen. Dagegen sind sie das gegebene Aufschlußmittel, um z. B. unregelmäßige Imprägnationslagerstätten zu untersuchen. Auch regelmäßige

Gänge oder Lager von größerer Ausdehnung können mit den Diamantbohrungen mit Vorteil untersucht werden. Im Gangbergbau, z. B. im Gold-, Wolfram- oder Silbergangbergbau, werden Bohrlöcher oft nur dazu benutzt, um festzustellen, ob die Gangspalte als solche noch vorhanden ist, aber nicht um den Erzgehalt des Ganges zu untersuchen. Bohrungen sind auch sehr geeignet, um auf rasche Weise Aufklärung über Verlauf und Ausmaß von Verwerfungen oder anderen tektonischen Störungen zu erhalten.

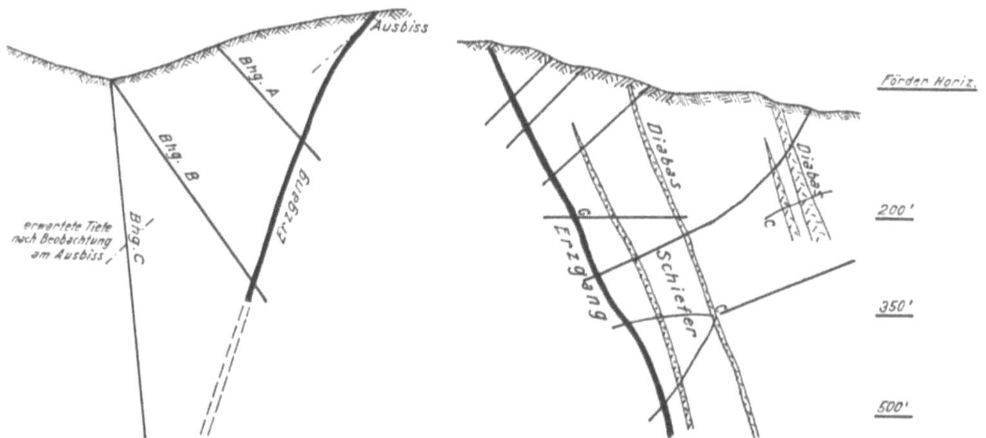

Abb. 46. Ansatz von Bohrungen. Zuerst flache, dann tiefe Bohrungen.   Abb. 47. Abweichungen von Bohrungen in geschichteten Gesteinen.

Die Bohrlöcher werden am besten so angesetzt, daß die Gesteinsformationen oder der Gang möglichst rechtwinklig durchschnitten werden. Daher werden bei steil einfallenden Schichten die Bohrungen meist als Schrägbohrungen angesetzt oder bei Untertagebohrungen auch als Horizontalbohrungen.

Wie das in Abb. 46 dargestellte Beispiel zeigt, ist es riskant, gleich von vornherein eine Tiefbohrung (in der Abb. Bohrung *C*) anzusetzen, um das Verhalten der Lagerstätte in der Tiefe zu untersuchen. Die Lagerstätte kann die Richtung des Einfallens ändern, oder durch eine Störung verworfen werden, so daß ein langes, tiefes Bohrloch eventuell abgeschlossen werden muß, ohne die gewünschte Aufklärung zu geben. Auch im Streichen erscheint es vorteilhaft, besonders in wenig bekannten Gebieten nicht zu große Schritte beim Ansetzen von Bohrungen zu machen. Bohrt man zuerst flache Bohrungen, so geben diese bereits Anhaltspunkte über das Verhalten des Erzganges in der Tiefe und man vermeidet so die schwierige Entscheidung, falls die Bohrung kein Ergebnis gebracht hat, die Untersuchung aufzugeben oder die Bohrung bis in unbekannte Tiefe fortzusetzen. Besonders in Gebieten mit starker Verwitterung ist die Versuchung gegeben, Bohrungen von Anfang an in größere Tiefe niederzubringen, um gute Kerne aus der Bohrung zu erhalten und gleich das Erz in der Primärzone zu erreichen. Trotz der schwierigeren geologischen Beobachtungen erscheint es doch besser möglich, das Verhalten des Erzes gegen die Tiefe zu verfolgen, wenn man zuerst nur geringere Tiefen erbohrt und erst dann tiefergeht. Dazu kommt, daß seichte Bohrungen ja auch notwendig sind, um die Änderung des Erzcharakters und der Gehalte durch die Oxydation in verschiedenen Tiefen beobachten zu können.

Bohrungen pflegen von der ursprünglichen Richtung meist mehr oder weniger stark abzuweichen, dabei erreichen die Abweichungen vor allem bei Schrotboh-

rungen manchmal recht beträchtliche Beträge und es erscheint besonders bei
Detailuntersuchungen sehr angebracht, den Verlauf der Bohrlöcher durch Bohrlochneigungsmessungen zu verfolgen. Dies gilt vor allem für Bohrungen, die die
Schichten ziemlich spitzwinklig durchqueren, wenn sie 100 m Länge überschreiten.
Horizontale Bohrungen neigen dazu, von der Horizontalen nach abwärts abzuweichen. Bohrlöcher, die schief zu der Gesteinsformation angesetzt sind, legen
sich vorzugsweise in eine Richtung normal zum Streichen und Einfallen, wie
Abb. 47 zeigt.

Um Zeit für Transport und Montage an den einzelnen Bohrpunkten zu sparen
und auch um die Resultate in Profilen gut deuten zu können, werden vielfach
Bohrungen fächerartig von einem Punkt aus angesetzt. Besonders bei Untertagebohrungen wählt man gern diese Vorgangsweise, weil für Untertagebohrungen
am Bohrplatz eine größere Bohrkammer ausgeschlossen werden muß, um für das

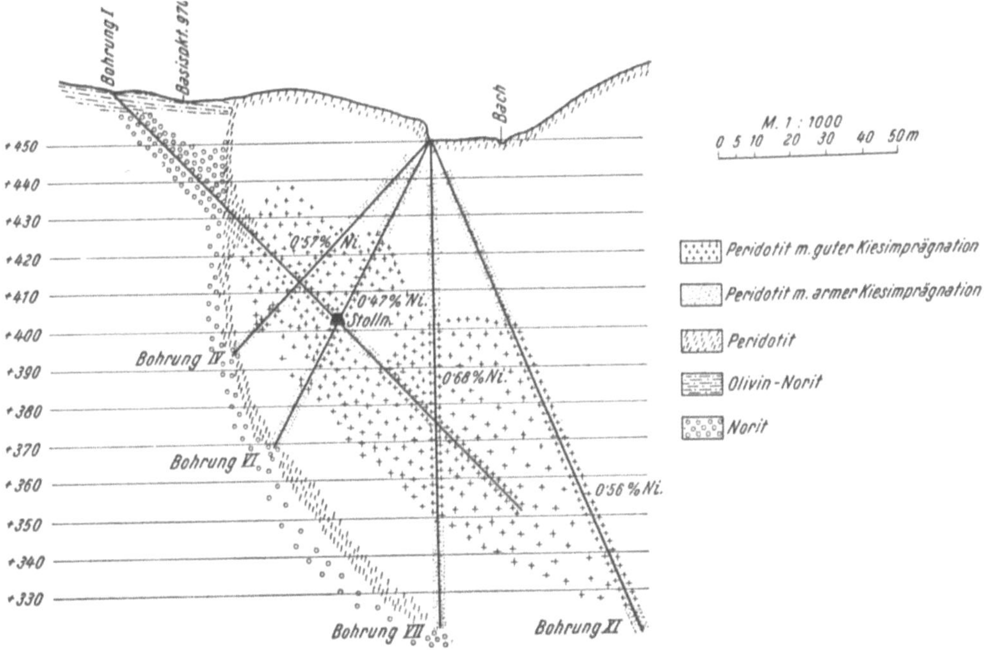

Abb. 48. Ansatz von Fächerbohrungen zur Untersuchung eines unregelmäßigen Nickelerzkörpers.

Bohrgerät und Bohrgestänge beim Einlassen und Ziehen den nötigen Raum zu
haben. Ein Beispiel einer solchen Fächerbohrung ist in Abb. 48 dargestellt.
Eine Anzahl von Bohrungen wurde von einem Punkt aus niedergebracht,
um eine unregelmäßige Nickelerzimprägnation in einem Peridotit zu untersuchen. In diesem Massengestein und bei der unregelmäßigen Form der
Imprägnation kommt es nur darauf an, die Grenzen des Erzkörpers festzulegen.
Hier gibt es keine bevorzugte Streich- und Fallrichtung (Abb. 48).

11. Die Auswertung der Bohrergebnisse

Die Auswertung der Bohrergebnisse muß mit größter Sorgfalt geschehen und
die geologischen Verhältnisse des Gebietes genauestens berücksichtigen. Ein sehr
häufig vorkommender Fehler ist der, die Ergebnisse in weit voneinander liegenden

Bohrlöchern ohne weiteres miteinander verbinden zu wollen. Die in Abb. 49 a bis d gezeigten Beispiele sollen hervorheben, wann und unter welchen Verhältnissen man die einzelnen Bohrresultate miteinander verbinden kann und wann solche Verbindungen unbedingt abzulehnen sind. Die Kosten für Schürfbohrungen haben sich durch die Verbesserung der Bohrtechnik so gesenkt, daß es entschieden angebracht erscheint, die einzelnen Bohrlöcher in nicht zu großen Abständen voneinander anzusetzen. Bei Erzgängen sind Abstände von 30 bis 300 m meist gebräuchlich. Bei der Erschließung der großen Bleilager Mount Isa in Queensland wurden weit über 100 Bohrlöcher zur Untersuchung der Lagerstätte verwendet, bis man meinte, genügend Informationen über Ausdehnung und Qualität der Lagerstätte zu haben.

Das Bohrergebnis wird erfaßt durch den Bohrkern, oder auch durch die Schlammprobe. Nur der gewonnene Kern gibt wirkliche Aufklärung im Detail

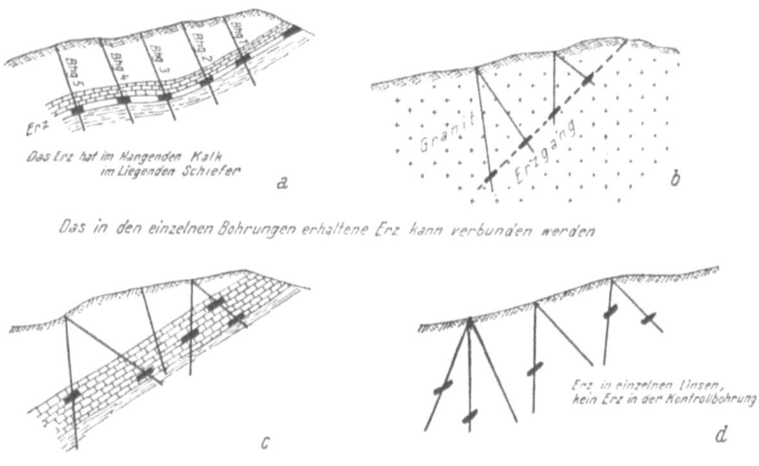

Abb. 49 a bis d. Auswertung von Bohrergebnissen.

über die durchbohrten Schichten. Es erscheint daher notwendig, möglichst 100 %iger Kerngewinnung das Hauptaugenmerk zuzuwenden, vor allem in den Partien des Bohrloches, die für die Deutung wesentlich sind. Es kommt weniger auf die Anzahl Meter Bohrloch als auf die Meter gewonnenen Kerns an und der Auftraggeber muß den Bohrfirmen gegenüber großen Wert darauf legen, möglichst vollständigen Kerngewinn aus den interessierenden Schichten zu erhalten und das auch im Bohrvertrag zum Ausdruck zu bringen. Sind z. B. aus einem Gang nur 20 % Kern gewonnen, so kann über seine Mächtigkeit keine sichere Aussage gemacht werden und wenn der Kern dazu benutzt wird, um die Erzgehalte des Ganges festzustellen, so kann durch den ungenügenden Kerngewinn das Ergebnis nach unten oder oben vollständig verfälscht werden. Besondere Gefahr für die Verfälschung von Resultaten besteht dann, wenn das Erz weicher ist als z. B. die quarzige Gangart, weil dann die weicheren Partien ausgewaschen und verloren gehen können und so eventuell eine unbauwürdige Gangpartie vortäuschen können, während in Wirklichkeit durchaus brauchbare Erzgehalte vorhanden sind. Bei nicht vollständiger Kerngewinnung kann jedoch aus dem Zeitpunkt der Änderung der Farbe des Spülwassers, der Änderung der Geschwindigkeit des Bohrfortschrittes noch auf die Mächtigkeit der Gangformation geschlossen werden.

Wo ein vollständiger Kerngewinn nicht erzielt wird, ist es vorteilhaft, gleichzeitig auch Schlammproben zu gewinnen. Dabei muß auf folgende Umstände geachtet werden:

Die Schlammgewinnung soll möglichst vollständig erfolgen, grober und feiner Schlamm soll zusammen erfaßt werden. Die Schlammproben werden in Schlammbehältern unmittelbar am Bohrloch aufgefangen und es sollten immer mehrere Behälter vorhanden sein, so daß das Spülwasser sofort in einen weiteren Schlammbehälter abgelenkt wird, wenn eine Änderung der Spülwasserfarbe beobachtet wird. Die Spülwasserproben sollen nicht über zu große Abstände genommen werden, weil man dann nur Analysen über den ganzen Abschnitt erhält, wodurch natürlich die Analysenresultate aus dem interessierenden Abschnitt verändert werden. Die Länge der einzelnen Proben bei Kern- sowie bei Spülproben ist abhängig vom Charakter der Lagerstätte. Im festen Gebirge mit gleichförmigen Gehalten mächtiger Schichten genügen unter Umständen auch Probelängen von 5 bis 10 m für die einzelnen Proben, während im Gebirge mit unregelmäßiger Mineralisation und in weichem nachfallgefährlichen Gebirge Probelängen von $^1/_4$ bis 1 m angebracht erscheinen. Am sorgfältigsten muß die Überwachung der Probenahme bei Lagerstätten erfolgen, die nahe der Bauwürdigkeitsgrenze sind, da ein Fehler nach oben oder unten die ganzen Untersuchungsergebnisse in Frage stellen kann. Die größte Gefahr für falsche Resultate ist der Nachfall von Gestein aus Hangendschichten in Proben aus der mineralisierten Zone und das Auswaschen besonders weicher Schichten im Bohrloch. Auch Klüfte können gefährlich sein, wenn sich der feine Schlamm beim Aufsteigen mit dem Spülwasserstrom in Klüften und Rissen absetzt und nicht zur Oberfläche gelangt. Der Spülwasserstrom soll jedenfalls stark genug sein, um auch die spezifisch schwereren Partikelchen bis zur Oberfläche zu bringen. Zur Auswertung sollen möglichst Kern- und Spülproben herangezogen werden. Die Benutzung von Kernproben allein ist nur dann richtig, wenn vollständige Kerngewinnung vorliegt, die Spülprobe ist nur dann richtig, wenn der ganze Betrag des bei der Bohrung durchbohrten Gesteins für die Analyse zur Verfügung steht. Bei kombinierter Analyse von Kern- und Spülprobe ist es falsch, die beiden Proben separat zu analysieren und aus ihnen das arithmetische Mittel zu errechnen, weil die Volumen von Kern und Spülproben verschieden sind. Vielmehr müssen die Werte im Verhältnis der beiderseitigen Volumina miteinander kombiniert werden.

Ist v_1 das Volumen des Bohrkerns und v_2 das Volumen des für die Spülprobe verwendeten Gesteins, so ist das gesamte Volumen

$$v = v_1 + v_2$$

Ist g der Durchschnittsprozentgehalt von Kern- und Spülprobe zusammen und k der Prozentgehalt des Kerns und s der Prozentgehalt der Spülprobe, dann ist

$$g = \frac{k \cdot v_1 + s \cdot v_2}{v} = k \cdot \frac{v_1}{v} + s \cdot \frac{v_2}{v}$$

Durchschnittswert und Substanz einer Lagerstätte können aus den Bohrlochresultaten auf folgende Weise berechnet werden:

Sind g_1, g_2 ... g_n die Durchschnittsgehalte der Bohrungen 1, 2 ... n und a_1, a_2 ... a_n die entsprechenden Einflußgebiete der einzelnen Bohrungen und l_1, l_2 ... l_n die respektiven Bohrlochlängen, so kann aus diesen der Durchschnittswert G der Lagerstätte, die Durchschnittsmächtigkeit T, Substanzziffer in to gerechnet werden, auch bei unregelmäßig verteilten Bohrlöchern.

$$G = \frac{a_1 \cdot v_1 \cdot l_1 + a_2 \cdot v_2 \cdot l_2 + \ldots\ldots a_n \cdot v_2 \cdot l_2}{a_1 \cdot l_1 + a_2 \cdot l_2 + \ldots\ldots a_n \cdot l_n}$$

Die ·Durchschnittsmächtigkeit

$$L = \frac{a_1 \cdot l_1 + a_2 \cdot l_2 + \ldots\ldots a_n \cdot l_n}{A}$$

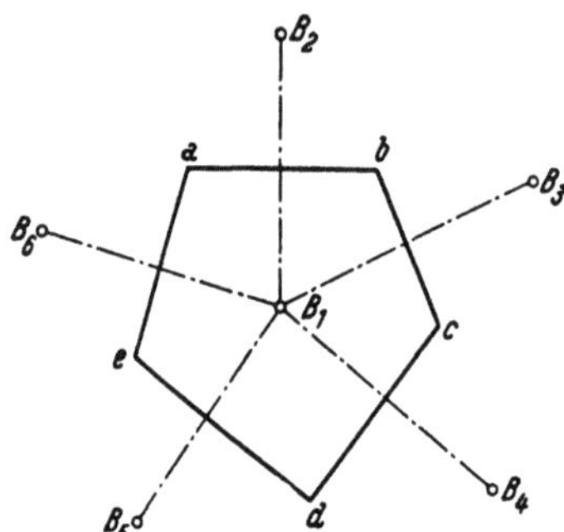

Abb. 50. Bestimmung des Einflußbereiches von Bohrungen.

Die Substanzziffer wird erhalten durch Multiplikation der einzelnen Einflußareale mit den zugehörigen Raumgewichten und Durchschnittsgehalten.

Bei unregelmäßiger Verteilung der einzelnen Bohrlöcher erhält man das Einflußgebiet der einzelnen Bohrung, wenn man annimmt, daß die Prozentgehalte gleichmäßig von einem Bohrpunkt zum andern übergehen; dann ist der Annahme Genüge getan, wenn jeder Punkt im Einflußbereich näher zu diesem Bohrloch ist als zum nächsten. Das Einflußgebiet für die Bohrung 1 wird gefunden durch Halbieren der Linien 1—2, 1—3, 1—4, 1—5, 1—6, und durch Ziehen des Polygons abcde (Abb. 50).

12. Leistungen und Kosten bei Schürfbohrungen

Bohrleistungen und -kosten sind abhängig von der Gesteinsbeschaffenheit und von der Tiefe der Bohrung.

Bei Erdöl sind vor allem Rotarybohrungen mit 2000 bis 3000 m Bohrtiefe durchaus keine Seltenheit mehr, ja an der Golfküste sind schon über 5000 m Tiefe erreicht worden. Bei Söhlig- oder Schrägbohrungen sind die meist verwendeten Tiefen 100 bis 400 m, während Tiefen von 600 bis 1000 m schon seltener sind. Zu große Abweichungen aus der ursprünglichen Bohrlochrichtung und überstarke Beanspruchung des Bohrgestänges sind für noch größere Bohrlochlängen hinderlich. Wegen der längeren Zeitdauer, die jedesmal beim Einlassen und Ziehen der Bohrkronen erforderlich ist, werden die Bohrleistungen bei größeren Bohrtiefen immer geringer.

Bei den Bohrleistungen muß man unterscheiden zwischen den Leistungen pro Stunde oder Schicht reiner Bohrzeit oder pro Arbeitsschicht, denn die „unproduktiven" Arbeiten wie Transport, Montage des Bohrgerätes, Verrohrung, Fangarbeiten machen einen recht beträchtlichen Anteil der gesamten Arbeitszeit aus. Während die reinen Bohrzeiten für die Beurteilung der Effektivität des benutzten Bohrwerkzeuges von Bedeutung sind, ist die ganze verwendete Arbeitszeit für die Vergleiche von Bohrkosten, die Wahl von bestimmten Bohrverfahren oder -geräten und die Beurteilung der Arbeit verschiedener Bohrtrupps ausschlaggebender. Man bezieht sich dabei am besten auf Leistungen pro Arbeits- oder pro Bohrschicht, denn die Bohrleistung hängt ja auch davon ab, ob man in einer, zwei oder drei Schichten pro Tag bohrt. Bei größeren Tiefbohrungen wird fast immer in drei Schichten gebohrt, schon um in absehbarer Zeit Resultate zu erreichen, aber auch um die große und teure Anlage entsprechend auszunutzen. Bei kleinen Bohrungen aber läßt man die Nachtschicht oft ausfallen. Nur in einer Schicht zu bohren ist weniger üblich, man tut es vor allem, wenn nicht genügend erfahrenes Bohrpersonal zur Verfügung steht. Die Leistungen sind beim Drehbohren meist größer als bei Schlagbohrungen und bei Spülbohrungen wesentlich höher als bei Trockenbohrungen, doch schwanken sie außerordentlich je nach dem zu durchbohrenden Gestein, dabei macht gleichmäßig festes Gestein weniger Schwierigkeiten als klüftiges Gestein mit Verwerfungsklüften usw., da bei diesem erfahrungsgemäß viel mehr Störungen im Bohrbetrieb auftreten.

Während in weichen Schichten mit Spülbohrungen 5 bis 50 m pro Bohrschicht erreicht werden können, sind in harten Schichten 1 bis 3 m auch mit Diamantkronen übliche Leistungen und sie sinken sogar unter 1 m pro Arbeitsschicht, wenn sehr klüftiges, bröckeliges Gestein viel Aufenthalte im Bohrbetrieb verursacht.

Bei den jetzigen unstabilen Währungs- und Preisverhältnissen die Bohrkosten per Meter Bohrloch anzugeben, ist kaum angebracht, da sie wahrscheinlich in kurzer Zeit unrichtig sind. In Deutscher Mark gerechnet sind die Kosten bei Bohrungen in weichen Schichten und für geringe Tiefen (bis zu 100 m), also z. B. bei Braunkohlenbohrungen 10 bis 30 M pro m, sie liegen zwischen 30 und 100 M für Diamant-, Hartmetall- und Schrotbohrungen in harten und sehr festen Gesteinen für Bohrtiefen bis zu 400 m, während Rotarybohrungen für Tiefen über 800 m Bohrmeter Kosten von 150 bis 400 M erreichen (entsprechend etwa 3 bis 10 US $ für weiche Schichten, 10 bis 30 $ für harte Schichten und 50 bis 150 $ für Rotarytiefbohrungen.

C. Tiefbohrungen auf Erdöl

Von Dipl.-Ing. V. E. Gerzabek, Wien

I. Allgemeines

Bohrungen wurden schon in den ältesten Zeiten der Menschheit ausgeführt. Die Technik des Tiefbohrens entwickelte sich bis vor etwa 30 Jahren sehr langsam. In den Jahren um 1900 bis 1925 war das Bohren einer Sonde auf 800 bis 1000 m Tiefe trotz aller kanadischen, pennsylvanischen Trocken- und Schlagbohrsysteme (Raky, Trauzl, Allianza usw.) ein schwieriges Problem, welches Monate und Jahre dauerte und eine sehr angestrengte Arbeit des Menschen erforderte, die nur wenig von der vor Jahrhunderten angewandten Arbeitsweise abwich.

Es ist Tatsache, daß die Chinesen schon vor Jahrtausenden Sonden bis 1000 m Tiefe zur Förderung des für ihre Reiskulturen nötigen Wassers bohrten. Man bohrte damals mit Bambusseilen, an denen ein Meißel von 200 bis 300 kg Gewicht befestigt war. An der Oberfläche war ein Holzkran angebracht. Das Einlassen und Herausziehen des Seiles erfolgte mittels eines von Rindern in Bewegung gesetzten Göpels. Die erreichte Tiefe sowie das angewandte System haben sich im Laufe der Jahrhunderte wenig geändert und erst in den letzten drei Jahrzehnten, als die Explosionsmotoren einen überraschenden Aufschwung nahmen, erfuhr das Bohrsystem infolge der Jagd nach Erdölvorkommen eine Reform.

Das Niederbringen von Bohrungen bis zu Teufen von über 1000 bis 4500 m war erst in den letzten drei Jahrzehnten möglich, in denen die Entwicklung der Bohrtechnik mit der Entfaltung der Erdölindustrie Schritt hielt. In diesem Zeitabschnitt tritt das Rotarybohrsystem in Erscheinung, das die Dauer der Niederbringung einer Bohrung bedeutend verringerte, so daß an einem einzigen Tag 300 bis 600 m (in sandigem Ton) gebohrt werden können, wofür vorher einige Monate, ja sogar Jahre erforderlich waren. Dies ermöglichte in der ganzen Welt die Erschließung von neuen und reichen Erdölvorkommen.

Durch die Fortschritte der Bohrtechnik, die Einführung des Rotarysystems und Rationalisierung der Arbeit und verschiedene Vervollkommnungen des Bohrbetriebes konnte das Niederbringen von Bohrungen bis 2000 m in weniger als einem Monat und bis 4000 m in einigen Monaten erreicht werden. Durch Einsparung von Material und Zeit konnten die Bohrkosten in fühlbarem Maß verringert werden. Auch die Produktionskosten werden durch verschiedene technische Neuerungen wesentlich herabgedrückt und niedriger gehalten.

II. Methoden zur Aufsuchung von Erdöllagerstätten

Für die Aufsuchung und Erschließung werden verschiedene Methoden angewendet, von denen hier einige erwähnt werden sollen.

1. Kartierung

Für die Aufsuchung von Erdöllagerstätten muß vorerst eine genaue geologische Kartierung durchgeführt werden, wobei alle vorhandenen Aufschlüsse mitverwertet werden. Zur Ergänzung und Prüfung werden weitmöglichst bergmännische und geophysikalische Schürfmethoden mit Vorteil verwendet.

2. Geophysik

Die Untersuchung des Baues der obersten Erdkruste wird heute mit den verschiedenen geophysikalischen Methoden durchgeführt. Sache des Geologen ist es nun, aus den rein physikalischen Ergebnissen Schlüsse auf die geologischen und Lagerstättenverhältnisse des Untergrundes zu ziehen. Zur Anwendung bei der Erdölsuche gelangen Drehwagenmessungen, seismische und magnetische Messungen. Mit diesen Meßverfahren werden der Bau und die Oberflächenform des Beckenuntergrundes und teilweise auch die Tektonik erfaßt.

3. Strukturbohrungen

Zur Ergänzung der Kartierung werden in großem Umfang Strukturbohrungen zur Klärung der Stratigraphie des zu untersuchenden Gebietes durchgeführt. Für seichte Bohrungen, so z. B. zur Festlegung der Ausstrichlinien eines Bruches, wo nur eine geringe Bedeckung zu durchfahren ist, und dort, wo es sich um das Durchbohren von Schottern handelt, werden am liebsten Handbohrgeräte verwendet, da das Aufstellen einer maschinellen Anlage nicht wirtschaftlich wäre.

Für tiefere Schurfbohrungen werden drehende Bohrgeräte, die eine leichte und gute Kerngewinnung ermöglichen, verwendet. Dazu gehören die Counterflushgeräte, die nach dem Prinzip der umgekehrten Spülung arbeiten und eine durchlaufende Kerngewinnung durch das Gestänge erlauben. Der Vorteil dieses Systems liegt darin, daß die Bohrkerne in kürzester Zeit und in gutem Zustande an die Tagesoberfläche kommen. Mit Ausnahme lockerer Sande geht praktisch kein Teil des Profils verloren. Dieses Bohrsystem gibt also ein ausgezeichnetes Bild über die Untergrundverhältnisse.

Weiters wird auch das Craelius-Bohrgerät für solche Schürfbohrungen verwendet, doch ist die Kerngewinnung immer mit dem Ausbau des Gestänges verbunden, wodurch viel Zeit verlorengeht, weshalb eine Craelius-Anlage wesentlich teurer arbeitet als eine Counterflush-Bohranlage.

An Hand der Kartierung und der Ergebnisse der geophysikalischen Messungen und aus den Schurfbohrungen, woraus man sich ein Bild über die Stratigraphie und die Tektonik des zu untersuchenden Gebietes machen kann, wird die erste Tiefbohrung angesetzt. Erst bis durch eine solche Tiefbohrung Öl oder Gas nachgewiesen ist, wird eine planmäßige Abbohrung der Struktur vorgenommen. Es ist natürlich ganz verschieden und hängt hauptsächlich von der Größe der

Struktur und der Art des geologischen Vorkommens ab, wie viele solcher Tiefbohrungen zur Erschließung eines Ölfeldes benötigt werden.

Der Abstand zwischen den einzelnen Sonden wird so groß gewählt, daß sie sich beim Produzieren gegenseitig nicht beeinflussen und hängt von der Durchlässigkeit (Permeabilität) des Ölträgers und der Viskosität des Öles ab. Bei der Ausbeutung eines Feldes muß vermieden werden, daß nicht ausgebeutete Teile im Horizont zurückbleiben, daß also die einzelnen Dränagegebiete um die verschiedenen Sonden möglichst eng aneinandergrenzen.

III. Das Rotarybohrsystem
1. Allgemeines

Der Bohrtechniker braucht sich heute über die Wahl des Bohrsystems, ob Seil- oder Gestängebohren, ob stoßend oder drehend, trocken oder mit Spülung (das sind die bekannten Systeme wie kanadisch, pennsylvanisch, Schnellschlagoder Rotarysystem) nicht lange den Kopf zu zerbrechen, da erwiesenermaßen heute das Rotarysystem das gebräuchlichste und meistverwendete geworden ist. Das Rotarybohren ist heute fast auf der ganzen Welt das gebräuchlichste und wichtigste Bohrverfahren.

Nachdem die geologischen bzw. geophysikalischen Vorarbeiten, wie geologische Kartierung, Drehwagenmessung, magnetische Messung, seismische Refraktionsund Reflexionsmessung sowie eventuelle Schurfbohrungen, d. s. Handbohrungen, Craelius- oder Counterflush-Bohrungen, beendet sind und vom Geologen ein Bohrpunkt im Gelände ausgesetzt ist, beginnt die eigentliche Bohrtätigkeit des Bohrmannes.

Nach den Angaben des Geologen, bis auf welche Teufe die Bohrung niederzubringen ist, dem Zweck der Bohrung, wird vom Techniker die einzubauende Verrohrung bestimmt und die Größe der Bohranlage gewählt, die zur Niederbringung einer Bohrung dienen soll. Die zu wählende Antriebsart richtet sich in erster Linie nach dem vorhandenen eigenen Bohrpark und dann nach dem Zweck der Bohrung, ob es eine Explorationsbohrung ist, d. h. eine Aufschlußbohrung in noch unbekanntem, verkehrstechnisch noch wenig aufgeschlossenem Gebiet, oder um eine Exploitationsbohrung, d. h. um eine Bohrung in einem bereits aufgeschlossenen Gebiet, wo neben Dampf eventuell auch Kraftstrom zur Verfügung steht. Dort, wo es sich um eine Explorationsbohrung handelt und wo kein elektrischer Strom zur Verfügung steht, wird man sich in den meisten Fällen für Dieselantrieb entscheiden, da Dampfbetrieb neben der Einrichtung der Bohranlage zusätzlich noch eine große Kesselanlage verlangt.

Das Rotarybohrsystem war schon in den ältesten Zeiten bekannt, wurde jedoch erst um die Jahrhundertwende von den Amerikanern in der uns heute geläufigen Form ausgebaut. Durch die gigantischen technischen Fortschritte wurde auch das Rotarybohrsystem so weit entwickelt, daß heute Bohrungen bis zu 4000 m in einer verhältnismäßig kurzen Zeit niedergebracht und auch Bohrungen, die weitab von der Küste im Meer liegen, mit bestimmter Sicherheit niedergebracht werden können.

Beim Rotarybohren arbeitet sich der Bohrmeißel durch eine drehende Bewegung (100 bis 300 UpM), wobei durch das über dem Meißel befindliche, hohle Bohrgestänge ein gewisser Druck auf die Bohrlochsohle ausgeübt wird, immer tiefer in das Gebirge und schafft so einen Fortschritt. Beim Rotarybohren wird zum Unterschied vom Trockenbohren mit Spülung gebohrt, wobei das zerkleinerte Gestein von der Bohrlochsohle durch die Spülung an die Oberfläche befördert wird, was verschiedene Vorteile mit sich bringt. Das Bohrloch wird immer mit einer

Tonwasserspülung vollgehalten, so daß das Gebirge nicht zusammenfällt. Es können daher Strecken bis zu 1500 m, im festen, stehenden Gebirge sogar bis zu 2000 m, unverrohrt gebohrt werden. Erst dann werden zur Sicherung des Bohrloches Rohre eingebaut. Durch diese Methode können heute Teufen bis zu 4500 m mit vier bis fünf Rohrkolonnen erreicht werden. Früher wurden beim stoßenden Bohren und Trockenbohren bis 500 m schon vier bis fünf Rohrkolonnen verwendet. Auch die Bohrleistung beim drehenden Bohren steht wesentlich über der des schlagenden Bohrens. Wenn heute 1500 m in kaum drei Wochen einschließlich Verrohrung niedergebracht werden, hat man früher für solche Teufen ein bis zwei Jahre, ja sogar drei Jahre benötigt. Die Bohrungen mit Rotarybohranlagen abgeteuft, sind daher wesentlich billiger, nicht nur weil sie viel rascher niedergebracht werden, sondern weil sie auch sehr materialsparend arbeiten.

2. Arbeitsweise des Rotarybohrverfahrens

Im Gegensatz zu dem früher gebräuchlichen Schlagbohrverfahren wird der am unteren Ende des Bohrgestänges angeschraubte Bohrmeißel durch eine übertagstehende Vorrichtung in drehende Bewegung versetzt. Dieses Bohrwerkzeug zerspant und zertrümmert dabei das Gestein auf der Bohrlochsohle. Die Spülung, die durch das hohle Bohrgestänge mittels Spülpumpen auf die Bohrlochsohle gepreßt wird, bringt das Bohrklein von der Sohle zutage.

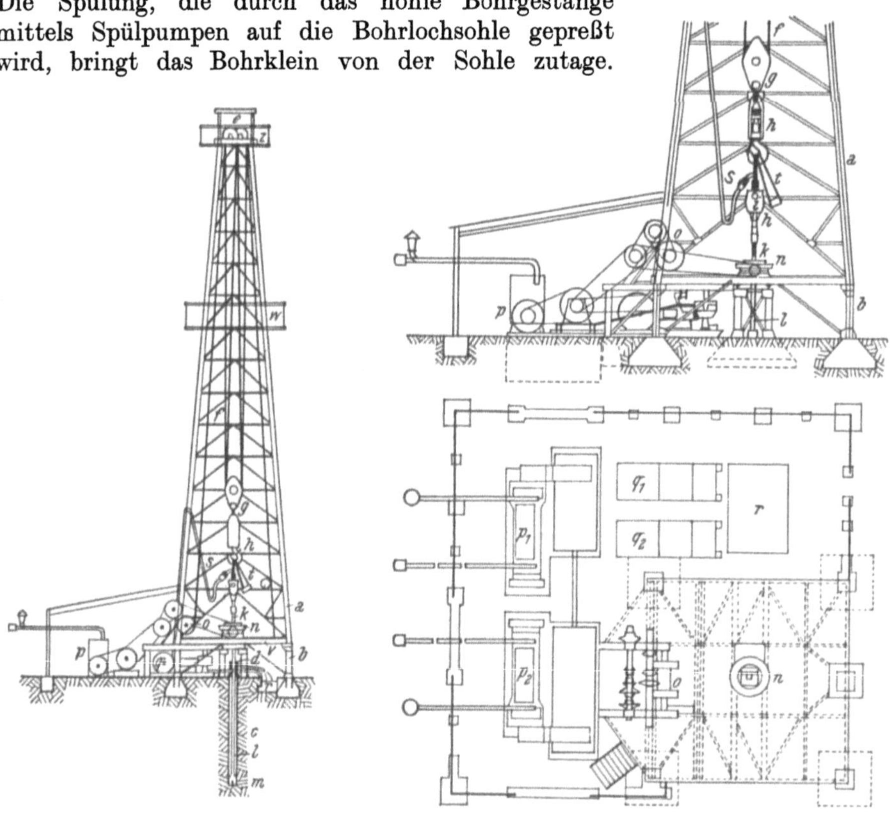

Abb. 51. u. 52. Schema einer Rotarybohranlage.

Abb. 51 vermittelt die Gesamtansicht einer solchen Bohranlage. Der Bohrturm *a* mit dem Unterbau *b* steht auf einem Beton- oder Holzrostfundament über dem Bohrloch *c*, welches mit einem einzementierten Standrohr *d* und einer

Abflußöffnung versehen ist. An der Turmkrone *e* hängt am Bohrseil *f* der Flaschenzugblock *g* mit dem Förderhaken *h*, der das Bohrzeug trägt, welches aus dem Spülkopf *i*, der Mitnehmerstange *k* und dem Bohrgestänge *l* sowie dem Bohrwerkzeug *m* besteht. Die Mitnehmerstange *k* ist durch den Drehtisch *n* geführt, welcher das Bohrzeug in drehende Bewegung versetzt. Zum Einhängen und Nachlassen des Bohrgestänges dient das Hebewerk *o*, auf dessen Trommel sich ein Ende des Flaschenzugseiles *f* aufwickelt, während das andere Ende, das sogenannte Totende, am Unterbau des Bohrturmes befestigt ist. Der Antrieb des Hebewerkes und des Drehtisches geschieht durch einen Diesel- respektive Elektromotor oder eine Dampfmaschine *p*. Die Spülpumpen *q* saugen die Spülflüssigkeit aus der Sauggrube *r* ein und drücken sie durch den Spülschlauch *s* und den Spülkopf *i* in das hohle Bohrgestänge *l*. Die Spülung tritt unten an der Bohrlochsohle aus

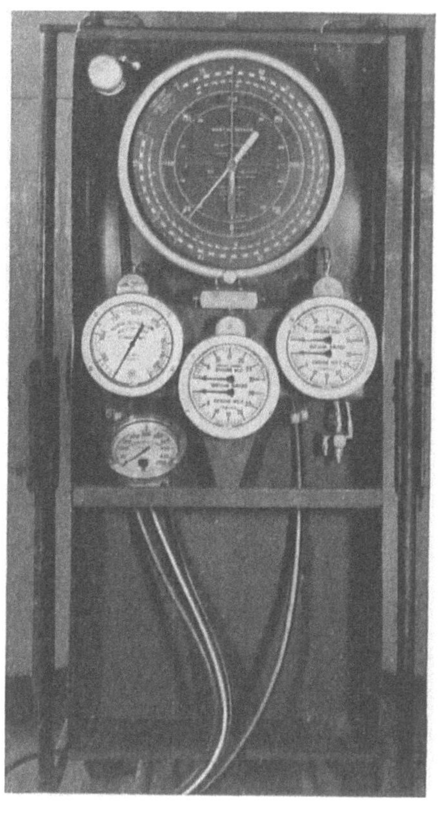

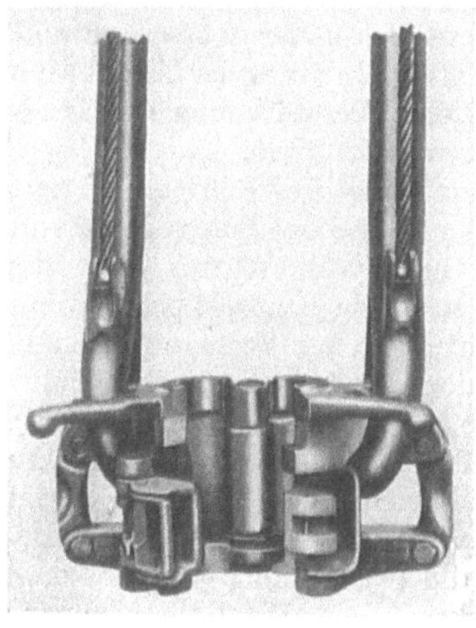

Abb. 53. Gestängeelevator.   Abb. 54. Bohrdruckmesser (Drillometer).

der Öffnung des Bohrwerkzeuges *m* aus und strömt dann, nachdem sie den Bohrschmand aufgenommen hat, im Ringraum zwischen Bohrgestänge und Bohrlochwand an die Oberfläche zurück, wo sie aus der Abflußöffnung des Standrohres *d* austritt und über Absetzrinnen gereinigt zur Sauggrube *r* zurückläuft (s. Abb. 52). Zum Ein- und Ausbauen des Bohrgestänges dient der am Bohrhaken hängende Gestängeelevator *t* (Abb. 53). Der auf dem Bohrwerkzeug lastende Bohrdruck wird mit dem Bohrdruckmesser (Drillometer), welcher am Totende des Flaschenzugseiles befestigt ist, gemessen und laufend aufgezeichnet (Abb. 54).

3. Die Einzelteile einer Rotarybohreinrichtung

Die Bohranlage besteht aus der ortsfesten Turmeinrichtung, wie Bohrturm, Hebewerk, Drehtisch, Spülpumpen, Antriebsmaschinen und dem eigentlichen Bohrzeug, das den Bohrvorgang ausführt, wie Mitnehmerstange, Bohrgestänge, Bohrwerkzeug.

a) Der Bohrturm

Der Bohrturm hat die Aufgabe, die auf der Turmrollenverlagerung und am Flaschenzugblock hängende Last des Bohrzeuges aufzunehmen, das Ein- und Ausbauen von Rohren und Gestängezügen, aus denen sich das Bohrgestänge zusammensetzt, sowie das Nachlassen des Bohrzeuges zu ermöglichen.

Die Bohrtürme wurden früher vornehmlich aus Holz gebaut, heute werden sie ausschließlich aus Stahl für Kronenlasten von 30, 60, 100, 150 bis 450 t gebaut. Seit 1927 bestehen für die Stahlbohrtürme nach den API-Vorschriften Normbestimmungen für die Grundflächen, Höhen, Kronenöffnung und Kronenbelastung. Vom Standpunkt der Feuersicherheit genießen die Stahlbohrtürme wesentliche Vorzüge. Abb. 55 zeigt einen Bohrturm von 41,5 m Höhe für Bohrungen bis 4600 m.

Durch entsprechend ausgebildete Eckverstärkungen kann die Tragfähigkeit des Turmes um ein Viertel bis ein Drittel erhöht werden. Diese Verstärkungen werden in Form von Winkeleisen an der Außenseite der Eckpfeiler oder als Rohre innerhalb der Eckpfeiler angebracht. Diese Eckpfeiler müssen sowohl am Fundament als auch unter der Turmkrone anliegen, damit eine Vergrößerung der Tragfähigkeit erzielt werden kann.

Die Montagezeit für den Bohrturm hängt vor allem von der Größe des Bohrturmes, von der Jahreszeit und vom Wetter ab. Für einen 37 m hohen Turm benötigt man, wenn alle Hilfseinrichtungen zur Verfügung stehen, 24 bis 40 Stunden. Die amerikanischen Bohrturmtypen, die ähnliche Abmessungen wie die deutschen Türme haben, besitzen ein um zirka ein Drittel geringeres Gewicht. Dies ist hauptsächlich auf die leichteren statischen Bedingungen und die Verwendung eines besseren Materials zurückzuführen. Der Bohrturm wird stets erhöht auf einem Unterbau, der eine lichte Höhe von zwei bis drei Metern hat, aufgestellt, damit am Kopf des Bohrloches Platz für das Anbringen von Sicherheitsvorrichtungen gegen einen Gasausbruch gegeben ist. Dieser Unterbau wird meistens in schwerer Eisenkonstruktion, seltener in Beton ausgeführt. Der eiserne Unterbau kann wiederholt verwendet werden und ist deshalb wirtschaftlicher, während Betonfundamente im Bohrbetrieb verlorenes Geld bedeuten. Es muß selbstverständlich von Fall zu Fall geprüft werden, welcher Unterbau am Platze ist. Oft ist die aus Gewohnheit verlangte Höhe der Aufstellung auch ohne praktischen Wert.

Abb. 55. Bohrturm.

Von Bedeutung ist weiterhin ein guter Boden zur Aufstellung der Bohrtürme. Die Fundamente müssen unnachgiebig sein, da das Setzen eines Eckfundamentes bei der großen Höhe des Turmes zu einer Gefährdung der Standsicherheit des Turmes führen könnte.

Aus dem Bestreben heraus, bei Exploitationsbohrungen, die verhältnismäßig rasch beendet sind, die Aufbaukosten niedrig zu halten, hat man in letzter Zeit die Betonfundamente für Turm und Maschinen durch transportable wiederverwendbare Holzrostfundamente ersetzt. Für den Turm verwendet man oft einen Holzrost aus 3″- bis 4″-Pfosten mit einer Grundfläche 2,5 × 2,5 m, wobei auf den gewachsenen Boden zirka 25 bis 30 cm gewaschener Schotter eingestampft wird. Die auf solchen Fundamenten aufgestellten Türme müssen gemäß bergbehördlicher Verordnung an allen vier Eckpfeilern zweifach mit Seilen verspannt sein.

Für Bohrungen bis 2500 m werden heute auch klappbare Bohrmaste verwendet. Solche Bohrmaste können in kürzester Zeit (zehn bis zwanzig Minuten) mit Hilfe des eigenen Hebewerkes aufgestellt werden, wodurch man die Aufbauzeit der Bohranlage wesentlich verringert.

b) Die Fördereinrichtung

Diese umfaßt die Turmrolleneinrichtung, den Flaschenzugblock, den Sicherheitshaken und das Bohrseil (s. Abb. 56 und 57).

α) **Die Turmrolleneinrichtung** (Abb. 56) dient als obere Umführung des Bohrseiles und ist in der Turmkronenbühne gelagert. Diese hat eine schmale Baubreite, um eine gedrängte Seilführung zu gewährleisten. Diese Turmrolleneinrichtung wird für die entsprechenden Lasten mit drei, vier, fünf, sechs Rollen entsprechenden Durchmessers ausgestattet und für Tragfähigkeiten von 60 bis 450 t gebaut.

β) **Der Flaschenzugblock** (Abb. 56) besteht aus einem Gehäuse, in welchem der Höhe nach versetzt drei bis fünf Seilscheiben laufen je nach der verlangten Tragfestigkeit. Die Bauart dieser Flaschenzugblöcke wird ebenfalls schmal gehalten, damit sich diese leicht im Turm bewegen können.

γ) **Der Sicherheitshaken** (Abb. 57) wird für eine Tragkraft von 60 bis 450 t gebaut. Er hat in der Größenordnung ein Gewicht von 500 bis 2000 kg. Im Hakenmaul wird der Spülkopf mit dem daran sich anschließenden Bohrgestänge

Abb. 56.
Turmrolleneinrichtung
und Flaschenzugblock
(„Ideal" National
Supply Co.).

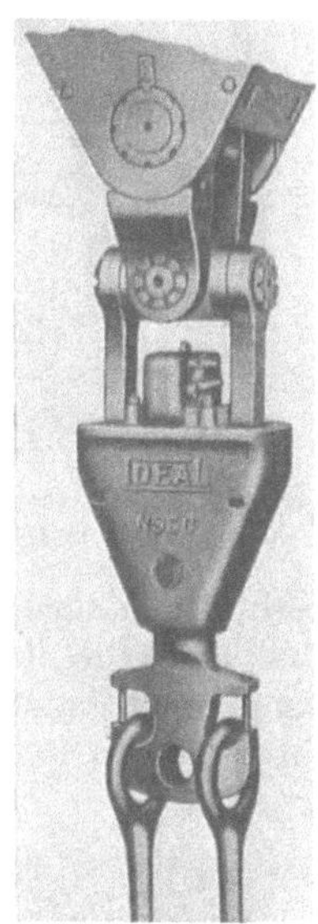

Abb. 57.
Sicherheitshaken
(„Ideal" National
Supply Co.).

und der Elevator eingehängt. Da sich der Haken bei größter Last um die senkrechte Achse drehen lassen muß, ist der Hakenschaft auf einem Wälzlager gelagert.

Das Förderseil, das zum Ein- und Ausbauen und zum Nachlassen des Bohrwerkzeuges dient, ist einerseits auf der Seiltrommel des Hebewerkes befestigt, anderseits ist es über die Turmrolleneinrichtung zum Flaschenzug geführt, wo es entsprechend der Last sechs-, acht- oder zehnfach eingeschert wird. An dem Totende des Flaschenzugseiles, welches am Unterbau oder an einer eigenen Totseiltrommel befestigt ist, wird der Bohrdruckmesser (Drillometer [Abb. 54]) angebracht. Wegen der geringen Trommel- und Rollendurchmesser müssen die Seile gut biegsam sein. Die Außendrähte sind starkem Verschleiß unterworfen. Da die Lasten nicht geführt sind, müssen drallarme Seile verwendet werden. Diesen

Anforderungen werden am besten Seile in Seal-Machart gerecht, welche mit
Rücksicht auf den Verschleiß eine Decklage von starken Außendrähten besitzen,
aber durch die darunter kranzförmig angeordnete Lage dünner Drähte eine
genügende Biegsamkeit haben und mit verhältnismäßig kleinem Seilquerschnitt
die erforderliche Bruchbelastung erreichen. Es kommen gewöhnlich Rundlitzen-
seile mit sechs Litzen zu je neunzehn Drähten mit einer Hanfseele in Kreuzschlag
rechtsgängig zur Verwendung, mit einer rechnerischen Zugfestigkeit der Drähte
von 160 bis 180 kg/mm². Entsprechend den genormten Bohrtürmen kommen
Bohrseile von 19 bis 37 mm ($^3/_4''$ bis $1^1/_2''$) $\oslash$ in Betracht.

c) Das Bohrwerkzeug

Das beim drehenden Bohren seit Jahren übliche Bohrwerkzeug ist der
Fischschwanzmeißel. Er besteht aus einem flachen Stahlblatt mit waagrechter,
in der Mitte geteilter Schneide, von welcher der eine Teil nach vorne und der andere

Abb. 58. Abgenützter Fischschwanzmeißel wird   Abb. 59. Einschweißen der Hartmetallstifte.
          mit Hartmetall besetzt.

nach hinten abgebogen bzw. abgeschrägt ist und so das Gestein bei der Drehung
abschabt. Die Spülflüssigkeit tritt bei diesem wie auch bei allen anderen Meißeltypen aus einem im Werkzeugkörper
vorgesehenen Spülkanal aus. Der Fisch-

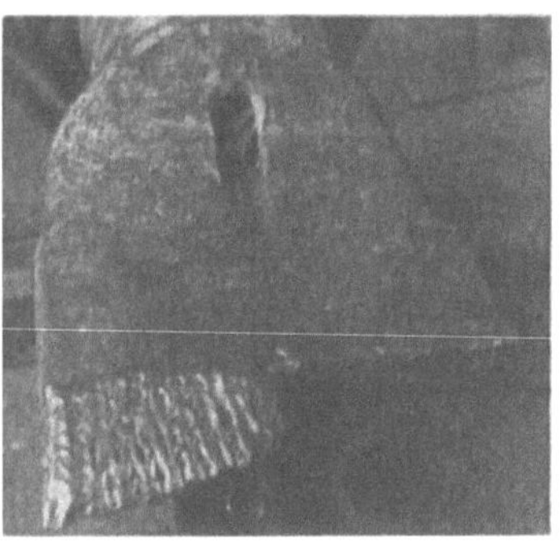

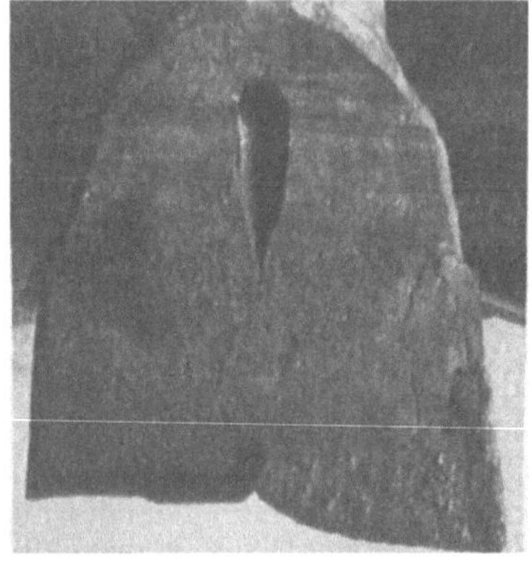

Abb. 60. Fertig mit Hartmetall besetzte Meißel-   Abb. 61. Fertig mit Hartmetall besetzter Fisch-
            blatthälfte.   schwanzmeißel.

schwanzmeißel wird heute noch bei weichem bis mittelhartem Gebirge angewandt
und ergibt dort gute Bohrleistungen. Seine Lebensdauer wird durch Aufschweißen
von Hartmetallen auf seinen Schneiden erheblich verlängert (Abb. 58, 59, 60

und 61). Dazu verwendet man Borium, Stellit, Widia, Perzit oder andere Wolframkarbide, die mit Hilfe des Azetylen-Sauerstoffbrenners aufgebracht werden. Hartmetalle, die mit elektrischem Lichtbogen aufgetragen werden müssen, haben sich deshalb weniger ein-geführt, weil oft Meißelbrüche auftraten, die eine Überhitzung des Stahles vermuten ließen.

Um gute Meißelleistungen zu erhalten, muß nicht nur erstklassiges Hartmetall und Aufschweißmetall verwendet werden, son-

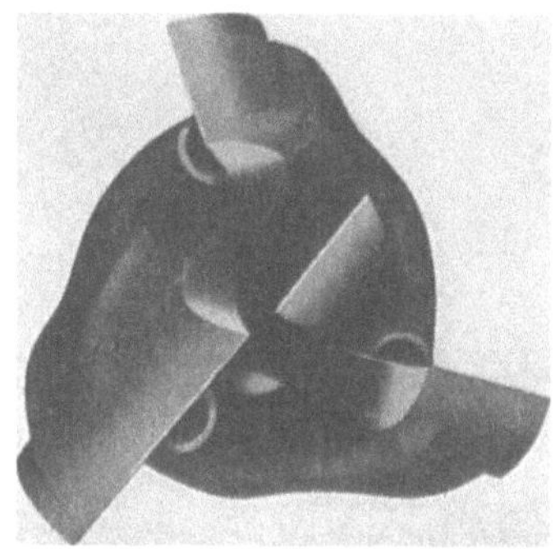

Abb. 62. Dreiflügelmeißel.

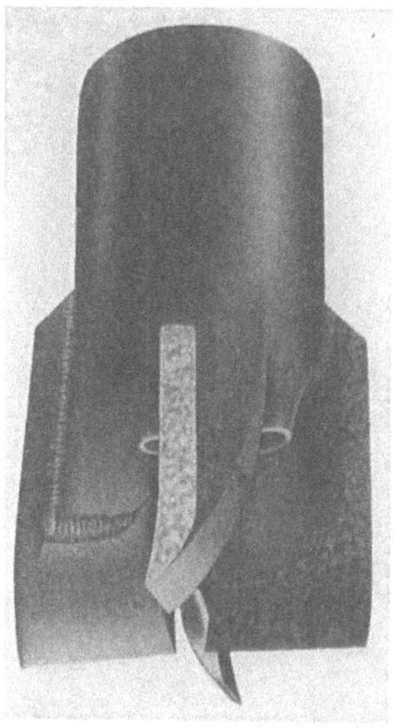

Abb. 63. Vierflügelmeißel.

dern auch das Belegen der Meißel muß einwandfrei durchgeführt werden. Zum Belegen eines Meißels müssen folgende Arbeiten durchgeführt werden:

a) Schmieden oder Aufhauen des Meißels auf die gewünschte Form.
b) Anwärmen und Belegen des Meißels.
c) Anschleifen der Schneiden.
d) Wärme behandeln, um Temperatur- und Schmiedespannungen zu entfernen.

Wird eine dieser Operationen nicht richtig oder nicht sorgfältig durchgeführt, dann wird die Meißelleistung ganz beträchtlich herabgesetzt.

Der klassische Fischschwanzmeißel (Abb. 61) verliert allmählich an Boden, um zum Teil dem *Drei-* (Abb. 62) und *Vierflügelmeißel* (Abb. 63) das Feld zu überlassen.

Diese werden aus Stahlguß hergestellt, mit Hartmetall besetzt und bei Ab-nutzung durch elektrische Auftragsschweißung wieder in Form gebracht.

Die Entwicklung der Meißel geht dahin, für jedes Gebirge die am besten geeignete Meißelart anzuwenden. Man bohrte früher alles mit dem Fischschwanz-meißel ab und ersetzte ihn nur bei härtesten Schichten durch den Rollenmeißel. Da der Bohrfortschritt mit der Größe der Schneidfläche zusammenhängt, ging auch die Entwicklung der einzelnen Meißeltypen weiter (Abb. 64 bis 69). Die Drei-, Vierflügel- und Stufenmeißel mit kreuzweis übereinanderstehenden Schneiden zeigen jedenfalls eine größere Schneidfläche als der Fischschwanzmeißel.

Beim *Scheibenmeißel* (Disc-bit) sind im Bohrwerkzeug zwei Schneidscheiben angebracht, die sich um zwei waagrechte Achsen drehen. Da die lineare Länge des Scheibenumfanges größer ist als die Schneidlänge des Fischschwanzmeißels, steht somit beim Scheibenmeißel ein größerer Schneidvorrat zur Verfügung.

Für besonders hartes Gebirge wird der in USA entwickelte *Rollenmeißel* (Abb. 70) verwendet. Der Arbeitsvorgang hiebei ist nicht mehr schneidend und

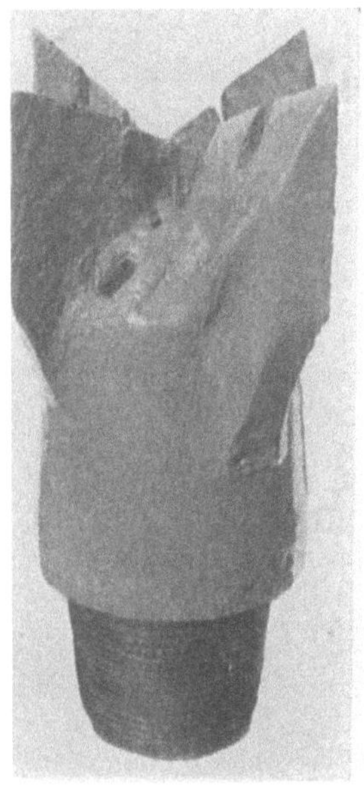

Abb. 64

Abb. 65

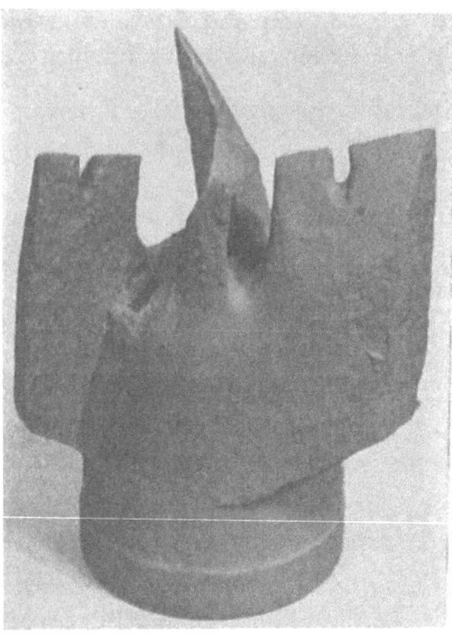

Abb. 66

Abb. 67

spanabhebend, sondern die kegel- oder zylinderförmigen Rollen, die mit Zähnen besetzt sind, üben eine schlagende und kerbende Wirkung auf die Bohrlochsohle aus. Es gibt Zwei- und Dreirollenmeißel, die man entsprechend der Gebirgsart verwendet. Eine besondere Form ist der *Kreuzrollenbohrer* (Reed roller-bit), bei dem die zylindrischen Rollen über kreuz angeordnet sind.

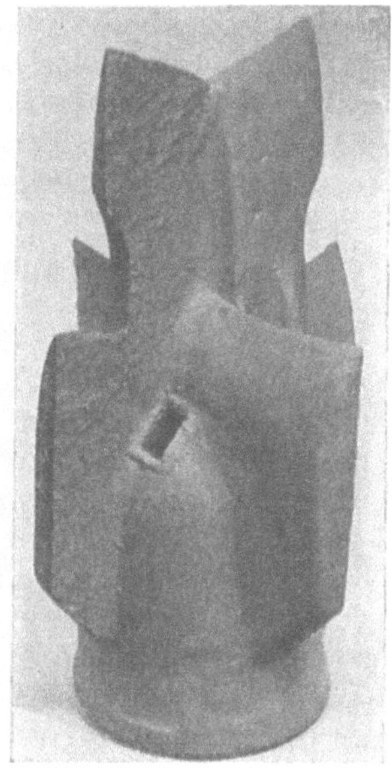

Abb. 68   Abb. 69
Abb. 64 bis 69. Verschiedene Bohrmeißel-Typen.

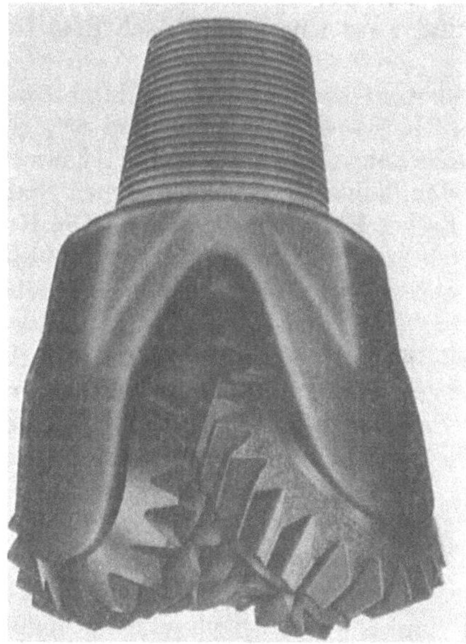

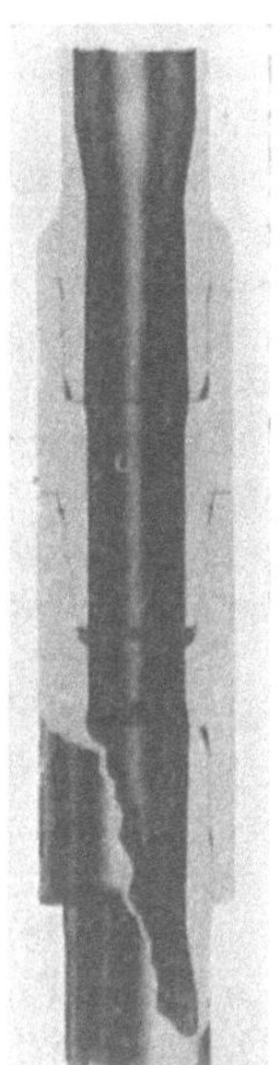

Abb. 70. Rollenmeißel (Reed Roller Bit Co.).   Abb. 71. Tooljoint (Bohrgestänge-
                                                                verbinder).

Schließlich ist noch als neuere Bauart der *Parabolmeißel* zu nennen. Dieser ist aus dem Fischschwanzmeißel hervorgegangen und als eine Art Kegelmeißel anzusehen, bei welchem die mit Hartmetallen besetzten Schneiden in der Mantelfläche eines paraboloidartigen Rotationskörpers liegen. Der Parabolmeißel arbeitet schneidend mit der ganzen Mantelfläche, besitzt also eine größere Schneidlänge als der Fischschwanzmeißel, der nur mit den waagrechten Schneidflächen auf der Bohrlochsohle arbeitet und gestattet somit bedeutend längere Bohrmärsche als der Fischschwanzmeißel.

Es ist Aufgabe der Techniker, aus der Vielfalt dieser Meißel jene Type für das gerade zu durchbohrende Gebirge zu wählen, die den besten Bohrfortschritt erwarten läßt.

d) Das Bohrgestänge

Das Bohrgestänge hat die Drehbewegung des Drehtisches auf das Bohrwerkzeug zu übertragen; ferner muß es die Spülflüssigkeit zur Bohrlcchsohle leiten. Es ist oben in der Mitnehmerstange, einer Vier- oder Sechskantstange eingeschraubt, während am unteren Ende das Bohrwerkzeug befestigt ist. Da eine Bohrung viel Zeit in Anspruch nimmt und mit großen Kosten verbunden ist, muß man, um Fehlschläge zu vermeiden, dem Gestängerohr, also dem am meisten beanspruchten Teil einer Bohranlage, besondere Aufmerksamkeit widmen. Ein Bruch des Gestängerohres verursacht durch das Fangen des im Bohrloch verbliebenen Gestängeteiles nicht nur sehr viel Zeitverlust und erhebliche Geldopfer, sondern kann auch unter Umständen das Aufgeben einer schon weit vorgeschrittenen Bohrung bedingen. Die Verwendung hochwertiger Bohrgestänge ist daher Selbstverständlichkeit. Ihre Herstellung erfordert langjährige Erfahrung und vor allem technisch hochentwickelte Anlagen.

Das Bohrgestänge ist starken Verdrehungsbeanspruchungen ausgesetzt und außerdem treten beim Bohren Schwingungen auf, die das Gestänge sehr beanspruchen. Die Bohrstangen werden daher nur aus erstklassigem und vollkommen homogenem S-M-Stahl angefertigt, und zwar vorwiegend nach dem Hohlwalzverfahren.

Die Abmessungen der Bohrstangen sind nach dem Außendurchmesser, und zwar in den Größen $2^3/_8'' - 2^7/_8'' - 3^1/_2'' - 4^1/_2'' - 5^9/_{16}''$ und $6^5/_8$ gestaffelt. Die Wandstärken dieser Gestänge schwanken zwischen 5 und 11 mm.

Das Bohrgestänge besteht aus runden, hohlen, nahtlos gezogenen Stahlrohren von 6 bis 9 m Länge, die an beiden Enden Feingewinde tragen. Die Rohre mit 6 bis 7 m Länge werden zu zweit durch eine Mittelmuffe zu einem Gestängezug verbunden. Diese Mittelmuffen im Gestänge verschwinden jedoch allmählich, da sie den Beanspruchungen nicht gewachsen sind. Aus diesem Grunde werden die einzelnen Stangen länger gewählt, nämlich 8,20 bis 9,20 m und diese mit direkten Gestängeverbindern, den sogenannten Tooljoints (Abb. 71) versehen. Da es verschiedentlich im Feingewinde innerhalb der Tooljoints infolge Kerbwirkung zu Brüchen kommt und man bestrebt ist, diese womöglich ganz auszuschalten, hat man mit gutem Erfolg Tooljoints nach der Verschraubung mit dem Gestänge elektrisch verschweißt. Dabei ist es wichtig, daß die Gewinde vorerst unter maximalem Drehmoment verschraubt werden und zur Verschweißung geeignete Elektroden Verwendung finden. In neuester Zeit werden die Tooljoints an die Gestänge $2^3/_8'' - 2^7/_8'' - 3^1/_2''$ und $4^1/_2''$, die nach außen gestaucht sind, elektrisch stumpf angeschweißt. Größere Längen der Bohrgestänge von etwa 13 m haben sich als unpraktisch erwiesen, da sie auf dem Transport leicht krumm werden.

Von besonderer Bedeutung ist die Formgebung der Gestängeverbinder. Die Gestängeverbinder (Tooljoints) werden in drei Ausführungen hergestellt, nämlich als Regular-, Full-hole- oder Internal-flush-Tooljoints. Der Regular-Tooljoint zeigt stromhemmende Verengungen, während der Full-hole-Tooljoint eine wesentlich strombegünstigende Ausführung zeigt. Der Internal-flush-Tooljoint hat gleiche Durchgänge wie das Bohrgestänge. Diese verschiedenen Ausführungstypen bedingen jedoch verschiedene Außendurchmesser, wobei der Regular-Tooljoint den kleinsten Außendurchmesser und der Internal-flush-Tooljoint den größten Außendurchmesser hat.

Entscheidend für die Wahl des Gestängedurchmessers ist das beabsichtigte Drehmoment und hängt daher vom Durchmesser des verwendeten Werkzeuges ab. Begonnen werden die Bohrungen im allgemeinen mit $6^5/_8''$ oder $5^9/_{16}''$-Gestänge. Das $4^1/_2''$- und $3^1/_2''$-Gestänge verwendet man erst bei größerer Tiefe, sobald es der Durchmesser des Bohrloches verlangt. Auch die Verwendung eines starken Spülstromes nach dem bewährten Prinzip, „daß gut gespült, halb gebohrt ist", widerspricht dem allzu frühen Einsatz schwächerer Gestänge.

Abb. 72. Bohrgestänge im Turm (mit Protektoren versehen). (Photo: Oil Well Supply Co.)

Um das Bohrgestänge und die Gestängeverbinder beim Bohren durch das Abschleifen an den Rohren und dem Gebirge vor Abnützung zu schützen, werden auf dem Bohrgestänge Gummiringe, sogenannte Protektoren verwendet, deren Durchmesser etwas größer als der der Gestängeverbinder ist. Abb. 72 zeigt das Bohrgestänge mit Protektoren im Turm.

e) Der Spülkopf

Ein besonders wichtiger Bauteil einer Bohranlage ist der Spülkopf (Abb. 73). Dieser muß, am Bohrhaken des Flaschenzuges hängend, einerseits die gesamte Gestängelast tragen, anderseits muß er die Drehung des Gestänges ermöglichen, ohne daß der Spülschlauch sich mitdreht.

Der Spülkopf besteht aus einem feststehenden Spülkopfkörper, der mit dem Bügel am Bohrhaken des Flaschenzuges angehängt ist. Im Innern des Spülkopfgehäuses befindet sich die drehbare und von der Spülflüssigkeit durchflossene hohle Tragspindel, die sich auf einem Kugelrollenlager abstützt. Am unteren Ende der Tragspindel wird die Mitnehmerstange und damit das ganze Bohrgestänge angeschraubt. Die Abdichtung der Tragspindel besorgen eine obere und eine untere Stopfbüchse. An dem Krümmer wird durch ein Anschlußstück der Spülschlauch angeschraubt.

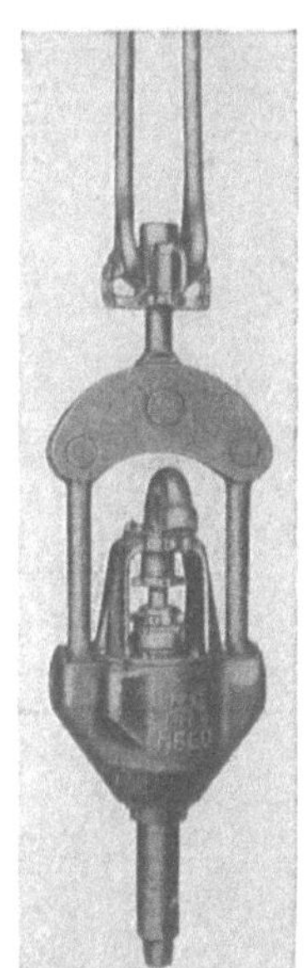

Abb. 73. Spülkopf („Ideal" National Supply Co.).

f) Der Drehtisch

Der Drehtisch hat die Aufgabe, dem Bohrgestänge und damit auch dem Bohrwerkzeug eine drehende Bewegung zu erteilen (Abb. 74). Ferner muß er geeignet sein, das Bohrgestänge entsprechend dem Bohrfortschritt während des Drehens nachlassen zu können.

Der Drehtisch besteht aus einem Unterteil mit einer darunter befindlichen Grundplatte (Abb. 75). Auf diesem Unterteil läuft in einem Hauptkugellager die Drehtischtafel. Diese trägt auf der Unterseite einen Zahnkranz und wird durch ein auf der Antriebswelle sitzendes Kegelrad angetrieben. Besondere Aufmerksamkeit wird der Abdichtung gewidmet, um das Eindringen von Wasser und Dickspülung in das Innere des Drehtisches zu verhindern.

Der Antrieb des Drehtisches geschieht vom Hebewerk aus durch Ketten oder durch eine Kardanwelle (Abb. 76). Der Antrieb des Drehtisches durch eine eigene Kraftmaschine setzt sich immer mehr durch (Abb. 77). Die Drehzahl des Drehtisches schwankt zwischen 30 und 300 UpM. Der Zweck der erhöhten Drehzahl ist ein größerer Bohrfortschritt und geradere Bohrlöcher. Allerdings steigt mit der höheren Drehzahl des Tisches auch sein Kraftbedarf, der bis zu 300 PS betragen kann.

Erwähnenswert ist noch der Einbau elastischer Zwischenglieder und Kupplungen in die Kraftübertragung,

Abb. 74. Drehtisch mit Kelly und Spülkopf in Betrieb („Ideal" National Supply Co.).

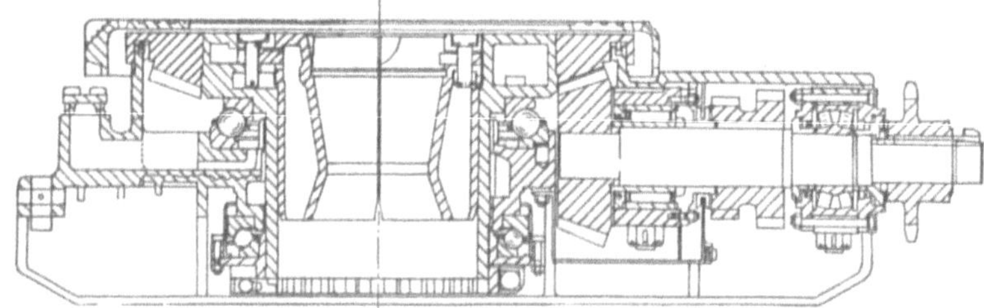

Abb. 75. Grundplatte des Drehtisches („Ideal" National Supply Co.).

der aus folgenden Ursachen bedingt ist: Das eigentliche Bohrwerkzeug arbeitet mehrere 100 bis 1000 m von der eigentlichen Antriebsvorrichtung entfernt auf der Bohrlochsohle. Beim Bohren auf der Sohle treten je nach der Eigenschaft des zu durchbohrenden Gesteins verschieden starke Widerstände auf. Diese bewirken, daß das lange nachgiebige Bohrgestänge durch die Antriebsvorrichtung eine mehrfache Verdrehung um 360° erfährt, wodurch starke Spannungen auftreten. Wird schließlich der Schnittwiderstand überwunden, so wird das unter

Abb. 76. Durch Kardanwelle angetriebener Drehtisch (National Supply Co.).

Abb. 77. Drehtisch mit direktem Antrieb (Dampfmaschine). („Ideal" National Supply Co.)

Spannung stehende Bohrgestänge plötzlich frei und übt starke Schläge auf die Antriebsvorrichtung aus. Hiedurch treten starke Schwankungen im Antrieb auf. Diesen beim Bohren auftretenden besonderen Beanspruchungen sucht man durch Einbau elastischer Zwischenglieder und Kupplungen gerecht zu werden.

g) Das Hebewerk

Das Hebewerk (Abb. 78) dient zum Ein- und Ausbau und zum Nachlassen des Bohrwerkzeuges, wobei sich das über die Turmrolleneinrichtung geführte Seil auf der Seiltrommel auf- und abwickelt. Ferner wird vom Hebewerk der Antrieb des Drehtisches abgeleitet.

Um die abgenützten Meißel rasch wechseln zu können, wodurch die Bohrzeit verkürzt wird, hat man die Hebewerke mit Geschwindigkeitsstufen ausgerüstet. Diese Geschwindigkeitsabstufung steht im engsten Zusammenhang

mit der Art der Antriebsmaschinen und deren Überlastbarkeit. Die mit Dampf-
maschinen angetriebenen Hebewerke besaßen ursprünglich nur zwei Geschwindigkeitsstufen, da die beim Gestängewechsel auftretenden Belastungsspitzen durch
den gut überlastbaren Dampfantrieb ohne Schwierigkeit aufgenommen werden
konnten. Bei größeren Bohrtiefen ging man zum Vier- und Sechsstufenhebewerk
über, um eine größere Beweglichkeit zu erzielen. Auch bei der Verwendung des
Elektromotors wurde die Zahl der Geschwindigkeitsstufen auf vier bis sechs erhöht.
Die Einführung des Dieselmotors machte wegen seiner geringen Überlastbarkeit
eine Abstufung bis zu acht Geschwindigkeiten erforderlich.

Die Zugkraft der Hebewerke beträgt je nach der Bauart 5, 10, 15, 20 und 25 t.

Abb. 78. Modernes Hebewerk mit Parkerburg-Bremse („Ideal" National Supply Co.).

Die größte Spitzenleistung tritt beim Einbau der Verrohrung auf und bei sogenannten Fangarbeiten, d. h. wenn das Bohrgestänge im Bohrloch festsitzt und
unter Verwendung größter Zugkraft freigemacht werden muß.

Die bauliche Entwicklung ging von den kettengetriebenen Hebewerken über
die zahnradbetriebenen Hebewerke zu den Hebewerken mit Flüssigkeitsgetrieben,
die sich mit ihrer stufenlosen Regelbarkeit der Hubgeschwindigkeit bei gleichbleibender Antriebsleistung den wechselnden Gestängelasten am besten anpassen
können.

Die Fördergeschwindigkeit des auflaufenden Flaschenzugseiles liegt zwischen
0,8 und 8 m/sec. Entsprechend einer Auflaufgeschwindigkeit von 8 m/sec. wird
beim achtfachen Zug eine Hakengeschwindigkeit von 1 m/sec. erreicht, die in
Anbetracht der Länge der Gestängezüge und der zur Verfügung stehenden Turm-
höhe nicht gerne überschritten wird.

Die Kettenhebewerke bestehen aus einem kräftigen Stahlgerüst, in dem drei
Wellen gelagert sind: ein Vorgelege oder eine Antriebswelle, eine Zwischen- oder
Spillwelle und die Trommelwelle mit der Seiltrommel. Zur Übertragung der
Kraft von der Antriebswelle auf die Zwischenwelle und von dieser auf die Trommelwelle dienen die Ketten und Kettenräder, deren Maße nach den API-Vorschriften
genormt sind. Zum Einschalten der verschiedenen Geschwindigkeitsstufen
dienen verschiebbare Klauenkupplungen. Für geringe Tiefen werden die Lasten
mit einer Handbremse (Doppelbandbremse) abgebremst. Bei größeren Tiefen
dagegen hat sich durchwegs die hydraulische Bremse (sogenannte Parkerburg-
Bremse [Abb. 78 rechts]) eingeführt. Diese als Wasserwirbelbremse gebaute
Vorrichtung gewährleistet ein betriebssicheres Abbremsen selbst größter Gestängelasten.

Das Getriebehebewerk besteht im wesentlichen aus einem Getriebekasten, in welchem das eigentliche Windwerk mit dem Vorgelege und dem Wender für Vorwärts- und Rückwärtslauf zu einer geschlossenen Anlage vereinigt ist. Der Motor treibt über einen Riementrieb unmittelbar auch den Getriebekasten. Über die erste Getriebewelle wird gleichzeitig die Spülpumpe angetrieben. Die Ausschaltung der Kettenübertragung und die Einführung der Zahnradübersetzung ergeben nicht nur einen geräuschloseren Gang, sondern auch einen verbesserten Wirkungsgrad.

Den neuesten Stand in der Entwicklung stellt das Hebewerk mit Flüssigkeitsgetriebe dar (Abb. 79). Dieses Hebewerk besteht aus einem Antriebs- und

Abb. 79. Hebewerk mit Flüssigkeitsgetriebe. „Gyrol-Fluid" („Ideal" Type 125. National Supply Co.).

einem Hebewerksteil. Von der Hauptwelle des Dieselmotors wird die Kraft zunächst auf ein Flüssigkeitsgetriebe und von dort auf ein Zahnradgetriebe übertragen, das die Seiltrommel antreibt. Die Stirnräder des Zahnradgetriebes sind mit Pfeilverzahnung und die Kegelräder mit Bogenverzahnung zur Erzielung großer Laufruhe versehen. Das Hebewerk hat den Vorteil, daß das Anfahren unter Volllast stoßfrei und mit einem großen Drehmoment erfolgen kann. Die Seilgeschwindigkeiten lassen sich stufenlos regeln von 0 bis 15 m/sec. Diese Bohranlage erreicht somit eine große Elastizität. Beim Einbau von Bohrgestänge und Futterrohren wirkt außerdem das Flüssigkeitsgetriebe in ähnlicher Weise wie die Parkerburg-Bremse als hydraulische Bremse.

h) Die Spülpumpen

Die Spülpumpen werden als doppelwirkende Zwillingspumpen in liegender Anordnung gebaut. Getriebeteil und Wasserkörper werden getrennt ausgeführt (Abb. 80). Der Wasserkörper wird aus hochwertigem Stahlguß hergestellt. Man verwendet Kurbel- und Exzenterantrieb. Die Ventile sind größtem Verschleiß ausgesetzt, da die Spülung, obzwar sie nach Rückkehr aus dem Bohrloch vom Bohrschmand befreit wird, häufig noch Sandbeimengungen führt. Sie werden daher aus hochwertigen Werkstoffen hergestellt. Aus dem gleichen Grunde sind auch die Zylinder mit auswechselbaren, im Einsatz gehärteten und geschliffenen Zylinderbüchsen ausgerüstet. Die Kolben besitzen ebenfalls gehärtete Laufflächen, die mit Gummiringen versehen sind. Die Kolbendurchmesser betragen $4\frac{1}{2}''$ bis $7\frac{3}{4}''$, die Hublänge liegt entsprechend bei $10''$ bis $18''$. Die Förderleistung schwankt zwischen 200 bis 1500 l/Min.

Die Spülpumpe hat beim Bohrvorgang insoferne eine wichtige Aufgabe zu erfüllen, als ein Stillstand der Pumpe und damit der Spülflüssigkeit durch das

Abb. 80. Kraftspülpumpe („Ideal" National Supply Co.).

Absinken des Bohrschmandes leicht zu einem Festwerden des Bohrgestänges im Bohrloch führen kann. Aus diesem Grunde werden fast überall zwei große, leistungsfähige Pumpen nebeneinander angeordnet, die auch den Bohrfortschritt günstig beeinflussen.

4. Wahl des Antriebes und der Antriebsmaschinen

Die Art des Antriebes der drei Hauptteile einer Rotarybohranlage (Drehtisch, Hebewerk und Spülpumpe) ist von dem verwendeten Hebewerk und den Antriebsmaschinen abhängig. In der Regel wird die Kraft der Antriebsmaschine auf die Antriebswelle des Hebewerkes übertragen (Abb. 81).

Von dort aus wird einerseits die Trommelwelle des Hebewerkes betätigt und anderseits der Antrieb des Drehtisches abgeleitet. Der Antrieb der Spülpumpen kann auf verschiedene Weise erfolgen. Entweder werden Dampfpumpen verwendet oder die Pumpe wird gesondert durch eine Kraftmaschine (Dampfmaschine, Diesel- oder Elektromotor) angetrieben, oder der Antrieb des Hebewerkes und der Pumpe wird von einem gemeinsamen Vorgelege abgeleitet.

Die Antriebskraft für eine Bohranlage darf nicht zu klein bemessen werden. Als Regel für den Praktiker gilt für je 1000 Fuß = 300 m Leistung zirka 100 PS Antriebskraft.

Als Antriebskraft wird überall dort, wo Gas billig zur Verfügung steht, *Dampf* verwendet. Der lebhafteste Konkurrent für Dampfbetrieb ist der elektrische Antrieb geworden, besonders dort, wo eine Erdölgesellschaft über eigenen billigen

Dampf verfügt, während der Dieselantrieb hauptsächlich bei Explorationsbohrungen Verwendung findet.

Bei Dampfbetrieb werden für eine Tiefbohrung von 2500 bis 3000 m und darüber drei bis vier Kessel in Betrieb gehalten. Die Tendenz geht dahin, immer größere Kessel mit höherem Dampfdruck (21 atü gegenüber vor wenigen Jahren noch 12 bis 14 atü) zu verwenden. Ihre Dampferzeugung liegt bei 8 bis 10 to/Stunde und reduziert sich im Tagesmittel auf etwa 5 bis 6 to/Stunde, so daß mit einem mittleren Speisewasserbedarf von 120 bis 150 to/Tag und Bohrung gerechnet werden kann. Es muß jedoch Vorsorge getroffen werden, auch Tagesspitzen von 220 to in 24 Stunden bewältigen zu können.

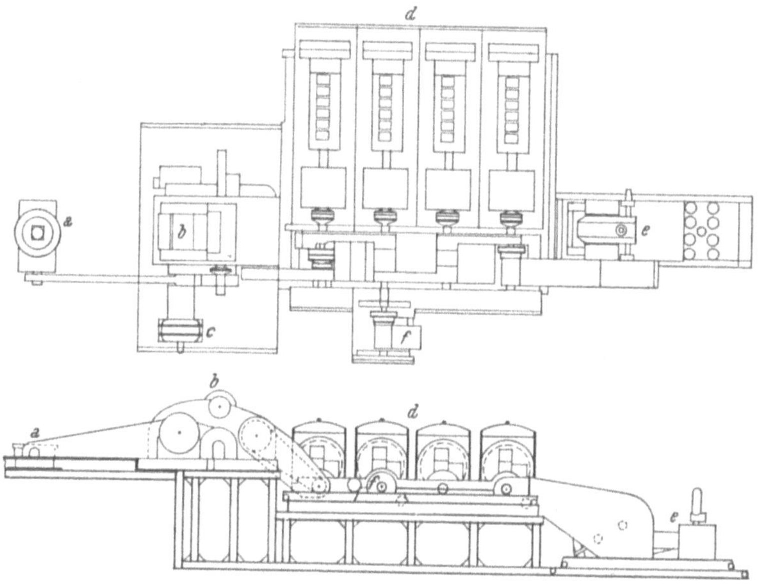

Abb. 81. Schema eines modernen Antriebes.
a = Drehtisch, *b* = Hebewerk, *c* = Parkersburg-Bremse, *d* = Antriebsmotore, *e* = Spülpumpe, *f* = Antrieb für die zweite Spülpumpe.

Die Hauptkonsumenten des großen Dampfverbrauches sind die Spülpumpen — die wahre Dampffresser sind. Ebenso ist die 12″ × 12″-Zwillingsdampfmaschine als Antrieb für das Hebewerk nicht gerade als wirtschaftliche Maschine zu bezeichnen, so gut sie sich in jeder Hinsicht für den Bohrbetrieb auch eignet. Diese Maschine leistet beim Gestängeausbau etwa 425 PS (18 atü Eintrittsspannung vorausgesetzt). Während des Bohrens werden von ihr im Durchschnitt 120 bis 150 PS verlangt, während auf die Spülpumpen 150 bis 200 PS entfallen. Es ist bekannt, daß Duplexpumpen, wie sie im Bohrbetrieb als Spülpumpen verwendet werden, kaum einen thermischen Wirkungsgrad von 5% erreichen. Dieser Zustand kann ertragen werden, solange die bei der Rohölproduktion anfallenden Erdgase in reicher Menge zur Verfügung stehen. Heute, wo selbst Erdölgesellschaften mit dem Erdgas sparen und den Gaspreis, der früher vernachlässigt werden konnte, in Rechnung stellen müssen, erscheint ein solcher Dampfverbrauch sehr kostspielig und unwirtschaftlich. Durch den steigenden Gaspreis gewinnt heute der elektrische Antrieb sehr viel an Boden.

Bei elektrischem Antrieb werden Drehstrommotoren verwendet, da sie am wenigsten feuergefährlich sind. Sie haben den Nachteil der unvollkommenen Regelbarkeit. Neben den ursprünglich benutzten Schleifringläufermotoren werden mannigfaltige Sonderbauarten, so z. B. polumschaltbare Kurzschluß-läufer-, Drehstrom-, Reihenschluß-, Kollektormotoren benutzt. Wegen der größe-ren Überlastbarkeit (kurzzeitig bis zum 2,5fachen der Nennlast) wird die Nenn-leistung der Elektromotoren geringer gewählt als bei den Dieselmotoren.

Der Dieselantrieb hat sich speziell für Explorationsbohrungen in abgelegenen Gegenden sehr eingebürgert. Die Nachteile des Dieselmotors sind mangelnde Regelbarkeit und geringe Überlastbarkeit. Diese Schwierigkeiten hat man heute allerdings durch Einschaltung besonderer Zwischenvorgelege mit Wendegetrieben und durch Sonderbauarten von Motoren für Tiefbohrbetrieb mit einer Regelbar-keit von Leistung und Drehzahl bis 50 % behoben. Man verwendet langsam- und schnellaufende Vier- bis Sechs- oder Achtzylindermotoren von je 150 bis 300 PS Leistung. Je nach der Größe der Anlage werden zwei, drei oder vier Moto-ren, die verschieden auf die Spülpumpen, das Hebewerk oder den Drehtisch schaltbar sind, verwendet. Auf Gasbetrieb umgestellt, sinkt die Leistung dieser Motoren; die Drehzahl läßt sich nicht in genügend weiten Grenzen herabsetzen.

Eine Verbesserung des Dampfbetriebes in wirtschaftlicher Hinsicht würde dazu beitragen, der Dampfmaschine auch weiterhin ihre Domäne zu erhalten, da die im Winter notwendige Dampfmenge für Heizung und Abtauen der verschie-densten Werkzeuge und Tooljoint-Gewinde ohne weiters der Dampfleitung ent-nommen werden kann, während bei Dieselantrieb die Aufstellung eines von den Auspuffgasen geheizten kleinen Kessels zwar wirtschaftlich ist, aber eine Kompli-zierung des Betriebes bedeutet.

IV. Die Spülung

Beim Rotarybohren wird die Bohrung unter Verwendung der sogenannten Dickspülung durchgeführt. Der Verlauf ist hiebei folgender:

Die Spülflüssigkeit wird von der Spülpumpe aus einem Becken angesaugt und durch den Spülschlauch hindurch zum Spülkopf gedrückt. Von dort aus tritt sie in das sich drehende hohle Bohrgestänge, fließt zum Bohrwerkzeug, nimmt dort den Bohrschmand auf und steigt in dem Ringraum zwischen Bohrgestänge und Bohrlochwand zutage, wo sie vom Bohrschmand befreit wird und dann zum Ansaugbecken zurückfließt.

1. Bedeutung der Dickspülung

Als Dickspülung bezeichnet man jede Aufschlämmung von Ton oder anderen quellenden Substanzen, die im Bohrloch zum Umlauf gebracht werden und deren spezifisches Gewicht und Viskosität höher als beim Wasser sind.

Die Aufgaben und Anforderungen, die eine Dickspülung erfüllen sollen, sind mannigfacher Art.

Die Spülung hat in erster Linie die Aufgabe, den Bohrschmand, d. h. das losgemachte Gestein von der Sohle zu entfernen und die Meißelschneide zu kühlen. Darüber hinaus hat sie die wichtige Aufgabe, die Bohrlochwand gegen Zusammen-stürzen zu sichern bzw. Nachfall zu verhindern. Sie verklebt die lockeren Gebirgsteilchen der Bohrlochwand und erzeugt vermöge ihres hohen spezifischen Gewichtes im Innern des Bohrloches an jeder Stelle einen höheren Druck, als der in gleicher Tiefe herrschende statische Druck einer entsprechenden Wasser-säule beträgt. Diese besonderen Eigenschaften der Dickspülung ermöglichen es, lange Strecken ohne jede Verrohrung zu bohren.

Die Spülflüssigkeit ist im wesentlichen eine kolloidale Aufmischung von quellendem Ton in Wasser. Das spezifische Gewicht liegt zwischen 1,05 und 1,30; bei schweren Spülungen steigt es bis auf 2,2.

Obwohl die Spülung als ein billiger und in den meisten Fällen leicht erhältlicher Faktor beim Bohren eingeschätzt wird, spielt diese aber in der Gesamtheit der Bohrkosten eine ganz bedeutende Rolle. Viele Bohrungen liefern das benötigte Spülungsmaterial selbst, doch kommt es oft vor, daß das durchteufte Gebirge zur Bildung einer brauchbaren Spülung nicht geeignet ist und der Ton oft aus ziemlich entlegenen Gegenden bei ungünstigsten Transportverhältnissen herbeigeschafft werden muß. Diese zusätzlichen Ausgaben können die Bohrkosten wesentlich erhöhen.

Die in der Feldpraxis beim Rotarybohren auftretenden Schwierigkeiten und die die Bohrarbeit störenden und hindernden Vorkommnisse lassen erkennen, daß ein großer Teil dieser Schwierigkeiten auf die nicht entsprechend zubereitete Spülung und auf eine nicht sorgfältige Überwachung zurückzuführen ist.

Im Verlaufe langjähriger systematischer Untersuchungen wurde festgestellt, welche grundlegenden Aufgaben der Dickspülung beim Rotarybohren zufallen, welche chemisch-physikalischen Eigenschaften des für die Zubereitung der Spülung benutzten Tones gefordert werden müssen und welche Änderungen die Spülung während der einzelnen Phasen des Niederteufens im allgemeinen und in besonderen Fällen erleidet. Je nach der unterschiedlichen Zusammensetzung der durchteuften Schichten, ihrem Gas- und Flüssigkeitsgehalt, werden in der Spülung Änderungen hervorgerufen, die ihre Eigenschaften derart beeinflussen, daß diese für die Erfüllung der ihr gesetzten Aufgaben ungeeignet werden kann. Nur eine auf wissenschaftlicher Basis begründete Zubereitung, Behandlung und Überwachung der Spülung kann allein zur Erreichung verminderter Schwierigkeiten im Bohrbetrieb führen.

Von einer brauchbaren Dickspülung für den Bohrbetrieb verlangt man folgendes:

1. Sie soll eine helle Farbe haben, damit Verunreinigungen (Ölspuren) leicht zu erkennen sind.

2. Sie darf nicht korrosiv sein, d. h. Sand oder andere harte Materialien, Säuren usw. enthalten.

3. Sie soll möglichst viel kolloidale Bestandteile haben, die auch bei Kontakt mit salzhaltigen Lösungen diese Eigenschaften nicht verlieren.

4. Sie darf nicht absetzen, d. h. sich nicht in ihre Bestandteile auflösen, sondern sie muß gleichmäßig verteilt in Aufschlämmung bleiben. (In 24 Stunden dürfen sich nur 2% niederschlagen.)

5. Sie soll bei ausreichendem spezifischem Gewicht eine genügende Viskosität (Zähigkeit) haben, um den losgebohrten Bohrschmand nach oben tragen zu können.

6. Sie muß infolge ihres Gewichtes und den dadurch ausgeübten hydrostatischen Druck und durch die in ihr enthaltenen kolloidalen Bestandteile die Bohrlochwand verkleiden und brüchige Schichten so weit zurückhalten, daß kein Nachfall eintreten kann.

7. Beim Durchbohren porösen und klüftigen Gesteins muß die Spülung die Formation so weit abdichten, daß keine Spülungsverluste entstehen.

8. Bei abgestelltem Spülstrom muß die Spülung ein Gel bilden können, welches alle beschwerenden Teile und Gesteinsbrocken festhält, damit diese nicht zum Bohrlochboden sinken können und das Bohrwerkzeug festklemmen.

Man wird daher für normale Gebirgsbeschaffenheit, für zu Nachfall neigendem Gebirge, für klüftiges Gebirge und für Gebirge, die mit Gashorizonten durchsetzt sind, immer eine anders zusammengesetzte Spülung benötigen. *Im allgemeinen kann man sagen, daß eine ideale Spülung, die allen gestellten Anforderungen gerecht wird, nicht existiert.*

2. Zubereitung der Spülung

a) Aus natürlichem Ton

Selbst für viele Bohrfachleute bedeutet Spülflüssigkeit nur ein Gemisch von Ton und Wasser.

Wenn man Vergleiche unter den verschiedenen Tonen macht, so zeigt es sich bald, daß kein Ton dem anderen gleicht. Ton ist ein kieselsaures Aluminiumhydrat, das einen großen Prozentsatz Unreinheiten enthält. Da der Ton meistens als Verwitterungsrückstand aus dem chemischen Zerfall von Gesteinen entstanden ist, wird die chemische Zusammensetzung und die physikalische Eigenschaft des Tones vor allem von der Art und der Zusammensetzung des Gesteins abhängen, aus dem er stammt.

Neben der verschiedenen chemischen Zusammensetzung ist auch der physikalische Charakter in weiten Grenzen verschieden. Es variiert vor allem die Dichte und die Farbe; letztere infolge eines Großteils von Unreinheiten besonders durch Beimengungen von Eisen und organischen Bestandteilen. Weder Dichte noch Farbe sind jedoch von wesentlicher Bedeutung eines Tones für Spülungszwecke.

Eine der hervorstechendsten Charakteristiken des Tones besteht in seiner Fähigkeit, Wasser aufzunehmen. Als Folge davon scheint er im Volumen zu wachsen, während er gleichzeitig einen gewissen Grad von Plastizität erreicht. In allen Fällen zeigt sich durch das Mischen von Ton und Wasser eine vier- bis fünffache Volumenvergrößerung. Das Volumen des Tonwassergemisches ist aber kleiner als die Summe der Volumina seiner Komponenten. Die meisten Tone enthalten Quarz und Glimmer, so daß diese kieseligen Tone und Kaoline wenig oder gar keine Plastizität besitzen. Sandfreier Ton ist gut plastisch.

Die Beobachtung der verschiedenen Tonsorten zeigt, daß die wenigsten durch einfaches Zerreiben schon für eine gute Dickspülung wünschenswerte Eigenschaften bekommen. Bei geeigneter Bearbeitung wird es aber in den meisten Fällen gelingen, die an der Tagesoberfläche anstehenden Tone zu verwenden.

In früheren Zeiten wurden keine so großen Ansprüche an die Spülung gestellt wie heute. Wenn Tonschichten durchbohrt wurden, dann wurde durch den Meißel selbst Spülung gemacht oder man warf Ton in das Bohrloch, so daß dieser durch den Meißel und das Gestänge zerrieben wurde. Heute dagegen werden an die Spülung große Ansprüche gestellt und eigene Spülungsanlagen errichtet, in welchen der Ton getrocknet, zerbrochen, zermahlen und mit Wasser, Beschwerungsmaterial usw. gemischt wird. In diesen Anlagen wird auch unbrauchbar gewordene Spülung wieder konditioniert, entgast und das teure Beschwerungsmaterial zurückgewonnen.

In der Praxis wird die Spülung aus Ton auf folgende Art zubereitet:

Es werden in einem großen Behälter größere Tonstücke mit einem Wasserstrahl unter hohem Druck teilweise aufgeschlämmt. Durch fortwährendes Bespritzen mit ein und demselben Wasser wird eine Spülung gewonnen, worin noch große Stücke Ton vorhanden sind. Diese zum Teil angemischte Spülung kommt in eine *Mischmühle* und wird dann in einen größeren Behälter geleitet. Bei den großen Spülungsaufbereitungsanlagen wird der Ton vorerst am billigsten in der Sonne getrocknet. Man verwendet aber auch eine künstliche Trocknung auf Eisenblechen, die durch Abdampf oder Gase beheizt werden. Bei Gasheizung darf die Temperatur 100 bis 110° C nicht übersteigen. Nach dem Trocknen wird der Ton zermahlen. Dieser gemahlene Ton wird dann in großen Mischmühlen mit Wasser versetzt, so lange, bis die Spülung entsprechend eingedickt ist. Diese fertige Spülung wird dann in Reservoirs aufbewahrt. Da diese Spülung aber leicht absetzt, müssen Umpumpungsmöglichkeiten und Spritzen vorhanden sein, um die Spülung jederzeit wieder aufmischen zu können.

b) Aus veredeltem Ton

Außer Ton gibt es noch verschiedene andere Materialien, aus denen Bohrspülung hergestellt werden kann. Diese Materialien zeichnen sich durch besonders gute kolloidale Eigenschaften aus, wodurch die Qualität der Spülung verbessert oder die Verwendung wenig geeigneter tonhaltiger Erden ermöglicht wird. Diese sind unter den Namen Tixoton, Bentonit oder Aquagel im Handel erhältlich. *Alle diese künstlichen Tone stellen eine veredelte Tonsubstanz dar, welche einen hohen Prozentsatz an kolloidal verteilbaren Teilchen aufweisen* und deshalb imstande sind, die eingangs erwähnten Aufgaben einer Spülung weitgehendst zu erfüllen.

Spülungen aus natürlich meist kolloidarmen Ton bereitet, erfüllen die mannigfaltigsten Aufgaben der Spülung nur recht unvollkommen. Man muß daher in vielen Fällen die Qualität der Spülung durch Zusatz von veredelten Tonen so verbessern, daß der Gehalt an Kolloiden erhöht wird. Für diesen Zweck haben sich sehr gut geeignet: Tixoton, Bentonit und Aquagel. Aus 60 bis 65 kg Tixoton und 1 m³ Wasser läßt sich 1 m³ gute Spülung herstellen oder 1 t Tixoton liefert zirka 16 m³ Spülung. Umgekehrt benötigt man für diese 16 m³ Spülung zirka 4 bis 8 t Rohton, ohne daß die daraus erhaltene Spülung die gleich guten Eigenschaften einer mit Tixoton oder Bentonit bereiteten aufweisen kann.

3. Vorteile bei Verwendung veredelter Tonsorten
(Bentonit, Aquagel, Tixoton)

Diese vermischen sich leicht mit Wasser, leichter als natürliche Tone.

Die Spülung bleibt vollständig stabil, d. h. innerhalb 48 Stunden und länger bildet sich kein Absatz.

In Ruhe „geliert" die Spülung und hält die Bohrschmandteile fest; durch Bewegung wird die Spülung sofort wieder flüssig.

Durch den hohen Gehalt an kolloidalen, quellfähigen Teilchen verhindert sie das Nachrutschen brüchiger Gebirge, lockerer Sandschichten und verhindert den Nachfall gestörter Bruchzonen — dadurch wird das Bohren langer unverrohrter Strecken möglich.

Diese Tone sind ein idealer Grundstoff zur Herstellung von Suspensionen für schwere Spülungen, z. B. feingemahlener Baryt, Hämatit oder andere dafür geeignete Substanzen.

Diese dienen zur Herstellung von Gelzement und somit zur Bekämpfung großer Spülungsverluste in klüftigem Gebirge.

Bei der Zubereitung der Spülung sind nicht nur die festen Bestandteile der Spülung wichtig, sondern es muß auch auf die Beschaffenheit des verwendeten Wassers ein besonderer Wert gelegt werden. Wasser, das zu anderen Zwecken noch recht gut brauchbar ist, kann dennoch genug Unreinigkeiten gelöst enthalten und ganz unerwartete Effekte in der Spülung hervorrufen. *Ein zur Verfügung stehendes Wasser kann nur in Beziehung mit den beizumischenden festen Materialien als gut oder schlecht bezeichnet werden.*

4. Eigenschaften der Dickspülung
a) Spezifisches Gewicht der Spülung

Das spezifische Gewicht einer Spülung, die mit Ton bereitet wurde, ist bedingt durch das Mischungsverhältnis zwischen Ton und Wasser. Tonspülungen erreichen maximal ein spezifisches Gewicht von 1,24 bis 1,26, das einem Mischungsverhältnis von zirka 40% Ton entspricht. (40 g Ton mit 100 g Wasser vermengt.)

Das spezifische Gewicht der Spülung ist von dem Prozentsatz der darin befindlichen festen Bestandteile und deren spezifischem Gewicht abhängig.

Das spezifische Gewicht der Spülung wird hauptsächlich kontrolliert, um dem hydrostatischen Druck der durchfahrenen Schichten das Gleichgewicht halten zu können. In den meisten Fällen kommt man mit einem spezifischen Gewicht reiner Tonspülung von 1,20 bis 1,25 aus. Dort, wo Horizonte mit hohen Gasdrücken oder nachfallenden Schichten durchfahren werden, muß die Spülung entsprechend diesen Verhältnissen beschwert und das spezifische Gewicht entsprechend erhöht werden, wobei dieses je nach den verwendeten Beimengungen maximal 2,2 erreichen kann.

b) Stabilität der Spülung

Eine Spülung wird stabil genannt, wenn sie während des Stehens keine Neigung zeigt, Feststoffe abzuscheiden. Selbst bei Unterbrechungen des Pumpbetriebes darf die Spülung ihren Feststoffanteil nicht absondern, auch dann nicht, wenn in der Spülung Beschwerungsstoffe enthalten sind. Es würde sich sonst das spezifische Gewicht innerhalb des Bohrloches erheblich ändern und somit Voraussetzungen für Nachfall gegeben sein. Die Tixotropie hat großen Einfluß auf die Stabilität einer Spülung. Eine Spülung ist gut stabil, wenn sich nach 24 Stunden Ruhe nicht mehr als 2% Wasser abscheiden.

c) Tixotropie (Versteifung)

Tixotropie ist die Eigenschaft der Spülung, sich im Ruhezustand langsam geleeartig einzudicken, aber durch Rühren sofort wieder flüssig zu werden. Einige veredelte Tone, besonders Betonit und Tixoton, haben in ausreichend konzentriertem Zustande die Eigenschaft, während der Bewegung flüssig zu sein, in Ruhe aber fest zu gelieren. Eine derartige Spülung läßt sich leicht pumpen und dickt sofort ein, wenn die Zirkulation aufhört, wodurch das Absinken des Bohrgutes nach der Bohrlochsohle verhindert wird. Wenn eine solche Spülung in stark poröses Gebirge oder in klüftiges Gestein eindringt, dickt sie dort ein und verhindert weiteres Infiltrieren der zirkulierenden Spülung.

d) Viskosität

Unter Viskosität versteht man die innere Flüssigkeitsreibung oder den Widerstand einer Flüssigkeit gegen die Formänderung. Die Viskosität wird als Verhältnis der Auslaufzeiten einer bestimmten Menge Spülung durch einen Trichter von gegebenen Abmessungen (Marsh- oder Funnel-Trichter) gegenüber der Auslaufzeit der gleichen Menge Wasser gemessen.

Unter normalen Verhältnissen ist entsprechend den praktischen Erfahrungen in verschiedenen Bohrfeldern eine Spülung, welche bei einem spezifischen Gewicht von zirka 1,20 eine Viskosität von 42 bis 45 Sekunden (für 1 Liter) besitzt, als zweckentsprechend befunden worden. Die Auslaufzeit für Wasser aus obenerwähntem Trichter beträgt vergleichsweise 30 Sekunden.

Die Viskosität einer Spülung hängt im weitgehendsten Maße von der Zahl der kolloidalen Partikel in einer gewissen Volumeinheit ab, während sie beinahe unabhängig von der Größe dieser Partikel ist.

Durch verschiedene Chemikalien kann die Viskosität erhöht oder erniedrigt werden. Hohe Viskosität fördert die Belagbildung und Abdichtung der Bohrlochwand, eine niedrige Viskosität verhütet z. B. die Gasaufnahme durch die Spülung.

Eine richtige Viskosität der Spülung bedingt folgende Vorteile: Große Bohrleistung — niedrigen Pumpendruck — geringe Möglichkeit des Vergasens und gute Abdichtung der Bohrlochwand.

5. Überwachung der Dickspülung und ihre meßtechnische Erfassung im Bohrbetrieb

a) Allgemeines. Die Spülung darf nicht nur bei ihrer Zubereitung ihre guten Eigenschaften besitzen, sie muß diese auch in wiederholtem Umlauf im Bohrloch beibehalten, sofern sie die ihr zugewiesenen Aufgaben mit Erfolg erfüllen soll. Dies erfordert eine ständige Kontrolle der Spülung am Auslaufrohr des Bohrloches, um etwaige Änderungen des spezifischen Gewichtes, der Viskosität und der kolloidalen Beschaffenheit feststellen zu können. Änderungen dieser Art können eintreten: infolge Verwässerung, Einfiltrierung, Vermischen mit Gas oder Öl oder durch Zutritt sonstiger Materialien aus den durchbohrten Schichten. Einflüsse dieser Art müssen sorgsam überwacht werden, damit diesen raschest entgegengetreten werden kann.

Um den Überwachungsdienst erfolgreich durchführen zu können, genügt nicht ein oberflächliches Wissen, betreffend die Beschaffenheit der in Frage kommenden Spülung und der ihr zugrunde liegenden Tonarten, sondern man muß sich eingehend und im einzelnen mit ihren chemischen und physikalischen Eigenschaften auseinandersetzen. Desgleichen auch mit den Zusatzmitteln der Spülung, wenn man die Beschaffenheit der Spülflüssigkeit den jeweiligen Bedürfnissen entsprechend beeinflussen will.

Der Charakter der Flüssigkeit kann nicht mit genügender Genauigkeit durch das Auge oder das Gefühl bestimmt werden. Es ist unbedingt nötig, daß man die Spülung auf ihre physikalischen Eigenschaften hin mit technischen Mitteln mißt, speziell das spezifische Gewicht, die Viskosität und den kolloidalen Zustand.

b) Das spezifische Gewicht der Spülung wird im Felde durch **Abwiegen** eines bestimmten Volumens oder mittels eines für den Bohrbetrieb konstruierten *Hydrometers* bestimmt. Eine fortlaufende Messung des spezifischen Gewichtes der Spülung kann man auch durch Anwendung gewisser automatisch wirkender Meßeinrichtungen erhalten. Alle diese Meßverfahren zur Bestimmung des spezifischen Gewichtes der Spülung sind genügend genau und zuverlässig, wenn die verschiedenen Apparate rein gehalten werden.

c) Die Viskosität der Spülung wird ebenfalls mit Hilfe eines Trichter*viskosimeters* gemessen. Im Laboratorium hat der Spülungstechniker oder Chemiker besondere Viskosimeter, so z. B. von STORMER oder andere, die eine genaue Ermittlung der Viskosität erlauben.

d) Versteifung und Tixotropie. Kommt eine gute Dickspülung zur Ruhe, so beginnt sie sofort zu versteifen. Die Versteifung hängt außer von der Ruhezeit von den gleichen Bedingungen wie die Viskosität ab.

Von Bedeutung sind sowohl das Maß als auch die Geschwindigkeit der Versteifung. Die Versteifung der Spülung wird mit dem Torsionsviskosimeter gemessen. Für Versteifungsmessungen steht dem Betrieb gewöhnlich kein Gerät zur Verfügung.

e) p_H-Wert. Der p_H-Wert ist eine vereinfachte Ausdrucksform für die Wasserstoffionenkonzentration und ist der zahlenmäßige Ausdruck für die Azidität einer Substanz. Im Feldbetrieb arbeitet man zur Ermittlung des p_H-Wertes meistens mit einer Farbenskala, die zu der sogenannten Gelatinstreifenmethode verwendet wird. Der betreffende ermittelte p_H-Wert läßt sich beim Vergleich des Farbtones des Gelatinstreifens gegenüber der Farbenskala einfach ablesen.

Die fortlaufende Beobachtung des p_H-Wertes läßt auf die Art der erbohrten Gesteine schließen.

Der größte Teil der erforderlichen Spülungsüberwachung wird durch die Belegschaft des Turmes selbst besorgt, und zwar wird für jede Schicht ein geeigneter Mann ausgewählt, der das Wägen der Spülung und die Überwachung der Spülungsviskosität mittels des Trichterviskosimeters über hat. Dieser Spülungsmann muß seine Proben in bestimmten Zeitabschnitten vornehmen; bei normalem Bohrverlauf alle Stunden, im kritischen Gebirge alle 15 bis 30 Minuten.

Die detaillierte Spülungsüberprüfung liegt jedoch in der Hand des spezialisierten Fachmannes, der im Feldlaboratorium die Viskosimeterbestimmungen mit dem Stormer-Viskosimeter, die Gelwerte und die verschiedenen chemischen Reaktionen überprüft. Der Fachmann bestimmt nach vorheriger Untersuchung im Labor, wann Chemikalien respektive kolloidales Material zugegeben werden muß.

6. Behandlung der Spülung

Die Behandlung der Rotaryspülung zur Erhaltung ihrer Eigenschaften wird in der Praxis zwar sehr einfach angesehen, erfordert aber viel Sachkenntnis und sehr genaue Beobachtung.

a) Mechanische Behandlung

Es ist erforderlich, alle grobkörnigen und harten Bestandteile so gut als möglich aus der Spülung zu entfernen. Einen beiläufigen Begriff von den grob-

Abb. 82. Schüttelsieb.

körnigen Bestandteilen der Spülung gewinnt man durch Setz- oder Zentrifugierversuche. Für den Setzversuch empfiehlt es sich, zirka 100 ccm Spülung mit

400 ccm Wasser in einem graduierten Glase zu mischen. Nach wenigen Minuten sinken die groben Bestandteile zu Boden. Ihr Volumen in Kubikzentimetern ist gleich dem Prozentsatz der groben Bestandteile der untersuchten Spülung. Diese Ergebnisse erreicht man auch durch Zentrifugieren der Spülungsproben, wenn diese vorher mit Wasser verdünnt werden. Die Größe der groben Bestandteile kann durch eine Siebprobe festgestellt werden.

Wenn Sand in die umlaufende Flüssigkeit gelangt, wirkt er sich in jeder Beziehung verhängnisvoll aus. Er verursacht Verschleiß an den Pumpenventilen und Zylindern, an den Bohrrohren und an allen Metallen, mit denen er in Berührung kommt. Sand ist in den meisten Fällen die Ursache, daß der Meißel fest wird, wenn es zu Unterbrechungen im Flüssigkeitsumlauf kommt. Sand hemmt die Bohrflüssigkeit in ihrer Aufgabe, die Sondenwand aufzubauen und abzudichten ganz erheblich. Er vermehrt die Reibung des hochgehenden Spülstromes an den Bohrrohren und erfordert damit zusätzlich mehr Kraftverbrauch. In der Praxis wird der Sand durch Schüttelsiebe (Abb. 82), Spülrinnen oder Zentrifugen ausgeschieden.

b) Entfernung von Gas aus der Spülung

Obwohl die meisten Bohrtechniker die Notwendigkeit der Spülungsüberwachung speziell in druckstarken Gebieten kennen, schätzt ein Großteil dieser Fachleute die Gefahr beim Durchfahren gasführender Schichten zu gering ein.

Hat die Spülung Gas aus den durchbohrten Schichten aufgenommen, dann fällt das spezifische Gewicht der Spülung ziemlich rasch. Dieses Vorhandensein von Gas in der Spülung ist sehr gefährlich, wenn nicht rechtzeitig entsprechende Vorkehrungen zur Entgasung der Spülung eingeleitet werden. Oft führen diese mit Gas gesättigten Spülungen zu einem Gasausbruch, deren Ursache hauptsächlich auf die rasche Ausdehnung des Gases im oberen Teil der Spülungssäule zurückzuführen ist, wobei die Spülung in immer schnellerem Tempo aus dem Bohrloch herausgeschleudert wird. Durch den immer kleiner werdenden Gegendruck der Spülungssäule tritt immer mehr Gas aus den Gassanden heraus und beschleunigt den Gasausbruch.

Eine hochviskose Spülung ist für derartige Fälle sehr ungünstig und gewährt wenig Sicherheit, weil sie verhältnismäßig leicht Gas aufnimmt, aber schwer wieder abgibt. Die Praxis hat gelehrt, daß die Verwendung einer mittelschweren, aber hochkolloidalen Spülung, die relativ dünnflüssig gehalten wird, sich für diese Fälle am besten bewährt.

Für die Behandlung vergaster Spülung gibt es verschiedene Einrichtungen, um die Spülung wieder gasfrei zu machen. Dort, wo es besonders notwendig ist, das Gas aus der Spülung zu entfernen und die Gasblasen von einem Ölfilm umschlossen sind, der nur sehr schwer zu zerstören ist, wird die Spülung nach Herabsetzung der Viskosität durch Wasserzusatz oder Chemikalien unter hohem Druck auf einen Entlüftungsturm gepumpt, wo die Gasblasen beim Aufprall gegen Scheidewände zerplatzen und beim Ablaufen über mehrere Etagen dieses Turmes ihren Gasgehalt abgeben, so daß die Spülung wieder ihr normales Gewicht bekommt.

In denjenigen Fällen, wo die Spülung vergast ist und grobes Material mitführt, muß dieses zuerst über Schüttelsiebe geleitet werden. Auch mit Hilfe von chemischen Beimischungen läßt sich der lästige Ölfilm entfernen.

Es ist daraus zu ersehen, daß durch mechanische Einwirkung auf überaus wirksame Weise die Spülung beeinflußt werden kann.

c) Chemische Behandlung

Durch die Verwendung verschiedener Chemikalien können sowohl die chemischen als auch physikalischen Eigenschaften einer Spülung grundlegend beeinflußt und verändert werden.

α) Änderung des spezifischen Gewichtes. Es ereignet sich im Bohrloch sehr oft, daß man mit normaler Spülung von einem spezifischen Gewicht von 1,25 beim Durchteufen von Gashorizonten mit hohem Druck oder zerklüftetem, stark nachdrückendem Gebirge Schwierigkeiten bei der weiteren Bohrarbeit hat. Zu diesem Zwecke muß das spezifische Gewicht der Spülung entsprechend diesen verschiedenen Drücken erhöht werden. Zur Erhöhung des spezifischen Gewichtes verwendet man in der Hauptsache Baryt, Hämatit oder Eisenoxyd.

Will man umgekehrt eine leichtere Spülung, so kann man durch Zusetzen von Wasser das spezifische Gewicht einer Tonspülung entsprechend der Menge des zugegebenen Wassers bis auf 1,10 bis 1,05 herabsetzen.

β) Änderung der Viskosität. Durch den Gebrauch verschiedener chemischer Reagenzien kann die Viskosität und die Konsistenz der Spülung ohne Veränderung des Gewichtes beeinflußt werden. Es müssen aber immer vorher im Laboratorium Versuche mit den zuzuführenden Reagenzien gemacht werden, denn das für eine bestimmte Spülung geeignete Mittel verdirbt eine andere Spülflüssigkeit oder ruft ganz unerwünschte Wirkungen hervor.

Die meisten Spülungen werden durch Säuren oder saure respektive neutrale Salze ausgeflockt. Kleine Zusätze von Alkalien oder alkalischen Salzen entflocken die Spülung wieder, während zu große Zusatzmengen wieder eine Ausflockung der Spülung verursachen.

Zur Erhöhung der Viskosität werden in der Praxis geringe Mengen *Alkalien* bzw. Erdalkalien zugesetzt, meist Lösungen von Kalk und Ätznatron, entweder jedes für sich oder im Gemisch miteinander. Die Verdickung der Spülung durch Alkalienzusatz ist nur eine zeitweilige Hilfsmaßnahme, da die Wirkung bald nachläßt.

Diesem Zusatz von Alkalien ist grundsätzlich die Anwendung von *Spezialtonen,* wie Tixoton, Bentonit oder Aquagel, vorzuziehen.

Zur Herabsetzung der Viskosität wird in erster Linie die Spülung mit *Wasser* bis zur gewünschten Viskosität verdünnt. Dort, wo wegen zu erwartender hoher Drücke der Zusatz von Wasser und damit verbundener Verminderung des spezifischen Gewichtes nicht möglich ist, können verschiedene wirkungsvolle Chemikalien verwendet werden; vorwiegend werden zwei Gruppen von Chemikalien verwendet:

a) Lösungen leicht hydrolisierbarer Salze, z. B. Na-Silikate, Na-Aluminate, Na-Diphosphate (Soda-Wasserglas).

b) Chemikalien der Gerbstoffgruppe, wie z. B. Tanninsäure, Quebrachoextrakt, Rindenextrakt. Alle diese Stoffe werden in äußerst geringen Mengen von 0,04 bis 0,08% verwendet.

Seit einiger Zeit wird ein unter dem Namen „Liquiton" in den Handel gebrachtes Produkt mit viel Erfolg verwendet. Eine Zugabe von 0,5 bis 3,0 kg je Kubikmeter Spülung genügt, um die Viskosität herabzusetzen.

γ) Änderung der kolloidalen Eigenschaften. Um die kolloidalen Eigenschaften einer Dickspülung zu verbessern, wird ein Zusatz von erstklassigem pulverisiertem Ton, wie Bentonit oder Tixoton, zugemischt. Gewöhnlich genügen 0,02% Bentonit auf die Gesamtheit der Spülung.

δ) Verhütung des Ausfallens von Ton. Um zu verhüten, daß Ton aus der Spülung ausfällt, wird eine chemische Behandlung mit Soda, Wasserglas und anderen Chemikalien vorgeschlagen. Diese obengenannten Chemikalien verwendet man auch zur Reduzierung der Viskosität einer Spülung.

Die *Tixotropie* zu reduzieren, kann man auf mechanischem Wege erreichen durch Schütteln oder Verrühren oder auf chemischem Wege durch Reduzierung der Viskosität wie oben.

ε) *Behandlung einer durch Zement verdorbenen Spülung.* Dort, wo Zement ausgebohrt werden muß, wird die Spülung für den Bohrbetrieb unbrauchbar. Durch Vermengen des Zements mit der Spülung wird das spezifische Gewicht wesentlich vergrößert, während die Viskosität erheblich ansteigt. Die Spülung verliert außerdem ihre Stabilität und neigt zur Schaumbildung. Durch Zusatz chemischer Mittel, z. B. Phosphat und Tannin oder von Natriumbikarbonat, kann eine solche verunreinigte Spülung wieder gebrauchsfähig gemacht werden. Häufig erweist sich allerdings die Erneuerung der Spülung wirtschaftlicher als die Auslagen und Gefahren einer langwierigen chemischen Behandlung.

d) Verhinderung von großen Spülungsverlusten

Zur Verhinderung von großen Spülungsverlusten in klüftigen oder stark porösen Schichten verwendet man seit Jahren die bekannten Mittel von zementierenden Tonsorten, wie Bentonit, Tixoton, Aquagel usw., oder Zusätze von quellendem Material, wie Leinsamen, Häcksel, Sägespäne u. a., als Beimischung. Allgemein wäre nur zu sagen, daß solche Spülungen für das Weiterbohren unter normalen Bedingungen ungeeignet sind und erneuert oder behandelt werden müssen. Besonders das Weiterführen der quellenden Samen ist bedenklich, da sich diese mit der Zeit zersetzen und die Spülung sehr verschlechtern. Es soll nicht unerwähnt bleiben, daß bei sehr schwerer Spülung das Wasser leichter abgepreßt werden kann als bei dünner, hochkolloidaler Spülung, die dort, wo z. B. aufnahmefähige Sande und nicht Spalten und Klüfte zu durchbohren sind, meistens sehr rasch genügend Abdichtungsmaterial an die Bohrlochwand bringt, so daß der Spülungsverlust verringert wird.

Zur Abdichtung von Spalten und Klüften verwendet man einen sogenannten Gelzement. Einem mit 60% Wasser angerührten Zementbrei werden 4 bis 5% des Zementgewichtes an Tixoton zugesetzt. Solange dieser Gelzement flüssig ist, nimmt er weder H_2O auf noch gibt er welches ab und schwindet daher nicht beim Abbinden.

e) Durchbohren von quellenden Tonen

Unter quellende Schiefer versteht man jenen Gesteinstyp, der zu äußerst bösen Schwierigkeiten bei der Bohrarbeit Anlaß gibt und dessen Wirkung hauptsächlich dem tonigen Schiefermaterial zuzuschreiben ist. Schon wie der Name „quellender Ton" sagt, haben diese Tone die Eigenschaft, durch Berühren mit Wasser aufzuquellen und ihr Volumen zu vergrößern. Dieses Aufquellen der Tone merkt man beim Bohren gewöhnlich erst dann, bis man den Bohrmeißel wieder hochzieht.

Eine andere Art der quellenden Tone zeigen ziemlich steil gelagerte Schiefer, die beim Bohren teils durch ihr Eigengewicht, teils durch Losspülen ins Bohrloch abgleiten und die obenbeschriebenen Schwierigkeiten verursachen.

Die Verhütung und die Unwirksammachung dieser sehr bedenklichen Erscheinung ist eine besondere Aufgabe des Bohrtechnikers.

Zur Verhütung von Aufballungen über dem Bohrmeißel wird in vielen Fällen eine hohe Drehzahl und langsamer Bohrfortschritt wirksam angewendet. Auch die Anwendung großer leistungsfähiger Pumpen hilft diese Erscheinung verhindern.

Es ist ebenfalls sehr wünschenswert, die Viskosität der Spülung niedrig zu halten, da der Schiefer in der Spülung eine sehr hohe Viskosität erzeugt. In vielen Fällen kann auch eine chemische Behandlung der Spülung helfen, so z. B. mit Gerbsäuren oder Natriumlösungen.

f) Durchbohren von Ölhorizonten

α) Mit Öl. Wenn gas- und druckschwache Ölhorizonte durchbohrt werden müssen, ohne daß später eine Störung oder Beeinträchtigung der Produktion eintreten soll, dann verwendet man sehr oft Rohöl als Spülflüssigkeit, oder eine speziell zusammengesetzte Ölspülung. Man hat dadurch den Vorteil, daß das Bohrwerkzeug nicht festklemmen kann. Ein gewisser Nachteil besteht darin, daß Widerstands- und Porositätsmessungen im Öl nicht durchgeführt werden können. Man hilft sich dadurch, daß man verengt, mit Spülung vorbohrt, die Messungen durchführt und dann mit Öl auf dem richtigen Enddurchmesser nachbohrt. Dieses Verfahren ist allerdings nur dort möglich, wo es sich um weiche Sandschichten handelt.

β) Mit Spülung. Wird ein druckschwacher Ölhorizont mit Spülung durchbohrt, dann dringt die Spülung je nach der Durchlässigkeit der Schichte 20, 40 und mehr Millimeter in die porösen Sandschichten ein und verursacht eine starke Verkleisterung. Durch die eingedrungene Spülung wird das Öl zurückgedrängt und es dauert oft sehr lange Zeit, bis die Spülung endgültig entfernt ist.

Wird der gewöhnlichen Tonspülung etwas Tixoton und manchmal etwas Glimmer zugesetzt, dann eignet sich diese Spülung auch sehr gut, um die druckschwachen Ölschichten gegen das Eindringen von Spülung abzudichten.

g) Durchbohren von Salzformationen

Zum Durchbohren von Salzformationen verwendet man in der Regel eine bis zu einer gewissen Konzentration gesättigte Salzspülung (Sohle), wobei das Grundmaterial eine mit Tixoton oder Bentonit angemachte Spülung ist. In der Regel werden zum Durchbohren solcher Salzformationen von der Bergbehörde bestimmte Anweisungen für die Spülung gegeben.

Zusammenfassend kann man sagen: Es gibt nichts Wichtigeres in der Rotarybohrpraxis, als das gute Funktionieren der umlaufenden Spülflüssigkeit. Fast alles, was beim Bohren im Bohrloch vor sich geht, wird irgendwie durch die Eigenschaften der Spülflüssigkeit beeinflußt. Die Spülflüssigkeit muß daher unter genauer technischer Kontrolle gehalten werden.

Fangarbeiten, Gasausbrüche, Flüssigkeitsverluste, teilweises Abdichten produktiver Ölsande und andere Mißstände sind kostspielige Vorkommnisse, die fast immer noch als natürlich unvermeidbare Zufälligkeiten hingenommen werden. Durch eine entsprechend eingeführte, gut funktionierende Spülungskontrolle können diese Mißstände auf ein Mindestmaß beschränkt werden. Als Folge einer solchen gut überwachten Spülung werden der Bohrfortschritt zu-, die Bohrkosten aber abnehmen.

V. Das Verrohren eines Bohrloches

Beim Erreichen gewisser Tiefen muß das Bohrloch verrohrt, d. h. mit Rohren ausgekleidet werden. Das Verrohren einer Bohrung hat den Zweck, das Einstürzen des Bohrloches zu verhindern. Durch Einzementieren dieser Rohre wird ein wasserdichter Abschluß der verrohrten Schichten erreicht, so daß weder

Öl, Gas oder Wasser der durchteuften Schichten zum Bohrloch zufließen kann. Für die Aufstellung des Verrohrungsplanes, der gemeinsam von den Technikern und Geologen ausgearbeitet wird, ist die beabsichtigte Tiefe der Bohrung und der gewünschte Enddurchmesser des Bohrloches maßgebend. Aus dem Verrohrungsschema ergeben sich zwangsläufig die Werkzeugdurchmesser und der Durchmesser des zu verwendenden Bohrgestänges.

Zur Zeit des Schnellschlagbohrens waren für ein Bohrloch von zirka 1000 m bis zu zehn Rohrkolonnen erforderlich. Bei dem heutigen Entwicklungsstand des Rotarybohrverfahrens genügt für diese Tiefen außer einem kurzen Standrohr eine einzige Rohrfahrt. Unter günstigen Verhältnissen können heute bis zu 2000 m unverrohrte Strecken gebohrt werden. Dies ist nur durch die beschleunigte Niederbringung einer Bohrung durch das Rotarybohrsystem und durch Anwendung von Dickspülung möglich, wodurch der Bohrlochquerschnitt bis zum Zeitpunkt der Endverrohrung offengehalten werden kann.

Die Einbautiefe der Bohrrohre hängt vom Durchmesser, vom Material und von der Wandstärke der Rohre ab. Je tiefer die Rohre eingebaut werden, desto größere Anforderungen müssen an Werkstoff und Konstruktion der Rohre gestellt werden. Die Bohrrohre müssen wegen der großen Beanspruchungen aus dem besten Werkstoff hergestellt werden. Sie müssen einerseits eine große Zugfestigkeit und anderseits einen großen Widerstand gegen Zusammendrücken aufweisen. Werden Bohrrohre auf große Tiefen eingebaut, dann hängt an den einzelnen Rohrverbindungen ein sehr beachtliches Gewicht. Gewöhnlich werden diese Rohrkolonnen dann schwimmend eingebaut, um ihr Gewicht zu verringern, wobei die Schwimmventile aus Bakelit oder Aluminium hergestellt und im Rohrschuh oder einer eigenen Muffe einzementiert werden.

Das API-Gewinde, das bei allen Bohrrohren verwendet wird, hat sich mit seinem Konus von 1 : 16 in der Praxis außerordentlich gut bewährt; es gestattet eine schnelle Verschraubung und schließt praktisch ein Schiefschrauben der Rohre aus. Allerdings verlangt das Gewinde eine sehr sorgfältige Herstellung, was jedoch heute für die Rohrwalzwerke keine Schwierigkeit mehr bedeutet. Für die Verrohrung der Bohrlöcher kommen nur nahtlose Bohrrohre aus SM-Flußstahl von 55 bis 65 kg/mm² und höherer Festigkeit bei mindestens 14% Dehnung in Frage.

Die Verbindung der einzelnen Rohrlängen zu einem zusammenhängenden Strang im Bohrloch geschieht gewöhnlich durch Gewindemuffen. Man kennt zwei grundsätzliche Arten der Gewindeverbindungen:

1. Aufgemuffte Bohrrohre und

2. Bohrrohre mit aufgeschraubten Muffen.

Die Muffenverbindung selbst muß eine genügende Sicherheit gegen Ausreißen besitzen. Man verwendet daher Feingewinde von acht bis zehn Gewindegängen auf 1″. Für besonders tief einzubauende Rohre werden Spezialmuffen verwendet, deren Länge um zirka 18% größer ist als bei den Normalmuffen.

Die Bohrrohre sind genormt. Die API-Vorschriften beziehen sich nur auf Muffenrohre, während bei den deutschen Normen aufgemuffte Rohrverbindungen zugrunde gelegt sind. Die Länge der Rohre liegt zwischen 8 und 14 m. Der Außendurchmesser bewegt sich nach den API-Vorschriften zwischen 4½″ und 24½″. Für jeden Durchmesser sind drei bis fünf verschiedene Wandstärken vorhanden, die zwischen 6 und 12 mm liegen.

Die Verwendung der verschiedenen Bohrrohre bzw. Wandstärken richtet sich nach der Einbautiefe. Normalerweise wird mit einem Sicherheitsfaktor von 1,2, in gewissen Fällen 1,5, gerechnet.

1. Rohrzementationen

Es ist nicht mit Sicherheit feststellbar, seit wann Zement zum Abdichten der Rohrkolonnen bei Tiefbohrungen verwendet wird. Sicher aber ist, daß die Verwendung von Zement in früheren Jahren Gefahren mit sich brachte, das Bohrloch zu verlieren. Auch die Wichtigkeit und Notwendigkeit einer guten Zementierung der Rohre wurde damals nicht eingesehen.

Erst in den Jahren zwischen 1925 bis 1928 wurde auch in Europa der Vorteil einer guten Zementierung der Rohrkolonne erkannt, weil dadurch größere Ölmengen aus einem und demselben Bohrloch produziert werden konnten. Heute ist die Wichtigkeit einer guten Zementierung völlig anerkannt und sind Zementationsarbeiten selbstverständlich, so daß diese mit ebensoviel Aufmerksamkeit durchgeführt werden, wie andere Arbeiten zur ordnungsgemäßen Fertigstellung einer Ölbohrung.

Das Zementieren der Rohre wird beim Tiefbohren zu verschiedenen Zwecken vorgenommen. Zunächst soll dadurch ein vollkommener Wasser- und unter Umständen auch Öl- oder Gasabschluß hergestellt werden; ferner wünscht man häufig bei sehr tiefen Bohrungen eine Verstärkung der Rohrkolonne gegen den Gebirgsdruck vorzunehmen. Die Zementation dient schließlich zur Verhinderung des An- und Durchfressens der Rohre, denn der Zement verhindert ein Rosten der Rohre. An die Durchführung einer Rohrzementation werden außerordentlich hohe Anforderungen gestellt. Eine Wassersperrung durch Zementieren einer Rohrkolonne wird gewöhnlich in der Weise durchgeführt, daß eine mit Wasser angerührte Zementmenge zwischen zwei Führungspfropfen in die Rohrkolonne eingebracht wird und durch die nachgepumpte Spülung hinter die Rohrkolonne zwischen Bohrlochwand und Verrohrung mehrere 100 m hochgepreßt wird.

Folgender Vorgang wird dabei eingehalten: Die Rohrkolonne, die einzementiert werden soll, trägt am unteren Ende einen aus einem verstärkten Rohrmaterial bestehenden Zementierschuh, der wegen der besseren Führung beim Rohreinbau mit einem kugeligen Zementkopf versehen ist (Abb. 83). In diesem Rohrschuh wird oft auch ein Rückschlagventil eingebaut.

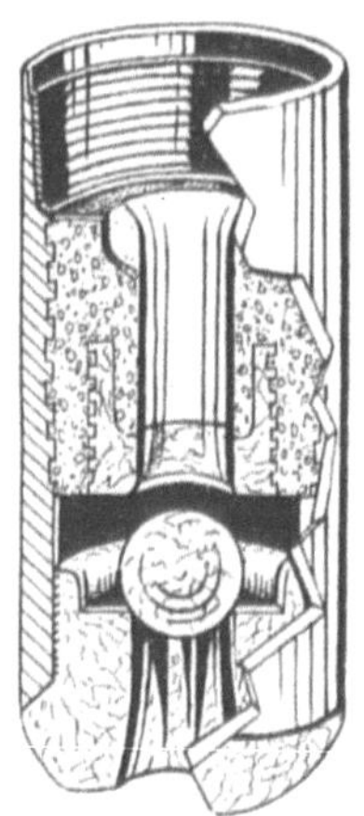

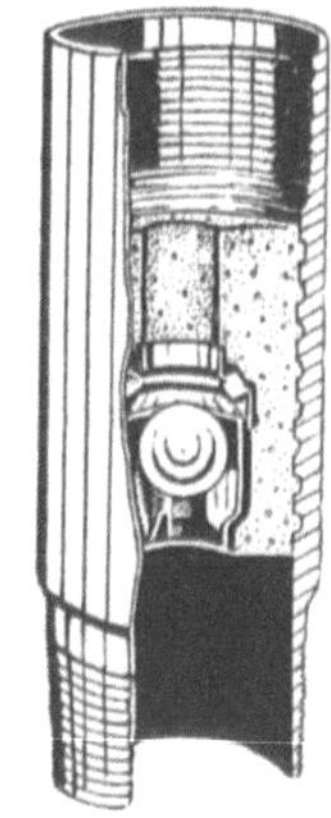

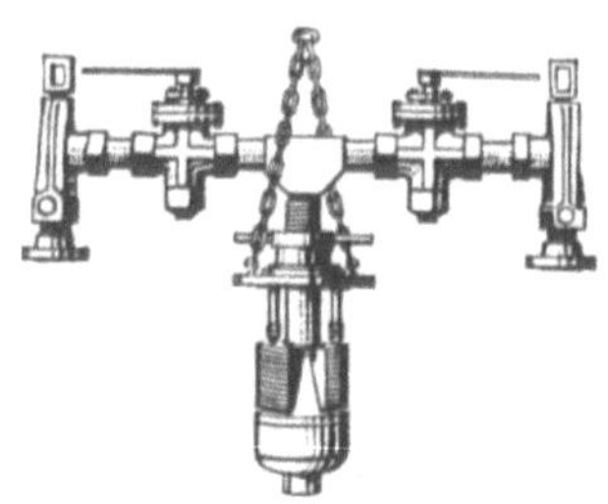

Abb. 83. Zementierschuh.   Abb. 84. Spezialmuffe   Abb. 85. Zementierkopf (nach McClatchie).
mit Rückschlagventil.

Oberhalb dieses Rohrschuhes, ein bis zwei Rohrlängen höher, befindet sich eine durchbohrte gußeiserne Platte als sogenannte Anschlagplatte oder eine Spezialmuffe mit eingebautem Rückschlagventil (Abb. 84), die ebenfalls als Anschlagplatte für die Führungspfropfen dient. Diese Rückschlagventile haben die Aufgabe, nach Einpumpen des Zements hinter die Rohrkolonne ein Rückströmen des Zements zu verhindern. Am obersten Ende der Rohrkolonne wird ein Zementierkopf montiert, durch den es möglich ist, den Zementbrei einzupumpen. Es gibt verschiedene Ausführungen dieser Zementierköpfe. Am gebräuchlichsten ist der sehr leicht lösbare Zementierkopf nach McCLATCHIE (Abb. 85).

2. Durchführung der Zementierung

Wenn die Rohrkolonne auf die beabsichtigte Tiefe eingebaut ist, wird das Bohrloch eine kurze Zeit durch die Rohrkolonne ausgespült, damit die beim Rohreinbau abgestreiften Gebirgsteile herausgebracht werden und dem Durchgang des Zementes hinter den Rohren keinen Widerstand entgegensetzen. Außerdem zeigt der Pumpendruck, ob eine normale Zirkulation hinter den Rohren stattfindet oder nicht. Erst nach dieser Kontrolle wird das Spülen eingestellt und mit dem Zementieren begonnen. Nach Einbringen des unteren Zementierpfropfens und nach Befestigung des Zementierkopfes wird Zementbrei, der

Abb. 86. Zementiermischeinrichtung und Zementieranlage mit Dampfpumpen. (Halliburton Oil Well Cementing Co.)

fortlaufend durch eine Zementmischeinrichtung (Abb. 86) gemacht wird, in das Bohrloch gepumpt. Ist die im vorhinein berechnete Zementmenge verarbeitet und in das Bohrloch gepumpt, dann wird der zweite Zementierpfropfen in das Bohrloch eingeführt. Dieser schließt durch eine Ledermanschette sehr dicht an die Rohrwand an und hat den Zweck, eine Vermischung der über diesem Pfropfen nachgepumpten Spülung mit dem darunterliegenden Zement zu verhüten. Durch das größere spezifische Gewicht des Zementbreies läuft der Zementbrei durch seine Schwere von selbst herunter, bis ihm die hinter den Rohren lastende Spülungssäule das Gleichgewicht hält. Dann erst wird beim Nachpumpen der Spülung eine allmähliche Drucksteigerung auf dem Pumpmanometer zu beobachten sein. Nach dem Aufschlagen des unteren Pfropfens auf die Anschlagplatte wird der Zementbrei durch die Öffnungen dieses Pfropfens und der Öffnung der

Anschlagplatte durch den Rohrschuh hinter die Rohrkolonne gepreßt. Erst bis der obere Zementierpropfen auf den unteren aufschlägt, wird das Nachpumpen der Spülung eingestellt. Um dies genau feststellen zu können, gibt es verschiedene Hilfsmittel:

1. Messen der nachgepumpten Spülungsmenge.

2. Verwendung eines Tiefenmessers, der dem oberen Pfropfen folgt und seine jeweilige Tiefe angibt (Halliburton-Linie).

3. Beobachtung des Pumpdruckes. Beim Aufschlagen des oberen Pfropfens auf den unteren Pfropfen über der Anschlagplatte ist ein momentaner Druckanstieg zu verzeichnen, der das Ende für das Nachpumpen der Spülung anzeigt.

In diesem Augenblick werden die Schieber auf dem Zementierkopf geschlossen und das Bohrloch zirka 24 Stunden lang unter diesem Druck gehalten.

Dort, wo mit mehreren Anlagen gebohrt wird, empfiehlt es sich, eine fahrbare

Abb. 87. Fahrbare Zementiereinrichtung. (Halliburton Oil Well Cementing Co.)

Zementiereinrichtung einzurichten (Abb. 87), wobei die beiden Pumpen der Zementiereinrichtung nur zum Mischen und Verpumpen des Zementes Verwendung finden. Das Nachpumpen der Spülung besorgen dann die Pumpen der Bohranlage.

3. Arten von Bohrlochzement und dessen Zusätze

Bei der großen Zahl von Zementsorten, welche die Technik herstellt, kann die Tiefbohrtechnik nur eine gewisse Anzahl davon verwenden. Da das Absperren von Wässern und anderen Zuflüssen bei Tiefbohrungen immer unter Ausschluß der Luft vor sich geht, werden hiezu nur ganz spezielle Zementsorten verwendet. Die wichtigsten Zemente für den Tiefbohringenieur sind:

> Portlandzement,
> Eisenportlandzement,
> Hochofenzement und
> Tonerdezement.

Außerdem unterscheidet man Schnellbinder und Langsambinder. Als Schnellbinder werden diejenigen Zemente bezeichnet, deren Abbindevorgang bereits innerhalb einer Stunde nach dem Abmischen eintritt. Durch Zusatz von 1% Chlorkalzium ($CaCl_2$) kann gewöhnlicher Portlandzement ebenfalls zur schnellen Abbindung gebracht werden.

In der Bohrtechnik verwendet man hauptsächlich normalen Portlandzement. Dieser wird mit Wasser zu einer Zementbrühe von einem spezifischen Gewicht von 1,75 bis 1,85 gemischt, was einem Mischungsverhältnis von ungefähr 100 Gewichtsteilen Zement auf 40 bis 50 Gewichtsteile Wasser entspricht.

Der Festigungsvorgang beim Zement verläuft in zwei verschiedenen Phasen: Dem Abbinden und dem Erhärten.

Das Abbinden setzt unter Erwärmen und unter Abgabe von Wasser eine oder mehrere Stunden nach dem Anmachen des Zements ein. Der Zementbrei verliert seine Bildsamkeit und wird starr, wobei das überschüssige Mischwasser ausgeschieden wird. Durch Wasserabstoßung erhärtet der Zementbrei, wodurch neben einer Festigung auch eine Schrumpfung des Zements eintritt. Nach diesem Abbinden beginnt das eigentliche Erhärten. Seine Endfestigkeit erreicht der Zement aber erst nach zirka drei bis vier Wochen. Wesentlich ist, daß der Zement während der Abbinde- und der ersten Erhärtungszeit in keiner Weise bewegt oder irgendwelchen Beanspruchungen durch Druck ausgesetzt wird. Dadurch würde nämlich seine Festigkeit verlorengehen und nur eine weiche bröckelige Masse zurückbleiben.

Eine einwandfreie Zementierung kann daher nur erreicht werden, wenn der eingebrachte Zementbrei nach dem Anrühren mit größter Beschleunigung und unvermischt an die zu zementierende Stelle gebracht wird.

Bei Tiefbohrungen bereiten die Gebirgstemperaturen große Schwierigkeiten, da durch diese das Abbinden des Zements beschleunigt wird. Auch der mit der Bohrlochtiefe zunehmende Druck wirkt verkürzend auf die Abbindezeit. Um die Abbindezeit zu verlängern, rührt man den Zement mit Eiswasser an.

Für die Erhärtung des Zements wird gewöhnlich eine Wartezeit von 48 bis 72 Stunden angenommen. Nach dieser Zeit kann die Bohrung, ohne Schaden zu erleiden, weiter fortgesetzt werden. Die Menge des verwendeten Zements richtet sich nach der Höhe des Zementmantels hinter den Rohren.

4. Prüfung der Zementierung

Die Prüfung der Zementierung findet auf zweierlei Arten statt:
a) Durch eine Druckprobe.
b) durch teilweises Leerschöpfen des Bohrloches.

In beiden Fällen werden die Zementpfropfen, Anschlagplatte, Rückschlagventile und der in den Rohren stehende Zement mit einem Spitzmeißel ausgebohrt.

a) Bei der Druckprobe werden gewöhnlich noch einige Meter Zement in den Rohren gelassen und dann auf die Spülungssäule ein Druck von 50 bis 80 Atm. gesetzt und dieser zirka eine Stunde lang beobachtet. Stellt sich kein Druckabfall ein, so wird angenommen, daß die Rohrkolonne dicht ist.

b) Bei der anderen Methode wird der Zement im Bohrloch ungefähr bis 1 m unterhalb des Rohrschubes ausgebohrt und das Bohrloch dann bis auf zwei Drittel der Tiefe leer gekolbt, etwa zwölf Stunden stehengelassen und beobachtet. Ist kein Flüssigkeitszulauf zu konstatieren, dann wird angenommen, daß die Zementierung der Rohrkolonne in Ordnung geht. Steigt der Flüssigkeitsspiegel im Bohrloch, so besteht in dem Zementring hinter den Rohren eine Kommunikation zu flüssigkeitsführenden Schichten.

Undichte Zementationen müssen sofort repariert werden. Zu diesem Zweck wird ein dünner Zementbrei in das Bohrloch gepumpt und dann mit hohem Druck hinter die Rohre gepreßt. Es gelingt in vielen Fällen, undichte Zementationen auf diese Art dicht zu bekommen.

Die Höhe des Zementringes hinter den Rohren kann man mit Hilfe einer elektrischen Temperaturmessung, die die Firma Schlumberger ausführt, bestimmen. Diese Messung beruht auf dem Umstand, daß beim Abbinden des Zements Wärme entwickelt wird und diese an der entsprechenden Stelle auf die Spülung überträgt. Die Temperaturmessung zeigt mit zunehmender Tiefe eine geradlinige Zunahme. Dort, wo die Temperaturkurve ein plötzliches Ansteigen zeigt, ist die Oberkante des Zementringes.

VI. Geologische Überwachung und Verwendung elektrischer Meßmethoden beim Bohren

Für jede Tiefbohrung ist vom zuständigen Geologen ein Arbeitsprogramm aufzustellen, welches u. a. das Ziel der Bohrung, die vermutlichen Formationsgrenzen, das Kernprogramm, die Tiefe der zu erwartenden Ölhorizonte, die Endtiefe und die höchstzulässige Abweichung zu enthalten hat.

Während der Niederbringung der Bohrung hat der überwachende Geologe laufend Aufzeichnungen über die petrographische Zusammensetzung, das Einfallen und den Fossilinhalt der gewonnenen Spül- und Kernproben zu führen und die für die sedimentpetrographischen und mikropaläontologischen Untersuchungen erforderlichen Proben zu nehmen. Auch aus der Bohrfortschrittskurve können wertvolle Hinweise über die Beschaffenheit des durchbohrten Gebirges gewonnen werden. Alle diese Unterlagen sowie auch die im folgenden beschriebenen Schlumbergermessungen dienen zur Aufstellung des geologischen Profils der Bohrung und für die Anfertigung der Strukturkarten und der geologischen Schnitte durch das Bohrfeld.

Es ist bekannt, daß elektrische Messungen in Bohrlöchern auf die Erfahrungen gegründet sind, die man um die Jahrhundertwende an der Erdoberfläche gemacht hat. Im Jahre 1927 hat die Firma Schlumberger die ersten Versuche unternommen, in Tiefbohrungen die elektrischen Wirkungen der Schichtenfolge zu untersuchen.

Dieses Verfahren, unter Bohrpraktikern auch elektrisches Kernen genannt, besteht darin, gleichzeitig und fortlaufend zwei oder mehrere Kurven aufzunehmen, die den scheinbaren elektrischen Widerstand und das Eigenpotential, die sogenannte Porosität der im Bohrloch durchteuften Schichten aufnehmen.

Die Größe des Widerstandes der Gesteine hängt von der Menge des enthaltenen Wassers und von der Menge der im Wasser gelösten Salze ab. Wasserundurchlässige Schichten, wie Ton, haben einen geringen Widerstand, da sie dem Eindringen von Flüssigkeit stärkeren Widerstand entgegensetzen und ihr Widerstand nur von dem enthaltenen Kapillarwasser bestimmt wird. Anders verhält es sich bei porösen Schichten, wie z. B. Sand, deren Widerstände entsprechend der Natur der enthaltenen Flüssigkeiten stark wechselt.

Diese Messungen können nur im unverrohrten Teil des Bohrloches durchgeführt werden; die Apparatur für diese Messungen ist auf einem Auto montiert, so daß man leicht zu jeder Bohrung hinfahren kann.

Abb. 88.
Perforator.

Folgende Messungen können mit dem Schlumberger-Apparat durchgeführt werden:

1. Die Potential- und Widerstandsmessungen werden zur Bestimmung der in einem Bohrloch durchteuften Schichten verwendet. Diese Messungen, die zwar keine geologischen oder paläontologischen Daten ergeben, erlauben jedoch aus der gleichzeitigen Interpretation der Widerstands- und Potentialkurven auf die Möglichkeiten ölhöffiger Formationen zu schließen.

Tone sind homogene, undurchlässige Schichten und zeigen geringen Widerstand und keine Porosität.

Harte Gesteine, Gips, Kalkgestein zeigen großen Widerstand und keine Porosität.

Salzwassersande zeigen kleinen Widerstand und große Porosität.

Ölsande zeigen großen Widerstand und große Porosität.

Diese Widerstands- und Potentialkurven ergeben ein charakteristisches Bild des Schichtwechsels. Da diese elektrischen Widerstände ein und derselben Schicht im Bereich eines Ölfeldes, von kleinen Schwankungen abgesehen, konstant bleiben, können diese zur Korrelation gleicher Schichten herangezogen werden.

2. Feststellung von Wasserzuflüssen. Man füllt das Bohrloch mit Süßwasser und entfernt dann einen Teil durch Kolben, so daß aus den durchteuften Schichten Flüssigkeit zuströmen kann. Mit Hilfe einer Spezialelektrode wird dann durch eine Widerstandsmessung die Eintrittsstelle von Salzwasser sehr leicht erkannt.

Abb. 89. Fahrbare Perforieranlage bei der Arbeit im Ölfeld.

3. Temperaturmessungen. Diese werden speziell zur Überprüfung der Höhe des Zements hinter den Rohren verwendet. Da beim Abbinden des Zements Wärme frei wird, tritt an der Oberkante des Zements eine deutliche Temperaturerhöhung ein, die in der Aufschreibung einen deutlichen Sprung ergibt. Solche Temperaturmessungen können nur innerhalb von 48 Stunden nach Einpumpen des Zements durchgeführt werden.

4. Abweichungsmessungen. Mit Hilfe eines elektromagnetischen Teleklinometers können die Abweichungen von der Vertikalen gemessen werden. Die Richtungsmessungen sind nur im unverrohrten Teil möglich. Mit diesem Apparat kann in jeder gewünschten Tiefe die Neigung gemessen werden.

5. Stratamessungen. Mit dem Stratamesser werden Größe und Richtung des Einfallens der Schichten mit Hilfe eines besonderen Elektrodensystems bestimmt.

6. Perforieren. Mit Hilfe eines Perforators (Abb. 88), der 24 Schüsse zu machen erlaubt, werden die eingebauten Bohrrohre untertags perforiert. Abb. 89 zeigt eine fahrbare Perforieranlage bei der Arbeit in einem Ölfeld. Die Zündung der Ladung wird elektrisch von Obertag durchgeführt. Jeder Schuß kann einzeln in einer vorgeschriebenen Tiefe abgegeben werden. Man kann auch zwei ineinander zementierte Rohrkolonnen durchschießen.

7. Kernschießen. Zu diesem Zweck wird ein Kernschießapparat an einem Kabel auf die gewünschte Tiefe gebracht. Dieser Apparat enthält kurze Kernrohre, die durch einen Sprengstoff in das Gebirge getrieben werden. Durch Hochziehen des Apparates werden die Kerne aus dem Gebirge gezogen und an die Oberfläche gebracht.

VII. Kontrolliertes Vertikalbohren

1. Allgemeines

Bei allen drehenden Bohrsystemen zeigt die Praxis, daß die Bohrlöcher, wenn sie selbst genauestens überwacht, niemals lotrecht werden, sondern — durch verschiedene Umstände bedingt — mehr oder weniger stark von der Lotrechten abweichen.

Vertikalbohren ist eine Technik, bei der die wirkenden Kräfte während des Bohrens so anzuwenden sind, daß der Meißel gezwungen wird, innerhalb bestimmter Grenzen senkrecht zu arbeiten. Das freihängende Bohrgestänge im Bohrloch hat das Bestreben, lotrecht zu stehen. Theoretisch sollte das Gestänge immer lotrecht im Bohrloch sein. Da aber beim Drehen ein gewisser Gewichtsdruck auf den Meißel erforderlich ist, um das Gebirge abbohren zu können, bleibt nur ein Teil des Gestänges auf Zug beansprucht, wogegen der restliche untere Teil auf Druck beansprucht wird. Hiedurch wird die senkrechte Richtung des Gestänges entsprechend dem Druck auf den Meißel geändert (Abb. 90). Wenn der Druck auf den Meißel nicht kontrolliert, also blind gebohrt wird, stellt dies die Hauptursache schiefer Bohrlöcher dar.

Eine kleine Neigung des Bohrloches verursacht sofort eine horizontale Kraft an der Stelle, wo der Meißel mit dem Gebirge in Berührung steht. Die Horizontalkomponente vergrößert den Neigungswinkel, wirkt als seitlicher Druck auf den Meißel und verursacht dadurch ein exzentrisches Drehen des Gestänges.

Um einen guten Bohrfortschritt zu erzielen, wird ein bestimmter Druck auf den Meißel gegeben. Durch ein schiefes Bohrloch jedoch wird die horizontal wirkende Kraft einen Teil des gegebenen Gewichtes auf den Meißel wegnehmen und dadurch nur einen geringeren Fortschritt ermöglichen. Wird jetzt der Druck auf den Meißel weiter vergrößert, um doch einen größeren Bohrfortschritt zu machen, wird das Gestänge noch mehr zusammengedrückt und als Folge davon die Neigung des Bohrloches entsprechend vergrößert.

Um lotrechte Bohrlöcher zu bohren, müssen die während des Bohrens im Gestänge auftretenden Kräfte genauest kontrolliert werden (Abb. 91).

Es müssen vor allem die Gewichtsbelastung

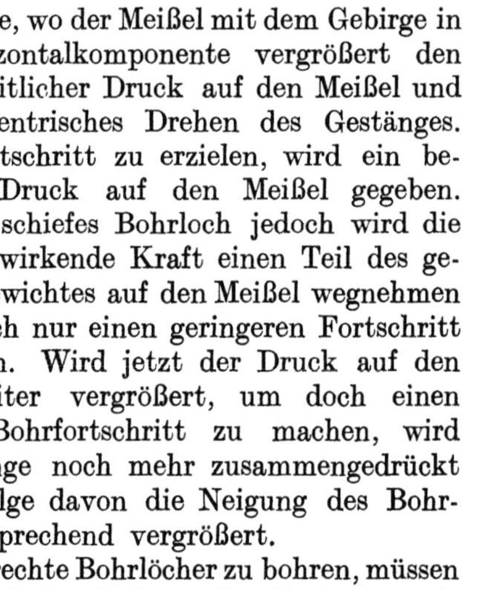

Abb. 90. Durch den Bohrdruck verursachte Abweichung.

Abb. 91. Beispiel für eine vorbeugend kontrollierte Vertikalbohrung.

auf den Meißel und die richtige Umdrehungszahl am Drehtisch in einem richtigen Verhältnis zueinander gewählt werden. Zu diesem Zweck braucht man ein gutes Bohrgerät, richtige, für das zu durchbohrende Gebirge passende Bohrmeißel, entsprechend lange Schwerstangen, richtige Wahl des Bohrgestänges im Verhältnis zu dem gewählten Meißeldurchmesser; ferner genaue Gewichts- und Umdrehungsanzeiger und kontinuierliche Messungen des Bohrloches in bezug auf Neigung und Richtung.

Als Regel gilt: Der Bohrmeister soll gerade soviel Gewicht anwenden, damit er den besten Bohrfortschritt macht und das Bohrloch geradehält.

Wird die Neigung eines Bohrloches regelmäßig durch Messungen kontrolliert und läßt man diese nicht über den kritischen Winkel kommen, so kann eine Korrektur dieser Neigung sehr schnell und leicht durchgeführt werden. Korrekturen eines Bohrloches bei großen Winkeln verursachen oft tagelange Arbeit und haben oft die Verwendung von Ablenkkeilen nötig, um das Bohrloch wieder geradezurichten.

Der kritische Winkel ist jener Winkel, wo das Gestänge die Bohrlochachse verläßt und exzentrisch zu rotieren beginnt, wodurch der bereits besprochene seitliche Druck auf den Meißel ausgeübt wird. (Dieser kritische Winkel beträgt ungefähr 2⁰.)

Krumme Bohrlöcher kann man mit Hilfe von Ablenkkeilen (Whipstocks) oder durch Zurückzementieren bis zur kritischen Abweichung und Neuaufbohren wieder geraderichten.

Dies sind aber alles kostspielige Methoden und es ist daher zu empfehlen, vom Anfang an die an den Bohrwerkzeugen wirkenden Kräfte richtig auszunützen.

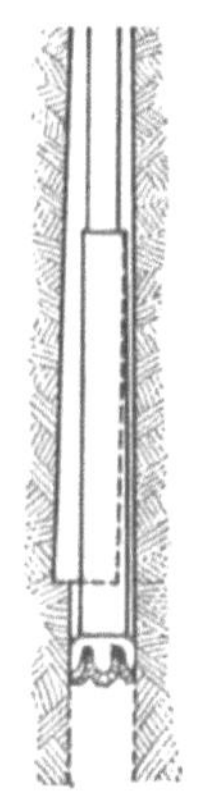

Beginnt ein Bohrloch abzuweichen, so kann durch höhere Drehzahl und geringeren Druck auf den Meißel und eventuell durch den Gebrauch eines kürzeren Drillcollars das Bohrloch wieder geradegerichtet werden (Abb. 92). Vorteile des Vertikalbohrens sind folgende:

Abb. 92. Korrigierte Bohrung durch höhere Drehzahl u. geringeren Druck auf den Meißel.

a) Verringerung von Gestänge- und Drillcollarbrüchen und leichteres Arbeiten beim Fangen solcher Brüche.

b) Verbesserte Bohrleistung, da die aufgewendete Belastung nur auf den Meißel konzentriert bleibt; geringe Abnützung des Gestänges.

c) Leichtere Produktionsmöglichkeiten und niedrigere Förderkosten, da Pumpgestänge in den Tubings nicht reiben.

d) Leichtere Korrelationsmöglichkeiten von Leitschichten und Ölhorizonten.

2. Arten der Neigungsmesser

Während der normalen Bohrarbeit müssen auch gewisse Spezialarbeiten durchgeführt werden, wie z. B. die Kontrolle des Verlaufes des Bohrloches in seiner Richtung und Neigung, damit man jederzeit sagen kann, wo sich das Bohrloch befindet.

Es ist das Bestreben jedes Bohrtechnikers, die Bohrlöcher so gerade als nur möglich niederzubringen, wenn nicht eine Spezialaufgabe bezüglich der Richtung und Neigung verlangt wurde. Die Bohrarbeit selbst in einem geraden Loch ist wesentlich leichter und mit weniger Gefahren verbunden als in einem krummgebohrten Loch, wo sich jederzeit Fangarbeiten ergeben können, die schwer zu bereinigen sind, weil vor allem die Produktionsmöglichkeiten nicht unnötig erschwert werden sollen und weil schließlich ein gerades Bohrloch die geringsten Bohrkosten verursacht.

Im Laufe der Zeit wurden verschiedene Apparate entwickelt, mit denen die Neigung des Bohrloches und deren Richtungsverlauf gemessen werden kann. Folgende Neigungsmesser haben sich in der Praxis am meisten eingebürgert:

a) Neigungsmesser, die nur die Abweichung von der Lotrechten angeben, das sind die sogenannten Säureflaschen, die durch das Bohrgestänge vor dem Wechsel des Bohrmeißels eingelassen werden, und

b) Neigungs- und Richtungsmesser, die neben der Abweichung der Lotrechten auch den Richtungsverlauf anzeigen. Dazu gehören die Apparate mit einer Magnetnadel für Messungen im unverrohrten Gebirge (Neigungsmesser von EASTMAN, STRAATMAN, ZIPSER, PASSLER), oder Apparate mit Kompaß für verrohrtes und unverrohrtes Gebirge (Neigungsmesser der Nautischen Werke, Kiel).

An Hand der erhaltenen Messungen aus den verschiedenen Tiefen wird dann durch entsprechende Auftragung dieser Resultate der Verlauf des Bohrloches aufgezeichnet.

3. Abgelenkte Bohrlöcher

Dort, wo Bohrlöcher übermäßig von der Lotrechten abweichen und wo vom geologischen Standpunkt diese Abweichung wegen der zu erwartenden Produktionsmöglichkeiten nicht zugelassen werden kann, müssen diese Bohrlöcher rechtzeitig korrigiert werden. Solche Korrekturen werden mit sogenannten Ablenkkeilen (Whipstocks) durchgeführt.

4. Ablenkkeile (Whipstocks)

Es gibt verlorene oder herausziehbare Ablenkkeile. Bei kontinuierlicher Überwachung des Neigungsverlaufes der Bohrung mit Hilfe von Neigungsmeßapparaten kann durch Einbau von sogenannten Ablenkkeilen die Neigung und der Richtungsverlauf des Bohrloches so beeinflußt werden, wie es eben gerade gewünscht wird. Diese Methode wurde in Amerika entwickelt und wird heute bereits auf der ganzen Welt angewendet. Obwohl diese Methode, Bohrlöcher abzulenken, anfangs immer mit großen Gefahren für das Bohrloch verbunden war, da ein Festwerden des zurückgewinnbaren Ablenkkeiles oft den Verlust des ganzen Bohrloches bedeutet hätte, werden diese Arbeiten heute durch die vielen Erfahrungen, die gesammelt wurden, mit verhältnismäßig geringem Risiko durchgeführt. Auf diese Weise werden Bohrlöcher, welche abnormal von der Lotrechten abweichen und wo der Erfolg in Frage gestellt scheint, mit Hilfe von Ablenkkeilen wieder in die Lotrechte zurückgeführt, oder es werden umgekehrt Bohrlöcher absichtlich auf einen vom obertätigen Ansatzpunkt weiter entfernten Aufschlagpunkt eines bestimmten Horizontes abgelenkt. Diese Arbeiten verursachen gewöhnlich Mehrkosten; in manchen Fällen werden jedoch durch diese Ablenkungsarbeiten auch Kosten gespart. Hat z. B. ein Bohrloch in seinem normalen Verlauf das Grundgebirge erreicht und keinen Ölhorizont angefahren, so kann dieses Bohrloch von einer gewissen Teufe an in höher- oder tieferliegende Horizonte, die hoffnungsreich erscheinen, abgelenkt werden. Es kommt auch oft vor, daß aus einem Bohrturm zwei Bohrlöcher gebohrt werden, eines mit normalem Verlauf, womöglich vertikal, während das zweite Bohrloch, kaum 1 m vom Ansatzpunkt des ersten versetzt, in einer gewissen Tiefe mit Ablenkkeilen in eine gewünschte Richtung abgelenkt wird, um andere Teile eines bestimmten Horizontes oder tieferliegende Horizonte zu erschließen.

Der verlorene Ablenkkeil kann, wie der Name schon sagt, nach dem Absetzen im Bohrloch nicht mehr herausgebracht werden. Dieser wird heute nur bei speziellen Fällen verwendet. Er besteht aus einem entsprechend geformten keilförmigen CrNi-Stahlstück, das unten zugespitzt und gegenüber der Keilfläche Rippen trägt, damit er im Gebirge festgesetzt werden kann und nicht verdreht wird. Solche verlorene Ablenkkeile werden entweder orientiert oder nichtorientiert eingebaut und ebenfalls zum Ablenken des Bohrloches verwendet.

Der herausziehbare (removal) Ablenkkeil (Abb. 93) ist heute das gebräuchlichste Ablenkungsgerät. Dieser besteht aus einem entsprechend geformten CrNi-Stahlstück mit oben einem Hals und unten einem Schuh. Dieser Schuh kann verschiedene Ausbildungen für die verschiedenen Formationen haben. Diese Whipstöcke werden in den Dimensionen von 5½″ bis 10″ ausgeführt, geeignet für die verschiedenen Bohrlochdurchmesser.

Zur Ablenkung in weichen Formationen wird ein speziell geformter Spiralmeißel (Abb. 94) verwendet, der beim Hochziehen unter dem Hals des Whipstockes faßt und diesen mit herauszieht. Zur Ablenkung in harten Schichten wird ein speziell ausgebildeter Hartformationsmeißel mit Rollen verwendet, der beim Hochziehen ebenfalls den Ablenkkeil mit herauszieht. Um den Ablenkkeil orientiert einbauen zu können, ist der Meißel am Hals des Ablenkkeiles durch zwei Abscherbolzen befestigt, so daß er die Verdrehung des Gestänges unbe-

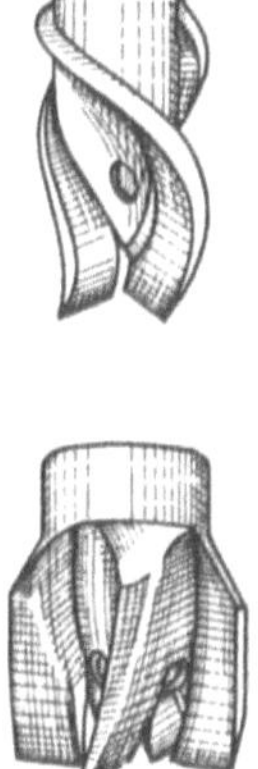

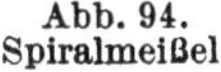

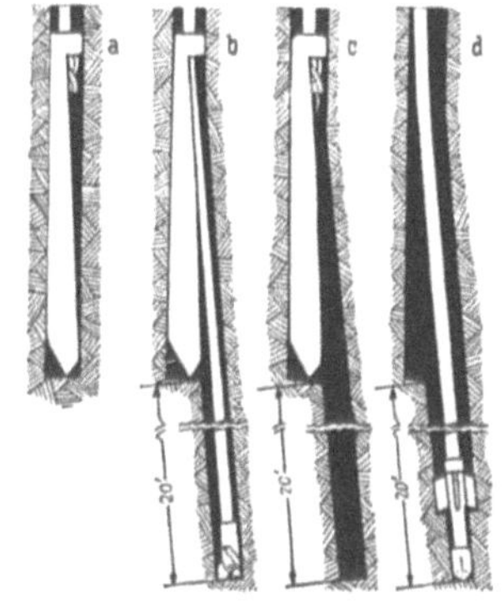

Abb. 93. Herausziehbarer Ablenkkeil (Whipstock).

Abb. 94. Spiralmeißel.

Abb. 95. Ablenkung des Bohrloches mittels Whipstock.

Abb. 96. Aufbohrmeißel.

dingt mitmachen kann. Wenn die Teufe erreicht ist, an der der Whipstock abgesetzt werden soll, werden durch Aufsetzen eines Teiles des Gestängegewichtes die Bolzen abgeschert; dadurch wird der Meißel im Whipstock frei und kann bewegt werden. Durch langsames Drehen und vorsichtiges Nachlassen wird der Spiralmeißel auf der Keilfläche herunterbewegt (Abb. 95). Ist der Meißel an der untersten Stelle der Keilfläche angelangt, dann wird durch etwas mehr Druck auf den Meißel ein neues Loch im Gebirge zu bohren begonnen. Damit der Meißel der Keilfläche des Ablenkkeiles leichter folgen kann, wird zuunterst eine 3½″-Bohrstange verwendet, die sich leicht durchbiegt und unter dem Winkel des Whipstockes ein neues Loch bohrt. Gewöhnlich sind drei Märsche notwendig, bis die Ablenkung beendet ist, nämlich:

a) Orientierter Einbau des Whipstockes und Abbohren des Whipstockes mit dem Spiralmeißel bis zirka 5 m unterhalb des Whipstockes (Abb. 95a und b).

b) Einbau des Aufbohrmeißels (Abb. 96) und Aufbohren des vorgebohrten Loches auf einen Zwischendurchmesser bis 10 m unterhalb der Ablenkstelle (Abb. 95d).

c) Einbau des Nachbohrmeißels mit dem endgültigen Durchmesser und Nachbohren bis zirka 15 m unterhalb des Ablenkpunktes. Im günstig weichen Gebirge kann der unter Punkt b) genannte Bohrmarsch entfallen.

5. Gelenksverbinder (Knuckle-joint)

An Stelle von Ablenkkeilen kann man auch Gelenksverbinder zum Abweichen verwenden (Abb. 97). Der Gelenksverbinder wird ungefähr einen halben bis einen Zug über dem Bohrmeißel angebracht. Dieses unterhalb des Gelenksverbinders gelegene Gestänge ist eine Dimension kleiner als der Durchmesser des darüberliegenden Gestänges. Knapp unterhalb ist ein Nachräumer angebracht und am Ende des Gestänges ein drei-, respektiver vierflügeliger Spitzmeißel. Dieser Gelenksverbinder kann ebenfalls gewöhnlich oder orientiert eingebaut werden. Knapp bevor die Bohrlochsohle erreicht wird, werden die Spülpumpen in Betrieb gesetzt, wodurch der Gelenksverbinder abknickt und das unterhalb des Gelenkes befindliche Gestänge in schiefe Stellung bringt. Wenn man jetzt Druck auf den

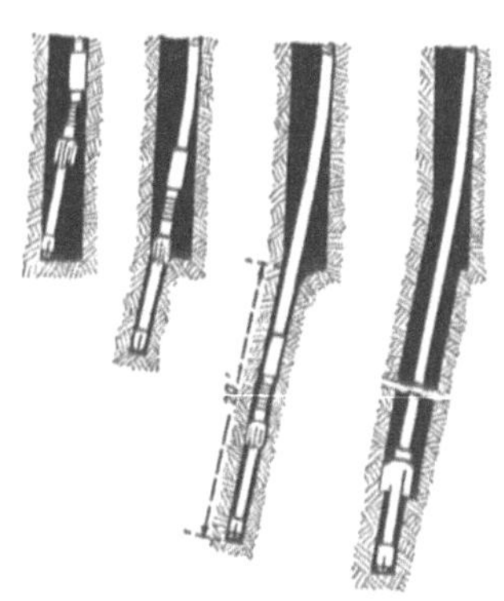

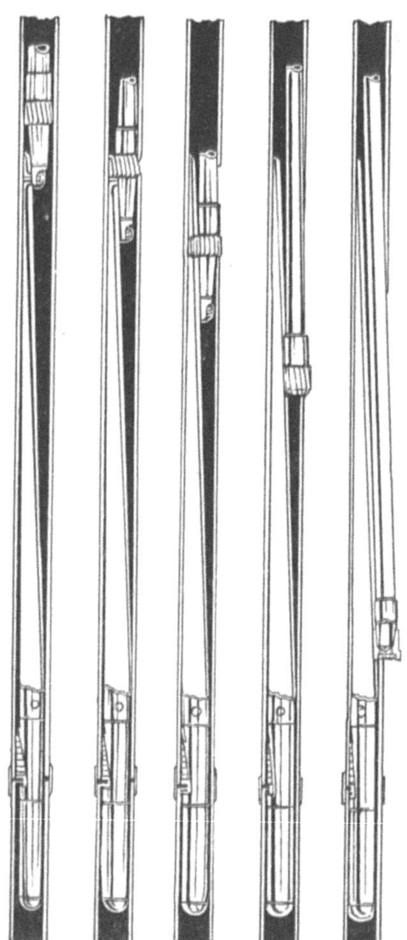

Abb. 97.
Gelenksverbinder
(Knuckle-joint).

Abb. 98. Ablenkung des Bohrloches mittels Gelenkverbinder (Knuckle-joint).

Abb. 99. Arbeiten mit dem Kinzbach-Whipstock.

Meißel (Abb. 98) setzt, dann wird der Spitzmeißel unter der angenommenen Neigung in das Gebirge eindringen und ein neues abgelenktes Loch bohren.

6. Rohr- (Casing-) Whipstock

Sehr oft werden Ablenkungsarbeiten auch durch Verrohrungen durchgeführt, wozu ein sogenannter Casing-Whipstock verwendet wird. Der gebräuchlichste dieser Art ist der sogenannte *Kinzbach*-Whipstock (Abb. 99). Es gibt solche, die automatisch durch Federwirkung oder hydraulisch in den Rohren festgesetzt werden, oder halbautomatisch wirken, die auf einer Zementbrücke oder an einer Rohrmuffe abgesetzt werden. Diese Whipstöcke werden auch orientiert bis an die gewünschte Stelle eingebaut und in den Rohren festgesetzt. Dann wird mit einem Fräser durch die Rohre in der gewünschten Richtung durchgefräst und ein neues Loch gebohrt.

7. Die Wirkung eines Ablenkkeiles (Whipstockes)

In einem nahezu geraden Loch mit weniger als 2^0 kann ein Whipstock in jede beliebige Richtung gesetzt und abgebohrt werden. Ist die Neigung des Bohrloches größer als 2^0, dann kann eine maximal theoretische Verdrehung, ohne daß der Neigungswinkel des Bohrloches zunimmt, durch Setzen eines Whipstockes erreicht werden. Die bei den verschiedenen Neigungen des Bohrloches möglichen maximalen Verdrehungen kann man aus eigenen Tabellen entnehmen.

Eine größere Verdrehung des Bohrloches, als in diesen Tabellen (Abb. 100) angezeigt, kann wohl erzielt werden, wenn gleichzeitig der Neigungswinkel abnimmt. Bei kleineren Verdrehungen jedoch nimmt der Neigungswinkel zu.

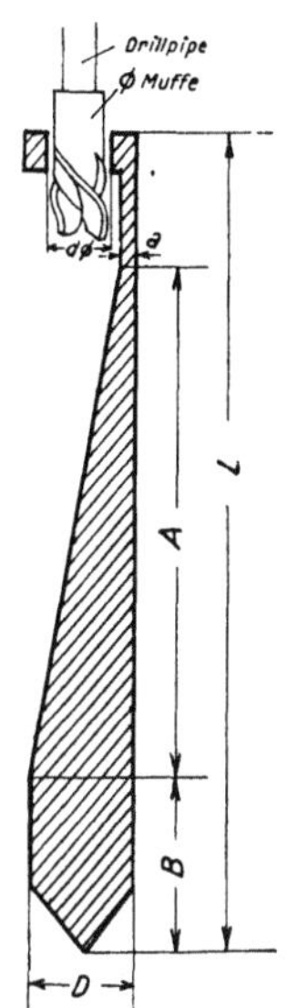

Abb. 100. Abmessungen von Whipstöcken.

8. Unterschiedliche Behandlung beim orientierten Bohren

Bei der Behandlung orientierter Bohrprobleme unterscheidet man im wesentlichen drei Spezialfälle:

a) Ausrichten krummer Bohrlöcher.

b) Vorbeibohren.

c) Zielbohrungen.

9. Ausrichten krummer Bohrlöcher

Hier lassen sich zwei Arten des Ausrichtens unterscheiden:

a) Ein krummes Bohrloch von der vorhandenen Sohle geraderichten.

b) Zurückzementieren des krummen Bohrloches bis zu einem Punkt mit geringer Neigung und versuchen, senkrecht weiterzubohren.

Im ersteren Falle kann man das Begradigen des Bohrloches auf verschiedene Arten durchführen:

a) Man vergrößert das Schwerstangengewicht durch Zugabe mehrerer Schwerstangen und rotiert sehr rasch mit wenig Belastung auf dem Meißel.

b) Verwendung von Spezialrichtmeißeln.

c) Man verkleinert das Schwerstangengewicht und bohrt mit einem kleineren Meißel, als vorher verwendet wurde, weiter.

d) Ist neben der Neigungsmessung auch die Abweichungsrichtung vorhanden, dann kann durch Einbauen eines Whipstockes das Bohrloch ebenfalls begradigt werden.

Abmessungen von Whipstöcken

D Ø mm	250	220	185	150	Eastmans 8¹/₂″ 216 mm	185
Drillpipe Ø	4¹/₂	4¹/₂	3¹/₂	3¹/₂	4¹/₂	4¹/₂ × 3¹/₂
Pilot bit. Ø	190 × 4¹/₂	180 × 4¹/₂	140 × 3¹/₂	130 × 3¹/₂ × 120	130 × 4¹/₂ × 145	140 × 3¹/₂
Stufenmeißel Ø	290 × 4¹/₂ × 190	225 × 4¹/₂ × 170	240 × 130	190 × 3¹/₂ × 123	305 × 4¹/₂ × 184	130 × 260 × 4¹/₂
Spiralmeißel Ø	× 190	× 170	× 140	× 123	× 184	× 140
Kupferbolzen ..	18 22 3 20 — 63	15 22 3 20 — 60	12 22 3 20 — 57	12 10 3 20 — 45	12 16 3 20 — 51	15 15 3 20 — 53
L mm	4370	4800	4800	3830	3400	4800
A mm	3000	3450	3000	2500	2630	3000
B mm	550	550	550	550	530	550
a mm	25	20	20	13	12	20
Ablenkung	4°	3° 30′	3°	3°	4° 15′	3°
d min mm	145	155	112	113—119	166	130
Ø Meißel ..		140			145	

3° Whipstock

Notwendige Werkzeuge für die Whipstockarbeit:

	Abweichung des Bohrloches	Mögl. Verdrehung des neuen Loches	Drehung des Whipstockes	Neue Neigung
1 Whipstock	1°	180°	180°	2°
1 Drillpipe	2°	180°	180°	1°
1 Pilotmeißel	3°	60°	120°	3°
2 Kupferbolzen	4°	48°	135°	3°
1 Schlüssel	5°	38°	125°	5°
2 Zentrierklammern	6°	30°	120°	5°
2 Femrohre	7°	25°	115°	6° 30′
2 Arbeitsbühnen	8°	22°	110°	7° 30′
1 Nachbohrmeißel	9°	20°	110°	8° 30′
1 Spitzmeißel	10°	18°	105°	9° 30′
2 Elektrische Lampen	11°	16°	105°	10° 30′
1 Bussole	12°	15°	105°	11° 30′
	13°	14°	105°	12° 30′
	14°	12° 30′	100°	13° 30′
	15°	11° 30′	100°	14° 45′

Ist die Neigung kleiner als 2°, dann kann man den Whipstock in entgegengesetzter Richtung setzen, ohne daß dadurch das Bohrloch gefährdet wird. Ist die Neigung aber größer als 2°, dann hat ein entgegengesetzter Whipstock fast keinen Erfolg. In solchen Fällen wird der erste Whipstock so gesetzt, daß eine maximale Verdrehung erreicht wird; der zweite Whipstock wird so gesetzt, daß eine Verringerung der Neigung bei einer kleinen Verdrehung des Bohrloches eintritt.

Im zweiten Falle, wo von einem über der Bohrlochsohle gelegenen Punkt abgewichen werden soll, sind ebenfalls zwei Arbeitsmethoden gebräuchlich:

a) Bilden einer Schulter.

Der Meißel wird bis auf die gewünschte Höhe gezogen und rasch rotiert bei geringer Meißelbelastung; es gelingt bei weichen Formationen auf diese Weise ein gerades Bohrloch zu bohren.

b) Zurückzementieren bis zum gewünschten Punkt und Aufbohren mit einem Spezialmeißel bei hoher Tourenzahl und geringer Meißelbelastung.

Diese zweite Methode wird sehr viel mit gutem Erfolg angewendet: Voraussetzung dafür ist aber eine harte Zementbrücke.

Zur Abweichung in hartem Gebirge verwendet man einen eigenen Whipstock. Dieser hat an der Rückseite zwei Längsrippen und auf dem oberen Hals auf der entgegengesetzten Seite ebenfalls zwei kurze Rippen. Die langen Rippen haben den Zweck, eine Verdrehung des Whipstockes zu verhindern, während die kleinen

Rippen verhindern sollen, daß der Whipstock beim Bohren nach vorne kippt und die Neigung des Whipstockes herabsetzt.

10. Vorbeibohren

Das Vorbeibohren an verlorenem Gestänge, Meißel oder Eisen wird gewöhnlich, ohne einen Zementpropfen zu setzen, mit einem Spitzmeißel oder Fischschwanzmeißel mit Linksschneide durchgeführt. Bei geeigneter Formation gelingt es oft, an diesen Bruchstücken vorbeizubohren, ohne nachteiliger Folge für das Weiterbohren.

Wird jedoch mittels eines Whipstockes abgewichen, dann setzt man über Oberkante-Fisch eine kleine Zementbrücke, die eine gute und feste Unterlage für den Whipstock bildet. Zeigt die Neigungsmessung an jener Stelle, wo der Whipstock gesetzt werden soll, eine kleine Abweichung von der Vertikalen, dann setzt man den Whipstock entgegengesetzt. Ist die Neigung größer, dann wird der Whipstock um 90° verdreht eingebaut. Auf diese Weise wird erreicht, daß das Bohrloch nach dem Vorbeibohren nicht zuviel aus der Vertikalen abweicht.

11. Zielbohrungen

Zielbohren ist ein orientiertes Bohren nach einem durch besondere Notwendigkeiten bedingten Punkt. Es gibt eine Menge solcher Zielbohrungsprobleme.

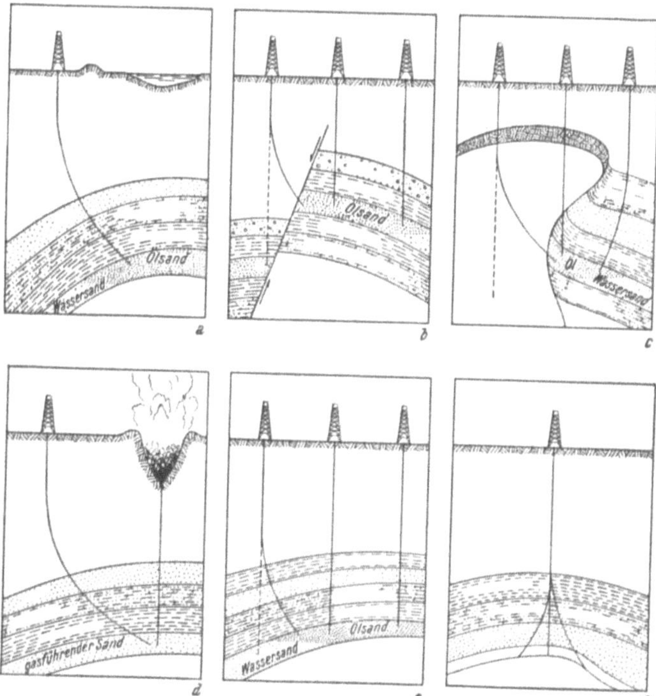

Abb. 101 a bis f. Verschiedene Fälle, wo orientiertes Bohren angewendet wird (Eastman Oil Well Survey Company).

a) Aus gewissen Gründen muß der Aufschlagpunkt genau unterhalb des Ansatzpunktes sein.

b) Eine Bohrung muß gegen den Bruch oder außerhalb einer Bruchzone abgelenkt werden (Abb. 101 a—f).

c) Eine Bohrung muß unterhalb eines überhängenden Salzdomes abgelenkt werden, um brüchigen Formationen im Kontaktbereich mit dem Salzstock oder harten Formationen auszuweichen (Abb. 101c).

d) Ablenkung einer Bohrung zu einem Aufschlagpunkt, der manchmal durch Oberflächenverhältnisse nicht auf vertikalem Wege zu erreichen ist (Abb. 101a).

e) Ablenkung einer Bohrung, um eingebrochenem Randwasser auszuweichen (Abb. 101e).

f) Ablenkung einer Bohrung zu einem Punkt einer wild eruptierenden Bohrung (Abb. 101d).

g) Ablenkung einer Bohrung für geologische Orientierungszwecke (Abb. 101f).

h) Abteufung mehrerer Bohrungen von einem Aufschlagpunkt auf verschieden tiefe Horizonte. In diesen Fällen wird bei den verschiedenen Bohrungen die horizontale Abweichung, die Richtung und eventuell totale Tiefe im vorhinein angegeben.

Ist z. B. die horizontale Abweichung und die Richtung gegeben, dann kann man schon im vorhinein bestimmen, wie groß die Neigung sein muß, um das gewünschte Ziel zu erreichen. Im allgemeinen wird man bei solchen Aufgaben trachten, keine zu großen Neigungswinkel zu erhalten; man ist daher bestrebt, diese Abweichungen ziemlich hoch oben anzufangen. Solche Zielbohrungen, die natürlich große Kosten verursachen, werden erst nach vorheriger genauer Kalkulation durchgeführt, wobei außer den geologischen Schwierigkeiten, der Umbau einer Anlage, spätere Produktionsschwierigkeiten usw. berücksichtigt werden.

Das gerichtete Bohren gehört heute genau so wie andere wichtige Bohrprobleme zu jenen Arten des Bohrbetriebes, die mit viel Sorgfalt und Genauigkeit durchzuführen und zu überwachen sind, damit ein Erfolg der abgelenkten Bohrung gewährleistet ist.

VIII. Sicherheitseinrichtungen gegen Ausbrüche beim Bohren

Um beim Durchteufen druckstarker Gebiete das Bohrloch und seine Einrichtungen vor Zerstörungen infolge von Ausbrüchen zu schützen, hat der Bohrmann schon frühzeitig nach Einrichtungen gesucht, die das Ausbrechen und Durchgehen einer Bohrung verhindern sollen. Die Bohreinrichtungen stellen einen derart großen Wert dar, daß man schon aus rein wirtschaftlichen und finanziellen Gründen trachten wird, diese Werte zu erhalten. Da bei Ausbrüchen auch Menschen umkommen können, mußte schon aus Sicherheitsgründen eine Vorrichtung geschaffen werden, die das Durchgehen einer Bohrung verhindert. Es muß aber ausdrücklich darauf hingewiesen werden, daß solche Sicherheitsvorrichtungen nicht dazu da sind, schon im Gang befindliche Gasausbrüche abzusperren, sondern sie haben nur den Zweck, zu verhindern, daß solche Ausbrüche überhaupt entstehen. Aus dieser Aufgabe, die diesen Sicherheitsvorrichtungen zukommt, geht hervor, daß jederzeit eine 100%ige Einsatzfähigkeit während jeder Phase des Bohrbetriebes, unabhängig von der Jahreszeit, gewährleistet sein muß.

Die Entwicklung dieser Sicherheitsvorrichtungen hat sich also in der Richtung der größten Einfachheit bewegt, d. h. der Bohrpraktiker verlangt eine möglichst einfach zu bedienende, betriebssichere Absperrvorrichtung. Die Konstruktion dieser Absperrvorrichtung muß auch so ausgebildet sein, daß sie allen auftretenden Drücken standhält.

Eine Reihe dieser Sicherheitsvorrichtungen wurde auf den Markt gebracht, die man ihrer Konstruktion nach in folgende zwei Gruppen einteilen kann:

1. Einsatz- (Konus) Preventer (Abb. 102)

Zum Abschluß des Bohrloches, wenn das Gestänge oder die Mitnehmerstange im Bohrloch hängen.

2. Schieber-Preventer

a) Zum Abschluß des Bohrloches, wenn Gestänge im Loch ist.

b) Zum Abschluß des vollen Bohrlochquerschnittes, wenn kein Gestänge im Bohrloch ist.

Nach der Art der Schieber unterscheidet man dann weiter:

α) Flachpreventer mit Handantrieb (Bauart Shaffer), (Abb. 103 a, b und c).

β) Kugelpreventer mit Handantrieb (Bauart Teudloff-Vamag), (Abb. 104).

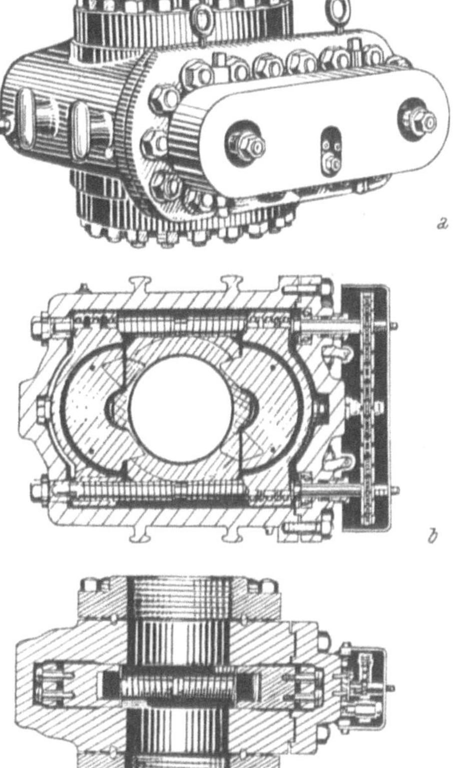

Abb. 103 a, b, c. Flachpreventer mit Handantrieb. Bauart Shaffer.

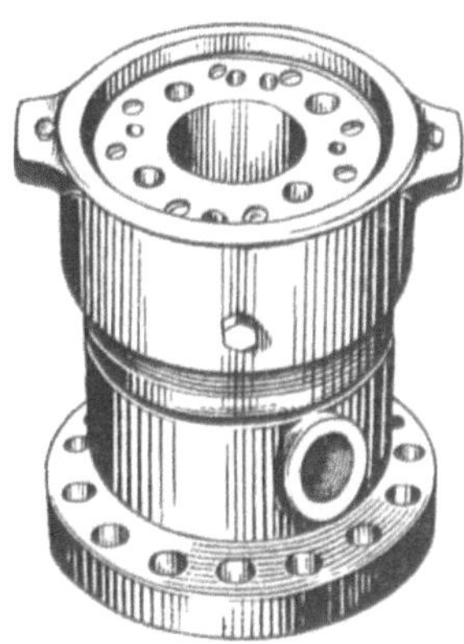

Abb. 102. Einsatz- (Konus-) Preventer.

Abb. 105. Preventer mit hydraulischem Antrieb (System Cameron).

γ) Kolbenpreventer mit hydraulischem Antrieb (Bauart Cameron), (Abb. 105).

δ) Schieberpreventer mit hydraulischem Antrieb (Bauart Shaffer Tool-Works), (Abb. 106 und 107).

Alle diese Preventerarten werden für genormte Druckstufen, nämlich für 70, 140, 210 und 350 atü Betriebsdruck, gebaut.

Abb. 104. Kugelpreventer mit Handantrieb (Teudloff-Vamag-Wien).

Abb. 106. Preventer mit hydraulischem Antrieb (Shaffer Tool-Works).

Alle Preventertypen müssen täglich durch Schließen und Öffnen auf ihre Gängigkeit überprüft werden. Das Reinigen dieser Preventer muß daher mit größter Sorgfalt durchgeführt werden.

Ein betriebssicherer Bohrlochabschluß wird auf Abb. 108 gezeigt.

Die Sicherheitsvorrichtungen für den Bohrlochabschluß bewähren sich erst dann restlos, wenn alle Vorkehrungen zur Überwachung der Spülung getroffen sind. Es muß eine ständige Überwachung des spezifischen Gewichtes und der Viskosität der Spülung eingerichtet sein. Veränderungen und wesentliche Abweichungen der Spülung von der Norm sind sofort dem überwachenden Ingenieur zu melden, damit die entsprechenden Vorkehrungen getroffen werden, um ein Durchgehen der Bohrung zu verhindern.

Es ist außerordentlich schwer, eine bereits eruptierende Bohrung mit Hilfe der Sicherheitsvorrichtungen abzuschließen, da die vorhandenen Drücke oft ein Schließen der Sicherheitsschieber unmöglich machen. Wird dagegen rechtzeitig der Beginn eines Ausbruches durch das Überlaufen der Spülung beobachtet, dann kann durch schnelles Schließen der Sicherheitsschieber das Ausbrechen der Sonde verhindert werden. Der Zweck der Sicherheitsschieber ist somit darin zu erblicken, daß man einen im Entstehen begriffenen Ausbruch abschließen kann, nicht aber eine bereits stark eruptierende Bohrung unter Kontrolle zu bringen.

3. Totpumpen einer Bohrung

Ist eine eruptierende Bohrung mit Hilfe der Sicherheitspreventer abgefangen, so muß versucht werden, die Bohrung so rasch wie möglich totzupumpen. Zu diesem Zwecke muß genügend schwere

Abb. 107. Hydraulische Druckstation für Preventer (Shaffer Tool-Works).

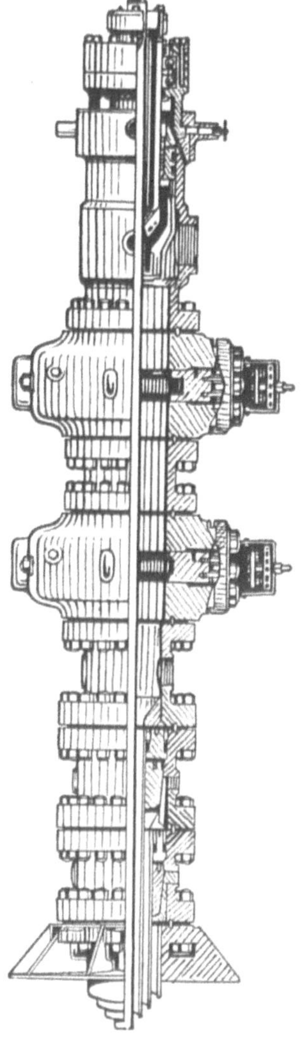

Abb. 108. Bohrlochabschluß.

Spülung vorhanden sein, die in das Bohrloch gepumpt werden kann. Wenn der Druck im Bohrloch inzwischen so groß geworden ist, daß die Spülpumpe diesen nicht überwinden kann, dann muß versucht werden, beide Spülpumpen hintereinander zu schalten oder mit kleineren Pumpenzylindern zu arbeiten. Oft genügen auch diese Maßnahmen nicht, um die Sonde mit Hilfe der vorhandenen Spülpumpen totzupumpen. In so einem Falle muß eine Spezialhochdruckpumpe herangebracht werden, die den vorhandenen Druck im Bohrloch überwinden kann.

Beim Totpumpen einer eruptierenden Bohrung muß am Auslaufrohr des Bohrloches ein Düsenkreuz angebracht werden, wo durch Verwendung entsprechender Düsen der Druck aus dem Bohrloch gleichzeitig abgelassen werden kann. Reicht die HD-Spülpumpe zur Überwindung des im Bohrloch befindlichen Druckes auch nicht aus, so kann die Bohrung mittels einer Hochdruckschleuse (Lubrikator) (Abb. 109) totgepumpt werden. Obwohl diese Methode des Totpumpens sehr wenig bekannt ist, ist sie für alle auftretenden Drücke verwendbar. Wichtig dabei ist, daß alle Armaturen bei dieser Schleuse aus HD-Material bestehen.

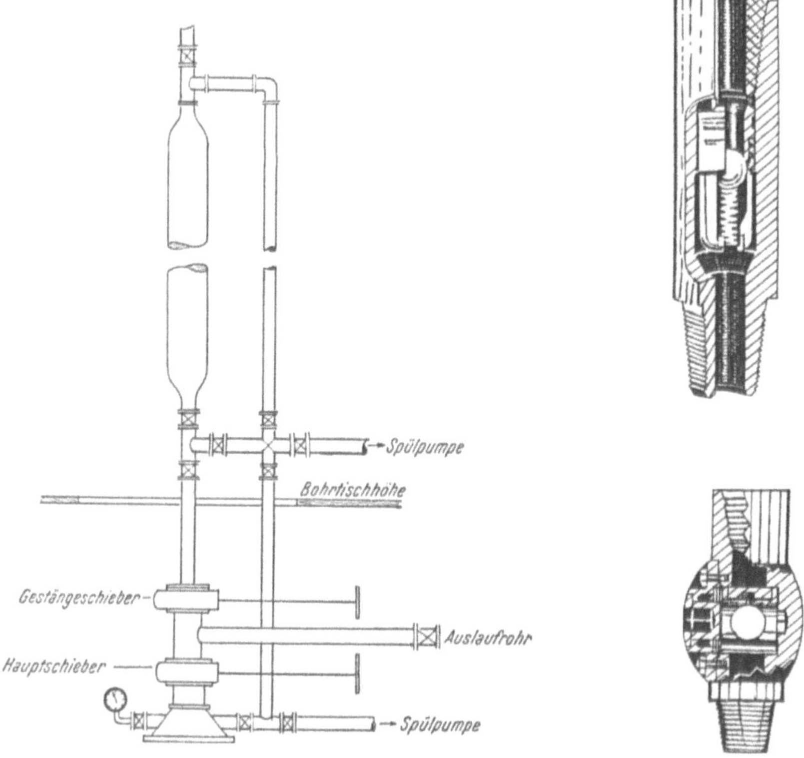

Abb. 109. Hochdruckschleuse (Lubrikator).   Abb. 111. Hochdruckabsperrhahn über der Kelly.

Um einen Ausbruch durch das Gestänge zu verhindern, verwendet man im untersten Teil des Gestänges Rückschlagventile (Abb. 110). Diese werden als Kugel- oder Kegelventile gebaut. Bei unreiner Spülung können sich diese Ventile sehr leicht verlegen, was wieder zu verschiedenen Schwierigkeiten beim Bohren führen kann. Man muß daher bestrebt sein, dort wo Sicherheitsventile im Gestänge verwendet werden, für eine gute Reinigung der Spülung Sorge zu tragen. In vielen Fällen ist die Verwendung solcher Sicherheitsventile von Nachteil, da der Durchgang im Gestänge abgesperrt wird, so daß weder Kernen mit dem Seilkernapparat noch Neigungsmessen mit der Säureflasche möglich ist.

Statt dieser Gestängesicherheitsventile verwendet man auch einen HD-Absperrhahn unmittelbar über der Kelly (Abb. 111).

4. Folgen der Gasausbrüche

Der Ausbruch einer Bohrung kann sehr große Schäden verursachen, und zwar:

a) Beschädigung des Bohrloches im unverrohrten Teil mit Zusammenfallen des Gebirges, Schädigung der Lagerstätte, oder im verrohrten Teil durch Beschädigung der Bohrrohre oder der Obertagsabflanschung.

b) Vernichtung der ganzen Bohreinrichtung einschließlich des Bohrturms, wenn das ausströmende Gas Feuer fängt.

c) Beschädigung der um das Bohrloch liegenden Kulturen.

Unter Berücksichtigung dieser schweren Schäden sind in unbekannten Gebieten alle Sicherheitsvorrichtungen bei der Bohrarbeit anzuwenden. Die Bergbehörde schreibt heute auch auf bekannten Feldern Sicherheitsvorrichtungen in einer bestimmten Ausführung vor, da selbst auf solchen Gebieten durch geologische Komplikationen im Bau der Struktur an gewissen Stellen unerwartet hohe Drücke auftreten können, die eventuell zu Ausbrüchen führen würden. Der Montage solcher Sicherheitsvorrichtungen ist größte Aufmerksamkeit und Sorgfalt zuzuwenden. Die dabei verwendeten Armaturen müssen aus HD-Material sein. Ferner muß durch entsprechende Kontrolle der Vorrichtungen jederzeit eine verläßliche Einsatzmöglichkeit garantiert sein, was man auch durch ständige Schulung des Bohrpersonals erreichen kann.

Es ist unbedingt erforderlich, daß beim Ausbau des Gestänges das Bohrloch ständig mit Spülung vollgehalten wird, was man dadurch erreicht, daß man während des Gestängeausbaues eine Spülpumpe ständig Spülung in das Bohrloch pumpen läßt; die überflüssige Spülung läuft dann von selbst durch das Auslaufrohr in das Saugbassin zurück.

Es sind Fälle aus der Praxis bekannt, daß beim Durchteufen gewisser druckstarker Gebiete die Spülung nicht schwer genug gemacht werden kann, um ein Überlaufen der Spülung zu verhindern, da die schwere Spülung in gewisse aufnahmsfähige poröse Horizonte eindringt, verlorengeht und die Flüssigkeitssäule im Bohrloch absinkt. In diesem Falle muß die Spülung gerade so schwer gehalten werden, daß keine Spülungsverluste auftreten. Es muß allerdings die größte Sorgfalt verwendet werden, das Bohrloch ständig vollzuhalten, da ein nur geringes Absinken des Flüssigkeitsspiegels schon den Überdruck der druckstarken Horizonte zum Überlaufen der Spülung auslösen könnte. In solchen Fällen muß beim Meißelwechsel das Gestänge ein- und ausgeschleust werden. Hiezu ist es notwendig, daß man zwei Gestängeschieber übereinander verwendet. Bei so einer Ausschleusarbeit werden die Gummibacken der Schieber sehr stark beansprucht, weshalb diese aus bestem Material hergestellt sein müssen. In solchen Fällen muß für eine sorgfältige Spülungskontrolle gesorgt sein, wobei auf eine rechtzeitige und gründliche Entgasung der Spülung gesehen werden muß. Es muß jedenfalls auch eine entsprechend große Menge Reservespülung vorhanden sein. um die durch Gas erleichterte Spülung jederzeit durch neue ersetzen zu können,

IX. Fangarbeiten beim Bohren

Beim Bohren treten, wenn z. B. das Bohrgestänge bricht oder irgendwelche Eisenteile im Bohrloch verbleiben oder hineinfallen, große Schwierigkeiten auf. Um weiterbohren zu können, müssen zuerst das gebrochene Gestänge oder die im Bohrloch verbliebenen Eisenteile gefangen und wieder herausgeholt werden.

Um das Bohrloch wieder frei zu machen, müssen sogenannte Fangarbeiten durchgeführt werden. Für die Durchführung solcher Fangarbeiten gibt es eine Menge Fangwerkzeuge, die immer einsatzbereit an einer zentralen Stelle lagern müssen, um diese Schwierigkeiten auf dem kürzesten Wege zu beheben. Es ist oft notwendig, bei Fangarbeiten möglichst keine Zeit zu verlieren und die Arbeiten sofort in Angriff zu nehmen, damit keine größeren Komplikationen eintreten. Unter Umständen kann die Behebung solcher Schwierigkeiten Monate dauern

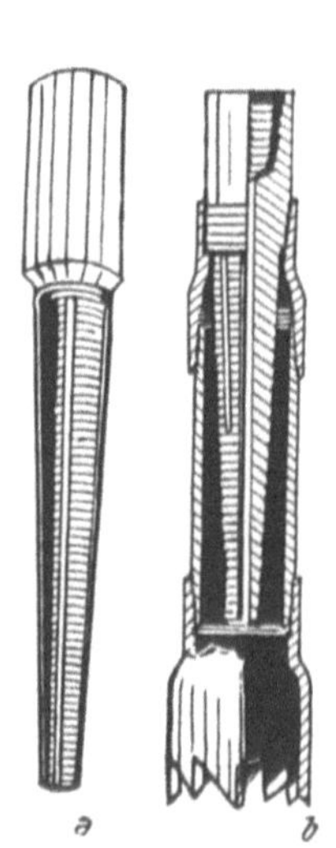

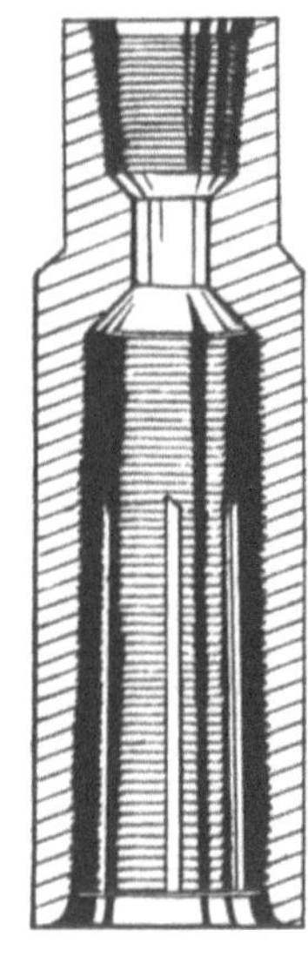

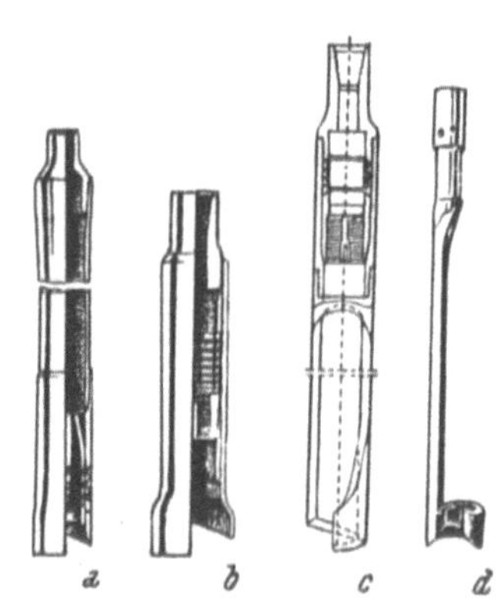

Abb. 114. *a*) Federfangbüchse (Overshot) (unlösbare), *b*) Lösbare Keilfangbüchse, Ausführung ohne Packungsring, *c*) Lösbare Keilfangbüchse, Ausführung mit Packungsring und Richthaken, *d*) Glückshaken

Abb. 112. *a*) Fangdorn, *b*) Fangdorn mit Tüte.   Abb. 113. Fangglocke.   (Wirth & Co. Erkelenz).

und manchmal auch zum Verlust des ganzen Bohrloches führen. Es ist oft besser, statt der Durchführung langwieriger und kostspieliger Fangarbeiten gleich ein neues Loch zu bohren. Dies kann aber nur ein gewiegter Bohrfachmann entscheiden, der jahrelang in der Praxis den verschiedensten Fangarbeiten begegnet ist.

Die Leitung und Durchführung solcher Fangarbeiten soll immer in die Hände erfahrener und verläßlicher Bohrleute gelegt werden. Obwohl zu solchen Fangarbeiten auch Glück gehört, entscheidend für den Erfolg bleibt jedoch die Erfahrung des erprobten Fachmannes.

Die Fanggeräte selbst müssen aus bestem Material hergestellt sein und es werden grundsätzlich zwei Arten davon unterschieden:

1. Solche, mit denen man Innengewinde schneidet, die sogenannten Fangdorne (Abb. 112).

2. Solche, mit denen man Außengewinde schneidet, die sogenannten Fangglocken (Abb. 113).

Die Fangdorne werden in das hohle Bohrgestänge eingeschraubt und schneiden so ein Innengewinde. Um das Bruchstück besser fangen zu können, sind die Fangdorne oft mit einer Tüte (Abb. 112b) umgeben, die unten einen Sucher hat, um leichter über das Bruchstück zu kommen. Mit einer Fangglocke wird auf dem Bruchstück ein Außengewinde geschnitten. Diese beiden genannten Fangwerkzeuge bilden, wenn sie mit dem Bruchstück durch Anschrauben verbunden sind, starre, nicht lösbare Verbindungen. Wenn also das im Bohrloch verbliebene Gestänge mit dem Bohrwerkzeug inzwischen fest geworden ist und man aus dem Bohrloch nicht ausfahren kann, so wird man durch Linksdrehen versuchen

müssen, das Gestänge an irgendeiner Stelle loszuschrauben. Dies hat den großen
Nachteil, daß es vorkommen kann, daß das Gestänge weit über der eigentlichen
Bruchstelle abgeschraubt wird und man dadurch viel mehr Gestänge im Bohrloch
hat als vordem. Man hat daher sogenannte lösbare Fanggeräte
konstruiert, die es ermöglichen, nach ergebnisloser Manipulation
wieder an derselben Stelle loszuschrauben; zu diesen gehören die
lösbaren Overshots (Abb. 114).

Dort wo der Kopf des Fangstückes stark in der Wand liegt
oder sich in einer Kaverne versteckt, verwendet man den Glücks-
oder Richthaken, um das Gestänge wieder in das Bohrloch zu
ziehen und auszurichten. Es sind heute auch hydraulische, aus-
schwenkbare Haken in Verwendung, die mit Hilfe der Spülpumpen betätigt werden und einen ziemlich großen Ausschlag
haben.

Dort wo das Bohrwerkzeug fest geworden ist, versucht man
mittels Linksgestänge und Linksfanggeräten das im Bohrloch
verbliebene Rechtsgestänge abzuschrauben und das Bohrwerkzeug
durch Überbohren freizumachen. Gelingt es nicht, alles aus dem
Bohrloch herauszubringen, dann versucht man nach Setzen
eines Zementpfropfens durch Vorbeibohren oder durch Ablenkung
mittels eines Whipstockes an den zurückgelassenen Bruchstücken
vorbeizukommen.

Außer den genannten Fangwerkzeugen, die heute schon
genormt sind, gibt es noch eine Unmenge anderer Spezialfang-
geräte, die den auftretenden Brüchen immer erst angepaßt werden
müssen. Um auch bei solchen Spezialfällen rasch arbeiten zu
können, braucht man zur Anfertigung solcher Spezialgeräte auch
eine leistungsfähige und erprobte Werkstätte, die allen Wünschen
eines Bohrmannes nachkommen kann.

Dort wo Fangarbeiten durchzuführen sind, muß das beste
Personal und das beste Material verwendet werden. Langwierige
Fangarbeiten verteuern die Kosten einer Bohrung ganz wesentlich, so daß von vornherein verhindert werden soll, daß diese
überhaupt auftreten — darum verwende man schon zum Bohren
das beste Material, gutes Gestänge, gute Bohrwerkzeuge und
tüchtige Bohrleute!

X. Überwachung und Kontrolle einer Tiefbohrung

Bei der geologischen Bearbeitung einer Tiefbohrung werden
sogenannte Kerne gezogen. Mit eigenen Kernapparaten (Abb. 115),
die mit einer speziell ausgebildeten Kernkrone versehen sind,
wobei Flügelkronen für weiche (Abb. 116) und Rollenkronen für
harte Formationen (Abb. 117) verwendet werden, werden je nach
der Formation und der Länge des Kernapparates verschieden
lange Kerne gezogen. Bis zu Teufen von zirka 600 m werden
auch die Spülproben zur geologischen Bearbeitung herangezogen.

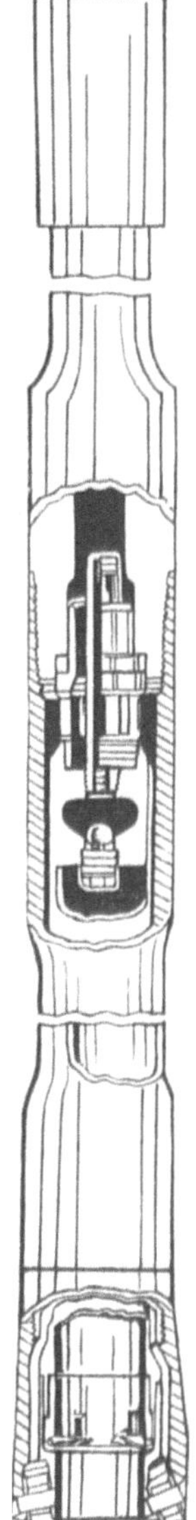

Abb. 115. Kern-
bohrapparat
(Reed Roller
Bit Co.).

Diese Spülproben werden auf einem Schüttelsieb aus der Spülung herausortiert
und fortlaufend in entsprechenden Kernkästen unter Angabe der Tiefen aufbewahrt. Spülproben aus größeren Tiefen können deshalb nicht verwendet
werden, weil sie sich infolge der langen Aufsteigzeit ganz oder teilweise in
der Spülung auflösen.

Die Spül- und Kernproben werden an Ort und Stelle vom überwachenden Geologen untersucht. An Hand dieser Proben werden die durchfahrenen Schichten genau beschrieben, wobei vorhandene Fossilien und eventuelle Gas-, Öl- oder Salzwasserspuren verzeichnet werden. Öl in Kernen wird mittels Chloroform, während Salzwasser mit Hilfe von Silbernitrat nachgewiesen wird. Dort wo gut eingerichtete Laboratorien vorhanden sind, erfolgt auch eine weitere mikropaläontologische und mikropetrographische Untersuchung, mit deren Ergebnis man detaillierte Korrelierungen zwischen den einzelnen abgeteuften Bohrungen durchführen kann. Mit Hilfe der Schlumberger-Messungen, nämlich den Wider-

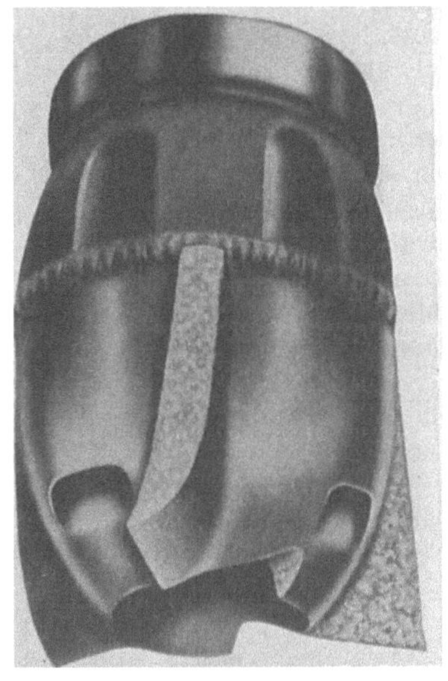

Abb. 116. Kernflügelkrone für weiche Formationen (Reed Roller Bit Co.).

Abb. 117. Kernrollenkrone für harte Formationen (Reed Roller Bit Co.).

stands- und Porositätsdiagrammen, können ebenfalls Formationsgrenzen, Gas, Öl und Wasser in porösen Schichten, festgestellt werden. Diese ganz charakteristischen Schlumberger-Profile erlauben es auch, in weit voneinander entfernten Bohrungen die einmal durch kontinuierliches Kernen festgelegten Formationsgrenzen zu verfolgen, so daß man auch ein Bild über die Tektonik des entsprechenden Gebietes erhalten kann.

In Produktionsfeldern werden die einzelnen Produktionsbohrungen ohne jeden Kern bis zur Endtiefe gebohrt und die petrographische Bezeichnung und stratigraphische Horizontierung der durchbohrten Schichten wird nur mit Hilfe der Schlumberger-Diagramme vorgenommen. Die Inproduktionssetzung solcher Bohrungen erfolgt dann auch ausschließlich an Hand der aufgenommenen Schlumberger-Diagramme, die aus den Widerstandsspitzen bei guten Porositäten Öl respektive Gas erwarten lassen.

Druckstarke Gas- oder Ölhorizonte machen sich schon beim Bohren dadurch bemerkbar, daß sie Gas in Form von Blasen oder Öl in Form von Tröpfchen an die Spülung abgeben, die dann bei aufmerksamer Überwachung unbedingt zu erkennen sind. Diese Anzeichen lassen also schon beim Bohren durchfahrene öl- oder gashaltige Horizonte erkennen. Druckschwache Horizonte machen sich jedoch durch diese Anzeichen nicht bemerkbar.

Es ist daher heute fast ausgeschlossen, daß Ölhorizonte überbohrt werden, wenn Kerne gezogen oder Schlumberger-Messungen durchgeführt werden. Da man aber an Hand von Kernproben oder von Schlumberger-Diagrammen die Größe der zu erwartenden Produktion nicht angeben kann, müssen, um das zu wissen, unbedingt Produktionsversuche durchgeführt werden.

XI. Inproduktionssetzung einer Bohrung

Hat die Bohrung die Endteufe erreicht und sind die Verrohrungsarbeiten beendet, dann beginnen die Inproduktionssetzungsarbeiten bei der Bohrung.

Ist das zu prüfende Trajekt verrohrt worden, dann wird mittels der Schlumberger-Methode der zu untersuchende Horizont durch Perforation der Rohre geöffnet. Wurde die letzte Rohrtour (Wassersperre) über dem zu prüfenden Horizont zementiert, dann wird in dem offenen Teil des Bohrloches ein perforiertes Rohr, ein sogenannter Liner, eingebaut, durch den das Öl dem Bohrloch zuströmen kann.

Abb. 118. Produktionskreuz (National Supply Co.).

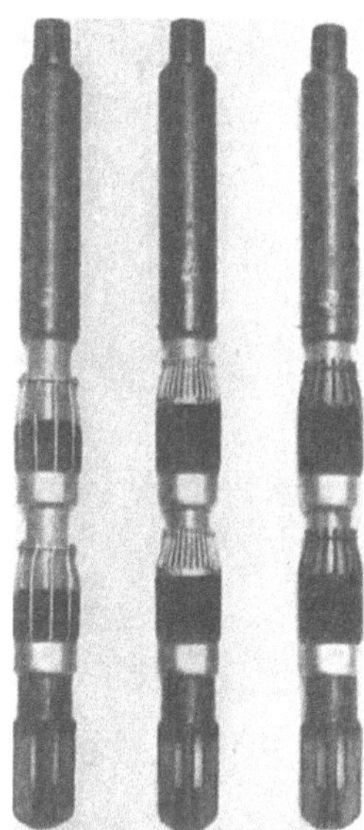

Abb. 119. Kolben (Swab).
(The Guiberson Corp.)

Wenn der zu prüfende Horizont unter hohem Druck steht, dann wird die Sonde eruptiv fündig, d. h. das Rohöl gelangt unter hohem Druck durch die Steigrohre an die Oberfläche. Die Steigrohre (Tubings) werden so tief als möglich, ungefähr 20 bis 30 m über der Oberkante der zu testenden Schicht eingebaut. Der Durchmesser der Steigrohre richtet sich nach den Energieverhältnissen der

Sonde und hängt hauptsächlich vom Gas-Öl-Verhältnis ab. Unter Gas-Öl-Verhältnis versteht man die mit einem Kubikmeter Öl (bei atmosphärischen Bedingungen) geförderte Menge Gas in Kubikmetern bei einem Druck von 1 atü. Da sich das Gas-Öl-Verhältnis im Laufe der Produktionsperiode ändert, muß man dann auch, um eine regelmäßige eruptive Produktion weiter zu erhalten, den Durchmesser der Steigrohre ändern. Wird das Gas-Öl-Verhältnis z. B. kleiner, d. h. die Lagerstättenenergie läßt nach, dann wird keine kontinuierliche Produktion mehr erhalten werden können, die Sonde wird nur mehr intermittierend eruptieren. Wenn man dann den Durchmesser der Tubings verkleinert, kann man die kontinuierliche Eruptionsperiode noch eine Zeitlang aufrechterhalten.

Abb. 120. Gasseparatoren (National Supply Co.).

Abb. 121. Tiefpumpe „Wirth"
(Wirth & Co., Erkelenz).

Eine kontinuierliche Produktion bei gleichbleibendem Tubingdurchmesser kann aber auch erreicht werden, wenn man der Sonde zusätzlich Gas zuführt.

Diese Produktionsmethode wird das Gasliftverfahren genannt, das ein Zwischenstadium zwischen Eruptiv- und Pumpperiode darstellt. Man kann heute den Durchmesser der Steigrohre auch mathematisch ermitteln und kommt dann zur Verwendung von teleskopischen Tubings, wobei der kleinste Durchmesser zuunterst und der größte Durchmesser oben verwendet wird. Teleskopische Tubings haben aber den Nachteil, daß man die Sonden nicht answabben kann und zur Inproduktionssetzung einen Kompressor benötigt.

Eruptiv- und Gasliftsonden werden obertags mit einem Produktionskreuz (Abb. 118) ausgerüstet, das mit zwei Düsen ausgestattet ist, mit deren Hilfe man die Größe der Produktion regeln kann. Die Armaturen dieser Produktions-

Abb. 122. Tiefpumpenantrieb (Oil Well Supply Co.).

Abb. 123. Zentraltiefpumpenantrieb (Oil Well Supply Co.).

kreuze müssen den zu erwartenden Drücken angepaßt sein. Die Inproduktionssetzung einer solchen Sonde erfolgt durch Swabben (Kolben), wobei vorher die Spülung der Bohrung langsam durch klares Wasser, manchmal sogar durch

Erdöl ersetzt wird. Mit einem Kolben (Swab) (Abb. 119) wird das Spülwasser solange aus dem Bohrloch ausgekolbt, bis der Druck des Horizontes größer ist als der im Bohrloch durch die Spülwassersäule erzeugte Gegendruck. Von diesem Augenblick an beginnt das Spülwasser selbsttätig aus dem Bohrloch zu fließen, bis die Sonde in Produktion ist.

Es ist selbstverständlich, daß nicht nur das Öl und eventuell das Wasser, sondern auch das Gas gemessen werden muß, um das Gas-Öl-Verhältnis (Gas-Flüssigkeits-Verhältnis) feststellen zu können. Das Gas wird vom Öl in Separatoren abgeschieden (Abb. 120).

Das Gas-Öl-Verhältnis hängt im allgemeinen von den Energieverhältnissen der Lagerstätte ab. Da man mit der Energie, die das Öl selbsttätig herausfließen läßt, haushalten muß, ist es verständlich, daß Sonden mit hohem Gas-Öl-Verhältnis eingeschlossen bleiben müssen, bis das Feld schon etwas entölt und entgast ist. Dann erst werden solche Sonden wieder in Produktion genommen, weil das Gas-Öl-Verhältnis inzwischen gesunken sein wird.

Dort wo in einem Feld von Natur aus wenig Gas vorhanden ist oder nach einer Eruptivperiode das Öl infolge Gasmangels nicht mehr selbsttätig gefördert werden kann, verwendet man Tiefpumpen (Abb. 121), die das Öl zu Tage bringen. Es gibt verschiedene Tiefpumpentypen. Die gebräuchlichste ist die Axelson-Tiefpumpe. Beim Produzieren aus großen Tiefen verwendet man die sogenannten „Insert-Pumpen", die durch die Steigrohre ausgebaut werden können, was als großer Vorteil zu werten ist. Der Antrieb der Pumpsonden kann individuell (Abb. 122), durch einen Diesel- oder Elektromotor oder durch einen Zentralpumpenantrieb (Abb. 123), der mehrere Sonden über Seilzüge bedient, erfolgen. Je nach der Leistungsfähigkeit einer Sonde verwendet man Pumpenböcke mit langem oder kurzem Hub. Die Hubzahl läßt sich dann über den Antriebsmotor regeln. Dort wo geringer Zufluß besteht, wird nur in Intervallen gepumpt. Die Wirtschaftlichkeit einer Sonde hängt vor allem von den Betriebskosten und der Lage auf dem Ölmarkt ab.

D. Geophysikalische Schürfverfahren
Von **Dr. Josef Horvath**, Berlin

I. Zweck und Aufgabe geophysikalischer Schürfung

Die ungeheuren Ansprüche, die vor allem der zweite Weltkrieg an den Bedarf für mineralische Rohstoffe stellte, brachten die zunehmende Verknappung an entsprechenden Lagerstätten deutlich zum Ausdruck. Die drohende Erschöpfung vor allem bei manchen Buntmetallen, Stahlveredlern und, in weiterer Entfernung, auch bei den allgemein gebrauchten Rohstoffen, wie Erdöl, wird dazu zwingen, daß im Laufe der nächsten Jahrzehnte einerseits ein zunehmender Ersatz dieser Mangelrohstoffe durch andere, reichlicher vorhandene erfolgen wird (zunehmende Verhüttung der Leichtmetalle und Erdalkalien), anderseits aber auch viel höhere Anforderungen bei der Nachforschung nach weiteren Lagerstätten gestellt werden müssen. Dahingestellt bleiben muß es auch, wieweit es möglich sein wird, durch Herabdrückung der Bauwürdigkeitsgrenze sehr arme Lagerstätten großen Ausmaßes für die Rohstoffversorgung heranzuziehen. Eine Intensivierung und Verbesserung der Forschung nach mineralischen Rohstoffen durch Anwendung moderner wissenschaftlicher Mittel und ganz neuer Gewinnungsmethoden werden eine zwangsläufige Folge des in den letzten Jahrzehnten riesig angestiegenen und weiter ansteigenden Rohstoffbedarfes der Welt sein.

Leicht zu findende und leicht abzubauende Lagerstätten, besonders in transportmäßig günstig gelegenen Gebieten, gibt es kaum mehr. Die Lagerstättenforschung muß sich daher in entlegenere Gebiete begeben und sie muß vor allem auch neue Verfahren anwenden, so daß ihr Lagerstätten zugänglich werden, die vor kurzem noch nicht entdeckt werden konnten. Ein Hilfsmittel dazu ist die Anwendung geophysikalischer und geochemischer Methoden.

Während in den ersten zwei Jahrzehnten dieses Jahrhunderts die geophysikalischen Schürfmethoden nur in geringem Umfang Eingang in die Lagerstättenforschung gefunden hatten, sind in den letzten dreißig Jahren die Verfahren so ausgebaut worden, daß sie den steigenden Bedürfnissen der Lagerstättenforschung nun viel besser nachkommen können.

Während die grundlegende Forschung für die angewandte Geophysik hauptsächlich in die Zeit unmittelbar nach dem ersten Weltkrieg fiel und vielfach von deutschen Forschungsstellen ausging, erfolgte etwa nach 1930 die Verfeinerung und Verbesserung der Methoden nach den bereits bekannten Prinzipien vor allem bei dem jetzt am meisten angewandten Verfahren der Seismik, und zwar vor allem in Amerika, weil dort einerseits die großen Öl- und Bergbaufirmen wegen der großen Wichtigkeit der Erschließung neuer Lagerstätten entsprechende Geldmittel für die Entwicklung der Methoden zur Verfügung stellten, anderseits weil die Methoden bei den vielen dort vorhandenen Lagerstätten bessere Möglichkeiten zur Überprüfung und praktischen Verwertung der Verfahren hatten. Dabei ging man nicht nur darauf aus, eine möglichst hohe Genauigkeit und Zuverlässigkeit der Instrumente trotz rauhen Feldgebrauches, sondern auch höhere Meßgeschwindigkeit und Verbilligung der Untersuchungen zu erreichen. Viel trug dazu eine effektive Organisation der Arbeiten der Meßtrupps und erhöhte Beweglichkeit durch weitgehende Motorisierung bei.

Der Umstand, daß man sich über die Grenzen der Möglichkeiten für das geophysikalische Schürfen in den ersten Jahren der Anwendung dieser Verfahren nicht klar war und man daher anfangs Unmögliches von diesen Methoden erwartete und behauptete, hatte den geophysikalischen Verfahren in Bergbaukreisen gerade Mitteleuropas manchenorts einen schlechten Ruf verschafft, so daß man sie stellenweise auf eine Stufe mit der Wünschelrute stellte. In den Vereinigten Staaten haben die geophysikalischen Methoden erst später Eingang in die Lagerstättenforschung gefunden; man kannte bereits die Grenzen ihrer Anwendungsmöglichkeiten besser als in den Anfangsjahren. So sind die geophysikalischen Verfahren vor allem im Erdöl zu so allgemeiner Anwendung gekommen, daß sie heute bei keiner der großen Erdölgesellschaften mehr fehlen. Viele Hunderte von geophysikalischen, vor allem seismischen Trupps sind in den großen Erdölgebieten tätig und der größte Teil des heute geförderten Erdöls stammt aus Erdölfeldern, die mit geophysikalischen Methoden gefunden sind. In den Jahren seit 1924 sind durch die geophysikalischen Verfahren in den Vereinigten Staaten mehr Strukturen und Erdölfelder gefunden worden als ohne diese in der ganzen vorausgegangenen Zeit. Nur durch die ausgedehnte Anwendung geophysikalischer Verfahren war es möglich, die Erdölproduktion dem schnell ansteigenden Bedarf anzugleichen. Dieser Anstieg erfolgte sprunghaft, weil mit den geophysikalischen Methoden bei richtiger Organisation große Flächen in verhältnismäßig kurzer Zeit überdeckt werden können. Beim Wettbewerb der einzelnen Gesellschaften gegeneinander versuchten sie sich gegenseitig die wichtigsten Lagerstätten abzujagen und die mit einem neuen geophysikalischen Verfahren leicht zu erfassenden Felder wurden daher bereits in den ersten Jahren die Beute der Gesellschaften, die diese Verfahren erfolgreich zur Anwendung brachten. Durch Verbesserung der Methoden wie durch bessere Verfahren bei der Deutung der Meßergebnisse war es möglich, die Anzahl der Neuentdeckungen so rasch zu steigern, wie es Tab. 7 zeigt:

Tab. 7. *Geophysikalisch entdeckte und durch Bohrungen nachgewiesene Erdölfelder in den USA.*

Erschließungsjahr	Anzahl der Neuentdeckungen	Untersuchungskosten per Entdeckung in $
1932	2	40 000
1933	2	64 000
1934	9	88 000
1935	12	187 000
1936	20	144 000
1937	34	104 000
1938	29	200 000
1939	23	262 000

Es ist aber vorauszusehen, daß mindestens in den Haupterdölgebieten das Ende für solche Neuentdeckungen in nicht zu ferner Zeit herangekommen sein wird, wenn nicht entweder durch neue Verfahren Lagerstätten entdeckt werden, die bisher wegen der zu geringen Unterschiede der geophysikalischen Größen übersehen wurden, oder wenn es gelingt, Öllagerstätten zu finden, die auf andere Ursachen zurückzuführen sind als Salzdome, Verwerfungslinien und andere geologische Strukturen, die geophysikalisch gut erfaßt werden können. Manche Erdölgebiete sind bereits zwei- oder dreifach übermessen und bieten daher kaum Aussicht, noch solche Lagerstätten zu enthalten. Daher ist man in der letzten Zeit dazu übergegangen, auch stratigraphische Ölfallen zu suchen, die mit keiner klaren tektonischen Struktur zusammenfallen. Diese Untersuchungen sind derzeit noch außerordentlich schwierig, und hier bieten sich auch in bekannten Ölgebieten noch Möglichkeiten zu Neuentdeckungen.

II. Hauptanwendungsgebiete der angewandten Geophysik

Geophysikalische Schürfmethoden werden in erster Linie dann angewendet, wenn durch jüngere Überdeckung die geologische Verfolgung und Beobachtung der nutzbaren Lagerstätten erschwert oder unmöglich gemacht wird. Die gesuchte Wirkung eines Gesteins bzw. einer geologischen Schicht oder einer nutzbaren Lagerstätte hängt von dem Unterschied der ihr eigenen physikalischen Eigenschaften gegenüber den umgebenden Schichten sowie von ihrer Ausdehnung und schließlich von ihrer Tiefenlage ab. Daher haben geophysikalische Schürfmethoden um so mehr Aussicht auf Erfolg, je größer der physikalische Unterschied, je größer die Ausdehnung und je geringer die Tiefe der Lagerstätte ist. Diese drei Faktoren begrenzen auf natürliche Weise die Anwendung geophysikalischer Schürfmethoden, wobei in Betracht zu ziehen ist, daß bei den verschiedenen Methoden die Abnahme der Tiefenwirkung verschieden ist. Es kommt also darauf an, ein solches physikalisches Verfahren zu wählen, das die gegebene Aufgabe am besten lösen kann. Dabei hat sich dann aber in der Praxis noch ergeben, daß manche Verfahren mehr für großräumige Untersuchung ausgedehnter Gebiete verwendbar sind, während andere Verfahren sich mehr für Detailuntersuchungen an einzelnen Objekten eignen.

Folgende physikalische Größen bilden die Grundlage für die verschiedenen geophysikalischen Verfahren.

1. Das Raumgewicht ist maßgebend bei den gravimetrischen Verfahren;
2. die magnetische Suszeptibilität für die magnetischen Methoden;
3. Fortpflanzungsgeschwindigkeit und Elastizität für die seismischen Methoden;
4. die elektrische Leitfähigkeit für die elektrischen Methoden;
5. Radioaktivität für die radioaktiven Methoden.

Die *Ölsuche* ist das Hauptfeld für die geophysikalischen Schürfverfahren im allgemeinen, insbesondere für die Gravimetrie und Seismik.

Die *Eisenerzlagerstätten* sind das natürliche Anwendungsgebiet der magnetischen Methoden, die freilich auch noch in anderen Fällen herangezogen werden können und die vor allem den Vorteil außerordentlicher Billigkeit und Einfachheit haben.

Das natürliche Anwendungsgebiet der elektrischen Methoden ist die Suche nach *Buntmetall*lagerstätten, da die Kiese und Glanze gewöhnlich gute elektrische Leiter sind, wenn sie mehr oder weniger zusammenhängende Körper bilden. Auch bei *hydrologischen* Untersuchungen können die elektrischen Methoden mit Vorteil herangezogen werden.

Da die geophysikalischen Meßergebnisse meistens dazu dienen, um Form, Größe und Tiefe der gesuchten Schicht zu berechnen, sind Lagerstätten mit einfachen Formen und großer Ausdehnung günstiger für die geophysikalischen Verfahren als kleinere unregelmäßige Lagerstätten, vorausgesetzt, daß irgendeine geophysikalische Leitschicht einen deutlichen Unterschied gegenüber der Umgebung aufweist. Die Untersuchung von Sedimentärbecken mit ihren weitausladenden, regelmäßigen Formen bietet daher günstigere Möglichkeiten für geophysikalische Methoden als Eruptivgebiete oder tektonisch sehr stark zerstückelte Gebiete, weil erstere gut zu berechnende, einfache Großformen aufweisen. Eines der Hauptanwendungsgebiete der Geophysik war und ist die Suche nach Salzdomen, die wie große Pilze als physikalische Fremdkörper aus ihrer Umgebung herausragen. Aus dem früher Gesagten geht hervor, daß ganz kleine Lagerstätten in größerer Tiefe auch durch geophysikalische Methoden nicht gefunden werden können und auch solche Lagerstätten nicht direkt, deren nutzbare Stoffe in so geringen Mengen vorhanden sind, daß sie ihrer geologischen Schicht keinen nennenswerten physikalischen Unterschied gegenüber der Umgebung verleihen. Man kann also nicht erwarten, Gold, Platin oder Silber durch geophysikalische Methoden finden zu wollen. Auch der direkte Nachweis von Erdöl auf geophysikalischem Wege ist auf ganz wenige Sonderfälle beschränkt und ist im allgemeinen nicht durchführbar. Der Hauptzweck geophysikalischer Methoden ist die Feststellung geeigneter *tektonischer Strukturen*, die für die Erdölführung günstig sind. Ebenso ist die direkte Feststellung von tiefliegenden Steinkohlenflözen in Sedimentärgebieten geophysikalisch nur in Ausnahmefällen möglich, weil sie einen zu kleinen Teil an der Gesamtwirkung der betreffenden Schichten ausmachen. Wichtig ist aber, daß vor allem die seismischen und gravimetrischen Methoden heute bereits so vervollkommnet sind, daß sie unter Umständen Tiefenreichweiten bis zu 5000, ja 10000 m erreichen können; freilich setzen solche Tiefen besonders günstige geologische und geophysikalische Verhältnisse voraus.

Die relativ meist kleineren Erzlagerstätten sind vor allem mit den elektrischen Methoden, je nach ihrer Größe, bis zur Tiefe von einigen hundert Metern erreichbar.

Seit neuestem ist man vor allem in Amerika auch dazu übergegangen, die küstennahen Flachmeergebiete geophysikalisch zu untersuchen, soweit sie überhaupt für eine Ausbeutung in Betracht kommen, und man hat dafür geeignete Instrumente und Meßmethoden (z. B. Unterwassergravimeter) entwickelt. Untersuchungen im Golf von Mexiko südlich von Texas und Louisiana sowie im Kaspischen Meer seien hier als Beispiele genannt. In den kanadischen Seengebieten hat man die winterliche Eisdecke zur Durchführung von geophysikalischen Messungen und Diamantbohrungen mit Erfolg ausgenutzt. In letzter Zeit hat man auch hauptsächlich magnetische Messungen vom Flugzeug aus durchgeführt, z. B. über den Bahama-Inseln und den umgebenden Flachseegebieten. Dabei war es wichtig, zur Lokalisierung der magnetischen Indikationen die jeweilige Flugzeugposition fortlaufend genau bestimmen zu können; das geschieht durch Radar oder (über Landgebieten) durch gleichzeitige photographische Luftaufnahmen. Geophysikalische Untersuchungen vom Flugzeuge aus haben den Vorzug besonderer Geschwindigkeit und Billigkeit und werden vor allem auch in schwerer zugänglichen Wald- und Moorgebieten und über der Flachsee voraussichtlich noch weite Anwendung finden.

III. Physikalische Eigenschaften der Gesteine

Wie bereits im Vorhergehenden besprochen, sind es gewisse physikalische Eigenschaften der Gesteine, die die Anwendbarkeit bestimmter physikalischer Methoden bedingen. Es ist daher wichtig, sich vor Beginn einer physikalischen Untersuchung darüber klar zu werden, welche Eigenschaften die einzelnen in einem Untersuchungsgebiet vorhandenen oder erwarteten Gesteine besitzen, und diejenige Methode herauszusuchen, bei der die untersuchte physikalische Konstante der gesuchten Schicht gegenüber der Umgebung besonders markante Unterschiede zeigt und so ein klares Bild erwarten läßt. Sind zuviel Wechsel in den physikalischen Eigenschaften der verschiedenen Schichten vorhanden, so werden sich die Wirkungen der einzelnen Schichten zu sehr überlagern und dadurch die Deutung wesentlich erschweren, wenn nicht unmöglich machen. Die elektrische Leitfähigkeit der Gesteine schwankt besonders stark und die Vielfältigkeit dieser Wechsel ist eine der Hauptursachen für die begrenzte Anwendbarkeit der elektrischen Methoden.

Um die Eigenschaften der Gesteine kennenzulernen, kann man im Laboratorium die Prüfung der geophysikalischen Konstanten an Bohrproben oder sonstigen Probestücken vornehmen. Voraussetzung für ihre richtige Bestimmung ist aber, daß diese Proben dem Durchschnitt der Gesteine im natürlichen Verband entsprechen. Die Bestimmungen müssen daher an möglichst frischen Proben, möglichst bald nach Entnahme der Proben in frischem bergfeuchtem Zustand durchgeführt werden. Eine Voraussetzung, die bei den Laboratoriumsbestimmungen nicht selten übersehen wird.

1. Die Raumdichte

Unter Raumdichte versteht man das Gewicht der Raumeinheit des Materials einschließlich der Hohlräume, und zwar im natürlichen bergfeuchten Zustand. Für die Raumdichte ist nicht allein das spezifische Gewicht der mineralischen Bestandteile maßgebend, sondern auch der Anteil des Porenvolumens an der Zusammensetzung des Gesteins. Je größer das Porenvolumen, desto geringer ist im allgemeinen das Raumgewicht und da bei jüngeren Sedimentgesteinen das Porenvolumen zwischen 15 und 45 % ausmacht, ist ihr Raumgewicht meist wesentlich geringer als das der älteren dichten Gesteine des Beckenuntergrundes. So haben die Pannonensande des Wiener Beckens bei einem Porenvolumen von 24 % ein spezifisches Gewicht von 2,71, aber ein Raumgewicht von 2,06; die Tonmergel bei einem Porenvolumen von 35 % und einem spezifischen Gewicht von 2,66 aber nur ein Raumgewicht von 1,72. Unterschiede von 0,1 im Raumgewicht genügen aber durchaus, um bei den modernen Instrumenten deutliche Schwereanomalien erfassen zu lassen. Im allgemeinen kann gesagt werden, daß das Porenvolumen mit zunehmendem Alter des Gesteins abnimmt und die Raumdichte zunimmt. Die kleine beifolgende Tabelle soll einige häufiger vorkommende Werte für Raumdichte, Porosität und spezifisches Gewicht aufzeigen.

Tab. 8. Raumdichte, spezifisches Gewicht und Porenvolumen verschiedener Gesteine

Gesteinsart	Formation	Raum-dichte	spez. Gewicht	Poren-volumen %
Sand	Pannon	2,06	2,71	24,0
Sand	Sarmat	1,71	2,74	37,6
Sand	Flysch	1,93	2,73	29,3
Sandstein, tonig	Wealden	2,48	2,71	8,5
Sandstein	Keuper	2,03	2,67	24,0
Sandstein, tonig	Keuper	2,35	2,65	11,3
Sandstein, kalkig	Buntsandstein	2,38	2,79	14,7
Ton	Pliozän	1,85	2,67	30,1
Ton, sandig	Eozän	1,81	2,58	29,9
Tonschiefer	Flysch	2,45	2,68	8,6
Tonschiefer, mergelig ..	Dogger	2,43	2,60	6,5
Tonmergel............	Pannon	1,72	2,66	35,3
Tonmergel............	Perm	2,11	2,69	21,6
Mergel, sandig	Miozän	1,95	2,67	27,0
Mergel, kalkig	Senon	2,26	2,63	14,1
Kreide	Senon	1,81	2,70	33,0
Kalkstein	Malm	2,53	2,73	7,3
Steinsalz	Zechstein	2,14	2,30	7,0
Anhydrit.............	Zechstein	2,90		
Braunkohle	Tertiär	1,30		

2. Magnetische Suszeptibilität

Mineralien und Gesteine nehmen unter dem Einfluß eines magnetischen Feldes ein bestimmtes magnetisches Moment an. Solche Gesteine, deren Magnetisierung das magnetische Feld stärkt, werden paramagnetisch genannt, sie allein spielen für die magnetischen Verfahren eine Rolle, während die sogenannten diamagnetischen Mineralien und Gesteine, die eine Schwächung des magnetischen Feldes hervorrufen, praktisch bedeutungslos sind.

Als magnetische Suszeptibilität bezeichnet man den Proportionalitätsfaktor von Magnetisierung zur erregenden magnetischen Feldstärke, also:

$$K \text{ (Suszeptibilität)} = \frac{I \text{ (Magnetisierung)}}{H \text{ (magnetische Feldstärke)}} .$$

Die höchste magnetische Suszeptibilität zeigen die Gesteine, bei denen Ferromagnetismus vorliegt. Bei diesen ist die Suszeptibilität nicht konstant, sondern von verschiedenen Umständen abhängig, auf die wir hier nicht eingehen wollen. Mineralien, die hauptsächlich magnetisch wirken, sind: Magnetit,

Ilmenit, Hämatit und Magnetkies, wobei jedoch die beiden letzteren wesentlich geringere magnetische Suszeptibilität aufweisen, wozu noch kommt, daß Hämatit und Magnetkies sehr wechselnde magnetische Eigenschaften besitzen. Entsprechend sind auch die magnetischen Eigenschaften der Gesteine hauptsächlich vom Prozentgehalt an diesen Ferromineralien abhängig. Daher sind, abgesehen von den Eisenerzen, besonders noch die dunklen basischen Eruptivgesteine durch höhere magnetische Suszeptibilität ausgezeichnet. Da diese Mineralien in den Eruptiv- und in den Tiefengesteinen meist akzessorisch und unregelmäßig verteilt sind, liegt hier eine der Hauptschwierigkeiten bei der Deutung magnetischer Messungen, und es ist üblich, vor Beginn einer magnetischen Feldmessung an Handstücken die magnetische Suszeptibilität im Laboratorium zu bestimmen. Wegen der wechselnden Zusammensetzung und damit variablen magnetischen Eigenschaften der Gesteine ist die Deutung magnetischer Resultate unsicher und die magnetischen Methoden werden in der letzten Zeit trotz ihrer Billigkeit etwas weniger angewendet als die anderen Verfahren.

3. Die elastischen Eigenschaften der Gesteine

Wird an einem Punkt eine Erderschütterung, z. B. durch eine Sprengung, hervorgerufen, so breiten sich die Explosionswellen durch die Luft mit einer Geschwindigkeit von 333 m pro Sekunde aus, im Boden aber pflanzen sie sich vom Explosionspunkt aus mit einer Fortpflanzungsgeschwindigkeit weiter, die von den elastischen Eigenschaften der betreffenden Gesteinsschicht abhängig ist. Dabei entstehen aber mindestens zwei verschiedene Arten von Erschütterungswellen, und zwar schreiten die Erschütterungswellen einmal als Longitudinalwellen und zweitens als Transversalwellen fort. Diese Fortpflanzungsgeschwindigkeit der elastischen Wellen hängt hauptsächlich von den elastischen Eigenschaften der Gesteinsschicht ab. Dabei sind aber die Fortpflanzungsgeschwindigkeiten für die Longitudinalwellen und die Transversalwellen nicht gleich. Die Longitudinalwellen sind im Durchschnitt eindreiviertelmal schneller als die Transversalwellen. Die Größe der Fortpflanzungsgeschwindigkeiten variiert sehr stark, sie ist für verschiedene Schichten aus vielen aufgenommenen Seismogrammen bekannt.

Die Fortpflanzungsgeschwindigkeiten für die Longitudinalwellen betragen etwa 500 m bei trockenem Sand und aufgeschüttetem Boden, über 800 bis 1200 m bei feuchtem Sand, etwa 1800 m bei Geschiebemergel, 2000 m bei tertiären Tonen, 2500 bis 3000 m bei Sandsteinen, 4500 m bei Kalksteinen, etwa 5000 m bei Steinsalz der Salzhorste, 3000 bis 5000 m bei paläozoischen Tonschiefern und Grauwacke, 4000 bis 6000 m bei kristallinen Schiefern und 5000 bis 7000 m bei Graniten und anderen Tiefengesteinen. Die Größe dieser Fortpflanzungsgeschwindigkeiten wird bei der Deutung der seismischen Resultate herangezogen.

Mit zunehmender Tiefe wird wegen zunehmender Dichte des Gesteins auch die Fortpflanzungsgeschwindigkeit der Erschütterungswellen im allgemeinen größer.

4. Die elektrische Leitfähigkeit

Bei der elektrischen Leitfähigkeit von Gesteinen müssen wir zwei Arten derselben unterscheiden, nämlich metallische Leitfähigkeit, wie sie Metalle oder Erze aufweisen und elektrolytische Leitfähigkeit, die durch den Elektrolytgehalt des porenfüllenden Grundwassers bedingt ist. Die elektrolytische Leitfähigkeit ist in erster Linie abhängig von der Menge der die Gesteinsporen füllenden Flüssigkeit und von der Konzentration an Elektrolyt im Wasser. Die elektrische Leitfähigkeit steigt mit steigendem Elektrolytgehalt bis zu einem Grenzwert sehr stark an. In stark porösen Zerrüttungszonen kann dies zu einer so starken Erhöhung der elektrolytischen Leitfähigkeit führen, daß sie nahezu die von gutleitenden Erzen erreicht.

Die meisten gesteinsbildenden Mineralien, mit Ausnahme der Erze, sind Nichtleiter, wie z. B. Quarz, Feldspat. Glimmer, Kalkspat, Steinsalz, Gips, Kohle, während gute Leiter vor allem die Kiese, und zwar Schwefelkies, Kupferkies, Arsenkies, Magnetkies, Bleiglanz, zum Teil auch die oxydischen Erze, dann aber auch Graphit, sind. Für die Gesamtleitfähigkeit eines Gesteins ist der Anteil der gutleitenden Mineralteilchen wichtiger als der der schlechtleitenden. Es kommt daher auf die Größe, Form und Anordnung der Mineralpartikelchen und vor allem der Poren, wegen der in ihnen enthaltenen Flüssigkeit, an. Bei stark geschieferten Gesteinen ist die Leitfähigkeit in Richtung der Schieferung oft um Größenordnungen verschieden von der Leitfähigkeit senkrecht dazu; man nennt dies die elektrische Anisotropie. Die elektrische Leitfähigkeit eines Gesteins ist der reziproke Wert des spezifischen elektrischen Widerstandes desselben, dieser wird in Ohm cm angegeben. Der spezifische Widerstand der einzelnen Gesteine schwankt außerordentlich von einigen Ohm cm bis zu Millionenwerten. Da die Widerstandswerte für eine Schicht — abgesehen von den die Schicht zusammensetzenden Mineralteilchen — abhängig sind von der Porosität und dem Elektrolytgehalt des die Poren füllenden Wassers, muß bei der Deutung der elektrischen Messungen darauf entsprechend Rücksicht genommen werden.

Die Messung des spezifischen Widerstandes kann an kleinen Gesteinsproben im Laboratorium durchgeführt werden; dabei ist jedoch darauf zu achten, daß diese Proben möglichst der Durchschnittszusammensetzung der untersuchten Schichten entsprechen und noch im natürlichen bergfeuchten Zustand gemessen werden. Die Messungen erfolgen an zugeschnittenen Gesteinsquadern oder -zylindern. Bohrkerne sind für solche Bestimmungen gut geeignet.

Die Widerstandsbestimmung kann aber auch am anstehenden Gestein an Ort und Stelle nach einer Methode durchgeführt werden, wie sie bei den Feldmessungen erklärt wird.

IV. Untersuchungen der natürlichen Erdfelder

1. Das Schwerefeld

Zwischen zwei Masse besitzenden Körpern treten Anziehungskräfte auf, die in Richtung der Verbindungslinie zwischen ihren Schwerpunkten wirken. Ihre Größe G ist nach dem Newtonschen Gravitationsgesetz gegeben durch

$$G = K \cdot \frac{M_1 M_2}{r^2}.$$

Hierin sind $M_1 M_2$ die Massen der aufeinander wirkenden Körper, r ihr gegenseitiger Abstand; K ist die Gravitationskonstante ($K = 6\cdot 68 \cdot 10^{-8}\,\mathrm{cm^3\,gr^{-1}\,sec^{-2}}$).

Ist der eine der beiden sich anziehenden Körper die Erde, so überwiegt wegen ihrer überragenden Masse die Anziehungskraft in Richtung auf den Erdmittelpunkt (Schwere). Sie wird gemessen durch die Beschleunigung g, die sie einem Körper erteilt.

Wäre die Erde eine homogene Kugel, so würde ihr Schwerpunkt mit dem Mittelpunkt dieser Kugel zusammenfallen und die Schwerkraft wäre an allen Punkten ihrer Oberfläche gleich groß und in Richtung des Radius gerichtet. Tatsächlich ist die Erde jedoch keine Kugel, sondern ähnelt in ihrer Gestalt (abgesehen von ihrer inhomogenen Zusammensetzung) einem abgeplatteten

Rotationsellipsoid. Die Flächen gleicher Schwere sind daher keine Kugeloberflächen, sondern gekrümmte Flächen anderer Art.

Die Schwerebeschleunigung g, die die Masse der Erde einem Körper von der Masse 1 erteilt, wird in Dyn pro Gramm gemessen, wofür die Bezeichnung Gal eingeführt wurde; sie hat die Dimension $cm^1 sec^{-2}$. An den Polen beträgt g 983 Gal, am Äquator, der weiter vom Schwerpunkt der Erde entfernt ist, 978 Gal. Für eine geographische Breite von 47^0 gilt die mittlere Schwerebeschleunigung von 980 Gal. Da sich die *angewandte* Geophysik jedoch nicht mit der Messung der absoluten Größe der Schwerebeschleunigung beschäftigt, sondern nur mit den lokalen Abweichungen vom Normalwert, die um Größenordnungen kleiner sind, wird als Einheit der tausendste Teil des Gal, das Milligal, verwendet.

Die direkte Messung der Abweichungen der absoluten Schwerewerte von Ort zu Ort erfolgt mit dem *Gravimeter*.

Während auf das Gravimeter die Vertikalkomponente der Schwerkraft direkt einwirkt, mißt das zweite wichtige Instrument der Gravimetrie, die *Drehwaage*, die Richtung und den Betrag der größten horizontalen Änderung der Schwerkraft je Zentimeter am Beobachtungsort, d. h. die horizontalen Gradienten der Schwerkraft — oder mathematisch ausgedrückt — die Differentialquotienten der Schwerkraft nach der x- und y-Richtung eines rechtwinkeligen, räumlichen Koordinatensystems, dessen z-Achse mit der Richtung der Schwerkraft zusammenfällt.

Die Einheit des Gradienten ist das *Eötvös*, d. h. die Änderung des Schwerewertes um 1 Milligal auf eine horizontale Entfernung von 10 km. (1 Eötvös = $= 10^{-9}$ CGS-Einheiten.)

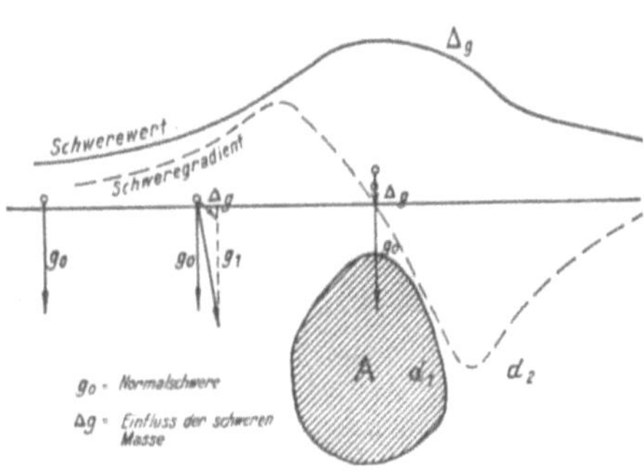

Abb. 124. Einfluß eines schweren Körpers im Schwerefeld.

In einem Untersuchungsgebiet, das nur einen kleinen Teil der ganzen Erdoberfläche umfaßt, können wir die Linien der Schwerkraft wegen der großen Entfernung zum Erdmittelpunkt als parallel ansehen. Wenn aber im Untergrund örtliche Dichteunterschiede auftreten, wirken diese schweren oder leichteren Massen zusätzlich ein und bewirken Abweichungen von den Normalwerten.

Denken wir uns z. B. in Abb. 124 eine Masse A von der Dichte d_1, die größer ist als die Dichte d_2 des umgebenden Gesteins, dann können wir die Anziehungskraft auf eine Einheitsmasse nach dem Kräfteparallelogramm aus zwei Kraftwirkungen zusammensetzen.

Es wirken:

1. die Masse des gesamten Raumes mit der Dichte d_2. Diese Kraft ist senkrecht zur Oberfläche zum Erdmittelpunkt gerichtet, und ist an allen Punkten der Oberfläche gleich g_0, wenn diese vom Erdmittelpunkt gleich weit entfernt sind, d. h. wenn das Gelände völlig eben ist.

2. Die Kraft Δg, die gegen den Mittelpunkt der Masse A gerichtet ist. Die Größe der Kraft ist umgekehrt proportional dem Quadrat des Abstandes zwischen dem Beobachtungspunkt und der Masse A und ist weiter abhängig von dem Dichteunterschied $d_1 - d_2$. Da die Masse A einen kleineren Raum erfüllt als die umgebende Masse von der Dichte d_2, ist die von ihr hervorgerufene Komponente Δg wesentlich kleiner und kann in größerer Distanz von dem Körper A vernachlässigt werden. Mit Annäherung an ihn wird die Anziehungskraft größer

und erreicht ihr Maximum unmittelbar über dem Mittelpunkt der Masse A, da hier die Kraft $\varDelta g$ in derselben Richtung wirkt wie die Schwerkraft g_0 (Schwerehoch). Dann nimmt sie wieder bis zum normalen Wert der Schwerkraft ab, sobald die schwere Masse überschritten ist und wieder nur mehr die Massen mit der Dichte d_2 wirken.

Wie aus Abb. 124 hervorgeht, erfolgt die Zusammensetzung der beiden Kräfte nach dem Kräfteparallelogramm, da ja die beiden Kraftwirkungen in ihrer Richtung nicht zusammenfallen.

a) Die Gravimetermessungen

α) Prinzip

Um zu zeigen, welche Anforderungen an die Genauigkeit von Instrument und Beobachtung gestellt werden, sei hier der Einfluß einer Kugel von 1000 m Durchmesser mit ihrem Mittelpunkt in 1000 m Tiefe erwähnt; er beträgt unmittelbar über dem Zentrum der Kugel 1 Milligal, wenn die Kugel einen Dichteunterschied von 1 gegenüber der Umgebung aufweist. Ein Gestein z. B. der Dichte 3,5 gegenüber einer Dichte von 2,5 der Umgebung ist bereits recht selten und gibt trotzdem nur eine Schweranomalie von 1 mgal. Die Normalschwere beträgt aber 980 Gal $= 0{,}98 \cdot 10^6$ mgal; daher beträgt der Einfluß einer solchen Kugel am Ort der stärksten Störung nur etwa 1 : 1000000 der Gesamtschwere. Da die Dichteunterschiede der Einlagerungen gegenüber der Umgebung selten die in dem Beispiel erwähnten Größen erreichen, müssen die Gravimeterinstrumente Genauigkeiten von $^1/_{10}$ mgal und noch höher erreichen, wenn sie für die praktische Lagerstättenforschung genügen sollen.

Bei den Feldmessungen wird eine Station möglichst über normalem Untergrund als Basisstation ausgewählt und dann die gemessenen Schwerewerte auf diese Basisstation bezogen und die Differenz der Schwere der einzelnen Beobachtungsstationen gegenüber der Normalstation dargestellt.

Die Schwereunterschiede sind aber nicht allein auf geologische Unterschiede zurückzuführen, sondern auch auf die Unebenheiten der Erdoberfläche und die Abplattung der Erde. Wie bereits hervorgehoben, ist die Schwerkraft an den Polen größer als am Äquator. Daher müssen Korrekturen an den Meßergebnissen angebracht werden (Breitenkorrektur), wenn die Basisstation südlich oder nördlich von der Beobachtungsstation liegt. Die Änderung der Schwerewerte aus dieser Ursache ist genau bekannt; eine Distanz von 1 km nach Norden oder Süden ergibt bereits Schwereänderungen von nahezu 1 Milligal. Eine weitere Korrektur ist notwendig, wenn Beobachtungsstation und Basisstation verschiedene Höhe über

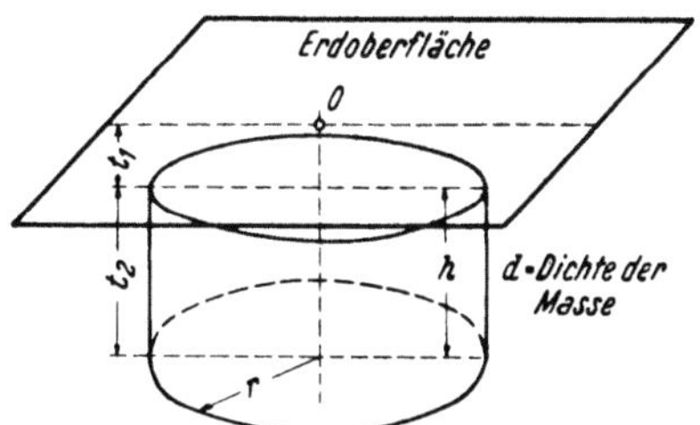

Abb. 125. Bouguer-Korrektur.

dem Meeresspiegel haben, weil sie dann verschieden weit vom Erdmittelpunkt entfernt sind. Diese sogenannte „Freiluftkorrektur" muß z. B. in Betracht gezogen werden, wenn man mit dem Gravimeter auf einem freitragenden Turm von 30 m Höhe über der Basis mißt. Bei einer Beobachtung auf einem massiven Bergrücken, der 30 m höher ist als die Basisstation, kommt noch die Anziehungskraft der diese 30 m Höhe erfüllende Masse dazu, wobei die Dichte dieser Masse eine Rolle spielt. Diese sogenannte „Bouguer"-Korrektur wird folgendermaßen berechnet:

Man denkt sich (Abb. 125) die Gesteinsplatte ersetzt durch einen Zylinder von der Dichte d und dem Radius r, dessen obere und untere Grundfläche um t_1 bzw. t_2 unter der Erdoberfläche liegen.

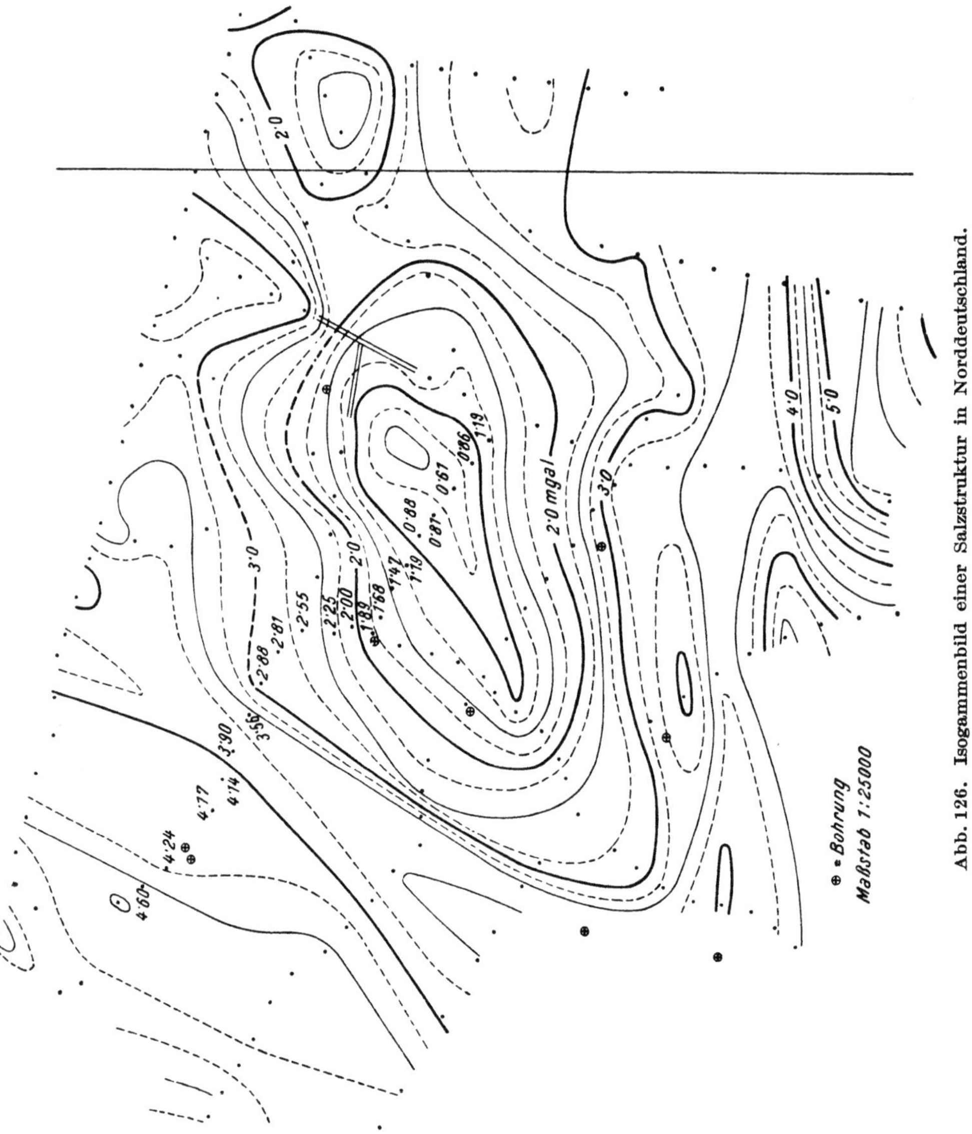

Abb. 126. Isogammenbild einer Salzstruktur in Norddeutschland.

Im Punkte 0 beträgt die vom Zylinder hervorgerufene Vertikalkomponente der Schwerkraft

$$\Delta g = 2\,\pi K \; [(t_2 - \sqrt{t_2{}^2 + r^2}) - (t_1 - \sqrt{t_1{}^2 + r^2})].$$

Dabei ist $K = 6{,}68 \cdot 10^{-8}\,\mathrm{cm^3\,gr^{-1}\,sec^{-2}}$ die Gravitationskonstante. Wird Δg in Milligal, die Höhe h in Meter ausgedrückt, so wird der Faktor

$$2\,\pi K = 0{,}0419.$$

Für eine sehr ausgedehnte Platte, die bis an die Oberfläche heranreicht, wird

$$r = \infty, \quad t_1 = 0, \quad t_2 = h.$$

Wir erhalten daher

$$\Delta g_1 = 2\,\pi K \cdot d \cdot t_2 = 0{,}0419 \text{ d. h. mgal.}$$

Eine Gesteinsschicht von 100 m Mächtigkeit und der Dichte $d = 2{,}3$ ergibt eine Bouguer-Korrektion von

$$\Delta g_z = 0{,}0419 \cdot 2{,}3 \cdot 100 \text{ mgal} = 9{,}64 \text{ mgal.}$$

Für Punkte *über* Meeresniveau ist diese Korrektion positiv, sie muß also zu den Meßwerten addiert werden.

Es sei der mit dem Gravimeter an einem Punkt beobachtete Wert der Schwere g'. Dann erhalten wir den endgültigen Wert der Schwere g'' nach Anbringung der Freiluftkorrektion, die pro Meter 0,3086 mgal beträgt, der Bouguer-Korrektion, die pro Meter $0{,}0419\,d$ mgal ausmacht, und der Breitenkorrektur für den Beobachtungspunkt zu

$$g'' - \gamma_0 = g' + (0{,}3086 - 0{,}0419\,d)\,H - \gamma_0,$$

wenn d die Dichte, H die Höhe über der Basisstation, und γ_0 die Normalschwere am Beobachtungspunkt ist. Der Wert γ_0 enthält auch die Breitenkorrektur.

Auch topographische Oberflächenänderungen haben einen Einfluß auf die Größe der Schwerkraft. Dabei kann man ableiten, daß der Geländeeinfluß die beobachteten Werte zu reduzieren trachtet. Doch haben diese Oberflächenunregelmäßigkeiten in der Nähe der Station beim Gravimeter einen wesentlich geringeren Einfluß als bei der Drehwaage. Es ist daher möglich, mit dem Gravimeter auch noch in Gegenden zu arbeiten, wo die Drehwaage infolge Terrainunebenheiten nicht mehr eingesetzt werden kann.

Nach Anbringung aller Korrekturen erhält man ein Schwerebild, das allein auf Dichteunterschiede im Untergrund zurückzuführen ist und damit ein Bild der lokalen Geologie gibt. Die Schwereunterschiede der Beobachtungspunkte gegenüber der Basisstation werden in Karten eingetragen. Punkte gleicher Schwereunterschiede werden, in ähnlicher Weise wie Niveaulinien, zu Linien gleicher Schwere (Isogammen) verbunden (Abb. 126). Sie bilden geschlossene Kurven um Schweremaxima und Schwereminima. Außerdem können aus den Beobachtungslinien Schwereprofile konstruiert werden, die die Änderung der Schwere entlang dem Profil anzeigen. Diese Schwereprofile sind für die Berechnung der Form und Masse des Störkörpers nötig.

β) Die Instrumente

Absolute Schweremessungen wurden ursprünglich fast nur mit dem Sterneckschen Pendelapparat ausgeführt. Bei diesen Pendelbeobachtungen kam es darauf an, die Änderung der Schwingungszeiten genauest zu beobachten. Diese Messungen, als Präzisionsmessungen ausgeführt, sind sehr umständlich und daher für den Feldgebrauch nicht geeignet. Die Pendelmessungen beschränken sich daher auf einzelne von den geodätisch-geophysikalischen Instituten gemessene Stationen; für die praktische Geologie spielten diese Messungen keine größere Rolle.

Erst mit Einführung der statischen Schweremesser waren die Instrumente gegeben, die für die praktische Lagerstättenforschung von Bedeutung waren. Jetzt gibt es schon einige Dutzend solcher Schweremesser, deren Entwicklung besonders in den letzten Jahren vorangetrieben wurde. Die Entwicklung dieser statischen Schweremesser war deswegen nicht einfach, weil einerseits ungeheure Anforderungen an die Meßempfindlichkeit gestellt werden, während sie anderseits leicht transportabel und entsprechend betriebssicher selbst bei dem rauhen Feldbetrieb sein sollen. Außerdem soll die Meßgeschwindigkeit so groß sein, daß entsprechende Tagesleistungen eines Meßtrupps erreicht werden können.

Das Meßprinzip der gebräuchlichsten Schweremesser ist folgendes:

Eine freihängende, mit einem Gewicht belastete Feder wird durch die verschieden starke Anziehungskraft der Erde an den verschiedenen Punkten verschieden stark belastet und gelängt. Die Längung der Feder ist dabei der Schwerezunahme direkt proportional, wobei freilich die Änderung der Längenausdehnung der Feder außerordentlich gering ist, es handelt sich um Millionstel von Millimetern, die hier sichtbar gemacht werden müssen. Dies kann durch einfache optische Vergrößerung praktisch nicht mehr erreicht werden und deshalb sind für diese Vergrößerung verschiedene Systeme zur Anwendung gekommen.

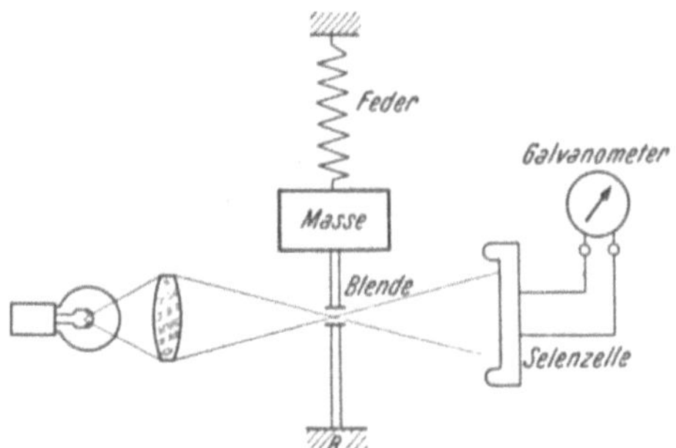

Abb. 127 und 128. Feldmessung mit dem Gravimeter.

Beim Boliden-Gravimeter z. B. bildet die Masse die eine Platte eines Kondensators in einem Hochfrequenzkreis, die zweite Platte des Kondensators ist fix. Durch die mehr oder weniger große Verlängung der Feder entsteht eine Änderung im Abstand der beiden Kondensatorplatten, dadurch ändert sich die Kapazität des Kondensators und damit die Eigenschaften des Hochfrequenzkreises. Diese werden nun an einem Galvanometer beobachtet.

Ebenfalls eine elektrische Vergrößerung der Federlängung besitzt das Askania-Gravimeter (Abb. 127 und 128). Hier wird die Änderung auf photoelektrischem Wege gemessen. Eine Lampe beleuchtet durch ein Linsensystem und eine sehr enge Blende eine elektrische Photozelle. Bei Schwereänderungen wird der Spalt der Blende von der Masse des Gewichtes mehr oder weniger verengt, so daß mit der Verengung des Blendeschlitzes nur ein geringerer Teil Licht von der Lampe zur Photozelle gelangt. Der elektrische Widerstand der Photozelle hängt ab von der Stärke des Lichtes, das auf die Zelle fällt. Die Photozelle ist Teil eines elektrischen Kreises, dessen Widerstandsänderungen an einem Galvanometer beobachtet werden.

Die elektrischen Systeme der beiden erwähnten Gravimeter ergeben die außerordentlich starke Vergrößerung, die zur Beobachtung des sehr kleinen Ausschlages notwendig ist. Wichtig ist jedoch, daß die elektrische Verstärkung ihren Verstärkungsgrad ganz konstant beibehält.

Damit keine Temperatureinflüsse auf die Feder eintreten, muß die Temperatur im Innern des Instrumentengehäuses genau konstant gehalten werden; dazu wird ein elektrisch geheizter Thermostat verwendet.

Die Schweremesser müssen stabil aufgestellt und genau horizontiert werden. Infolge der mikroseismischen Bodenunruhe wird auch die Masse des Schweremessers in leichte Vibrationen versetzt, die *optischer* Vergrößerung Grenzen setzen, abgesehen davon, daß bei optischer Ablesung nur mit Vielfachreflexion an hochreflektierenden Spiegeln das Auslangen gefunden wird, wie bei dem ausgezeichneten Gravimeter der Gulf Oil Company. Dieses mißt, im Gegensatz zum Askania-Gravimeter, nicht die einfache Verlängerung der Feder, sondern die mit der Längung der aus einem flachen Band bestehenden Feder gleichzeitig auftretende Torsion.

Die meisten anderen Gravimeter benutzen zur Beobachtung astasierte Pendel, bei denen die Wirkung der Schwerkraft durch eine elastische Gegenkraft, z. B. die Torsion eines Aufhängefadens, nahezu aufgehoben wird. Das Instrument nähert sich daher einem labilen Gleichgewichtszustand, aus dem es schon durch geringe Änderungen der angreifenden Schwerkraft gebracht werden kann. Je höher die Astasierung, desto größer ist die Empfindlichkeit des Instrumentes, desto größer wird aber auch seine Neigung zu störenden Nebenerscheinungen, und die sehr große Neigungsempfindlichkeit. Einzelne astasierte Schweremesser arbeiten mit Quarzfedern, wie z. B. das Ising- und das Nörgaard-Gravimeter, andere mit Metallfedern, wie Mott Smith, Holweck und Thyssen.

Trotz aller Verfeinerung der Instrumente ist es doch kaum möglich, die Federn so konstant zu halten, daß nicht Änderungen oder auch Sprünge in den beobachteten Werten auftreten. Es ist daher nötig, den Gang des Instrumentes zu beobachten und durch Wiederholungsmessungen diesen Instrumentengang auszuschalten, indem man die einzelnen Punkte bei mehrfacher Aufstellung wiederholt mißt. Wieviel Wiederholungsmessungen oder Hilfsbasispunkte man verwendet, hängt von der notwendigen Genauigkeit der Messungen, der Entfernung der einzelnen Meßpunkte voneinander und überhaupt der zu lösenden Aufgabe ab. Gravimetermessungen werden im allgemeinen mit Stationsabständen von einigen 100 m bei Detailmessungen, bis zu fünf und mehr Kilometern bei großräumigen regionalen Messungen durchgeführt. Um die Zeiten zwischen den einzelnen Beobachtungen gering zu halten und damit auch die Konstanz des Instrumentes gut beobachten zu können und eine entsprechende Arbeitsgeschwindigkeit des Meßtrupps zu erreichen, wird das Gravimeter fast immer in ein Meßauto eingebaut, um es schnell von Beobachtungspunkt zu Beobachtungspunkt zu bringen, obwohl die modernen Schweremesser bereits so klein und handlich sind, daß sie in schlecht zugänglichem Gelände auch von zwei Leuten getragen werden können. Die Beobachtungen werden meist gleich im Innern des Autos durchgeführt, indem das Instrument durch ein Loch im Boden des Wagens auf die Erde gesetzt wird. Die Meßdauer der Beobachtungen an einem Punkte beträgt im allgemeinen nur einige Minuten. Bei entsprechender Organisation und Übung des Personals lassen sich von einem Meßtrupp, der aus 2 bis 5 Leuten besteht (1 Gravimeterbeobachter, 1 Chauffeur, 1 Nivellier- und Einmeßtrupp), 5 bis 20 Stationen an einem Tage erledigen.

b) Die Drehwaage

α) *Prinzip*

Die Drehwaage wurde 1896 von Eötvös auf dem Erdölfeld von Egbel in der Slowakei als eines der ersten geophysikalischen Instrumente für die Lagerstättenforschung angewandt, da sie sich mit ihrer großen Empfindlichkeit besonders dafür eignet, im Untergrund verborgene Trennungsflächen verschieden dichter Massen anzuzeigen.

Wie schon im Eingangskapitel der Schweremessungen erwähnt, mißt man mit der Drehwaage die Größe der Änderung der Schwerkraft in horizontaler Richtung, d. h. den horizontalen Schweregradienten. Nennen wir den Gradienten in der Nordrichtung eines räumlichen Koordinatensystems U_{xz} (Zunahme der z-Komponente der Schwerkraft auf der x-Achse), in der Ostrichtung U_{yz} (Zunahme der z-Komponente auf der y-Achse), so ist die Größe des Gradienten gegeben durch die Gleichung

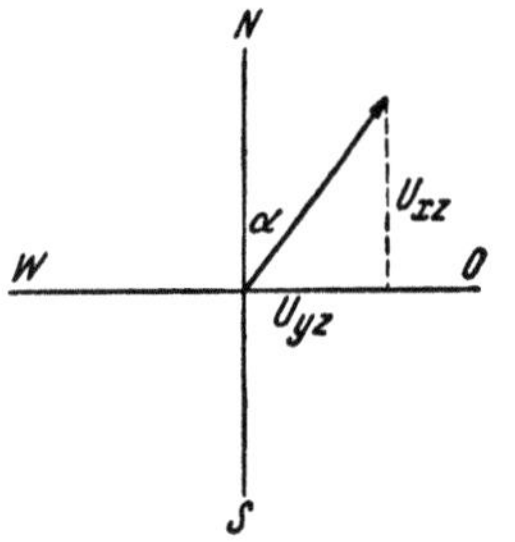

$$G^2 = U_{xz}{}^2 + U_{yz}{}^2,$$

und seine Richtung durch

$$\operatorname{tg} \alpha = \frac{U_{yz}}{U_{xz}}.$$

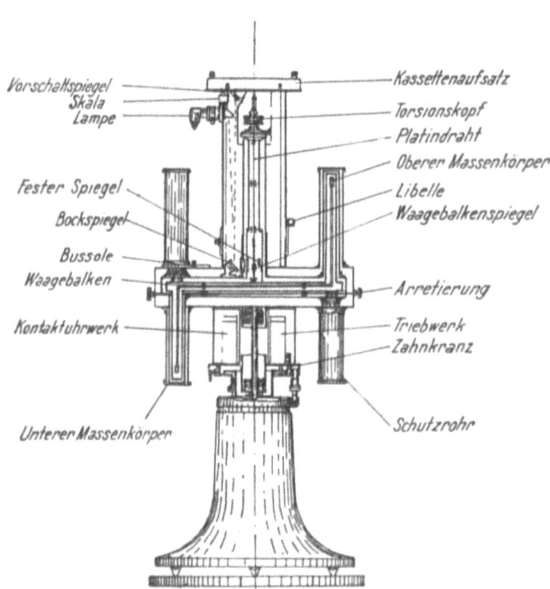

Abb. 129.

In Abb. 129 wird die Richtung der größten Schwerezunahme durch den Gradientenvektor dargestellt; der Pfeil zeigt immer in Richtung der Zunahme, also in Richtung auf die schwerere Masse zu. Außer dem Schweregradienten mißt die Drehwaage auch die Krümmungsgröße, die ein Maß für die Abweichung der Schwereniveaufläche von der Kugelform darstellt. Die Krümmungsgröße im Beobachtungspunkt ist gegeben durch den g-fachen Unterschied zwischen der größten und kleinsten Krümmung der Niveaufläche

$$K = g\left(\frac{1}{r_1} - \frac{1}{r_2}\right).$$

Die Einheit des Schweregradienten wie der Krümmungsgröße ist das Eötvös (1 E = 1 mgal Schwereänderung pro 10 km).

Moderne Drehwaagen registrieren automatisch und können daher, wenn sie einmal aufgestellt sind, sich selbst überlassen bleiben, bis die Station beendet ist. Die Messungen an einer Station erfordern freilich eine bis sechs Stunden Zeit.

Abb. 130. Kleine Askania-Drehwaage, Modell Z 40.

Anderseits ist die Drehwaage äußerst sensitiv und gestattet die Messung der Schweregradienten bis auf ungefähr eine Eötvös-Einheit genau. Wie beim Gravimeter ist auch bei der Drehwaage eine Anzahl von Korrekturen notwendig, um allein die Werte zu erhalten, die auf Dichteunterschiede im Untergrund zurückzuführen sind. Außer der Breitenkorrektur spielen die Terrainkorrekturen eine Rolle, und zwar sind diese bei der Drehwaage noch wesentlich wichtiger als beim Gravimeter, denn die Oberflächenunregelmäßigkeiten in der Nähe des Beobachtungspunktes haben einen bedeutend größeren Einfluß auf die Drehwaagenlesungen als auf das Gravimeter. Dieser Einfluß hängt ab

1. von der Form der Oberfläche, die durch Nivellieren bestimmt werden kann,
2. von der Dichte der Gesteine in der Umgebung der Drehwaage.

Es muß daher besonders in der nächsten Umgebung der Drehwaagenstation eine genaue Nivellierung durchgeführt werden, aber auch noch wenigstens bis zu einem Abstand von etwa 200 m der Geländeeinfluß korrigiert werden. Dies geschieht mit Hilfe von Tabellen oder Diagrammen. Welchen Einfluß die Oberfläche auf die Drehwaagenresultate hat, kann daraus ersehen werden, daß eine Oberflächenneigung von nur 1^0 bei einer Dichte von 1,8 bereits einen Schweregradienten von 13 Eötvös-Einheiten ergibt. Davon stammen drei Viertel der Einwirkung von den ersten 3 m im Umkreis der Drehwaage. Aus diesem Grunde muß die unmittelbare Umgebung der Drehwaagestation gut planiert und die einzelnen Stationen mit Sorgfalt ausgewählt werden. Auf dem Rücken von Hügeln oder direkt im Tal sind die Terrainkorrektionen kleiner als am Seitenhang von Hügeln, weil der Einfluß der Massen zu beiden Seiten sich annähernd ausgleicht.

β) Die Drehwaage

Die Drehwaage besteht aus einem Waagebalken, der an einem dünnen Draht aufgehängt ist und an seinen Enden mit Gewichten belastet ist. Weil infolge des Schweregradienten die Schwerkraft an den beiden Enden des Waagebalkens auf die Gewichte verschieden stark einwirkt, wird die Drehwaage erst dann ins Gleichgewicht kommen, wenn Schwerkraftunterschied und Torsionswiderstand des Aufhängedrahtes sich das Gleichgewicht halten (Abb. 130).

Die beiden Massenkörper sind nicht in gleicher Höhe angebracht, sondern ein Körper tiefer als der andere.

Dies wird erzielt durch entsprechende Anordnung des Waagebalkens, der entweder ⌐—⌐ -förmig ist wie bei der Z-Waage oder schräggestellt ist wie bei der Schrägbalkenwaage. Die Aufhängung des Waagebalkens erfolgt an einem Torsionskopf durch einen dünnen Platindraht.

Die Drehwaage wird in verschiedenen Azimuten aufgestellt und jedesmal die Verdrehung des Waagebalkens gegen die Nullage beobachtet. Daraus kann die Richtung und Größe des Gefälles der Schwerkraft am Beobachtungspunkt bestimmt werden. Theoretische Überlegungen, deren Wiedergabe hier zu weit führen würde, zeigen, daß bei Verwendung von Doppelwaagebalken die Beobachtung der Ruhelage der Waagebalken auf einer Station in drei Azimuten zur vollständigen Bestimmung aller gemessenen Größen genügt.

Die Umstellung der Drehwaage auf die drei verschiedenen Azimute erfolgt automatisch durch ein Uhrwerk mit Anschlägen. Die Waagebalken sind zur Vermeidung von Temperaturänderungen in gut isolierten Schutzhüllen untergebracht. Die Drehwaage wird so aufgestellt, daß die Waagebalken in der ersten Stellung Nord-Süd-Richtung haben. Die Registrierung der Beobachtung erfolgt automatisch auf photographischem Wege. Durch eine Batterie wird eine Lampe gespeist, die einen punktförmigen Lichtstrahl durch eine Blende über ein Prisma senkrecht nach unten, und über ein Spiegelsystem zum Waagebalken und zurück nach aufwärts zur photographischen Platte sendet. Die photographische Platte sitzt in einem Kassettenaufsatz, der in gleichmäßigem Abstand weiterbewegt wird, so daß die Lichtpunkte bei den Messungen in drei Azimuten an verschiedenen Punkten der Platte auffallen. Die Auswertung der photographischen Platte erfolgt mit einer feingeteilten Glasskala und Lupe. Die Ruhelage des Waagebalkens wird in 20 bis 60 Minuten erreicht. Bei Beobachtung in drei Azimuten benötigen die Messungen an einer Station 1 bis 3 Stunden. Es können daher mit einer Drehwaage drei bis höchstens sechs Stationen an einem Tage erledigt werden. Da jedoch bei den Askania-Drehwaagen die gesamte Beobachtung automatisch erfolgt, brauchen die Beobachter nur die Drehwaage aufzustellen, und zwar am besten in einem Drehwaagezelt, und können, während das Instrument registriert, die Nivellierung der Umgebung der Beobachtungsstation vornehmen, bis die Registrierung erledigt ist und die Drehwaage demontiert und zum nächsten Punkt gebracht wird.

c) Die Auswertung der Schweremessungen

Die Auswertung von Schweremessungen erfolgt auf Grund von kartenmäßiger Darstellung der Resultate auf Gradientenkarten und Isogammenkarten. Wie schon angedeutet, sind die Schwereanomalien nach Abzug der verschiedenen, durch die Unregelmäßigkeit der Erdoberfläche hervorgerufenen Abweichungen durch die verschiedene Verteilung der Massen im Untergrund bedingt, und zwar liegen die Schwerehochs und Schweretiefs direkt über der Masse mit der abweichenden Dichte. Schwere*hochs* können also erklärt werden durch das Aufragen von schwereren Grundgebirgsrücken in die umgebenden leichteren Sedimente. Schwere*minima* dagegen z. B. durch aufragende leichtere Salzdome, bei denen sich die leichteren Salzmassen deutlich von den umgebenden Sedimentmassen abheben. Derartige klare Verhältnisse sind jedoch in der Natur leider selten. Die Massenunterschiede von großen, tiefliegenden unterirdischen Gebirgszügen, von tektonischen Strukturen und von oberflächennahen Formationen, wie z. B. Braunkohlenflözen, überlagern sich in ihrer Wirkung auf Gravimeter oder Drehwaage, und es ist die schwierige Aufgabe der Auswertung, diese verschiedenen Einwirkungen zu trennen und möglichst in ihre Einzelkomponenten zu zerlegen. Naturgemäß machen sich bei großen Entfernungen zwischen den Beobachtungspunkten hauptsächlich die Einflüsse der großen Massen aus der Tiefe bemerkbar, während oberflächennahe Störungen nur in kleinerem Umkreis Einfluß haben, so daß sich auf diese Weise Rückschlüsse darauf ziehen lassen, aus welcher Tiefe die Ursache der Schwerestörung stammt. Für diese Berechnungen erweisen sich im allgemeinen die Schweregradienten geeigneter als die Schwerewerte selbst.

Maßgebend für die Schwereanomalien ist der *Unterschied* des Raumgewichtes, der störenden Masse gegen die Umgebung; so treten Salzdome in Norddeutschland als *Schwereminima* hervor, während sich z. B. in Texas Salzdome durch ein *Schwereplus* auszeichnen. Die Ursache für dieses verschiedene Verhalten ist folgende: In Deutschland ist in den Salzlagerstätten viel besonders leichtes Kalisalz vorhanden und das Nebengestein der Salzstöcke ist vielfach schwerer

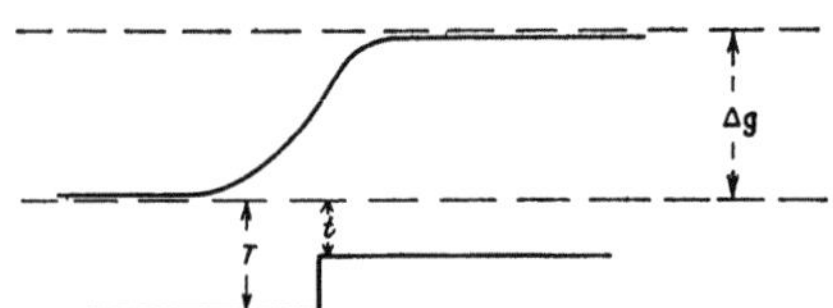

Abb. 131. Schwereprofil über senkrechter Stufe.

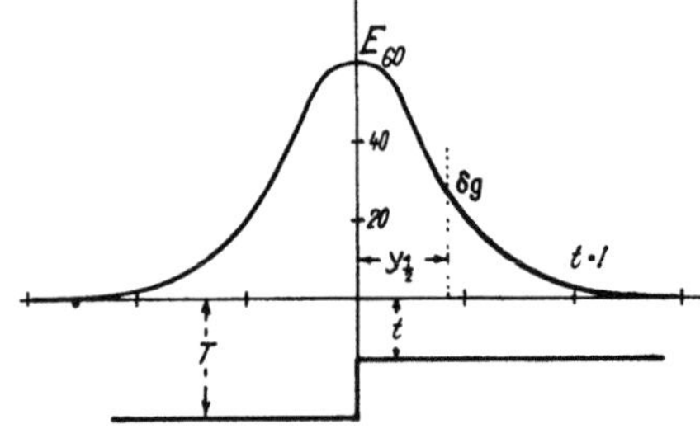

Abb. 132. Gradientenprofil über senkrechter Stufe.

Buntsandstein ($d = 2{,}5$) oder Keuper. In Texas dagegen ist in den Salzschichten viel schwerer Anhydrit vorhanden, während das Nebengestein meist leichteres Tertiär ist.

Die *direkte* Berechnung der Größe, Tiefe und Masse des Störkörpers aus den gemessenen Schwere- oder Gradientenwerten wird nur für einfache geometrische

Körper angewendet. Dazu werden Profile möglichst quer zum Streichen des Störkörpers gelegt, wobei es für die Berechnung wichtig ist, daß die Meßpunkte entlang dem Profil nicht zu weit auseinanderliegen, da sonst die Unterschiede in den Schwere- oder Gradientenkurven, die für die Berechnung der Störmasse nötig sind, nicht richtig erfaßt werden.

Es soll hier gezeigt werden, wie sich eine senkrechte Stufe im Schwere- und Gradientenbild auswirkt. Es ist dies ein häufig in der Praxis vorkommendes Beispiel, z. B. bei der Überquerung einer Verwerfung zur angenäherten Bestimmung der Sprunghöhe. Voraussetzung ist natürlich, daß man die Dichteverhältnisse der gegeneinander verschobenen Massen kennt. Abb. 131 gibt den Verlauf der Schwerekurve wieder, während Abb. 132 den Gradientenverlauf über der Stufe zeigt.

Für die Schwerekurve gilt

$$T - t = \frac{\Delta g}{2\pi k\sigma} = 23{,}9\,\frac{\Delta g}{\sigma}\ \text{m, wenn } \Delta g \text{ in mgal.}$$

Aus den Gradienten δg lassen sich die Tiefen nach folgenden Formeln berechnen:

$$\log \frac{T}{t} = 0{,}00326 \cdot \frac{\delta g\,\max}{\sigma}$$

$$T \cdot t = J\frac{1}{2}^{\,2}$$

Hierin ist $J\frac{1}{2}$ die Abszisse (von der Stufe gerechnet) des Punktes, in dem der Gradient die Hälfte des maximalen Gradienten beträgt. Ähnliche Berechnungen, wenn auch komplizierterer Art, können auch für andere Fälle ausgeführt werden, z. B. geneigte Stufen (Verwerfungen mit einem geneigten Einfallswinkel, aber auch Antiklinalen), senkrechter oder geneigter Block (wichtig für gang- oder stockförmige Massen), Zylinder (Salzstöcke).

Da auf dem Wege der direkten Berechnung nur einzelne Fälle erfaßt werden können und die Berechnungen vielfach recht kompliziert und zeitraubend sind, wählt man auf Grund des Aussehens der gemessenen Schwerekurve einen Körper von bestimmter Form und Dichte, von dem man annehmen kann, daß er der Massenverteilung im Untergrund entsprechen könnte, und bestimmt die Einwirkung eines solchen Körpers auf die Schwereverteilung auf graphischem Wege aus Auszähldiagrammen. Die Form dieses Körpers wird so lange verändert, bis man zwischen den errechneten und den mit Gravimeter oder Drehwaage gemessenen Werten Übereinstimmung erzielt hat. Die Auszähldiagramme unterteilen die Profilebene in kleine Felder, deren Schwerewirkung auf den Beobachtungspunkt errechnet und genau bekannt ist. Zum Beispiel ist ein Auszähldiagramm unter der Annahme berechnet, daß ein unendlich langer Körper in der Mitte durchschnitten ist. Jedes Feld dieses Diagramms wirkt auf den Beobachtungspunkt z. B. mit 0,1 mgal ein. Der Querschnitt des zu berechnenden Körpers wird auf das Auszähldiagramm gezeichnet und ausgezählt, wie viele Felder er bedeckt.

Auf diese Weise werden die Schwerewerte für die einzelnen Profilpunkte bestimmt. Die Diagramme sind unter Annahme bestimmter Dichteunterschiede gerechnet. Bei dem für den Einzelfall gegebenen Dichteunterschied muß mit einem entsprechenden Faktor multipliziert werden.

Da mit Hilfe der Auszähldiagramme auch die Schwerewirkung von komplizierteren Massenformen erfaßt werden kann, spielen sie bei der Auswertung der Schweremessung eine wichtige Rolle.

Eine ähnliche Vorgangsweise gilt auch für die Darstellung der Drehwaagenresultate. Die Schweregradienten werden auf der Karte durch Pfeile dargestellt. Die Richtung dieser Pfeile ist die Richtung der größten Schwerkraftänderung, die Länge der Pfeile stellt die Größe der Schweregradienten dar.

Außer in Karten können die Drehwaagenresultate auch in Profilen dargestellt werden, wobei der Schweregradient nach der einen Richtung oberhalb der Bezugslinie, der Gradient nach der anderen Richtung unterhalb der Bezugslinie dargestellt wird. Die einen werden dann als positiv, die anderen als negativ bezeichnet. Zwischen Gradienten und Gravimeterwert besteht die einfache Beziehung, daß der Gradient die Änderung der Neigung der Schwerekurve angibt, wie Abb. 133 zeigt. An der Stelle des Schweremaximums oder Schwereminimums geht der Gradient durch Null; an der steilsten Stelle der Schwerekurve erreicht der Gradient sein Maximum bzw. sein Minimum.

Auch in diesem Fall wird der Einfluß der Störkörper durch Berechnung der Wirkung von einfachen geometrischen Körpern zu analysieren versucht und die berechneten mit den gemessenen Gradientenprofilen so lange verglichen, bis sie annähernd dieselben Werte erreichen. Bei der Kartendarstellung zeigen die Gradienten die Richtung der Schwereänderung an. Die Gradientenmaxima fallen mit den größten Schwereänderungen (also z. B. den Flanken der Salzdome) zusammen.

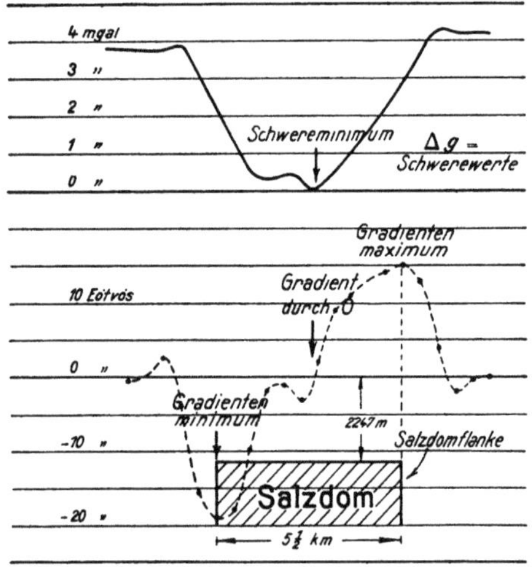

Abb. 133. Schwerewerte und Gradienten über einem Salzdom.

2. Magnetische Methoden

α) Prinzip

Die Grundlagen für die magnetischen Schürfmethoden sind die Variationen in der Richtung und Stärke des magnetischen Erdfeldes. Man kann sich das magnetische Feld der Erde ersetzt denken durch einen Magnet mit sehr starkem magnetischem Moment im Mittelpunkt der Erde. Der Südpol dieses Magnetes zeigt zum magnetischen Nordpol der Erde, der aber nicht mit dem geographischen Nordpol identisch ist und der auch nicht konstant am selben Punkt bleibt. Die Differenz zwischen der Richtung zum geographischen Nordpol und dem magnetischen Nordpol, die daher variabel ist, ist die magnetische Deklination. An den magnetischen Polen der Erde ist die Richtung der magnetischen Kräfte vertikal, am magnetischen Äquator horizontal. An den anderen Punkten weicht die Richtung der Kraftlinien von der Vertikalen ab. Der Neigungswinkel gegen die Horizontale wird magnetische Inklination genannt, wobei auf der nördlichen Halbkugel der Nordpol einer Magnetnadel abwärts gezogen wird. Wie bei anderen Kräften kann die magnetische Feldstärke in eine Vertikalkomponente und eine Horizontalkomponente zerlegt werden. Die Vertikalkomponente des Erdfeldes schwankt zwischen 0,6 Gauß an den Polen bis 0 am Äquator, die Horizontalkomponente wechselt von 0 an den Polen bis 0,3 Gauß am Äquator. Dabei ist das Gauß die Einheit der magnetischen Feldstärke, d. h. die Wirkung einer Kraft von einem

Dyn auf einen magnetischen Einheitspol. Für geophysikalische Zwecke ist jedoch das Gauß eine unbequeme Maßeinheit, da ja nur die lokalen Variationen der Stärke des Erdfeldes beobachtet werden. Als Einheit für das magnetische Schürfen wurde das Gamma (γ) genommen, wobei $100000\,\gamma = 1$ Gauß entsprechen.

Haben wir eine frei aufgehängte Magnetnadel, so wird die magnetische Richtkraft versuchen, diese Nadel in die Richtung des magnetischen Feldes zu drehen. Um daher eine Magnetnadel außerhalb dieser Richtung zu halten, ist eine Gegenkraft notwendig, die von der Stärke der magnetischen Richtkraft abhängig ist. Haben wir anstatt einer frei aufgehängten Magnetnadel eine solche, die nur in der Vertikalen schwingen kann, so wird, um die Magnetnadel in der Horizontalen zu halten, nur eine solche Gegenkraft notwendig sein, daß sie die Vertikalkomponente der magnetischen Feldstärke aufhebt. In gleicher Weise ist bei einer Magnetnadel, die sich nur in horizontaler Richtung bewegen kann, eine Gegenkraft von der Stärke der magnetischen Horizontalkomponente nötig. Wie bereits gesagt, variiert die Stärke der Vertikal- oder Horizontalkomponente auf der Erdoberfläche zwischen den Polen und dem Äquator. Doch ist die Änderung der Stärke der Komponenten keine ganz stetige. Sie ist durch Beobachtungen an verschiedenen Punkten erfaßt und von magnetischen Observatorien in Karten zusammengestellt, welche die Neigung des Magnetfeldes und die Größe der beiden Komponenten angeben. Außerdem treten aber noch tägliche Variationen der magnetischen Feldstärke auf, die normalerweise 10 bis 50 γ täglich erreichen. Doch gibt es auch Tage, an denen sogenannte magnetische Stürme Änderungen der magnetischen Feldstärke bis zu 1000 γ in wenigen Stunden hervorrufen. Die täglichen magnetischen Variationen werden in den magnetischen Observatorien dauernd registriert (magnetische Kennziffern).

Das magnetische Erdfeld wird lokal beeinflußt, wenn Gesteine von abweichender magnetischer Suszeptibilität im magnetischen Erdfeld Richtung und Stärke desselben ändern.

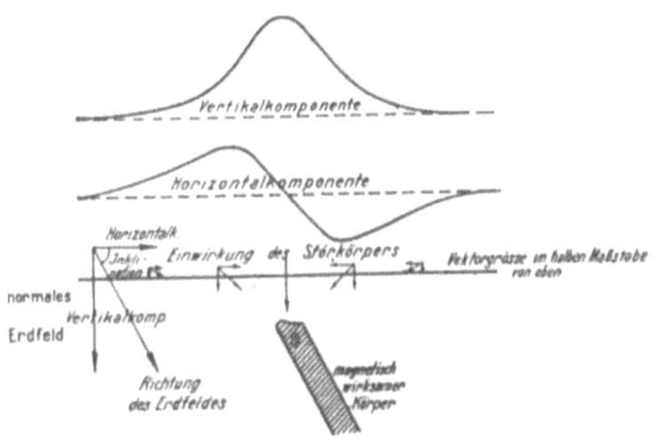

Abb. 134. Einfluß eines magnetischen Körpers.

Gesteine mit höherer magnetischer Suszeptibilität wirken unter dem Einfluß des magnetischen Erdfeldes wie magnetische Körper, in denen das magnetische Moment unter dem Einfluß des Erdfeldes induziert ist. Außerdem gibt es aber auch Gesteine mit remanentem Magnetismus, bei denen die Richtung der Magnetpole nicht unbedingt mit der Richtung der induzierten Kräfte übereinstimmen muß, im allgemeinen überwiegen aber die Fälle, wo das induzierte Magnetmoment auftritt. Da das induzierte magnetische Moment nicht allein von der Stärke der magnetischen Suszeptibilität und der Größe und Form des magnetischen Körpers abhängig ist, sondern auch davon, wie die Richtung der Haupterstreckung des Körpers zu der Richtung des magnetischen Erdfeldes im Untersuchungsgebiet liegt, ist die magnetische Wirkung desselben von einer größeren Anzahl von Faktoren abhängig als die Schweremessungen. Die Deutung der magnetischen Resultate ist auch aus diesem Grunde unsicherer.

Abb. 134 soll die Grundlage der magnetischen Messungen illustrieren. Wir denken uns den einfachen Fall eines Körpers höherer magnetischer Suszeptibilität, der parallel mit dem Erdfeld so liegt, daß sein oberes Ende ein magnetischer Südpol wird. Ist die Ausdehnung des Körpers nach der Teufe groß, so liegt der entgegengesetzte Nordpol so tief, daß er einen zu vernachlässigenden Einfluß an der Erdoberfläche ausübt. Das normale Erdfeld wird ausgedrückt durch die beiden Komponenten H und V. Beide Komponenten sind innerhalb des kleinen Untersuchungsgebietes als konstant zu betrachten. Ihre Größe an den verschiedenen Beobachtungspunkten bleibt also dieselbe. In der profilmäßigen Darstellung sind sie daher als zur Abszisse parallele gestrichelte Gerade H und V eingetragen. Zu diesem normalen Erdfeld sind hinzuzufügen die vom eingelagerten Körper herrührenden magnetischen Kräfte, die durch Pfeile an den verschiedenen Beobachtungspunkten angedeutet sind. Die Stärke dieser zusätzlichen Kräfte ist gegeben durch die Anziehung zwischen der magnetischen Nadel an der Oberfläche und dem Südpol des magnetischen Körpers. Diese zusätzlichen Kräfte gehen immer in Richtung auf den Südpol des Körpers und sind umgekehrt proportional dem Quadrat des Abstandes. In größerer Entfernung sind daher diese zusätzlichen Kräfte praktisch Null. Wie aus Abb. 134 zu ersehen ist, wird die vertikale Komponente ihr Maximum über dem magnetischen Südpol des Körpers haben, während die horizontale Komponente ihr Maximum früher erreicht, über dem Körper aber durch Null geht, weil sie ja ihre Richtung umkehrt. Die Horizontalkomponente wird daher auf einer Seite das magnetische Erdfeld vergrößern, auf der anderen Seite des magnetischen Körpers aber verkleinern, während in größerem Abstand vom magnetischen Körper der Einfluß desselben sich wieder Null nähert. Die Vertikalkomponente hat immer dieselbe Richtung wie die Vertikalkomponente des magnetischen Normalfeldes und die zusätzlichen Kräfte werden daher die Vertikalkomponente immer vergrößern.

Richtung und Stärke dieser zusätzlichen magnetischen Kräfte können bei einfachen geometrischen Formen der magnetischen Masse, und zwar je nach ihrer Lage zum magnetischen Erdfeld berechnet werden. Man ist daher in der Lage, die magnetischen Ergebnisse mit gerechneten Resultaten zu vergleichen und so auf Form, Ausdehnung und Tiefe des magnetischen Körpers annähernd Rückschlüsse zu ziehen. Dabei darf nicht außer acht gelassen werden, daß derselbe magnetische Körper nicht dieselben magnetischen Anomalien hervorrufen wird, je nachdem ob er näher dem magnetischen Nordpol oder Südpol oder dem magnetischen Äquator ist. Außerdem ist die magnetische Indikation abhängig von der Lage der Längserstreckung der magnetischen Masse zum magnetischen Meridian. So würde eine Kugel am magnetischen Nordpol das Maximum der vertikalen Komponente direkt über der Masse haben, während am magnetischen Äquator die Vertikalkomponente keine Anomalien aufweisen würde.

$\beta)$ *Instrumente*

Magnetische Instrumente zur Beobachtung der Abweichung vom normalen Erdfeld sind die ältesten geophysikalischen Instrumente überhaupt. Es ist charakteristisch, daß das älteste Magnetometer von THALEN in Nordschweden für die Untersuchung der nordschwedischen Eisenerzlagerstätten verwendet wurde. Es ist eine magnetische Nadel, die um eine horizontale Achse schwingt, wobei die Magnetnadel dadurch in nahezu horizontale Lage gebracht wird, daß auf der Südhälfte der Nadel ein Reiter aufgebracht wird, der mehr oder weniger weit vom Mittelpunkt der Nadel verschoben werden kann, so daß die Nadel ungleich schwere Hälften aufweist. Das zusätzliche Gewicht der Nadelhälfte mit dem Reiter wirkt der Vertikalkomponente des magnetischen Erdfeldes entgegen und bewirkt, daß die Nadel horizontal steht. Zusätzliche magnetische Kräfte von irgendwelchen magnetischen Körpern bringen die Nadel aus der

Nullage und die Ablenkung wird an einem Teilkreis abgelesen. Die einfache Aufhängung der Nadel und die primitive Beobachtung der Einstellung derselben bringen es mit sich, daß nur sehr starke Abweichungen vom Normalfeld, wie sie nur durch große, stark magnetische Erzkörper hervorgerufen werden, beobachtet werden können. Für feinere Messungen ist dieses Instrument ungeeignet.

Für geringere Änderungen der magnetischen Feldstärken haben die Askania-Werke eine magnetische Feldwaage herausgebracht, die so einfach und so empfindlich ist, daß sie bisher kaum durch ein anderes Magnetinstrument ersetzt wurde, und zwar gibt es horizontale und vertikale Feldwaagen oder auch Universalwaagen, bei denen durch Einsetzen des entsprechenden Magnetsystems beide Komponenten beobachtet werden können. Eine solche Vertikalfeldwaage ist in Abb. 135 dargestellt. Das Prinzip der Schmidtschen oder Askania-Feldwaage ist folgendes:

Das mit einer Quarzschneide auf zwei Quarzlagern aufliegende, drehbare Magnetsystem wirkt als Waagebalken, an dem die Schwerkraft der Kraft des Erdmagnetismus das Gleichgewicht hält, weil der Auflagerungspunkt etwas aus der Mitte des Waagebalkens verschoben ist. Das Magnetsystem schwingt zwischen Kupferblechen, die die Schwingungen des Magnetsystems dämpfen sollen. Für den Transport wird das Magnetsystem von dem Quarzlager abgehoben und in einem federnden Widerlager festgehalten. Zum Schutz gegen Witterungseinflüsse und Temperaturschwankungen ist dieses Meßsystem in einem Korkgehäuse untergebracht. Das Magnetsystem ist weitgehend temperaturkompensiert. Die Beobachtung des Magnetsystems erfolgt durch ein Ablesemikroskop, das im Okular eine feststehende 60teilige Skala enthält. Dem Magnetwaage-

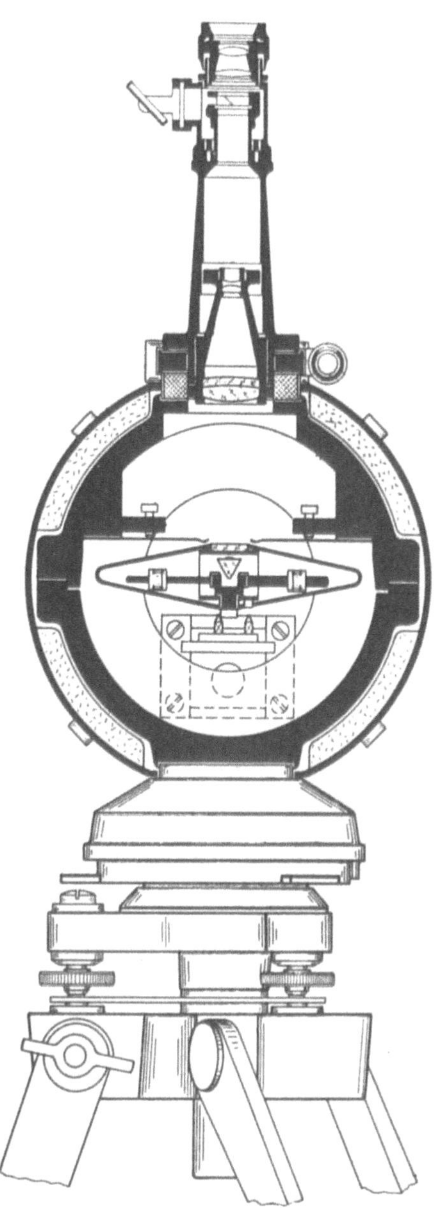

Abb. 135. Askania-Magnetwaage.

balken ist ein Spiegel aufgesetzt, der bei Neigung des Magnetsystems eine gespiegelte Strichmarke über die Skala wandern läßt. Zur Horizontierung der Waage sind Kreuzlibellen angebracht. Der Skalenwert eines Skalenteiles beträgt 10 bis 30 γ und kann durch Verstellen des Waagebalkens je nach der gewünschten Meßgenauigkeit eingestellt werden. Der Ablesebereich des Instrumentes geht bis über 1000 γ. Zur Erweiterung des Beobachtungsbereiches bei stärkeren Anomalien können Rücklenkungsmagnete mit bekannten magnetischen Momenten in bestimmten Abständen angebracht werden, die auf den Waagebalken mit einer bekannten Kraft einwirken und so weitere Ablesungen gestatten. Zur Einstellung in den magnetischen Meridian wird zuerst auf jeder Station eine Bussole auf das Stativ aufgestellt, und der drehbare Stativkopf ist so eingerichtet, daß die eigentliche Feldwaage nach Abnahme der Bussole zwangsläufig in der richtigen Lage zum Meridian aufgesetzt werden muß.

γ) *Feldmessungen und deren Ergebnisse*

Magnetische Feldwaagen werden sowohl für regionale Messungen wie für die Detailuntersuchungen einzelner Anomalien verwendet. Die Beobachtungen können entweder auf eine Feldbasisstation bezogen werden, oder auch an die

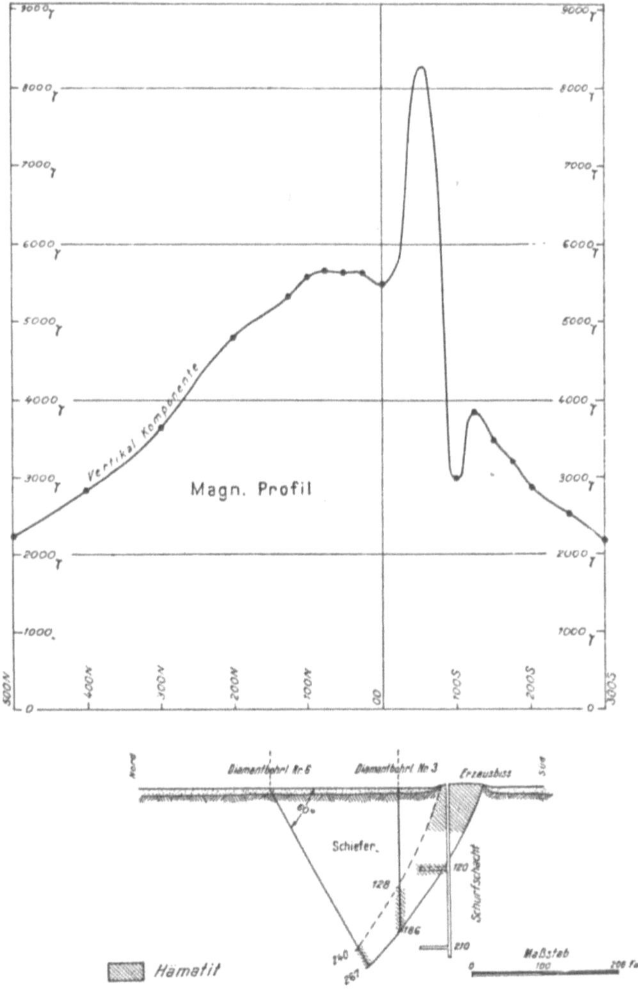

Abb. 136a. Magnetisches und geologisches Profil. Peko-Erzkörper, Tennants-Creek-Goldfeld, Zentral-australien.

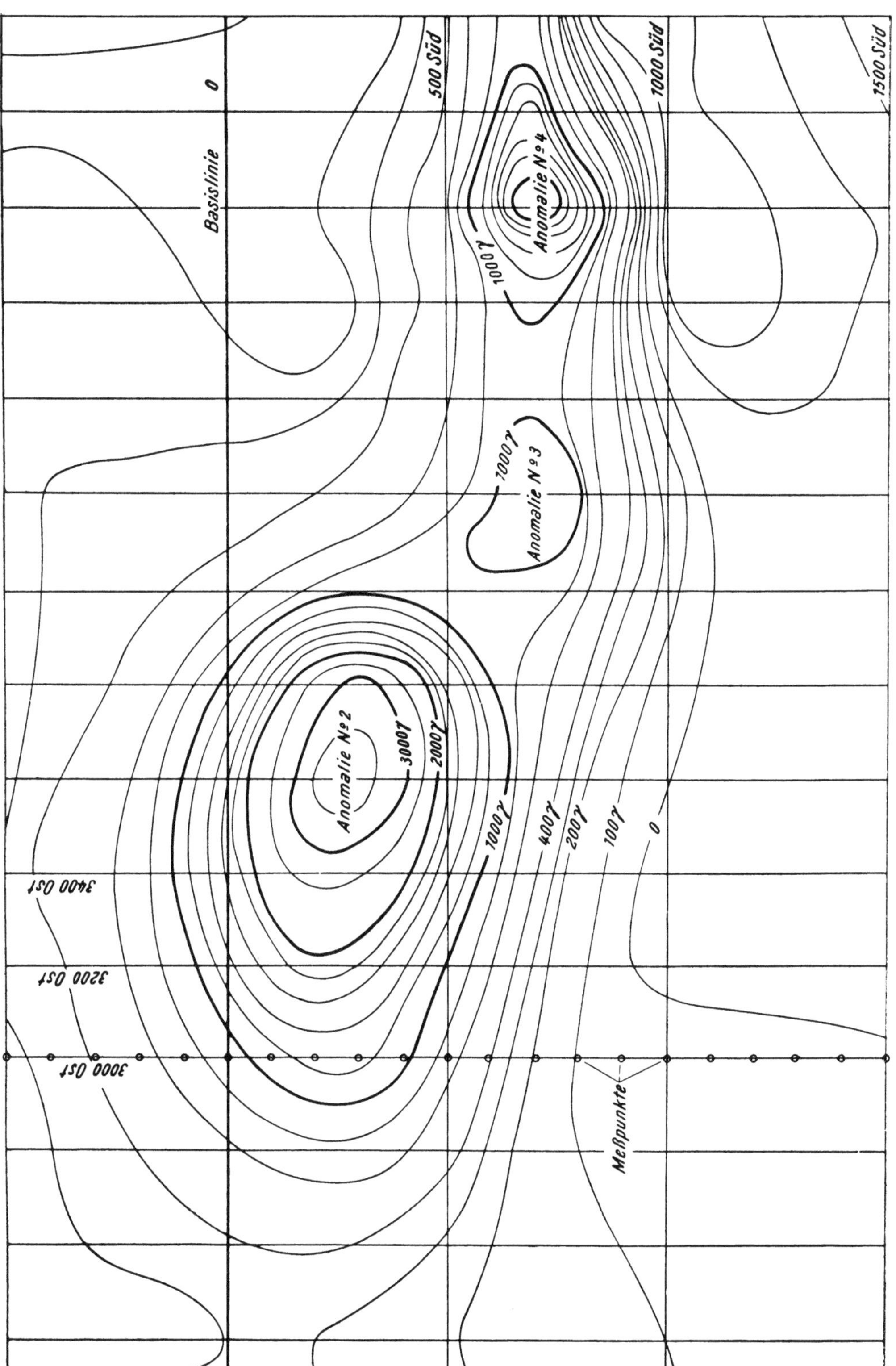

Abb. 136b. Magnetische Anomalien (Grundriß), Peko-Erzkörper.

Absolutwerte der magnetischen Observatorien angeschlossen werden. Da das Instrument leicht transportabel ist und die Ablesungen an einem Punkt in wenigen Minuten erledigt sind, können bei kurzem Abstand zwischen den Beobachtungsstationen an einem Tage von einem Beobachter mit einem Helfer bis zu 100 und mehr Beobachtungen erledigt werden. Die Resultate der magnetischen Messungen können entweder in Karten- oder Profilform dargestellt werden. Die Darstellung in Profilen wird gewählt, um Lage und Form des magnetischen Körpers berechnen zu können, da Form und Stärke der magnetischen Anomalie von Form, Lage und Suszeptibilität des Störkörpers abhängig sind. Bei Darstellung in Kartenform werden Punkte gleicher magnetischer Feldstärke miteinander verbunden. Als Beispiel einer magnetischen Vermessung soll ein Profil von Tennants Creek (Goldfeld) in Zentralaustralien gebracht werden (Abb. 136a und b). Das in der Wüste liegende Goldvorkommen ist an linsenförmige Hämatiterzkörper gebunden, die durch Verwitterungsschutt und Wüstensand überdeckt sind. Die Karte zeigt deutlich die einzelnen Linsen. Unterhalb des magnetischen Profils ist das geologische Profil gezeichnet, wie es sich durch Diamantbohrungen und bergmännische Aufschlüsse ergeben hat.

3. Radioaktivitätsmessungen

α) *Prinzip*

In den letzten Jahren erkannte man, daß fast alle Erdschichten etwas radioaktives Material enthalten. Dieses Material stammt ursprünglich aus den Tiefenoder Ergußgesteinen und ist aus diesen durch Erosion und Sedimentation auch in die Sedimentgesteine gelangt. Bei Sedimentgesteinen hängt der Betrag der Radioaktivität von der Art der als Sediment wieder abgesetzten Mineralbestandteile ab. Da es sich fast immer um sehr geringe Spuren handelt, ist es schwer, das radioaktive Verhalten einzelner Schichten vorauszusagen, doch sind besonders in Sedimenten die einzelnen Schichten in ihrem Verhalten ziemlich gleichbleibend. Im allgemeinen weisen Salze, vor allem Kalisalze, und Tone höhere Radioaktivität auf als Kalke oder Sande.

Radioaktive Strahlen treten als Folge der Umwandlung von gewissen Elementen auf. Die Umwandlungen der Elemente entstehen durch den Verlust von einem oder mehreren Elementarteilchen (wie Elektronen, Protonen, Heliumkernen) aus den Atomen der radioaktiven Substanzen. Dabei werden verschiedene Arten von Strahlungen unterschieden. So wurde festgestellt, daß α-Strahlen aus schnell beweglichen Heliumteilchen bestehen, β-Strahlen bestehen aus Elektronen und die γ-Strahlen sind eine elektromagnetische Wellenbewegung, ähnlich den gewöhnlichen Lichtstrahlen, aber von bedeutend geringerer Wellenlänge, so daß sie noch viele Substanzen durchdringen, die für Lichtstrahlen undurchdringlich sind.

Letzterer Umstand ist maßgebend dafür, daß man gerade die γ-Strahlen bei den geophysikalischen Untersuchungen hauptsächlich verwendet, obwohl die Beobachtung von γ-Strahlen ziemliche Schwierigkeiten aufweist. Die Tatsache, daß die γ-Strahlen auch Eisen durchdringen, hat in den letzten Jahren dazu geführt, daß in den amerikanischen Erdölfeldern Bohrlochuntersuchungen mit γ-Strahlen in zunehmendem Maße verwendet werden, besonders wenn es sich um verrohrte Bohrungen handelt, weil in diesem Fall elektrische Bohrlochmessungen nach der Schlumberger-Methode nicht durchführbar sind.

β) *Die Apparatur*

Für die Messung von γ-Strahlen wird eine Ionisationskammer (sogenannter Geigerzähler) verwendet (Abb. 137). Diese besteht aus einem gasgefüllten Zylinder mit voneinander isolierten Elektroden, die nach außen zu einem elektrischen Anzeigegerät führen. Da das Gas unter gewöhnlichen Umständen ein elektrischer Nichtleiter ist, fließt auch zwischen den Elektroden und durch das Anzeigegerät kein Strom. Ist jedoch radioaktives Material zugegen, so werden von diesem γ-Strahlen ausgesendet, die in den Zylinder eindringen und das Gas ionisieren. Mit zunehmender Ionisierung des Gases erfolgt zunehmende Leitung des elektrischen Stromes zwischen den Elektroden und durch den elektrischen Anzeigekreis. Die Stromstärke im Anzeigeinstrument ist daher ein direktes Maß der Ionisation des Gases und damit des Betrages von γ-Strahlen, der von dem radioaktiven Material ausgesandt wird.

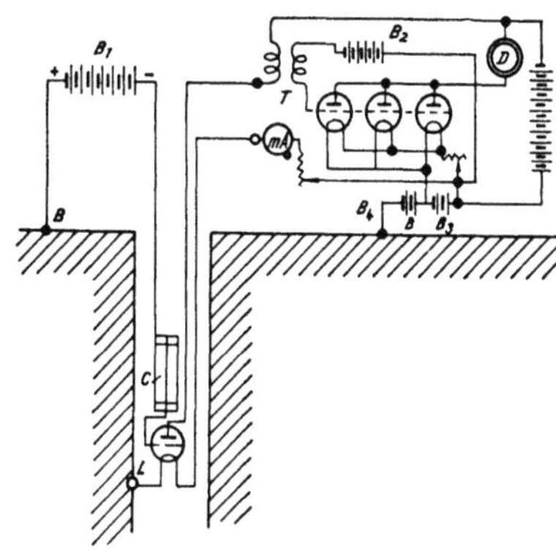

Abb. 137. Gerät für Gammastrahlenmessung.

γ) *Anwendung der Radioaktivitätsmessungen*

Die Hauptanwendung haben die radioaktiven Methoden besonders in den letzten Jahren in den amerikanischen Erdölfeldern gefunden. Die Empfindlichkeit der Apparate ist so groß, daß ein hundertmillionstel Gramm Radium noch einen deutlichen Ausschlag hervorruft. Die Bohrlochmessungen erfolgen auf ähnliche Weise wie bei den später beschriebenen elektrischen Bohrlochmessungen. Die Ionisationskammer wird an einem Kabel über ein Tiefenmeßrad in das Bohrloch abgelassen und durchfährt die Schichten des Bohrloches, wobei die entstandenen Ströme über einen elektrischen Gleichstromverstärker, der bei der Registrierstation an der Oberfläche steht, gemessen werden. Die Messung erfolgt auf ein selbstaufzeichnendes Registriersystem, das einerseits die Tiefe, in der sich die Ionisationskammer befindet, und anderseits die Stärke der Ionisation anzeigt, ähnlich wie es bei den elektrischen Bohrlochmessungen für Widerstand und Porosität geschieht.

Es muß aber hervorgehoben werden, daß die γ-Strahlenmessungen nicht so klare und gut deutbare Ergebnisse liefern wie die elektrischen Messungen, auch ist die Technik der Deutung nicht so weit vorgeschritten. Auch für Oberflächenbeobachtungen werden γ-Strahlenmessungen herangezogen, und zwar für die Untersuchung von Uranlagerstätten, von Verwerfungen und Quellspalten bei Heilquellen, weil sich hier radioaktive Wässer im Boden bewegen, die zum Teil auch von gasförmigen Emanationen begleitet werden. Bei den Oberflächenmessungen wird am meisten der Emanationsgehalt der Bodenluft untersucht. Dabei führt man ein dünnes Rohr in den Boden ein und pumpt die Luft aus dem Rohr in ein leicht transportables Emanometer. Das Emanometer besteht im wesentlichen aus einem Plattenkondensator, zwischen dessen beiden Belegungen eine bestimmte Spannung vorhanden ist. Enthält die nunmehr eingeführte Bodenluft Emanation, so wird sich der Kondensator entladen, was an einem Elektrometer abgelesen wird.

Zur Beobachtung des Radium- und Emanationsgehaltes von *Wasser* wird die Wasserprobe in eine Waschflasche getan und dann Luft durch diese in ein

Emanometer gespült, wobei die Luft beim Durchgang durch das Wasser dessen Emanationsgehalt in das Emanometer mitnimmt.

Die radioaktiven Methoden haben wegen ihrer geringen Eindringtiefe für die Lagerstättenforschung nur verhältnismäßig wenig Anwendung gefunden. Sie werden nun hauptsächlich beim Suchen nach Uran benützt.

V. Beobachtung von künstlich hervorgerufenen Feldern
1. Die seismischen Methoden

Während Schweremessungen und magnetische Messungen Kräfte beobachten, die in der Natur ständig vorhanden sind, beobachten die seismischen und die elektrischen Methoden physikalische Zustände oder Felder, die dem Untersuchungsgebiet von außen künstlich aufgeprägt werden. Bei den seismischen Methoden werden im Untergrund durch eine künstlich hervorgerufene Erschütterung, z. B. durch eine Explosion, Erschütterungswellen hervorgerufen und es wird die Fortpflanzung dieser Erschütterungswellen im Untergrund beobachtet. Die Fortpflanzung der Erschütterungswellen ändert sich vor allem an den Grenzen von Gesteinen mit verschiedenen elastischen Eigenschaften, und zwar werden die Wellen dort nach ähnlichen Gesetzen gebrochen oder reflektiert, wie sie in der Optik an Medien von verschiedener Durchlässigkeit wirksam sind. Diese Grenzflächen werden entweder durch die Refraktions- oder durch die Reflexionsmethode beobachtet und da man mit diesen Methoden direkt Tiefe und Neigung dieser Grenzflächen bestimmen kann, hat man so die besten Möglichkeiten für die Erforschung des Untergrundes durch das geophysikalische Schürfen. Die seismischen Methoden haben daher in ihrer Anwendung alle übrigen geophysikalischen Methoden überflügelt, sie stehen jetzt an erster Stelle. Vor allem hat das seismische Reflexionsverfahren beim Ölprospektieren die weiteste Anwendung gefunden.

Die seismischen Methoden der praktischen Lagerstättenforschung wurden 1920 in Deutschland von Mintrop als erstem angewandt. Jetzt sind die Hauptanwendungsgebiete der seismischen Verfahren die Ölgebiete der USA und Südamerikas, in einigem Abstand auch die übrigen Ölgebiete, wie Rußland, Nordwestdeutschland usw.

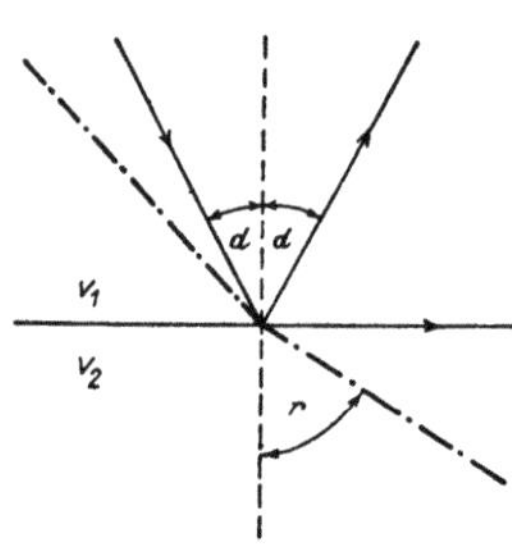

Abb. 138. Reflexion und Refraktion von seismischen Wellen.

a) Das Grundprinzip der seismischen Messungen

Wenn eine Erschütterungswelle an die Grenzfläche zwischen zwei Gesteinsformationen von verschiedener Fortpflanzungsgeschwindigkeit kommt, so verhält sich die Welle ähnlich wie ein einfallender Lichtstrahl (Abb. 138). Ein Teil der Energie wird nach den normalen Reflexionsgesetzen reflektiert, der andere Teil der Energie tritt in die zweite Gesteinsschicht über, wobei jedoch eine Änderung der Fortpflanzungsrichtung eintritt, und zwar gilt folgendes einfache Verhältnis zwischen dem Einfallswinkel d, dem Refraktionswinkel r und den Fortpflanzungsgeschwindigkeiten V_1 und V_2

$$\frac{\sin d}{\sin r} = \frac{V_1}{V_2} .$$

Wenn V_2 größer ist als V_1, ist r größer als d und es gibt dann einen kritischen Einfallswinkel, bei dem $r = 90^0$ wird, d. h. die Refraktionswelle pflanzt sich entlang der Grenzfläche mit der Geschwindigkeit V_2 fort. Für jeden Einfallswinkel, der größer als dieser kritische ist, wird die ganze Energie reflektiert. Das ist allerdings eine sehr vereinfachte Version der wirklichen Verhältnisse, da sich die Erschütterung in mehreren Wellenarten — Longitudinalwellen, Transversalwellen und den sogenannten Rayleighwellen — fortpflanzt. Die Änderungen an der Grenzfläche sind wesentlich komplizierter, da jede Wellenart für sich an der Grenze neue reflektierte und Refraktionswellen erzeugt.

Wie schon hervorgehoben, gibt es zwei Hauptverfahren beim seismischen Schürfen, nämlich das *Refraktions*verfahren und das *Reflexions*verfahren. Das Refraktionsverfahren ist das ältere von den beiden, es wird auch jetzt noch neben der Reflexionsmethode angewendet, und zwar hauptsächlich für Rekognoszierungsmessungen, um Gebiete höherer Fortpflanzungsgeschwindigkeit zu finden, oder um die Fortpflanzungsgeschwindigkeit in verschiedenen Schichten festzustellen. Die Reflexionsmethode wird hauptsächlich für Detailuntersuchungen an einzelnen Strukturen, für die Feststellung der Tiefe und Neigung der einzelnen reflektierenden Schichten verwendet. Die Instrumente sind heute so verfeinert, daß unter günstigen Umständen mit den modernsten Geräten über 5000 m Tiefe erreicht werden.

b) Die Refraktionsmethode

Bei der Refraktionsmethode haben sich in der Anwendung einzelne besondere Verfahren herausgebildet, und zwar das Verfahren der Zeit- und Geschwindigkeitskurve oder Profilschießen, das Fächerschießen und das Bogenschießen.

α) Die Zeitgeschwindigkeitskurve

Bei diesem Verfahren werden mehrere Seismographen S_1, S_2, S_3 auf einem Profil ausgelegt, das durch den Explosionspunkt O hindurchgeht. Es wird der Zeitpunkt des Eintreffens der ersten Erschütterungswellen an jedem Instrument beobachtet und die Zeiten als Ordinaten, die Abstände vom Explosionspunkt als Abzissen in einem Diagramm eingetragen. Die so erhaltenen Punkte werden miteinander verbunden. Abb. 139 soll die Verhältnisse illustrieren. Die Fläche MN ist die Grenzfläche einer Schicht von der Tiefe T_1 und der Fortpflanzungsgeschwindigkeit V_1. Darunter liegt eine Schicht mit der Fortpflanzungsgeschwindigkeit V_2, die größer ist als V_1. Beim ersten Seismographen S_1 können die Erschütterungswellen entweder auf dem direkten Wege OS_1 mit der Fortpflanzungsgeschwindigkeit V_1, oder auf dem indirekten Wege über die Linie O nach P, dann entlang

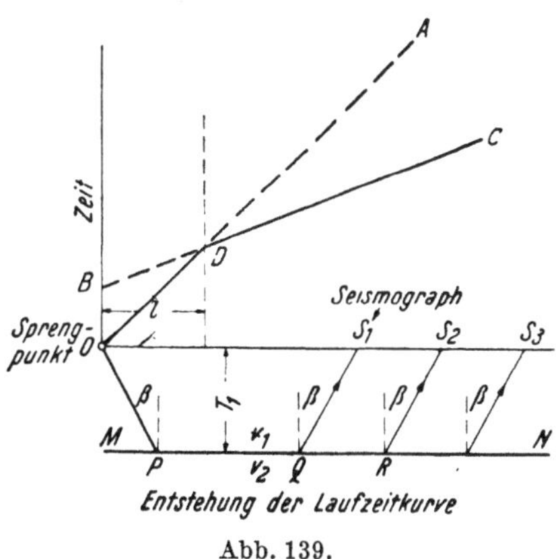

Entstehung der Laufzeitkurve

Abb. 139.

der Grenzfläche MN von P bis Q mit der größeren Geschwindigkeit V_2 weiterlaufen, wenn sie unter dem kritischen Einfallswinkel auftreffen. Entlang der Grenzfläche wird aber immer ein Teil der Energie wieder in die obere Schicht zurücktreten und so bei Q wieder unter dem kritischen Einfallswinkel zu dem Seismographen S_1 kommen; ähnliches gilt für die Seismographen S_2, S_3 usw. Für die direkten Erschütterungswellen OS_1, OS_2, die mit der Geschwindigkeit V_1 in der oberen Schicht laufen, wird die Zeitgeschwindigkeitskurve eine gerade

Linie sein, und zwar eine mit ziemlich großem Neigungswinkel, weil bei der langsamen Fortpflanzungsgeschwindigkeit in der oberen Schicht längere Zeit vergeht, bis die einzelnen Erschütterungswellen die Seismographen in den zunehmenden Abständen vom Explosionspunkt erreichen. Bei den Refraktionswellen haben wir anfangs eine Verzögerung gegenüber den direkten Wellen, weil die Welle zuerst vom Explosionspunkt mit der Geschwindigkeit V_1 durch die Gesteinsschicht *1* mit der Tiefe T_1 bis zur Grenzfläche hinab und dann wieder von ihr zum Seismographen hinauflaufen muß, daher wird bei kurzen Distanzen vom Explosionspunkt beim ersten Seismographen zuerst die direkte Welle ankommen, aber bei größeren Abständen wird die Verzögerung mehr als wettgemacht, weil die Strecke an der Grenzfläche mit der größeren Geschwindigkeit V_2 durchlaufen wird, und hier trifft die gebrochene Welle nun zuerst ein. Verbindet man nun in größeren Distanzen die beobachteten Zeitpunkte wieder miteinander, so geben die Punkte wieder eine gerade Linie, deren Neigung gegeben ist durch die Geschwindigkeit V_2. Diese gerade Linie geht aber nicht durch den O-Punkt, sondern schneidet sich mit der Linie OA in einem Punkt D, und zwar ist dieser Punkt gegeben durch den Zeitpunkt, wo die direkte und die gebrochene Welle am Beobachtungspunkt gleichzeitig eintreffen, d. h. wo die Verzögerung bei der gebrochenen Erschütterungswelle gerade aufgehoben wird durch die Länge des Weges mit der höheren Fortpflanzungsgeschwindigkeit. Wenn die Tiefe der oberen Schicht mit der Geschwindigkeit V_1 nur gering ist, wird die Verzögerung, die die gebrochene Welle in der oberen Schicht auf dem Wege OP und QS erleidet, nur gering sein und auch nur eine kurze Strecke von höherer Geschwindigkeit notwendig sein, um diese Verzögerung aufzuheben. In diesem Falle wird der Schnittpunkt der Linien OA und BC nahe am Punkt O liegen. Umgekehrt wird bei größeren Tiefen die Verzögerung in der Schicht T_1 größer, sie erfordert einen längeren Weg entlang der Grenzfläche mit der größeren Geschwindigkeit V_2 und der Schnittpunkt wird daher in größerer Entfernung von O liegen, d. h. die Tiefe T_1 zur zweiten Schicht kann aus der Entfernung l des Schnittpunktes von O berechnet werden, und zwar gilt die Gleichung:

$$T_1 = \frac{l}{2}\,\frac{V_2 - V_1}{V_2 + V_1}.$$

Ähnliche Verhältnisse gelten auch für tieferliegende Grenzflächen unter der zweiten Schicht. Voraussetzung ist, daß die Fortpflanzungsgeschwindigkeit in der tieferliegenden Schicht immer größer ist als in der darüberliegenden. Es ergeben sich dann in der Zeitgeschwindigkeitskurve eine Reihe von gradlinigen Strecken, bei denen die Neigungen die verschiedenen Fortpflanzungsgeschwindigkeiten angeben und der jeweilige Schnittpunkt die Tiefen der betreffenden Grenzflächen. Sind die Grenzflächen der einzelnen Gesteinsschichten nicht genau horizontal, sondern aufwärts geneigt, so sind die Wege für die von der Grenzfläche in die obere Schicht zurücktretende Welle kürzer als für die entsprechende horizontale Grenzfläche und die scheinbare Geschwindigkeit der Zeitgeschwindigkeitskurve ist größer als V_2. Vertauscht man Explosionspunkt und Seismographenstation miteinander, so daß dann an einer abwärts geneigten Grenzfläche beobachtet wird, so ist die scheinbare Geschwindigkeit in der Zeitgeschwindigkeitskurve kleiner als V_2 und dieses Gegenschießen gibt eine Möglichkeit, die Neigung der Grenzfläche zu bestimmen.

Die Methode der Zeitgeschwindigkeitskurve war die beim seismischen Schürfen zuerst angewandte, sie hatte bereits eine große Anzahl von Erfolgen hauptsächlich bei der Entdeckung von Salzdomen an der Golfküste, im nordwestdeutschen Erdölgebiet und in manchen anderen Ölgebieten.

β) Fächerschießen und Laufzeitpläne für bestimmte Entfernungen

Später entwickelte sich das zweite Verfahren, das sogenannte Fächerschießen. Bei diesem Verfahren wird eine Reihe von Seismographen auf einem Kreisbogen mit dem Explosionspunkt als Mittelpunkt ausgelegt. Ist der Untergrund überall gleichförmig, so werden alle Instrumente die erste Einsatzzeit gleichzeitig erhalten. Passiert jedoch eine solche Fortpflanzungswelle ein Gebiet mit größerer Geschwindigkeit, so wird diese Welle den dort aufgestellten Seismographen früher erreichen als die anderen und dies kann beim Vergleich der einzelnen Punkte sofort festgestellt werden. Im allgemeinen ist es jedoch nicht gut möglich, alle Instrumente in derselben Entfernung vom Explosionspunkt aufzustellen. Daher wird das Verfahren etwas geändert. Es wird eine Anzahl von Seismographen auf einer geraden Linie angelegt, die im ungestörten Untergrund verläuft und daher eine gerade Zeitgeschwindigkeitslinie ergibt. Werden nun von demselben Explosionspunkt fächerartig verschiedene Linien ausgelegt, so wird bei der Linie, die über ein Gebiet mit hoher Fortpflanzungsgeschwindigkeit hinläuft, die Zeitgeschwindigkeitskurve von der anderen abweichen und die Punkte unter die Normalkurve fallen. Die Gebiete mit herausfallenden Punkten werden nun mit Fächerlinien von verschiedenen Explosionspunkten aus überdeckt und dadurch werden die Gebiete mit höheren Fortpflanzungsgeschwindigkeiten abgegrenzt. Auch diese Methode hat eine größere Anzahl von guten Erfolgen aufzuweisen.

Im weiteren Verfolg dieses Systems werden Laufzeitpläne konstruiert, wobei der Abstand zwischen Explosionspunkt und Aufnahmestation konstant ist. Es werden z. B. Laufzeitpläne für 4 km Abstand gezeichnet, wobei die Laufzeiten für diese Strecke aufgetragen werden und Punkte gleicher Laufzeit miteinander verbunden werden. Diese Methode der Laufzeitpläne hat sich vor allem bei den Rekognoszierungsmessungen als sehr geeignet erwiesen, da auf diese Weise Salzstrukturen und domartige Aufwölbungen des Untergrundes deutlich erfaßt wurden. Das große hannoverisch-hamburgische Becken mit seinen ölhöffigen Strukturen wurde für die geophysikalische Reichsaufnahme systematisch mit solchen Laufzeitplänen abgetastet, wobei eine große Reihe von neuen Strukturen erfaßt wurde. Die Methode eignet sich hauptsächlich für die rasche Übermessung großer Gebiete und die Erfassung größerer Strukturen. Besonders wertvoll erwiesen sich diese Messungen auch bei den Untersuchungen von Senkungsgebieten, wie z. B. des Troges von Gifhorn.

Ein Ausschnitt aus der Karte der Laufzeiten für 4 km Abstand zwischen Schußpunkt und Aufnahmepunkt der geophysikalischen Reichsaufnahme ist hier als Beispiel für die Ergebnisse nach diesem Verfahren in Abb. 140 beigegeben. Die domartigen Aufwölbungen kommen in den verkürzten Laufzeiten gut zum Ausdruck.

γ) Apparatur für Refraktionsmessungen

Die Beobachtung der Erschütterungswellen erfolgt mit Seismographen, die auf der Erdoberfläche aufgestellt sind. Sie sind im wesentlichen Gewichte oder Pendel, bei denen eine träge Masse so leicht federnd aufgehängt ist, daß sie in Ruhe zu bleiben sucht, während der Aufhängungsrahmen die Erschütterung des Untergrundes mitmacht, wodurch eine scharfe Bewegung zwischen der trägen Masse und dem Instrumentenrahmen eintritt. Diese durch die Erschütterung hervorgerufene Bewegung zwischen Masse und Rahmen wird entweder mechanisch oder elektrisch verstärkt und auf einem bewegten Film aufgeschrieben. An den

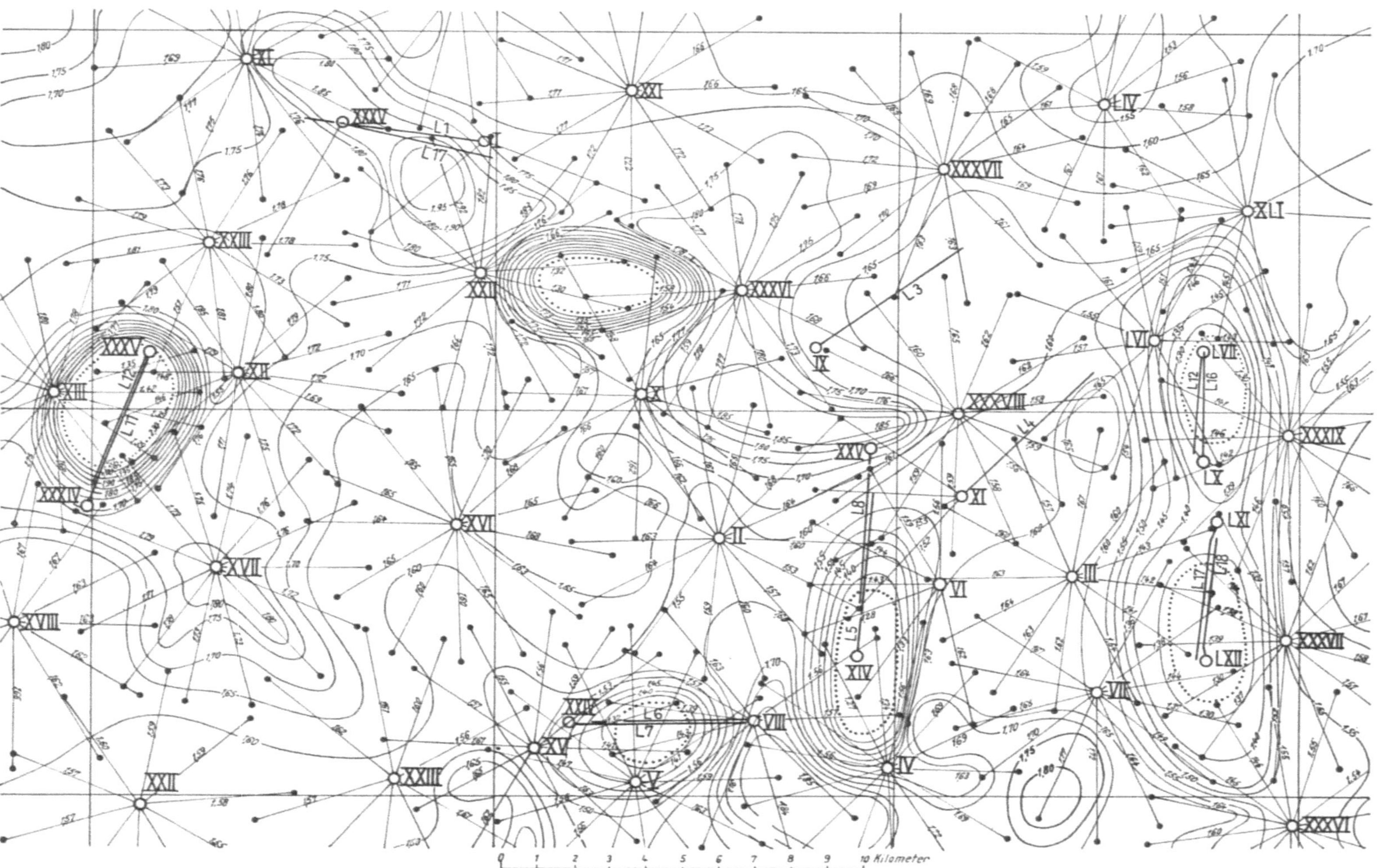

Abb. 140. Laufzeitpläne für 4 km Entfernung im hannoverschen Becken.

älteren Seismographen war die mechanische Vergrößerung dieser Bewegung durch Hebel und Spiegelsysteme gegeben, während jetzt hauptsächlich Seismographen mit elektrischer Verstärkung gebaut werden. Da die Fortpflanzungsgeschwindigkeiten beobachtet werden, ist es notwendig, gleichzeitig den Zeitpunkt der Explosion und eine Zeitskala zusammen mit der Pendelbewegung auf dem Film aufzuzeichnen. Um den Zeitpunkt der Explosion genau zu erfassen, wird die Explosion durch eine elektrische Zündmaschine hervorgerufen, wobei der Zünddraht gleichzeitig über die seismische Beobachtungsstation läuft. Wird nun der Kreis durch die Explosion gestört und unterbrochen, so kann dieser Moment auf dem Film durch den Abriß in der Strommarke dargestellt werden. Die Zeitmarken werden durch Stimmgabeln oder durch elektrische Schwingungen bezeichnet.

Bei den Refraktionsverfahren bezieht sich die Beobachtung auf die ersten Einsätze der auf direktem oder gebrochenem Wege eintreffenden Longitudinalwellen. Für diese Methoden werden im allgemeinen Seismographen mit mechanisch-optischer Vergrößerung verwendet, wie sie Mintrop verwendete. Zu einer solchen Ausrüstung gehört der Seismograph, der Lichtschreiber und ein Gerät zur Aufnahme des Zeitpunktes der Explosion.

Die Sprengung wird wegen der besseren Energieübertragung fast immer unter dem Grundwasserspiegel vorgenommen, wobei möglichst hochbrisante

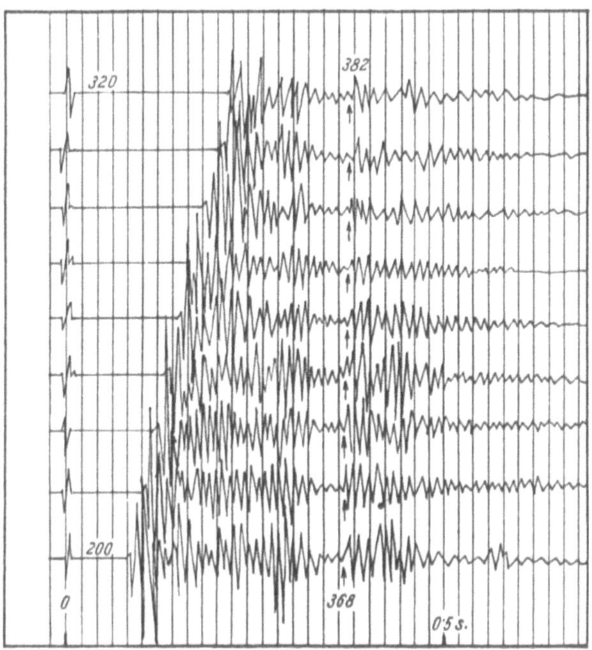

Abb. 141. Seismogramm.

Sprengstoffe und elektrische Unterwasserzünder verwendet werden. Bei den Refraktionsverfahren werden wegen der größeren Entfernung zwischen Explosion und Aufnahmestation größere Sprengstoffmengen (von 1 bis 100 kg) benötigt. Der Zeitpunkt des Schusses wird durch das Unterbrechen der Sprengleitung übertragen, die von der Zündmaschine entweder über einen kleinen Radiosender oder mit Kabel zur Registrierstation führt. In einem Fall erfolgt die Feststellung des Schußmomentes direkt auf den Oszillographen, im anderen Fall wird der Sender durch die Unterbrechung des Stromes zu Schwingungen angeregt, die radiotelegraphisch auf den Empfänger übertragen werden, der sich bei der Aufnahmestation befindet.

Gegenüber den ursprünglichen Seismographen sind die neueren dadurch verbessert, daß sie mit Öl- oder anderer Dämpfung ausgerüstet sind, wodurch erreicht wird, daß die sehr starken Einsätze, die von den Oberflächenwellen stammen, abgedämpft werden und dadurch die später erfolgten Einsätze aus den gebrochenen Wellen besser verfolgt werden können. Die Aufschreibung der Seismographen erfolgt auf einem Film, der kurz vor der Explosion in konstant, aber rasch ablaufende Bewegung gesetzt wird. Von diesem Film werden durch einen Lichtschreiber gleichzeitig

1. der Zeitpunkt des Schußmomentes,
2. eine Zeitmarke in bestimmten Zeitabständen (z. B. einhundertstel Sekunde),
3. die seismischen Erschütterungen

aufgezeichnet. Die Zeitmarke wird entweder durch eine Stimmgabel oder radiotelegraphisch übertragen. Die Ablaufgeschwindigkeit des Registrierfilms wird so geregelt, daß Ablesungen auf tausendstel Sekunden genau noch möglich sind. Die Abb. 141 zeigt ein solches Seismogramm, auf dem alle erforderlichen Daten verzeichnet sind. Die Berechnung des Zeitpunktes des ersten Einsatzes geschieht gegenüber dem durch den Schußmoment gegebenen 0-Punkt. Da auch beim Refraktionsverfahren verschiedene Aufnahmestationen gleichzeitig für eine Aufnahme verwendet werden, ist es wichtig, die Registriergeschwindigkeiten miteinander richtig zu korrelieren. Das erfolgt durch ein vom Sender gegebenes Zeitzeichen, das die einzelnen Aufnahmestationen mit erfaßt.

δ) *Ergebnisse von seismischen Refraktionsmessungen*

Die Refraktionsverfahren haben heute nicht mehr dieselbe ausschließliche Bedeutung für das seismische Verfahren wie ursprünglich. Sie werden durch das Reflexionsverfahren vielfach in den Hintergrund gedrängt, behalten aber doch für eine ganze Anzahl von Fällen ihr besonderes Anwendungsgebiet. Die Refraktionsmethode, besonders das Verfahren des Laufzeitplanes und das Fächerschießen, ist verantwortlich für die Entdeckung von über 40 Salzdomen an der texanischen Golfküste, und diesem Verfahren ist es zu verdanken, daß nach dem Jahre 1925 die Ölindustrie an der Golfküste wieder einen entscheidenden Aufschwung nahm. Auch in Deutschland sind eine Reihe von Ölstrukturen mit dem Refraktionsverfahren gefunden worden. Die Refraktionsmethode hat aber eine Reihe von Nachteilen, die vor allem auf den notwendigen großen Abstand zwischen Schußpunkt und Aufnahmepunkt zurückzuführen sind. Man erhält aus diesem Grunde nur Durchschnittswerte, nicht die Details der Struktur. Außerdem funktioniert die Methode vor allem dann, wenn die Strukturen größere horizontale Ausdehnung besitzen. Für die Untersuchung von kleineren Strukturen oder bei steil einfallenden Schichten ist das Verfahren weniger geeignet. Wegen des großen Abstandes zwischen Schußpunkt und Aufnahmepunkt ist die Feldarbeit auch zeitraubender als bei der Reflexionsmethode.

Die Refraktionsmethode hat aber den Vorteil, daß sie nicht allein über die Tiefen, sondern auch über die Eigenschaften der Schichten etwas aussagt, da sie mit der Fortpflanzungsgeschwindigkeit bestimmte Schichteneigenschaften wiedergibt. In diesem Punkt ist sie der Reflexionsmethode entschieden überlegen.

c) Das Reflexionsverfahren

α) *Prinzip*

Beim Reflexionsverfahren beobachtet man die Reflexionen der kurzperiodigen Transversalwellen an Aufnahmestationen, die verhältnismäßig nahe am Schußpunkt aufgestellt sind. Die Fortpflanzung der Erschütterung erfolgt zwar allseitig in Raumwellen, doch begnügt man sich bei der Auswertung meist mit zweidimensionaler Darstellung, wobei die von den Wellen im Untergrund durchlaufenen Wege der Einfachheit halber durch Wellenstrahlen oder Stoßstrahlen dargestellt werden. In letzter Zeit hat man sich mehr der Darstellung von Wellenfronten zugewandt, die den komplizierten Verhältnissen besser gerecht werden.

Für die seismische Reflexion besteht wie in der Optik das einfache Gesetz, daß Einfallwinkel und Reflexionswinkel einander gleich sind. Sind die Seismographen in der Nähe des Schußpunktes aufgestellt, so werden die reflektierten Wellen unter einem sehr steilen Winkel wieder die Erdoberfläche erreichen und daher wird die Pendelmasse bei der Bewegung nahezu nur in vertikaler Richtung auf- und abbewegt. Wenn man daher nur die Vertikalkomponente der Erschütterungswellen aufnimmt, macht man keinen großen Fehler. Es ist aber klar, daß die reflektierten Wellen an der Beobachtungsstation bei dem langen durchlaufenen Weg nicht die ersten Einsätze sein können und sie werden den Seismographen erst erreichen, nachdem die Oberflächenwellen ihn schon erreicht haben. Natürlich ist die Energie einer reflektierten Welle verhältnismäßig gering, wenn man sie mit der Energie der direkten Explosionswelle vergleicht, die nur einen kurzen Abstand bis zu dem Seismographen zu durchlaufen hat. Dazu kommt noch, daß die Oberflächenwellen in ihrer Energie nur proportional dem Abstand abnehmen, während die Energie der Reflexionswellen annähernd mit dem Quadrat des Abstandes sinkt. Jedoch wurde festgestellt, daß einzelne Wellenlängen ihre Energie rascher verlieren als andere, und zwar sind 40 bis 60 Perioden für die Reflexionswellen besonders begünstigt, während bei den Oberflächenwellen 20 bis 30 Perioden vorherrschen. Diesen Umstand hat man bei der Konstruktion der elektrischen Seismographen berücksichtigt, indem man die im Seismographen in elektrische Ströme umgewandelten Erschütterungen durch ein elektrisches Filter laufen läßt, das die Eigenschaft hat, niedere Frequenzen zu unterdrücken und dafür die höheren Frequenzen zu bevorzugen. Das erhaltene Bild stellt daher nicht die wirklichen Verhältnisse zwischen den einzelnen Erschütterungswellen im Untergrund dar, sondern begünstigt ausgesprochen die Reflexionswellen mit ihren hohen Frequenzen gegenüber den Oberflächenwellen und der Bodenunruhe mit den niederen Frequenzen. Die einzelnen Beobachtungsstationen sind entlang einer Profillinie aufgestellt, die durch den Schußpunkt geht. Die einzelnen Seismographen oder Geophone, wie man die elektrischen Seismographen nennt, übertragen ihre Erschütterungsimpulse zu einer zentralen Registrierstation, wobei mehrere Geophone zusammen auf einem Film registrieren. Es sind, je nach der Anzahl der Seismographen, die im allgemeinen zwischen 6 und 24 schwankt, auch 6 bis 24 Seismogramme gleichzeitig auf einem Filmstreifen registriert. Dies bietet den großen Vorteil, die Einsätze der einzelnen Seismographen miteinander gut vergleichen zu können. Bei Reflexionswellen, die aus der Tiefe kommen, werden die Einsätze bei allen Instrumenten ungefähr gleichzeitig erfolgen, weil die Weglänge vom Erschütterungspunkt zur reflektierenden Schichtgrenze und zur Aufnahmestation ungefähr gleich sein wird. Die reflektierten Wellen werden daher auf allen Seismogrammen ungefähr gleichzeitig zum Einsatz kommen. Bei Oberflächenwellen oder gebrochenen Wellen ist jedoch der Abstand von der Schußstation zu den einzelnen

Seismographen verschieden und der Einsatz wird daher nicht gleichzeitig erfolgen, sondern in einer Aufeinanderfolge, wobei bei der entferntesten Station der späteste Einsatz erfolgen wird. Abb. 142 soll die Einsätze auf einem Registrierstreifen mit sechs Seismogrammen zeigen, wobei der Einsatz entlang der Linie AB auf eine Reflexionswelle, die Einsätze entlang der Linie CD auf eine Oberflächen- oder Refraktionswelle zurückzuführen sind.

Um die Tiefe zu den reflektierenden Flächen berechnen zu können, muß die Fortpflanzungsgeschwindigkeit in der Schicht zwischen Explosionspunkt und reflektierender Schicht bekannt sein. Für angenäherte Berechnungen kann man die Daten benutzen, wie sie aus ähnlichen Schichten bekannt sind, oder man benutzt die Geschwindigkeit, die durch Beobachtung bei Explosionen in einem Bohrloch in der betreffenden Schicht gemessen wurde, oder man bestimmt die Fortpflanzungsgeschwindigkeit aus einer Laufzeitkurve.

Ist in Abb. 143 $2x$ der Abstand zwischen Schußpunkt und Geophon

d die Tiefe der Reflexionsfläche AB und

v die bestimmte Fortpflanzungsgeschwindigkeit, so kann die Tiefe bestimmt werden aus der Formel

$$d^2 = \frac{v^2 \cdot t^2}{4} - x^2.$$

Dabei ist t der Zeitpunkt des Einsatzes der reflektierten Wellen. Wegen der geringen Entfernung zwischen Schußpunkt und Aufnahmepunkt ist x oft sehr klein gegenüber d und dann kann man anstatt obiger Formel ungefähr als Näherung gelten lassen

$$d = \frac{v \cdot t}{2}.$$

Ist die Linie des Einsatzes der Reflexionswellen AB in Abb. 142 nicht vertikal, sondern etwas geneigt, so ist das darauf zurückzuführen, daß die reflektierende Fläche nicht horizontal, sondern geneigt ist. Die Neigung dieser Einsatzver-

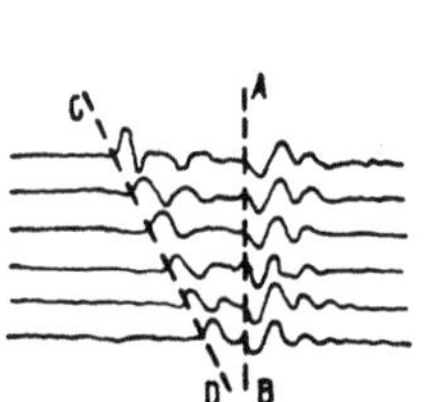

Abb. 142. Seismogramm mit Reflexionen (A bis B) u. Oberflächenwellen oder Refraktionen (C bis D).

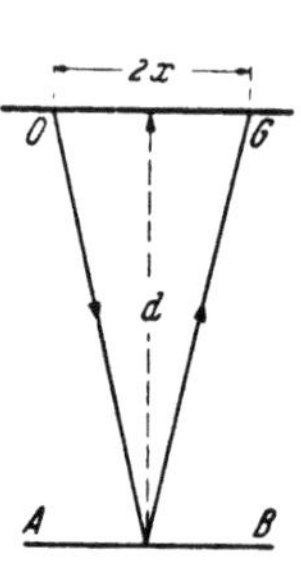

Abb. 143. Reflexion an horizontaler Fläche.

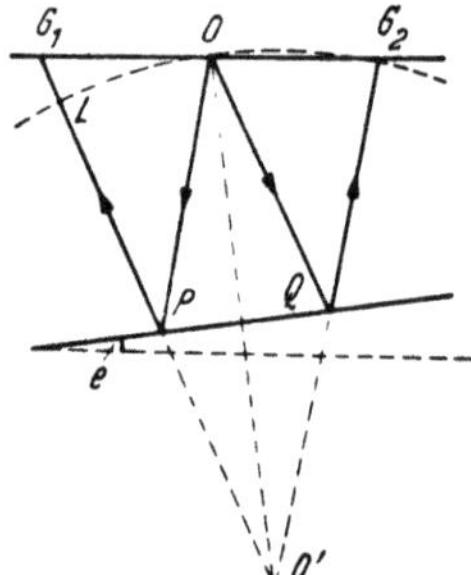

Abb. 144. Reflexion an geneigter Fläche.

bindungslinie kann benutzt werden, um das Einfallen der reflektierenden Schicht zu bestimmen. Würde man eine einzige gerade reflektierende Fläche von großer Ausdehnung haben, so würde die Verbindung der einzelnen reflektierenden Punkte für die einzelnen Beobachtungsstationen den reflektierenden Horizont ergeben. In Wirklichkeit sind aber häufig eine große Anzahl von reflektierenden Flächen vorhanden, wobei die einzelnen reflektierenden Horizonte wegen petrographischer Änderungen entlang des Horizontes früher oder später aussetzen. In solchen Fällen wird die Deutung der seismischen Resultate wesentlich schwieriger, weil die Verbindung der einzelnen reflektierenden Elemente zu einem

Horizont nicht einwandfrei ist. Hier hilft die seismische Neigungsbestimmung der reflektierenden Fläche. Die Neigungsbestimmung geschieht auf folgende Weise:

Denken wir uns die beiden Seismographen symmetrisch im gleichen Abstand zu beiden Seiten des Schußpunktes aufgestellt, so wird im Falle einer horizontalen Reflexionsfläche wegen des gleichen Weges der Einsatz von beiden Geophonen im selben Augenblick erfolgen.

Ist jedoch die reflektierende Fläche geneigt, wie z. B. Abb. 144 zeigt, so ist der Weg von der reflektierenden Fläche zum Seismographen G_1 um die Strecke G_1 bis L länger und diese Strecke gibt, wie Abb. 144 zeigt, das Verhältnis zum Neigungswinkel

$$e = \frac{d}{x} \cdot \frac{dt}{t} \, ,$$

wobei dt gleichbedeutend ist mit der Zeitdifferenz bei dem Einsatz zwischen Geophon I und II. Freilich ist diese Zeitdifferenz ziemlich klein und daher ist auch die Neigungsbestimmung im allgemeinen nicht sehr genau. Benutzt man die errechnete Neigung der reflektierenden Elemente, so hilft dies ganz wesentlich bei der Verbindung der einzelnen Reflexionselemente zu den zusammengehörigen Horizonten. Die Neigungsbestimmung ist daher ein sehr wesentlicher Teil der Reflexionsmessungen.

In Wirklichkeit sind die Verhältnisse meist wesentlich komplizierter als die hier gewählte vereinfachte Darstellung.

Vor allem die Überlagerung der einzelnen Reflexionen und die wirkliche Ausbreitung der Explosionen in Wellenfronten erfolgt nach komplizierteren Berechnungen als hier dargestellt. Erwähnt werden soll aber noch, daß vor allem noch Oberflächeneinflüsse eine Rolle spielen, da in gebirgigem Gelände Terrainhöhen vom Schuß- und Aufnahmepunkt in Berücksichtigung zu ziehen sind. Vor allem haben auch die verwitterten oberflächennahen Schichten mit ihrer geringen Fortpflanzungsgeschwindigkeit oberhalb des Grundwasserspiegels einen Einfluß auf die Ankunftszeit bei den einzelnen Geophonen.

β) Die Reflexionsapparatur

Es ist besonders eifrig daran gearbeitet worden, die Technik der reflexionsseismischen Messungen zu verfeinern und die Organisation einer solchen Messung möglichst effektiv zu gestalten. Die Registrierstation ist nun fast immer in einem eigenen Registrierauto untergebracht, das folgende Elemente enthält (Abb. 145):

Die Meßschleifen, möglichst trägheitslose Spiegelgalvanometer, die die ankommenden elektrischen Impulse auf den Registrierstreifen übertragen. Die Aufzeichnung des Impulses erfolgt durch Schwärzung auf dem Film. Je nach Anzahl der Seismographen sind 6 bis 24 solcher Meßschleifen nebeneinander aufgestellt, die ihre Seismogramme nebeneinander auf den etwa 12 bis 20 cm breiten Registrierstreifen übertragen. Da die ankommenden elektrischen Impulse zu schwach sind, um die Meßschleifen zu einem wirksamen Ausschlag zu bringen, sind elektrische Verstärker vorgeschaltet, die die ankommenden elektrischen Impulse entsprechend verstärken. Gleichzeitig werden diese Verstärker benutzt, um die niederen Frequenzen der Oberflächenwellen (ungefähr 30 Schwingungen) möglichst zu unterdrücken und die höheren Frequenzen der Reflexionswellen (40 bis 80 Schwingungen) stärker zum Ausdruck zu bringen. Auch sind die Verstärker so eingeregelt, daß die ersten sehr starken Wellen stärker unterdrückt werden, während die später ankommenden voll zum Ausdruck kommen. Es entsteht so ein besser ausgeglichenes Seismogramm, in dem sowohl frühe wie späte Reflexionen gut erkannt werden können. Außerdem sind, ähnlich wie bei der Refraktionsseismik, noch die Einrichtung für die Übertragung des Schußzeitpunktes und die Zeitmarke erforderlich. Man ist in den letzten Jahren zu einer

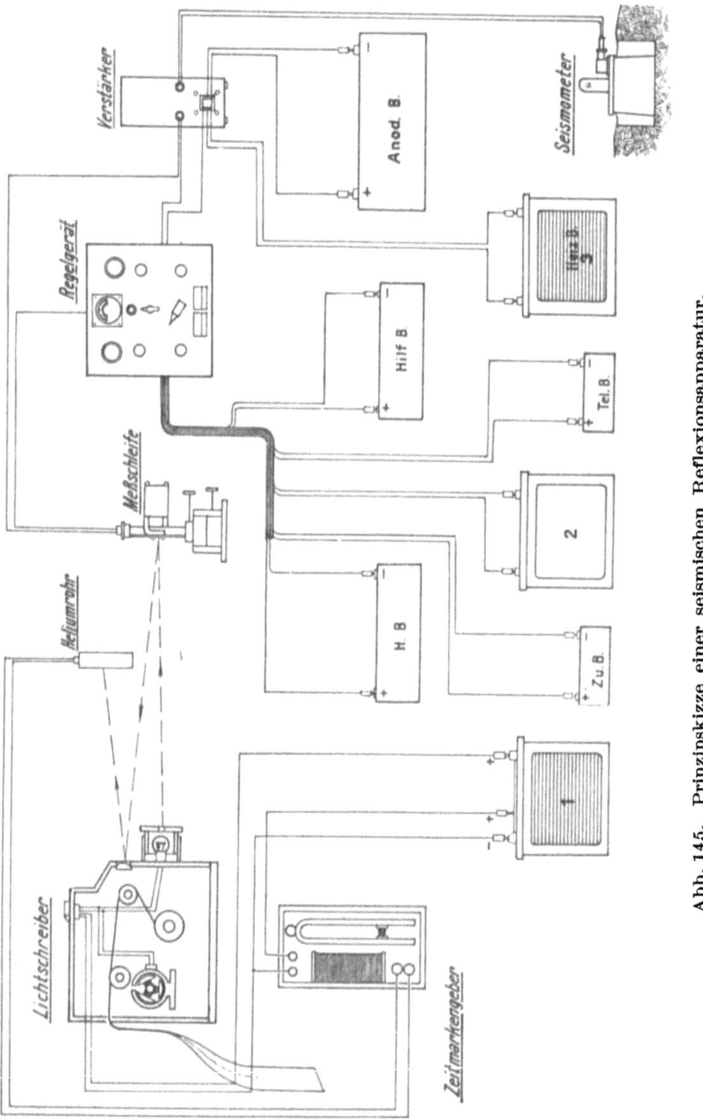

Abb. 145. Prinzipskizze einer seismischen Reflexionsapparatur.

so hohen Anzahl von Seismographen für eine Registrierung übergegangen, um möglichst viel Einzelbeobachtungen mit kleinem Stationsabstand bei entsprechendem Arbeitsfortschritt zu erhalten. Die Schußpunktabstände sind bei Detailbeobachtungen meist kleiner als 1 km.

Die Auslösung des Schusses erfolgt durch elektrische Zündung, nachdem über eine gelegte Feldtelephonleitung Verständigung zwischen Schießmeister und Seismiker darüber erzielt ist, daß die Apparatur fertig zum Einsatz und der

Schuß fertig für die Explosion ist. Da die Schüsse für die seismischen Messungen wegen der besseren Energieübertragung meistens in Bohrlöchern unter dem Grundwasserspiegel gezündet werden und da bei effektiver Organisation mehrere Registrierungen an einem Tage erfolgen können, ist die vom Bohrtrupp verlangte Bohrleistung ziemlich hoch, auch wenn die Bohrungen bei den geringen Tiefen (bis 10 bis 20 m Tiefe) meist recht einfach sind und rasch gehen. Zur Erhöhung der Arbeitsgeschwindigkeit werden aber bei einem modernen Reflexionstrupp gern auch Reihenbohrgeräte eingesetzt, die einen auf dem Auto montierten Bohrturm enthalten und so eine wesentlich raschere Niederbringung der Bohrungen gestatten.

γ) *Ergebnisse von seismischen Reflexionsmessungen*

Besonders mit der Einführung der Reflexionsseismik nahm das geophysikalische Schürfen vor allem auf Öl einen ungeheuren Aufschwung und man kann ruhig sagen, daß die größte Anzahl von neu entdeckten Ölstrukturen in den letzten fünfzehn Jahren auf die Reflexionsmethode zurückzuführen ist. Die Statistik zeigt, daß allein in den USA heute über 500 seismische Reflexionsfeldtrupps tätig sind. Ein sehr wesentlicher Anteil des jetzt produzierten Erdöls kommt von Erdölfeldern, die mit Hilfe der Seismik entdeckt worden sind. Dabei ist zu beachten, daß die Reflexionsmethode sich hauptsächlich auch für die Detailuntersuchungen an einzelnen Strukturen eignet, weil sie eine große Reihe von einzelnen reflektierenden Elementen erfaßt und so ein recht komplettes geologisches Bild der Struktur gibt und dabei auch recht große Tiefenwirkung hat. Durch die Verbesserung der Geophone und der elektrischen Verstärker mit ihren Filtern ist es gelungen, Reflexionen aus immer größeren Tiefen zu erhalten, so daß jetzt unter günstigen Umständen Tiefen von über 5000 m mit der Reflexionsmethode erreicht werden können. Durch die Einführung der seismischen Methoden hat sich das Verhältnis von produktiven Bohrungen zu insgesamt angesetzten Untersuchungsbohrungen in den letzten Jahrzehnten wesentlich verbessert, obwohl von Natur aus die Bedingungen für die Neuentdeckungen von Ölstrukturen ungünstiger geworden sind, da ja leicht entdeckbare Strukturen bereits früher entdeckt und abgebohrt worden sind. Die fortgesetzte Verfeinerung der Reflexionsmethoden hat auch dazu geführt, bereits früher vermessene Gebiete von neuem zu übermessen, weil sich z. B. in Texas und Louisiana herausgestellt hat, daß sich zwischen den hochheraufragenden Salzdomen tiefliegende Strukturen befinden, die nur eine geringe Aufwölbung der darüberliegenden Schichten verursacht haben. Gerade diese Tiefstrukturen haben sich aber bei den Bohrungen in den letzten Jahren als besonders ölreich erwiesen. Auch in Deutschland, Österreich und in anderen europäischen Ländern ist daher der Einsatz moderner seismischer Reflexionsgeräte für die Auffindung weiterer Ölquellen von großer Bedeutung.

Auch in Steinkohlengebieten kann die Reflexionsseismik mit Vorteil zur Erfassung der Detailtektonik, z. B. einzelner Verwerfungen, Ermittlung der Sprunghöhe, mit herangezogen werden, obwohl in den Kohlengebieten die durch deutliche Reflexionen ausgezeichneten Schichten, wie Kalksteine, Dolomite, Steinsalz und Anhydrit oft fehlen; die einzelnen reflektierenden Horizonte sind auch nicht so deutlich ausgebildet. Die Erfahrung hat dabei gelehrt, die Abstände zwischen den Beobachtungsstationen möglichst eng zu halten, um eine sichere Deutung der Ergebnisse zu ermöglichen, weil nicht auf jedem Beobachtungspunkt eindeutige Reflexionen auftreten. Besonders in Verwerfungs- und Zerrüttungszonen bleiben Reflexionen aus, weil dort richtig ausgebildete reflektierende Flächen fehlen. Aber auch in ungestörten Gebieten sind die reflektierenden Horizonte nicht immer gleichmäßig ausgebildet, so daß die seismischen Leithorizonte öfter wechseln oder auch ausbleiben.

Abb. 146 zeigt die Ergebnisse einer seismischen Reflexionsmessung an einem norddeutschen Salzdom mit den eingetragenen reflektierenden Elementen und Horizonten und gleichzeitig die geologische Deutung, wie sie sich aus den Bohrresultaten ergab. Man sieht das zuerst flache und dann steile Ansteigen der

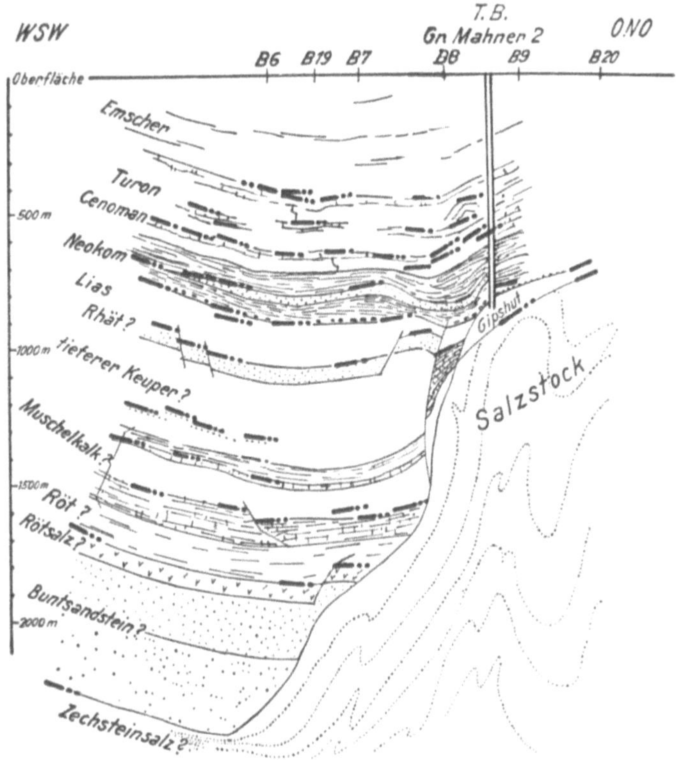

Abb. 146. Reflexionsseismisches Profil über einer Salzstockflanke (nach TRAPPE).

seismischen Leitschichten an der Struktur, die steilen Flanken, das Ausbleiben der Reflexionen an den Störungszonen und im ungeschichteten Salz, das fast immer durch Fehlen von Reflexionen charakterisiert ist.

Das Erkennen und Deuten seismischer Reflexionen hat sich zu einer Spezialwissenschaft entwickelt, wobei einzelne große Ölfirmen ihre Messungen in schwierigen Fällen nicht nur einmal, sondern mehrfach deuten lassen, um auch das Letzte aus den Messungen herauszuholen. Die Spezialisierung beginnt nun allmählich soweit zu gehen, daß ein einzelner Geophysiker sich nicht nur auf ein Verfahren spezialisiert, sondern auch noch zwischen Feldmessung und Interpretationstechnik getrennt wird. In den USA haben die großen Ölfirmen eigene geophysikalische Abteilungen, daneben gibt es aber eine große Anzahl von selbständigen geophysikalischen Firmen, die für verschiedene Auftraggeber arbeiten. In Europa ist die Bergbauindustrie und vor allem die Ölindustrie häufig nicht in der Lage, sich in entsprechendem Maße an größere Untersuchungen heranzuwagen. Hier werden die geophysikalischen Messungen zum großen Teil

von den geologischen Anstalten finanziert und durchgeführt, obwohl auch hier
einzelne Gesellschaften eigene Geophysiker beschäftigen oder geophysikalische
Firmen mit der Durchführung von Untersuchungen beauftragen.

2. Die elektrischen Methoden

Der weitaus überwiegende Teil der Methoden der Geoelektrik beruht auf
den Unterschieden der elektrischen Leitfähigkeit des Untergrundes. Die Dielektrizitätskonstante und die magnetische Permeabilität der Gesteine spielen nur
bei der Verwendung hochfrequenter Wechselströme eine Rolle, die aber wegen
der geringen Eindringtiefe praktisch wenig angewendet werden, obwohl sie in
der Literatur einen unverhältnismäßig breiten Raum einnehmen.

Das für die Geoelektrik geeignetste Problem ist die Aufsuchung von besser
leitenden Einlagerungen in einer schlechter leitenden Umgebung, also vor allem
von sulfidischen Erzlagerstätten, da diese meist gute Leiter sind. Das Aufsuchen
schlechterer Leiter, die in besser leitende Schichten eingebettet sind, ist eine
schwierigere Aufgabe. Auch für hydrologische Aufgaben wird die Geoelektrik
vielfach herangezogen, da die wasserundurchlässigen, gut leitenden Tonschichten
von den elektrisch schlechter leitenden Sanden unterschieden werden können.
Auch können die elektrischen Verfahren (hauptsächlich die Widerstandsver-
fahren) zur Vertikalsondierung bei der Untersuchung von Lagerstätten oder
wasserführender Schichten herangezogen werden, indem die Tiefen zu den
einzelnen Schichten bestimmt werden. Sie haben jedoch nicht die Tiefenreichweite der gravimetrischen und seismischen Verfahren.

Die geoelektrischen Methoden zerfallen grundsätzlich in mehrere Klassen.
Zunächst ist zu unterscheiden zwischen

1. Methoden *ohne* künstliche Stromzuführung,
2. Methoden *mit* künstlicher Stromzuführung.

a) Methoden ohne künstliche Stromzuführung

Zur ersten Gruppe gehören:

> die *Eigenpotential*methode,
> die Methode der natürlichen *Erdströme*.

Beide Methoden sind besonders von SCHLUMBERGER in Paris entwickelt worden,
werden aber verhältnismäßig wenig angewandt.

α) Die Eigenpotentialmethode

Eigenpotentiale treten in der Umgebung von der Oxydation ausgesetzten
Einlagerungen, besonders bei sulfidischen, z. B. Schwefelkieslagerstätten, aber
auch bei Graphitvorkommen und in Torfmooren auf. Die Eigenpotentiale werden
mit Hilfe zweier unpolarisierbarer Sonden dem Erdboden entnommen und mit
einem empfindlichen Gleichstrominstrument gemessen und kartenmäßig aufgetragen, sie können Spannungen von mehreren hundert Millivolt erreichen.
Da diese Spannungen durch die chemischen Umsetzungen infolge der Oxydation
hervorgerufen werden, somit nicht direkt auf der elektrischen Leitfähigkeit
der betreffenden Lagerstätte beruhen, wird die Selbstpotentialmethode gerne
zur Ergänzung und Überprüfung von Indikationen herangezogen, die mit anderen
elektrischen Verfahren erhalten wurden.

Abb. 147 zeigt als Beispiel die Ergebnisse einer Selbstpotentialmessung über einem metasomatischen Bleierzlager in präkambrischen Kalken und Schiefern am Dugald River in Nord-Queensland.

β) Natürliche Erdströme,

deren Ursachen wohl nicht ganz geklärt sind, hat SCHLUMBERGER zur Untersuchung von Erdöllagerstätten benutzt. Die Verteilung dieser Potentiale gibt im großen ein Bild der Widerstandsverteilung, und es soll dabei große Tiefenreichweite erzielt worden sein; doch sind manche noch ungeklärte Faktoren im Spiel, die die Deutung unsicher machen.

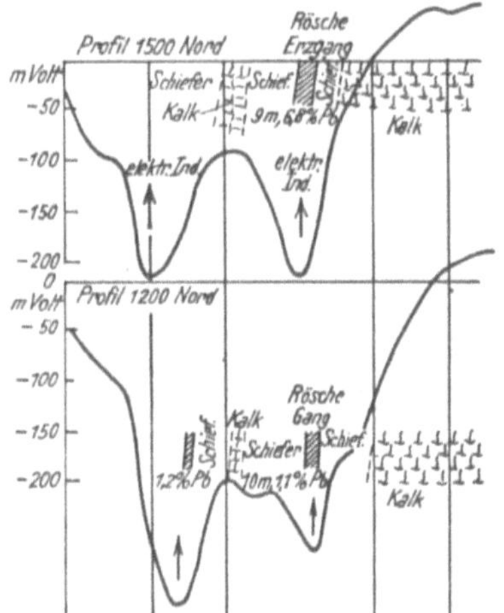
Abb. 147. Selbstpotentialmessungen über einem Bleierzgang in Queensland (Australien).

b) Methoden mit künstlicher Stromzuführung

Die zweite Gruppe umfaßt die hauptsächlich in der Praxis angewandten Methoden der Geoelektrik. Allen ist gemeinsam, daß dem Erdboden in irgendeiner Form elektrische Energie zugeführt wird, deren Verteilung im Untergrund von den Leitfähigkeitsverhältnissen der im Gebiet vorkommenden Schichten bzw. Gesteine abhängt. Je nach der gewählten Beobachtungsart wird Gleichstrom oder Wechselstrom verwendet.

Gleichstrom wird dem Untergrund immer galvanisch, d. h. durch mit dem Boden leitend verbundene Erdungseisen oder Elektroden zugeführt, während bei *Wechselstrom* die Zuführung entweder galvanisch oder induktiv (durch eine geschlossene, runde oder eckige Schlinge aus isoliertem, stromdurchflossenem Draht) erfolgen kann. Die Frage, ob Gleichstrom oder Wechselstrom verwendet werden soll, wird — wie überhaupt die Wahl der anzuwendenden Methode — von dem vorliegenden Problem abhängen. Soll z. B.

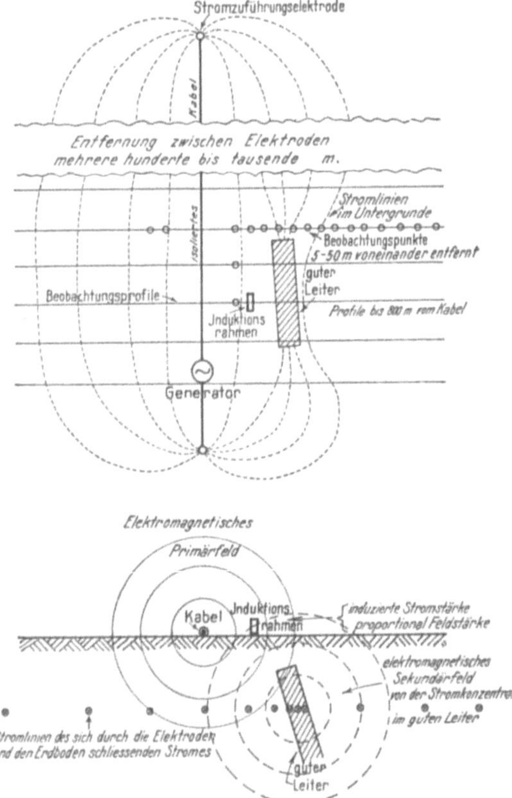
Abb. 148. Prinzipskizze der Messung des elektromagnetischen Feldes über einem guten Leiter.

ein gangförmiger, gut leitender Erzkörper in einer schlecht leitenden Umgebung untersucht werden, so wird man eine Wechselstrommethode wählen.

α) *Elektromagnetische Methoden*

Bei diesen wird das elektromagnetische Feld beobachtet, das der durch das ausgelegte Kabel fließende Primärstrom und der im Erzkörper induzierte „Sekundärstrom" erzeugt. Der Erzkörper verhält sich dabei dem induzierenden „Primärkabel" gegenüber wie die Sekundärwicklung eines Trafos, wie Abb. 148 zeigt, die das Meßprinzip erläutern soll. Die Beobachtung des resultierenden elektromagnetischen Feldes erfolgt mit Hilfe geeigneter tragbarer Induktionsrahmen, die entlang Profilen quer zum Kabel an den Beobachtungspunkten im Gelände aufgestellt werden. Während man sich früher meist mit der Bestimmung der Richtung des elektromagnetischen Feldes bzw. ihrer Abweichung von der theoretisch berechneten „Normalfeldrichtung" begnügte (Kippwinkelmethode), wird heute meist außerdem mit Wechselstromkompensatoren die Stärke des Feldes und seine Phasenverschiebung gegenüber einem Normalwert gemessen.

Das den Messungen zugrunde liegende Prinzip soll hier nur kurz und vereinfacht dargestellt werden:

Der das Kabel durchfließende Strom erzeugt ein elektromagnetisches „Primärfeld", das linear polarisiert ist. Seine Kraftlinien stehen bei ebenem Gelände annähernd vertikal. Die Verteilung der Feldstärke im Raum kann theoretisch berechnet werden. Für ein unendlich langes, gerades Kabel gilt die Formel

$$H = k \cdot \frac{2\,J}{R},$$

wobei J der das Kabel durchfließende Strom, R die Entfernung des Aufpunktes vom Kabel ist. Für geschlossene Schlingen werden die Formeln komplizierter, z. B. hat T. GRAF für das Feld einer kreisförmigen Schlinge, deren Radius a klein ist gegen die Entfernung R des Aufpunktes von ihrem Mittelpunkt (Ringsender), als Annäherungsformel

$$Hz = -\pi J \frac{a^2}{R^3}\,(1 - 3\sin^2\vartheta)$$

berechnet. (Den Winkel ϑ bildet R mit der Ringebene.) In diesem Falle nimmt die Feldstärke mit der dritten Potenz der Entfernung vom Ring ab, während diese Abnahme beim geraden Kabel mit der ersten Potenz erfolgt.

Wir wollen nun die Annahme machen, daß zur Erzeugung des Primärfeldes ein unendlich langes, geerdetes Kabel verwendet wird, das parallel zur ungefähren Streichrichtung des gesuchten Erzkörpers ausgelegt ist. Das Primärfeld wird in diesem Erzkörper einen „Sekundärstrom" I_2 induzieren nach der Formel

$$J_2 = J_1 \frac{2\,\pi\,\nu\,M}{\sqrt{R^2 + (2\,\pi\,\nu\,L)^2}}\;.$$

Dabei ist

  ν = Frequenz des Primärstromes,
  M = Koeffizient der gegenseitigen Induktion zwischen dem Kabel und dem
    Erzkörper,
  R = Ohmscher Widerstand des Leiters,
  L_2 = Selbstinduktionskoeffizient des Leiters.
Die Phasendifferenz φ zwischen Primär- und Sekundärstrom ist gegeben durch

$$\operatorname{tg}\varphi = -\frac{R}{2\,\pi\,\nu\,L}\;.$$

Für einen guten Leiter wird tg φ angenähert gleich Null, d. h. der induzierte Sekundärstrom ist gegenüber dem Primärstrom ungefähr um 180^0 phasenverschoben. Hierzu kommt noch der Anteil des im Untergrund zwischen den Elektroden zurückfließenden Primärstromes, der sich im guten Leiter konzentriert. Dieser ist dem Strom im Kabel entgegengesetzt gerichtet, ist also ebenfalls um 180^0 gegen ihn phasenverschoben. Bei diesen Überlegungen ist die Voraussetzung gemacht, daß die Umgebung des Erzkörpers ein vollkommener Nichtleiter ist. Für kristalline Gesteine kann dies annähernd als richtig angenommen werden. Weist das umgebende Gestein aber selbst eine gewisse Leitfähigkeit auf, wie das z. B. für Sedimente zutrifft, dann wird sich nicht bloß der rückfließende Primärstrom auf größere Raumteile verteilen, sondern das Primärfeld wird in den Umgebungsschichten Wirbelströme induzieren, die nicht um 180^0 gegen den Primärstrom phasenverschoben sind, sondern um kleinere Beträge. Alle diese Ströme erzeugen ihrerseits elektromagnetische „Sekundärfelder", die sich vektoriell mit dem Primärfeld zu einem elliptisch polarisierten Feld zusammensetzen.

Zur vollständigen Bestimmung dieses elektromagnetischen Feldes gehört die Beobachtung seiner Richtung, d. h. der Lage der großen Achse der Polarisationsellipse im Raum sowie seiner Stärke und Phasenverschiebung gegenüber dem Primärfeld. Bei der Messung der Feldstärke denkt man sich den Feldvektor in aufeinander senkrechte Komponenten zerlegt und mißt in der Regel die Horizontalkomponente normal zum Erregerkabel sowie die Vertikalkomponente. Dies geschieht entlang geradlinigen, normal zum Primärkabel ausgesteckten Profilen, auf denen die Beobachtungsapparatur und der zum Abtasten des elektromagnetischen Feldes benutzte Induktionsrahmen (für die Horizontalkomponente vertikal und parallel zum Kabel gestellt, für die Vertikalkomponente horizontal) entlang wandern. Die Beobachtungspunkte liegen dabei in der Regel 20 m auseinander, werden aber an wichtigen Stellen (in der Nähe der sogenannten „Indikationen") enger gelegt.

Soll die Phasenverschiebung des Feldes gegenüber dem in unmittelbarer Nähe des Kabels vorhandenen Primärfeld gemessen werden, so bedingt dies die Verwendung eines Vergleichsrahmens, der unmittelbar am Kabel angebracht ist, und mit der Beobachtungsapparatur, die mit dem Meßrahmen mitwandert, durch ein langes Kabel verbunden sein muß. (Schwedische geoelektrische Methoden nach KARL SUNDBERG.) Trotz des großen Vorzugs, daß das elektromagnetische Feld in allen seinen Bestandteilen vollständig bestimmt wird, hat diese Methode den Nachteil, daß das Mitschleppen des Vergleichskabels die Meßgeschwindigkeit herabsetzt.

Es werden daher nunmehr hauptsächlich „semiabsolute" Messungen durchgeführt, bei denen die in zwei transportablen Rahmen induzierten Spannungen beobachtet werden.

Mit einem besonders konstruierten Wechselstromkompensator werden die Verhältnisse der auf die beiden Rahmen einwirkenden Komponenten des elektromagnetischen Feldes und die zwischen ihnen herrschenden Phasenverschiebungen gemessen. Die Meßgeschwindigkeit ist sehr hoch, ein geübter Beobachter kann eine Messung an einem Beobachtungspunkt in wenigen Minuten durchführen.

Für die Deutung der Meßergebnisse ist ein eingehendes Studium der Geologie des Untersuchungsobjektes notwendig. Auch darf nicht außer acht gelassen werden, daß mit steigender Frequenz und steigender Leitfähigkeit der Überlagerung ein größerer Teil der zugeführten elektrischen Energie sich in den Oberflächenschichten konzentriert, wodurch die Tiefenreichweite abnimmt.

β) *Potential- oder Widerstandsmethoden*

Ein *schlechter Leiter*, z. B. ein Goldquarzgang, wird sich in einem elektromagnetischen Feld nicht bemerkbar machen, da das feinverteilte Gold nicht als guter Leiter wirken kann, während der Quarz ein ausgesprochen schlechter Leiter ist. Es kann daher eine Stromkonzentration in dem Erzkörper nicht auftreten. Man wird in diesem Falle die Unterschiede des elektrischen Widerstandes mit Hilfe der sogenannten Potential- oder Widerstandsmethoden beobachten.

Eine der ältesten dieser Methoden war die bekannte Methode der Äquipotentiallinien, bei der dem Boden mit Hilfe zweier „Sonden" (Eisenspießen mit isoliertem Handgriff) Spannungen entnommen wurden. Während die eine Sonde feststand, wurde die zweite so lange bewegt, bis beide dieselbe Spannung aufwiesen, d. h. ein dazwischengeschaltetes Meßinstrument Null zeigt. Die Punkte wurden im Gelände sofort verpflockt, später eingemessen und kartenmäßig festgestellt. Aus der Ablenkung der Linien gleicher Spannung (Äquipotentiallinien) gegenüber der theoretisch berechenbaren Normalverteilung wurde auf die Lage des Körpers mit abweichender Leitfähigkeit geschlossen. Heute hat diese Methode wohl nur mehr historisches Interesse, da sie nur rein qualitativ den Verlauf der Linien gleichen Widerstandes an der Oberfläche festlegt.

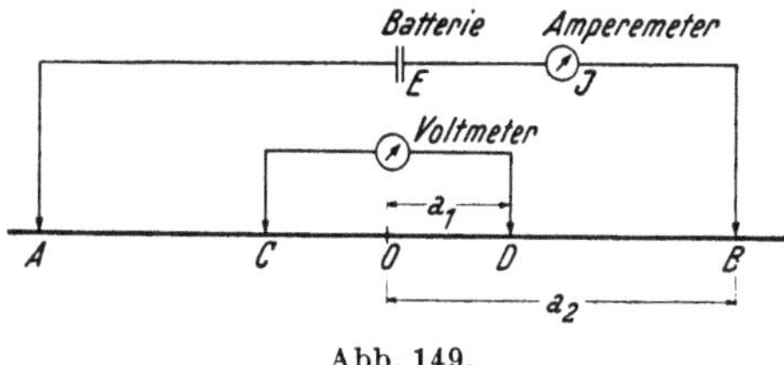

Abb. 149.

Bei den jetzt üblichen Verfahren werden entlang vorher ausgesteckter Meßlinien Potentialunterschiede gemessen, und zwar entweder absolut oder verglichen mit einem als normal angenommenen Anfangswert. Hierbei ist es an sich von untergeordneter Bedeutung, ob Gleichstrom oder Wechselstrom verwendet wird. Wechselstrom hat den Vorteil, daß zur Beobachtung das Telephon verwendet werden kann, das eines der empfindlichsten Beobachtungsinstrumente ist, besonders bei Anwendung einer Nullmethode, bei der das Verschwinden des Meßtones im Telephon festgestellt wird. Außerdem können neben den Potentialunterschieden auch Phasenverschiebungen gemessen werden.

In Abb. 149 ist schematisch die zur Bestimmung des spezifischen Widerstandes ϱ im Punkte 0 benutzte Auslegung dargestellt.

In der Abbildung sind AB die Elektroden, durch die der von der Batterie E hervorgerufene Primärstrom I dem Erdboden zugeführt wird. CD sind die Sonden, die dem Erdboden die Spannung V entnehmen. Es soll nunmehr kurz die den Messungen zugrunde liegende Rechnung angedeutet werden. Der Einfachheit halber ist angenommen, daß Elektroden und Sonden zum Mittelpunkt 0 symmetrisch liegen und die Abstände a_2 und a_1 vom Punkte 0 haben.

Die Spannung V ist die Differenz der an den Sonden C und D auftretenden Spannungen V_1 und V_2, für welche gilt:

$$V_C = \frac{k}{a_2 - a_1} - \frac{k}{a_2 + a_1}$$

$$V_D = \frac{k}{a_2 + a_1} - \frac{k}{a_2 - a_1}$$

d. h.
$$V = V_C - V_D = 4\,k \cdot \frac{a_1}{a_2{}^2 - a_1{}^2}$$

darin ist $k = \dfrac{J \cdot \varrho}{2\,\pi}$ somit $V = \dfrac{2\,J\varrho}{\pi} \cdot \dfrac{a_1}{a_2{}^2 - a_1{}^2}$

Hieraus ergibt sich

$$\varrho = \frac{V}{J} \cdot \frac{\pi}{2} \cdot \frac{a_2{}^2 - a_1{}^2}{a_1} \text{ Ohmmeter,}$$

wenn V in Volt, I in Ampere und die Entfernungen in Metern gemessen werden. ϱ ist der scheinbare spezifische Widerstand des Halbraumes um die Elektroden, der sich aus den Widerständen der einzelnen Schichten zusammensetzt.

Sind die Abstände zwischen den Erdungspunkten gleich groß, d. h.

$$AC = CD = DB = a, \text{ dann wird}$$

$$a_1 = \frac{a}{2}, \; a_2 = \frac{3\,a}{2}$$

und die obige Formel geht über in

$$\varrho = \frac{V}{I} \cdot 2\,\pi\,a \text{ Ohmmeter,}$$

die sogenannte Wenner-Formel.

Sie findet vor allem beim „Kartieren" Anwendung. Unter dieser Bezeichnung versteht man die Bestimmung des spezifischen Widerstandes in gleichbleibender

Abb. 150. Prinzip eines Ratiokompensators.

Tiefe an aufeinanderfolgenden Punkten. Die Tiefe ist dabei ungefähr gleich dem Abstand a. Bei den Messungen wandert die Meßapparatur an den vorher ausgesteckten Profilen entlang, weshalb für dieses Verfahren ein leicht transportables Gerät erforderlich ist. Die „Erdungsmesser" verschiedener Konstruktion, die dafür gern verwendet werden, sind meist mit einem kleinen Generator mit Handbetrieb versehen (der Wechselstrom von ungefähr Hörfrequenz erzeugt). Bei Verwendung von Gleichstrom treten infolge Polarisation an den Elektroden, natürlichen Erdströmen usw. störende Nebenerscheinungen auf, zu deren Beseitigung besondere Vorkehrungen getroffen werden müssen, die die Meßgeräte etwas komplizieren. Ähnlich dem Kartieren ist das Verfahren der Messung von Potentialquoten mit Hilfe von Ratiometern (Broughton Edge) oder von Ratiokompensatoren (Zuschlag) (Abb. 150).

Hierbei wird die Spannungsverteilung um *eine*, feststehende oder transportable, stromdurchflossene Elektrode untersucht, während die zweite Elektrode so weit entfernt ist, daß ihre Wirkung im Meßgebiet vernachlässigt

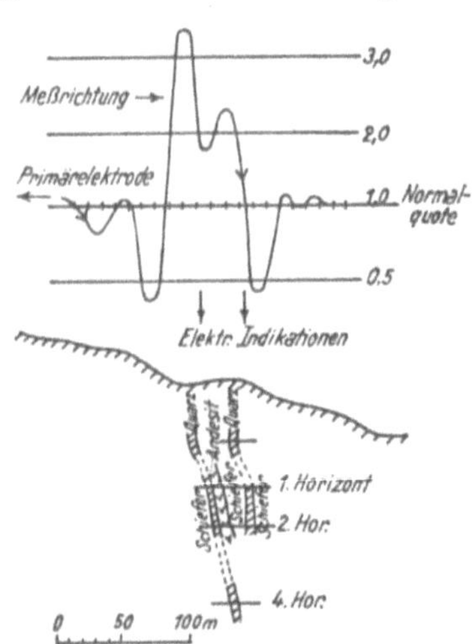

Abb. 151. Potentialsgefällsquoten über einem Goldquarzgang in Sumatra.

werden kann. Zur Spannungsentnahme dienen drei Sonden mit je gleichem Abstand, und es wird das Verhältnis der aufeinanderfolgenden Spannungsunterschiede V_1 und V_2 bestimmt.

Ein Beispiel einer solchen Potentialmessung über einem Goldquarzgang in Sumatra gibt Abb. 151.

Der Vorzug der Verwendung von *Gleichstrom* liegt darin, daß die den Deutungsversuchen zugrunde liegende Theorie nur für Gleichstrom streng gilt. Auch tritt der früher erwähnte Skin-Effekt bei Gleichstrom nicht auf, so daß bei Verwendung von Gleichstrom größere Tiefen erfaßt werden können als bei Wechselstrom.

Im Gegensatz zum Kartieren hat sich die Anwendung von Gleichstrom für das sogenannte „*Tiefensondieren*" allgemein durchgesetzt. Dieses ursprünglich von SCHLUMBERGER entwickelte Verfahren untersucht die Widerstandsverteilung unendlich ausgedehnter, horizontaler Schichten und ist damit die gegebene Methode zur Untersuchung von flach gelagerten Sedimentärbecken. Hierbei bleibt die Beobachtungsapparatur an dem Punkte stehen, an dem die untereinanderliegenden Widerstandswerte gemessen werden sollen. Die stromzuführenden Elektroden AB und die spannungabnehmenden Sonden CD (Abb. 149) wandern dagegen schrittweise vom Beobachtungspunkt nach außen, d. h. a_1 und a_2 der Formel auf S. 209 sind nicht konstant.

Als Faustregel kann gesagt werden, daß der jeweils gemessene Wert aus einer Tiefe stammt, die ungefähr ein Drittel der Entfernung der äußeren Elektroden AB beträgt. Bei 1 km Elektrodenentfernung entspräche das einer Tiefenwirkung von zirka 300 m. Die nach der obigen Formel berechneten Widertandswerte ϱ werden als Kurve aufgetragen.

Abb. 152 gibt eine gemessene Kurve wieder, bei der unter einer verhältnismäßig gut leitenden Schicht eine solche schlechterer Leitfähigkeit liegt, auf welche wiederum eine besser leitende

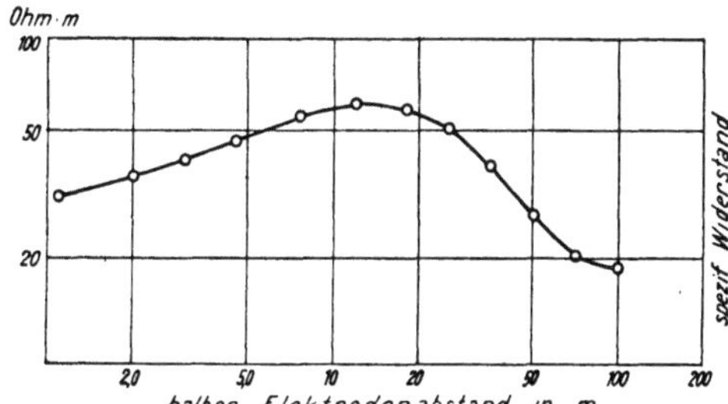

Abb. 152. Scheinbarer spez. Widerstand (Vertikalsondierung).

Schicht folgt. Als Ordinate ist dabei der scheinbare spezifische Widerstand in Ohmmetern aufgetragen, als Abszisse der halbe Abstand der Elektroden AB, und zwar beide in logarithmischem Maßstab.

Die Tiefen zu den Schichtgrenzen und die spezifischen Widerstände der Schichten werden durch Vergleichen der gemessenen Kurven mit theoretisch berechneten Vergleichskurven gefunden. Die Berechnung dieser Vergleichskurven ist kompliziert und langwierig, und zwar um so mehr, je mehr Schichten verschiedener Leitfähigkeit untereinander liegen.

Mit dieser Methode ist besonders in den russischen Ölfeldern viel gearbeitet worden. Zur Erzielung richtiger Auswertungsergebnisse ist dabei Voraussetzung, daß zum mindesten die elektrische Leitfähigkeit *einer* der vertikal aufeinanderfolgenden Schichten bekannt ist. Man wird daher tunlichst an Bohrungen anschließen, in denen elektrische Bohrlochmessungen ausgeführt wurden.

c) Elektrische Bohrlochmessungen

Als eine besonders wichtige geophysikalische Methode haben sich auch die elektrischen Bohrlochuntersuchungen erwiesen. Es gibt heute kaum ein größeres Bohrloch, das nicht durch diese Messungen untersucht wird. Sie haben sich besonders deswegen als so wichtig erwiesen, weil es mit Hilfe der Schlumberger-

Messungen, wie sie nach ihrem Erfinder benannt werden, gelungen ist, einzelne
Horizonte in Bohrgebieten besser miteinander zu korrelieren, als es oft auf
Grund der paläontologischen Unterlagen möglich ist. Freilich erfordert die
Auswertung der Meßresultate besondere geologische Spezialkenntnisse der
einzelnen Untersuchungsgebiete, um einen vollen Nutzen zu bringen. Neben den
elektrischen Bohrlochmessungen werden auch noch Messungen der magnetischen
Suszeptibilität in Bohrlöchern und thermische Messungen durchgeführt, die aber
für die Schichtdeutung geringere Bedeutung erlangt haben. Thermische Messungen
haben sich aber bei der Erkennung von Wasserzuflüssen als recht brauchbar
erwiesen. Die elektrischen Bohrlochmessungen haben den Nachteil, daß sie im
unverrohrten Bohrloch vorgenommen werden müssen. Um die Messungen durchführen zu können, werden daher die elektrischen Messungen in aufeinanderfolgenden Abschnitten durchgeführt, bevor eine neue Rohrtour eingezogen wird.

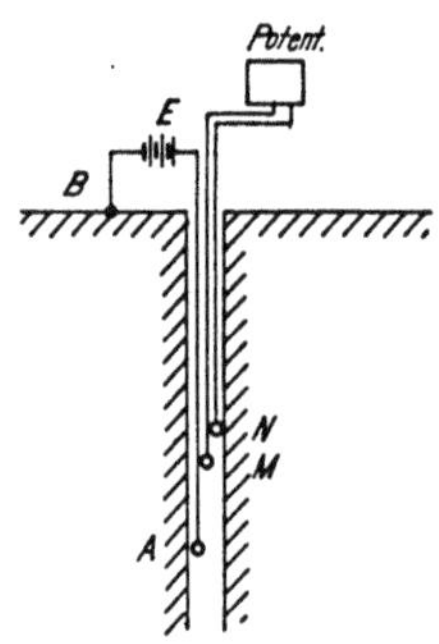

Abb. 153. Prinzipskizze
einer elektrischen
Bohrlochmessung nach
SCHLUMBERGER.

Man hat vielfach versucht, diesem Übelstand, im
unverrohrten Loch messen zu müssen, abzuhelfen, doch
haben sich die meisten Vorschläge als unbrauchbar erwiesen. Jedoch haben radioaktive Messungen, γ-Strahlen-
messungen und Neutronenmessungen in verrohrten Bohrlöchern in den letzten Jahren in den USA und auch in
anderen Ländern erheblichen Umfang angenommen, wobei sie sich recht brauchbar erwiesen. In Europa sind
diese Methoden noch nicht richtig zur Einführung
gekommen. Von großer Bedeutung können gerade die
letzteren Methoden in alten Ölfeldern werden, da sie
die Feststellung von überbohrten produktiven Horizonten
ermöglichen sollen. Eine kurze Beschreibung der Radio-
aktivitätsmessungen wurde bereits in dem zugehörigen
Abschnitt gegeben.

Die elektrischen Bohrlochmessungen gestatten die Erfassung von zwei Größen,
nämlich

1. dem spezifischen Widerstand der einzelnen durchfahrenen Schichten und.
2. der Porosität derselben.

Voraussetzung für die Anwendung der elektrischen Bohrlochmessungen ist,
daß das Bohrloch mit Wasser oder eventuell mit Dickspülung gefüllt ist. Das
Prinzip des Verfahrens nach SCHLUMBERGER ist folgendes (Abb. 153):

Ähnlich wie bei den elektrischen Oberflächenmessungen nach der Vierpunkt-
methode gibt es auch bei den elektrischen Bohrlochmessungen zwei Stromelek-
troden und zwei Meßsonden. Eine Stromelektrode B ist fix irgendwo an der
Oberfläche (auch z. B. am Standrohr) mit der Erde verbunden. In das Bohrloch
wird ein Dreileiterkabel eingehängt, und zwar führt die eine Leitung zur Stromelektrode A und die beiden anderen Leitungen zu den Meßsonden M und N.
Stromelektrode und Meßsonden hängen in einem gewissen Abstand voneinander
und werden in dieser Anordnung in das Bohrloch hinabgelassen, wobei an der
Oberfläche an einem Zählwerk festgestellt wird, bis zu welcher Tiefe dieses
Elektrodenarrangement gekommen ist. Ein Strom fließt von der Stromquelle
durch das Kabel zur Stromelektrode A durch die Spülung und die Erde zur fixen
Oberflächenelektrode B. Der Potentialabfall des elektrischen Feldes, das um die
Stromelektrode A entstanden ist, wird durch die beiden Meßsonden M und N
erfaßt und durch die beiden anderen Adern des Dreileiterkabels an die Oberfläche
geführt und dort mit einem geeigneten Meßinstrument gemessen. Die Potential-
verteilung um die Stromelektrode A wird hauptsächlich beeinflußt durch die
elektrischen Eigenschaften der Gesteinsschicht, die die Meßsonden gerade umgibt,

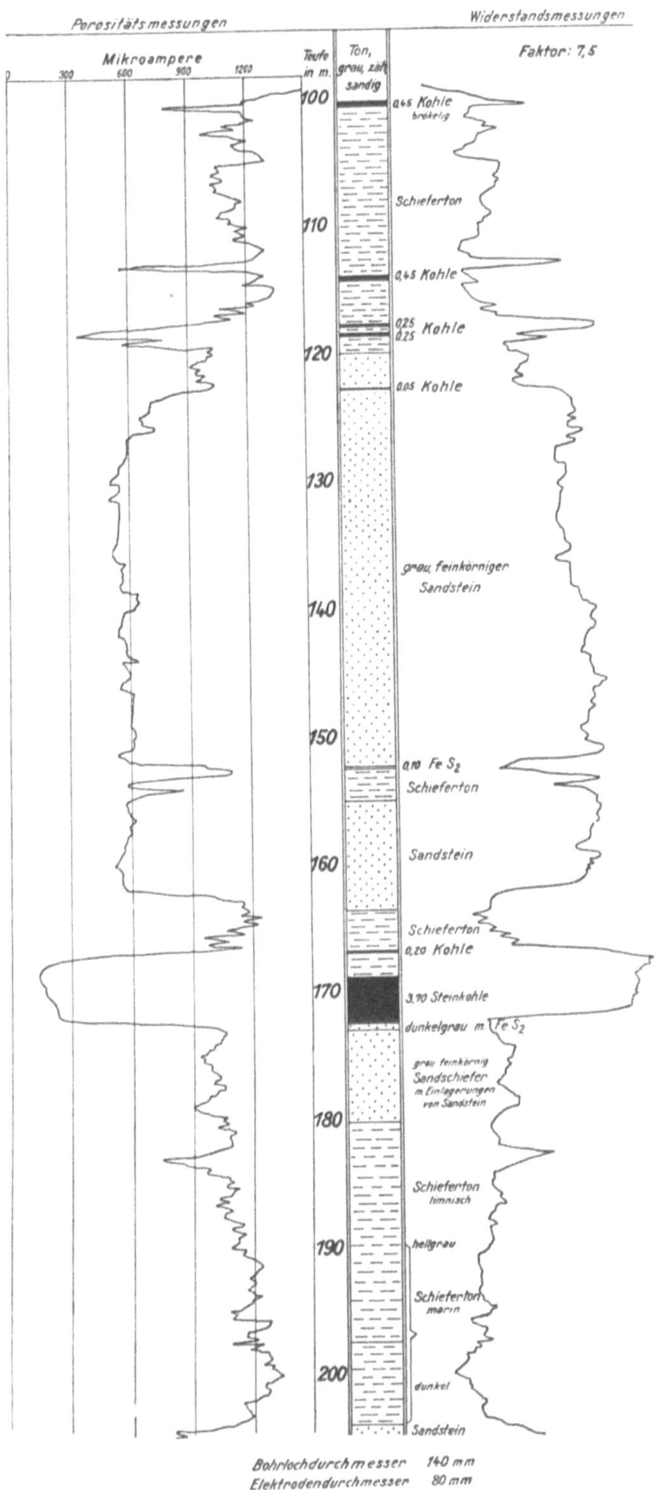

Abb. 154. Elektrisches Widerstands- und Porositätsdiagramm nach MARTIENSEN im oberschlesischen Steinkohlengebiet.

während der Einfluß der übrigen Gesteinsschichten und auch der Spülflüssigkeit im Bohrloch demgegenüber vernachlässigt werden kann, weil er sich nur ganz allmählich ändert. Sind d_1 und d_2 die Abstände zwischen der beweglichen Stromelektrode und der ersten bzw. zweiten Meßsonde und I der den Elektroden zugeführte Strom, der möglichst konstant gehalten wird, so ist der spezifische Widerstand

$$\varrho = 4\pi \frac{d_1 d_2}{d_1 - d_2} \cdot \frac{V}{J}.$$

Bei der Deutung der elektrischen Messungen kommt es weniger auf die absoluten Werte an, als auf die Form der Diagramme. Die elektrischen Beobachtungswerte werden während des Durchsinkens der einzelnen Schichten im Bohrloch fortlaufend auf einem Registrierstreifen registriert, dabei zeigt dieser Registrierstreifen die Tiefe der Meßsonden und daneben die elektrischen Widerstandswerte (Abb. 154).

Durchläuft die Elektrodenanordnung Schichten von gleichmäßiger Zusammensetzung, so werden sich auch die elektrischen Werte wenig ändern, kommt sie dann aber in eine Schicht mit besserer elektrischer Leitfähigkeit, so wird das Bohrlochdiagramm einen entsprechenden elektrischen Ausschlag so lange anzeigen, solange die Meßsonden sich im Bereich dieser gutleitenden Schicht befinden. Abstand, Mächtigkeit und Leitfähigkeit der einzelnen Schichten geben dem elektrischen Bohrlochdiagramm eine charakteristische Form. Eine elektrische Bohrlochmessung im oberschlesischen

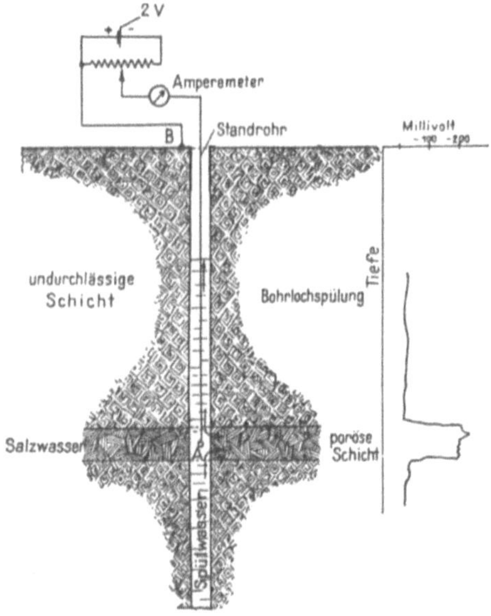

Abb. 155. Porositätsmessung.

Steinkohlengebiet wird in Abb. 154 als Beispiel gezeigt, wobei sich die schlechtleitende Steinkohlenzone selbst als Leithorizont zu erkennen gibt. Gerade in Kohlengebieten sind die elektrischen Bohrlochmessungen gut geeignet, um die Mächtigkeiten der Schichten zu bestimmen, wenn, was ja häufig vorkommt, die Kernung nicht völlig gelungen ist, oder die Bohrung überhaupt nicht als Kernbohrung ausgeführt wird.

In Ölgebieten sind ölhaltige Sande durch ihren besonders hohen elektrischen Widerstand charakterisiert, doch auch Kalk oder süßwasserführende Sandschichten haben einen wesentlich höheren elektrischen Widerstand als salzwasserführende Sande. Für die Deutung wird daher ein zweites Diagramm mit in Verwendung gezogen, das hauptsächlich die Porosität der durchbohrten Formationen erfaßt. Die Porosität wird gemessen durch das natürliche Potentialgefälle zwischen einer festen Elektrode an der Erdoberfläche und einer in das Bohrloch hinabgelassenen Elektrode (Abb. 155).

Diese natürlichen Potentialdifferenzen entstehen einerseits durch die Filtration der Spülung in den porösen Schichten und dann auch durch elektroosmotische

Reaktion zwischen den Elektrolyten in den durchbohrten Schichten und der Spülung. Sind die Zwischenräume des Sandes mit einer elektrolytisch leitenden Flüssigkeit gefüllt, so verursacht ein Druck, der diese Flüssigkeit durch die Poren treibt, einen elektrischen Strom und damit ein Potentialgefälle. Die Größe dieses Potentialgefälles ist abhängig einerseits von der elektrischen Leitfähigkeit des Elektrolyten und anderseits von dem Porenvolumen, das die Flüssigkeit ausfüllt. Die Bohrlochspülung übt einen Druck auf die umgebenden Schichten aus und daher erfolgt ein langsames Eindringen der Bohrlochspülung in die umgebenden Schichten. Daraus entstehen Spannungsdifferenzen von der Größenordnung von einigen bis zu 100 Millivolt. Gewisse Vorsichtsmaßnahmen an der beweglichen Elektrode sind erforderlich, um nicht unerwünschte Polarisationseffekte an der Elektrode hervorzurufen, die die vorgenannten Effekte überdecken. Die Beobachtung des natürlichen Potentials erfolgt mit einem empfindlichen Gleichstrominstrument, und zwar unter Benutzung einer der Elektroden des vorbeschriebenen Arrangements. Die beiden Werte, elektrischer Widerstand und natürliches Potential, miteinander kombiniert, ergeben bessere Deutungsmöglichkeit als die Beobachtung des elektrischen Widerstandes allein. So kann z. B. Kalk daran erkannt werden, daß er großen elektrischen Widerstand und geringe Porosität und damit kleine natürliche Potentiale aufweist. Hoher Widerstand und hohe natürliche Potentiale werden z. B. durch Ölsand hervorgerufen, während mit Salzwasser gefüllter Sand geringen elektrischen Widerstand, aber hohe Porosität aufweist. Die einfachen

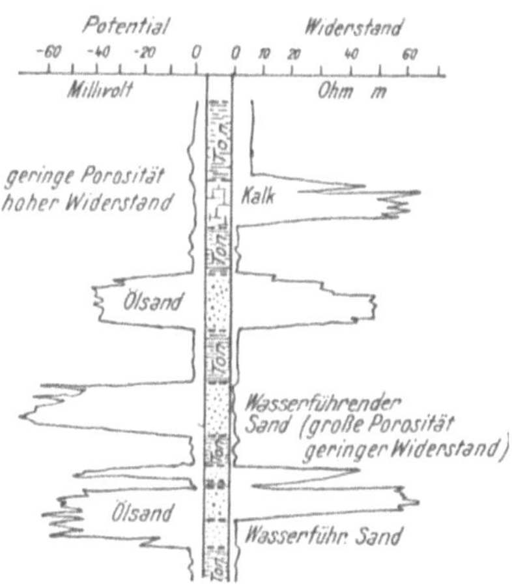

Abb. 156. Deutung von Widerstands- und Porositätsmessungen (nach HALLENBACH).

Beispiele werden freilich den oft komplizierten Verhältnissen nicht ganz gerecht und es bedarf eingehender Erfahrung, um die elektrischen Meßresultate in Bohrlöchern voll nutzbringend zu verwenden.

Abb. 156 zeigt ein kombiniertes Widerstands- und Porositätsdiagramm, aus dem die verschiedene Wirkung von Schichten mit unterschiedlicher elektrischer Leitfähigkeit und Porosität bei der Bohrlochmessung ersehen werden kann. Einer der wichtigsten Vorteile der Methode SCHLUMBERGERS ist die Möglichkeit, einzelne Schichten auf Grund des Bohrlochdiagramms durch mehrere Bohrungen hindurch zu verfolgen und so die Schichten miteinander zu korrelieren. Davon wird besonders in den Erdölfeldern Gebrauch gemacht, speziell dann, wenn paläontologische oder mikropaläontologische Untersuchungen keine sicher deutbaren Ergebnisse liefern. Auch der Ölgehalt der Sande bzw. das Öl-Salzwasser-Verhältnis läßt sich zum Teil aus den Diagrammen erschließen. Prof. MARTHIENSSEN hat ein dem eben beschriebenen ähnliches Verfahren entwickelt, das nur mit einer beweglichen Elektrode arbeitet und deren jeweiligen Übergangswiderstand bestimmt.

Für die Deutung des Ölgehaltes von Sanden werden von MARTHIENSSEN noch Hochfrequenzmessungen herangezogen, bei denen die Änderung der Kapazität eines in das Bohrloch abgelassenen Hochfrequenzkreises beobachtet wird. MARTHIENSSEN will dabei mit Hilfe der Dielektrizitätskonstante die Unterschiede von Öl und Wasser direkt erkennen.

VI. Geochemisches Prospektieren

Die geophysikalischen Schürfmethoden müssen sich im allgemeinen mit dem indirekten Nachweis von nutzbaren Lagerstätten und dem Aufsuchen geeigneter Strukturen begnügen. In letzter Zeit ist auch eine andere mehr direkte Methode zur Anwendung gekommen, deren allgemeine Verwendungsfähigkeit jedoch noch nicht so weitgehend sichergestellt ist wie das geophysikalische Schürfen, und zwar werden diese Methoden auf Öl, auf Salz und auf Erz verwendet. Sie sind im wesentlichen nichts anderes als sehr verfeinerte chemische Methoden zum Nachweis des nutzbaren Minerals, da die nutzbaren Mineralien in Spuren meist auch noch in weiterer Umgebung der eigentlichen Lagerstätte zu beobachten sind. Die ersten Entdeckungen von Ölfeldern waren durch Beobachtungen von Ölausbissen, später auch von Erdölspuren an der Oberfläche gemacht worden. Man hat nun sehr empfindliche Apparate zur Feststellung von flüssigen oder gasförmigen Kohlenwasserstoffen konstruiert und hofft mit deren Hilfe auch sehr tiefliegende Erdöllagerstätten direkt an der Erdoberfläche beobachten zu können, weil bei dem herrschenden großen Ölgasdruck im Laufe der langen geologischen Zeiten auch mächtige Schichten für Öl und Gas nicht ganz undurch-lässig sind, so daß die Kohlenwasserstoffe wenigstens in geringen Spuren an die Oberfläche gelangen. Die Beobachtung dieser geringen Spuren ist aber etwas unsicher, weil an der Oberfläche auch aus anderer Ursache Kohlenwasserstoffe in unregelmäßiger, wenn auch sehr geringer Verteilung vorhanden sind. Daher sind die Ergebnisse noch etwas umstritten.

Von Wichtigkeit ist die Beobachtung von Öl- und Gasspuren in Bohrloch-spülungen, so daß die Methode in zunehmendem Maße bei der fortlaufenden Beobachtung von Erdölbohrungen herangezogen wird, da es früher vielfach vorgekommen ist, daß Erdölhorizonte überbohrt wurden, ohne als solche erkannt zu werden. Die Beobachtung von Kohlenwasserstoffgasen erfolgt in einer Apparatur, bei der die Gase an einer Heizspirale entlang streichen. Die Temperatur der Heizspirale kann an ihrem elektrischen Widerstand genau beobachtet werden. Streichen nun brennbare Kohlenwasserstoffgase am Heizfaden entlang, so wird die Temperatur derselben erhöht und dadurch die Gegenwart des Gases nachgewiesen. Die Gase in der Bohrlochspülung werden beobachtet, bevor sie ganz an die Oberfläche kommen, da sich der Druck dort rapid vermindert und die Gase entweichen. Es wird daher eine abgemessene Menge der Bohrlochspülung durch eine besondere Kammer geleitet, wo sich das Gas unter dem niedrigen Druck aus der Spülung befreit und dann durch die Heizspirale geleitet wird.

Zur Beobachtung von Erdölspuren werden vor allem fluoreszenzanalytische Methoden herangezogen, indem die Dickspülung der Bestrahlung durch eine ultraviolette Lampe von bestimmter Wellenlänge ausgesetzt wird, dabei leuchtet Erdöl auch in geringen Spuren mit violetter oder bräunlicher Farbe auf, während die Spülung sonst dunkel bleibt.

Zur Feststellung von Salzen werden potentiometrische Methoden heran-gezogen, die die Feststellung von Chlor, Sulfat, Jod, Brom auch in ganz geringen Mengen gestatten. Auch zur Feststellung des Verlaufes unterirdischer Wasser können diese Methoden herangezogen werden, wenn man gewisse Salze dem Wasser zusetzt, bevor es verschwindet, und dann an den vermuteten Austritts-stellen das Erscheinen dieser charakteristischen Salze potentiometrisch beobachtet.

Besonders in Finnland wurde in der Geologischen Landesanstalt eine neue Methode angewendet, um die Anwesenheit von nutzbaren Lagerstätten konsta-tieren zu können. Das Verfahren beruht auf der Beobachtung, daß über gewissen

Bodenarten mineralanzeigende Pflanzen auftreten. Es wurden von einer bestimmten Baumsorte entlang der Profillinie in gewissen Abständen eine kleinere Menge Blätter in Beutel gestreift, wobei jeder Beutel einem Probeort entspricht. Diese Blattproben wurden dann verascht und spektrochemisch auf die Anwesenheit von Spuren des gesuchten Metalls untersucht. Dabei zeigte es sich, daß mit Überquerung eines Mineralganges die Baumblätter eine Anreicherung z. B. von Nickel in ihrer Asche enthalten. Da die quantitative spektrographische Analyse äußerst empfindlich ist, war es auf diese Weise möglich, in mehreren Fällen bei kartenmäßiger Darstellung der Analysengehalte auf das Vorhandensein von nutzbaren Lagerstätten zu schließen. Die Ursache für dieses Verhalten der Pflanzen ist darin zu suchen, daß die Baumwurzeln aus dem Grundwasser Mineralsalze entnehmen, die im Baum zirkulieren und beim Verdunsten des Wassers aus den Blättern sich in denselben anreichern.